高等院校艺术设计精品系列教材

网页设计

全彩慕课版

方武 陈燕 主编 / 杨霞 戴雯惠 陶健林 副主编

人民邮电出版社
北京

图书在版编目（CIP）数据

网页设计 ： 全彩慕课版 / 方武，陈燕主编. -- 北京 ： 人民邮电出版社，2023.7
高等院校艺术设计精品系列教材
ISBN 978-7-115-61152-9

Ⅰ. ①网… Ⅱ. ①方… ②陈… Ⅲ. ①网页—设计—高等学校—教材 Ⅳ. ①TP393.092.2

中国国家版本馆CIP数据核字(2023)第023532号

内 容 提 要

本书全面、系统地介绍网页设计的相关知识和技巧，包括初识网页设计，网页设计基本规范，网页常用组件设计，官方展示网页设计，电商平台网页设计，管理系统网页设计，移动端网页设计，以及网页的标注、输出与命名等内容。

全书以知识点讲解加课堂案例为主线，知识点讲解部分使学生能够系统地了解网页设计的各类规范，课堂案例部分使学生可以快速掌握网页设计的流程与技巧。本书还安排了课堂练习和课后习题，可以拓展学生对网页设计的实际应用能力。

本书可作为高等院校数字媒体艺术类专业课程的教材，也可供网页设计初学者自学参考。

◆ 主　　编　方　武　陈　燕
副 主 编　杨　霞　戴雯惠　陶健林
责任编辑　桑　珊
责任印制　王　郁　焦志炜
◆ 人民邮电出版社出版发行　　北京市丰台区成寿寺路 11 号
邮编　100164　　电子邮件　315@ptpress.com.cn
网址　https://www.ptpress.com.cn
北京宝隆世纪印刷有限公司印刷
◆ 开本：787×1092　1/16
印张：14.5　　2023 年 7 月第 1 版
字数：377 千字　　2023 年 7 月北京第 1 次印刷

定价：79.80 元

读者服务热线：(010) 81055256　印装质量热线：(010) 81055316
反盗版热线：(010) 81055315
广告经营许可证：京东市监广登字 20170147 号

Web Design

PREFACE 前言

网页设计简介

网页设计主要是根据企业希望向用户传递的信息，进行网站功能的策划及页面的设计与美化。根据使用方式，网页可以被简单地分为功能型网页、形象型网页和信息型网页。网页设计内容丰富，前景广阔，是当下设计领域内关注度最高的方向之一。

本书特点

Step1 精选基础知识，快速了解网页设计

1.1 网页设计的相关概念

掌握网页设计的相关概念是学习网页设计的第一步，下面将通过介绍网站的概念、网页的概念及网页设计的概念，帮助读者打下扎实的网页设计基础。

慕课视频

网页设计的相关概念

1.1.1 网站的概念

网站（Website）由多个网页以链接的方式组成，如图 1-1 所示。网站被存储在指定的网络空间中，用户可以通过输入网址来访问网站，以获取自己需要的资讯或者享受网络服务。

1.1.2 网页的概念

网页（Web Page）是网站中的一“页”，是构成网站的基本元素。网页的内容使用超文本标记语言来描述，网页文件扩展名为 .html 或 .htm。当用户在浏览器中输入网址后，网页文件会被传送到用户的计算机上，然后浏览器根据网页文件将网页中的元素按照特定的排列方式显示出来，形成我们平时看到的网页，如图 1-1 所示。

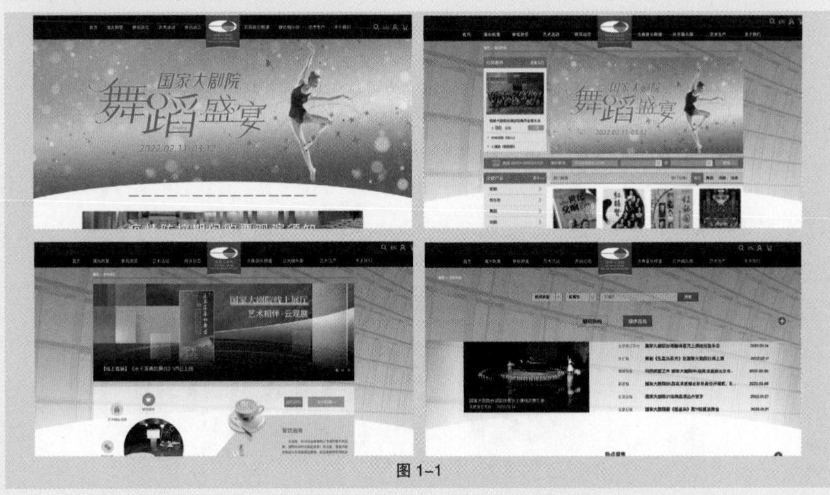

图 1-1

Web Design

Step2 “知识点解析 + 课堂案例”，熟悉设计思路，掌握制作方法

通过案例融合，深入学习网页设计的基础知识和设计规范

3.2.1 轮播广告

轮播广告（Carousel Advertisement）是以幻灯片的方式，在页面中横向展示多张图片的广告。轮播广告通常由指示器和图片组成，常用于展示一组具有平级关系的广告，使用该广告可以极大地节省网页空间。

轮播广告的常见样式为横向通栏、固定宽度和卡片化，如图 3-45 所示。横向通栏轮播广告是将图片横向铺满，呈现视觉开阔、简约大气的画面，但是要注意协调导航栏的样式。固定宽度轮播广告只会占据网页的一部分，当网页承载了大量信息内容时，可以使用该样式，以节省空间。卡片化轮播广告可以同时展示 3 张图片，当页面宽度方向上的空间空余，但高度方向上的空间匮乏时，可以使用该样式。

（a）横向通栏

完成知识点的学习后进行案例的制作

3.2.4 课堂案例——设计中式家具电商平台网站轮播广告

【案例设计要求】

1. 根据图 3-49 所示的原型效果，使用 Photoshop 制作中式家具电商平台网站轮播广告。

图 3-49

2. 视觉上应体现出中式家具的设计风格，契合中式家具的设计主题。

3. 设计文件应符合网页设计的制作规范与制作标准。

【案例设计理念】在设计过程中，围绕中式家具电商平台网站轮播广告进行创作。背景以山水画的形式体现中式家具古朴浑厚的特点。标题文字颜色选用棕色，给人自然环保的感觉。字体选用江西拙楷体，以符合设计风格。整体设计充满特色，契合主题。最终效果参看“云盘 /Ch03/3.2.4 课堂案例——设计中式家具电商平台网站轮播广告 / 工程文件 .psd”，如图 3-50 所示。

了解学习目标和知识要点

【案例学习目标】学习使用绘图工具、文字工具制作中式家具电商平台网站轮播广告。

【案例知识要点】使用“新建参考线”命令建立参考线，使用“置入嵌入对象”命令置入图片，使用“横排文字”工具添加文字，使用“椭圆”工具绘制基本形状。

精选典型商业案例

本书全面贯彻党的二十大精神，以社会主义核心价值观为引领，传承中华优秀传统文化，坚定文化自信，使内容更好体现时代性、把握规律性、富于创造性

图 3-50

PREFACE 前言

Step3 “课堂练习 + 课后习题”，拓展实际应用能力

3.5 课堂练习——设计科技公司官方网站导航

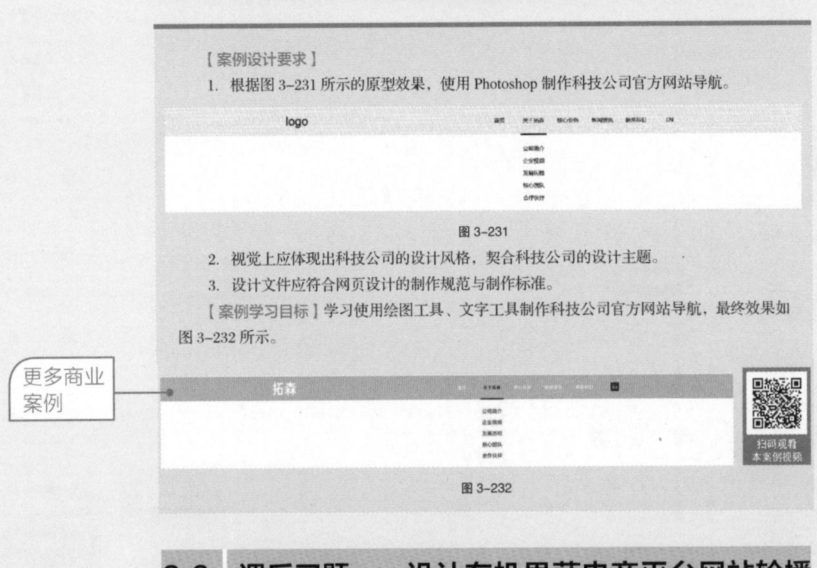

【案例设计要求】

1. 根据图 3-231 所示的原型效果，使用 Photoshop 制作科技公司官方网站导航。

图 3-231

2. 视觉上应体现出科技公司的设计风格，契合科技公司的设计主题。

3. 设计文件应符合网页设计的制作规范与制作标准。

【案例学习目标】学习使用绘图工具、文字工具制作科技公司官方网站导航，最终效果如图 3-232 所示。

图 3-232

3.6 课后习题——设计有机果蔬电商平台网站轮播广告

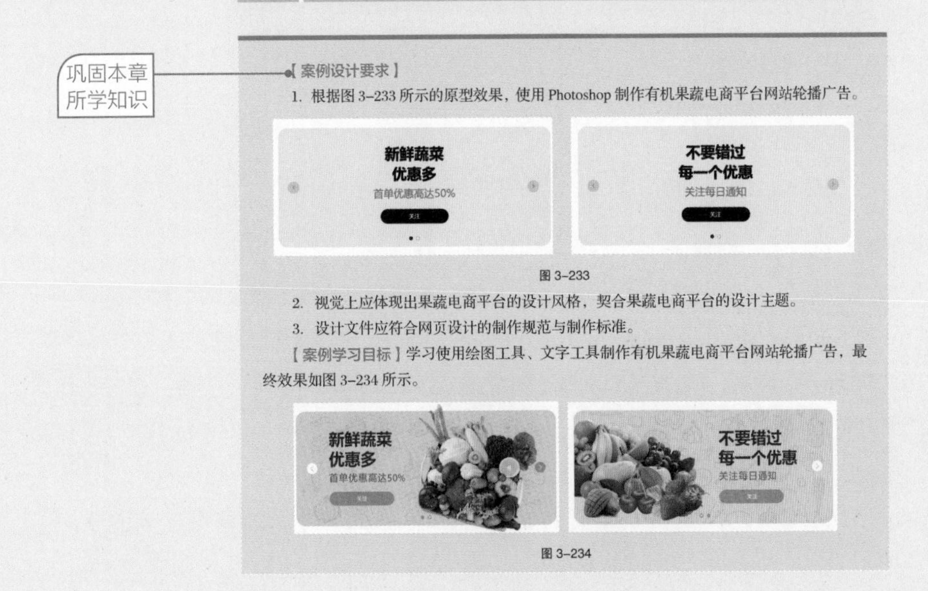

【案例设计要求】

1. 根据图 3-233 所示的原型效果，使用 Photoshop 制作有机果蔬电商平台网站轮播广告。

图 3-233

2. 视觉上应体现出果蔬电商平台的设计风格，契合果蔬电商平台的设计主题。

3. 设计文件应符合网页设计的制作规范与制作标准。

【案例学习目标】学习使用绘图工具、文字工具制作有机果蔬电商平台网站轮播广告，最终效果如图 3-234 所示。

图 3-234

Web Design

Step4 循序渐进，演练真实商业项目制作过程

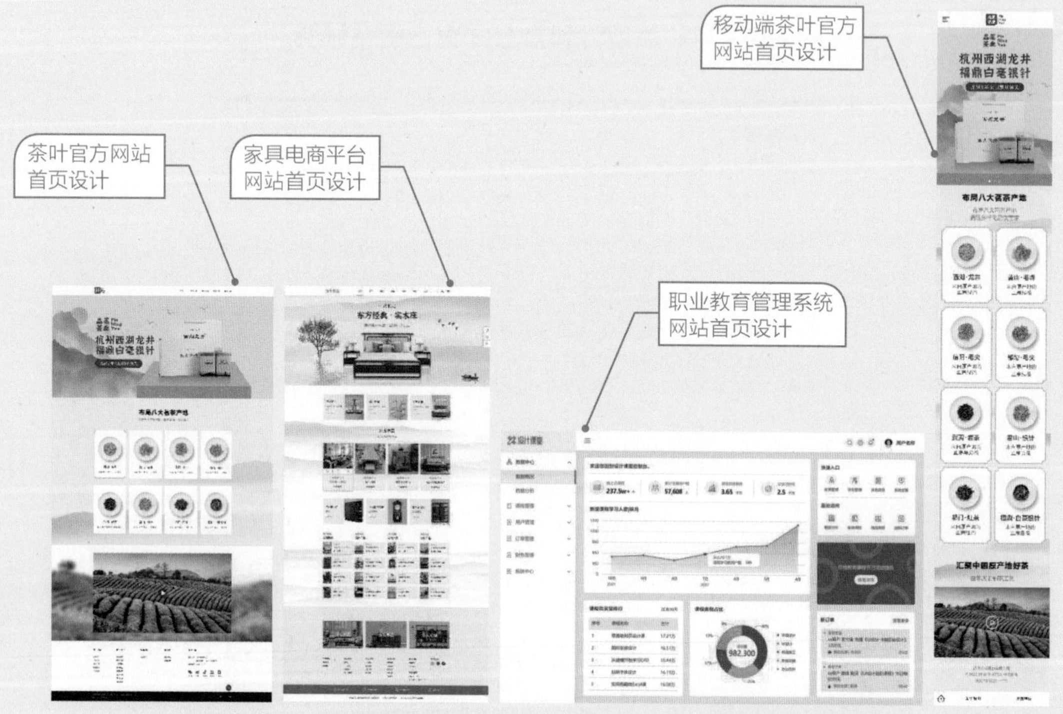

配套资源及获取方式

- 所有案例的素材及最终效果文件。
- 案例制作视频（可扫描书中二维码观看）。
- 每章 PPT 课件。
- 教学大纲。
- 教学教案。

读者可登录人邮教育社区（www.ryjiaoyu.com），在本书页面中免费下载全书配套资源。

打开人邮学院网站（www.rymooc.com）或扫描封底的二维码，使用手机号码完成注册与登录，在首页右上角单击“学习卡”选项，输入封底刮刮卡中的激活码，即可在线观看视频。读者也可以直接扫描书中的二维码观看视频。

教学指导

本书的参考学时为 64 学时，其中实训环节为 32 学时，各章的参考学时参见下面的学时分配表。

PREFACE

前言

章	课程内容	学时分配	
		讲授	实训
第 1 章	初识网页设计	2	—
第 2 章	网页设计基本规范	4	—
第 3 章	网页常用组件设计	2	4
第 4 章	官方展示网页设计	6	6
第 5 章	电商平台网页设计	6	6
第 6 章	管理系统网页设计	6	8
第 7 章	移动端网页设计	4	6
第 8 章	网页的标注、输出与命名	2	2
学时总计		32	32

本书约定

本书案例素材所在位置的表示形式为云盘 / 章号 / 案例名 / 素材，如云盘 /Ch03/3.2.4 课堂案例——设计中式家具电商平台网站轮播广告 / 素材。

本书案例效果文件所在位置的表示形式为云盘 / 章号 / 案例名 / 工程文件，如云盘 / Ch03 /3.2.4 课堂案例——设计中式家具电商平台网站轮播广告 / 工程文件 .psd。

本书中涉及颜色表述时，括号中的数字分别为该颜色的 R、G、B 值，如深灰色（53、51、57）。

由于编者水平有限，书中难免存在疏漏和不妥之处，敬请广大读者批评指正。

编　者

2023 年 5 月

扩展知识扫码阅读

设计基础知识

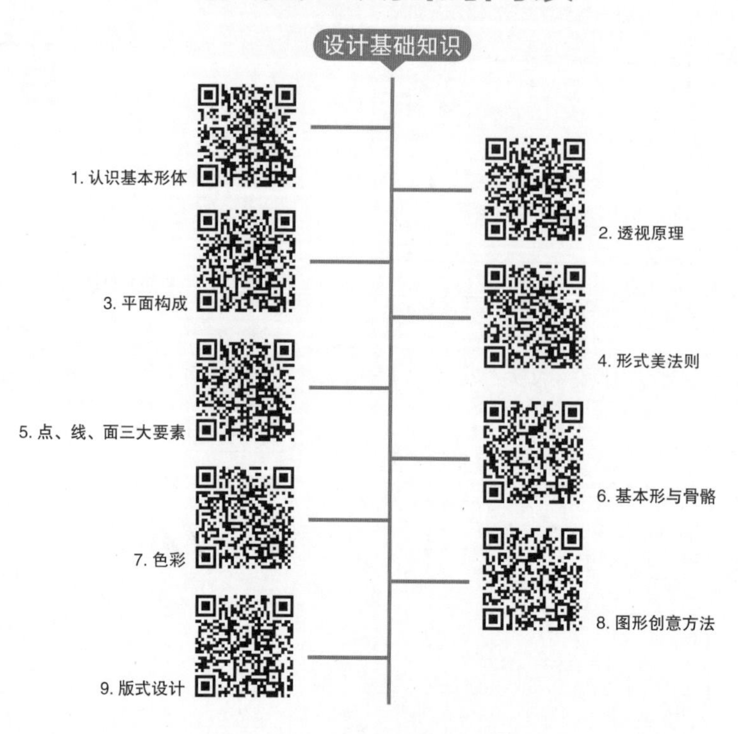

设计应用知识

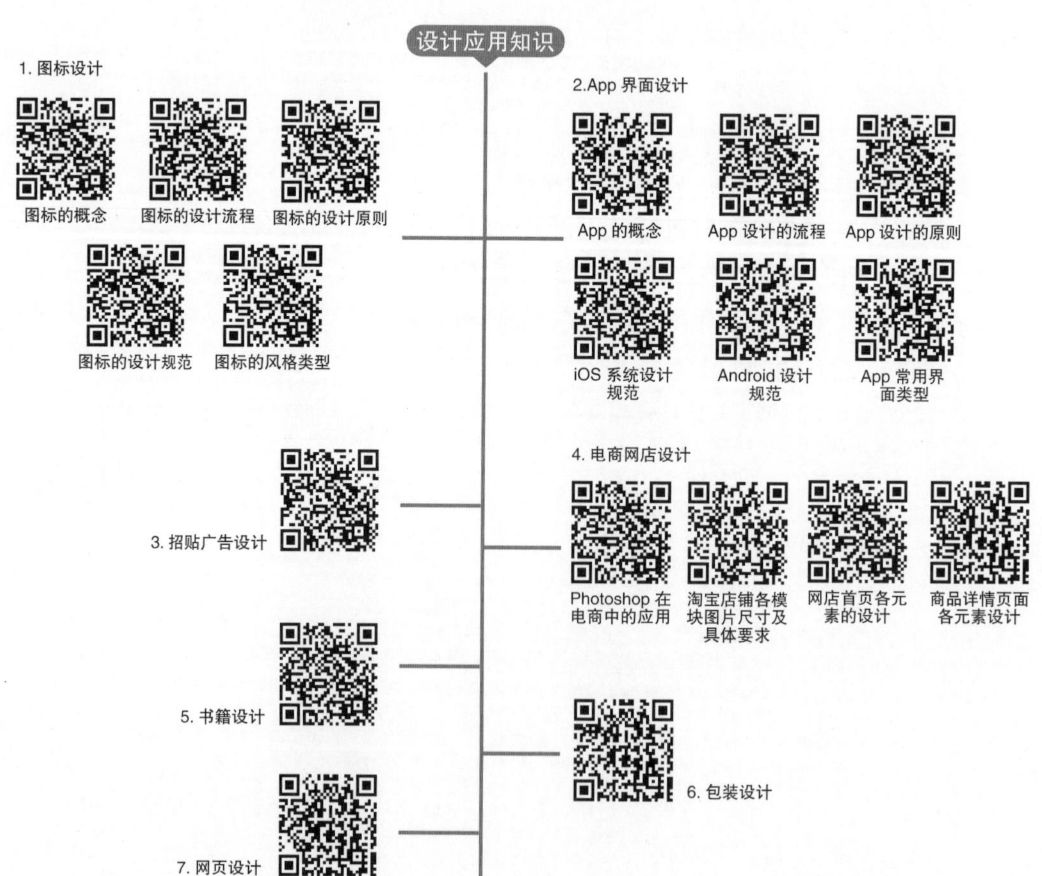

Web Design

CONTENTS 目录

—01—

第1章 初识网页设计

—02—

第2章 网页设计基本规范

Web Design

—03—

第 3 章 网页常用组件设计

CONTENTS 目录

—04—

第4章　官方展示网页设计

—05—

第5章　电商平台网页设计

—06—

第6章　管理系统网页设计

Web Design

07

第 7 章　移动端网页设计

08

第 8 章　网页的标注、输出与命名

01 第1章 初识网页设计

随着互联网的发展，企业对网页设计人员的要求已经趋向复合型，因此想要从事网页设计工作的人员需要系统地学习与更新网页设计的相关知识。本章对网页设计的相关概念、网站的相关术语、网页的常见类型、网页设计的特点、网页设计的必备技能及网页设计的流程进行系统讲解。通过对本章的学习，读者可以对网页设计有一个系统的认识，有助于高效、便利地进行后续网页设计的学习。

学习引导

学习目标		
知识目标	能力目标	素质目标
1. 掌握网页设计的相关概念 2. 了解网页的常见类型 3. 了解网页设计的特点	1. 认识网站的相关术语 2. 熟悉网页设计的必备技能 3. 掌握网页设计的流程	1. 培养不断学习网页设计的兴趣 2. 培养获取网页设计新知识、新技能的能力 3. 培养文化自信、职业自信

慕课视频

第1章

1.1 网页设计的相关概念

掌握网页设计的相关概念是学习网页设计的第一步，下面将通过介绍网站的概念、网页的概念及网页设计的概念，帮助读者打下扎实的网页设计基础。

慕课视频

网页设计的相关概念

1.1.1 网站的概念

网站（Website）由多个网页以链接的方式组成，如图 1-1 所示。网站被存储在指定的网络空间中，用户可以通过输入网址来访问网站，以获取自己需要的资讯或者享受网络服务。

1.1.2 网页的概念

网页（Web Page）是网站中的一“页”，是构成网站的基本元素。网页的内容使用超文本标记语言来描述，网页文件扩展名为 .html 或 .htm。当用户在浏览器中输入网址后，网页文件会被传送到用户的计算机上，然后浏览器根据网页文件将网页中的元素按照特定的排列方式显示出来，形成我们平时看到的网页，如图 1-1 所示。

图 1-1

扩展知识

网页按实现技术可以分为静态网页和动态网页。静态网页是指不使用 ASP、PHP、JSP 等程序语言生成的 HTML 格式网页，文件扩展名一般是 .htm、.html 等。静态网页中可以包含文本、图像等静态效果，还可以包含 GIF 动画、FLASH 动画等动态效果。

动态网页不是指具有动态效果的网页，而是指使用 ASP、JSP、PHP 等程序语言生成的网页。动态网页具有可编程的特点，利用动态网页可以实现对网站的内容和风格的高效、动态及交互式的管理。

1.1.3 网页设计的概念

网页设计（Web Design）主要是根据企业希望向用户传递的信息，进行网站功能的策划及页面的设计与美化工作，如图 1–2 所示。网页设计涵盖制作和维护网站的许多方面的内容，包含信息架构设计、网页图形设计、用户界面设计、用户体验设计、品牌标识设计和 Banner 设计等。

图 1–2

1.2 网站的相关术语

认识网站的相关术语可以帮助我们更进一步了解网站。常见的与网站相关的术语有域名、网站空间、HTTP、FTP、超链接及站点。

慕课视频

网站的相关术语

1.2.1 域名

域名（Domain Name）是用户浏览网站时在浏览器地址栏中输入的网址，常见的域名后缀有 .com、.cn、.top、.xyz 及 .edu 等。后缀为 .com 的域名如图 1–3 所示。

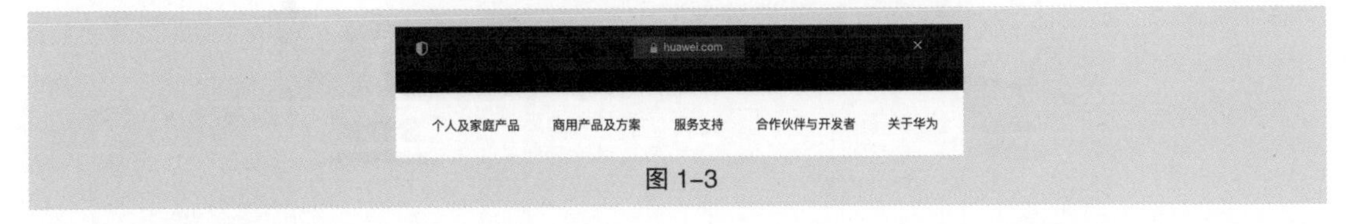

图 1–3

1.2.2 网站空间

网站空间（Website host）又被称为虚拟主机空间，是存放网站内容的空间，如图 1–4 所示。

图 1-4

1.2.3 HTTP

超文本传输协议（HyperText Transfer Protocol，HTTP）是互联网上应用最为广泛的一种网络协议，所有的 WWW 文件都必须遵守这个协议。

1.2.4 FTP

文件传输协议（File Transfer Protocol，FTP）是用于在网络上进行文件传输的用户级协议。运用 FTP 传输工具 FileZilla 可以将网站传输到网络上，供他人访问，如图 1-5 所示。

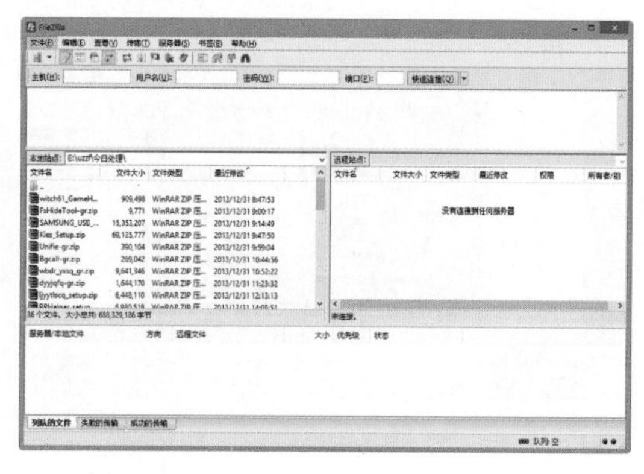
图 1-5

1.2.5 超链接

超链接的本质是网站中不同元素之间的链接，只有将各个网页链接在一起，才能真正构成一个网站。用户可以通过网页中的超链接在网站中“畅游”。导航栏可以算是网站中最明显的超链接应用之一，如图 1-6 所示。

图 1-6

1.2.6 站点

站点（Site）是存放网站所有内容的文件夹，通过站点可以方便地管理网站的内容。

1.3 网页的常见类型

了解网页的常见类型，可以有效地帮助设计师在正式设计之前明确基本的网站规划与设计方向。网页的常见类型有功能型网页、展示型网页和信息型网页。

慕课视频

网页的常见类型

1.3.1 功能型网页

功能型网页是实现功能的网页，这一类网页在视觉效果上更注重交互操作的体验，常见于电商网站、应用网站和管理系统网站，如图 1-7 所示。

图 1-7

1.3.2 展示型网页

展示型网页即展示商业公司、政府单位、非营利机构等组织的形象的网页，常见于官方展示型网站，如图 1-8 所示。

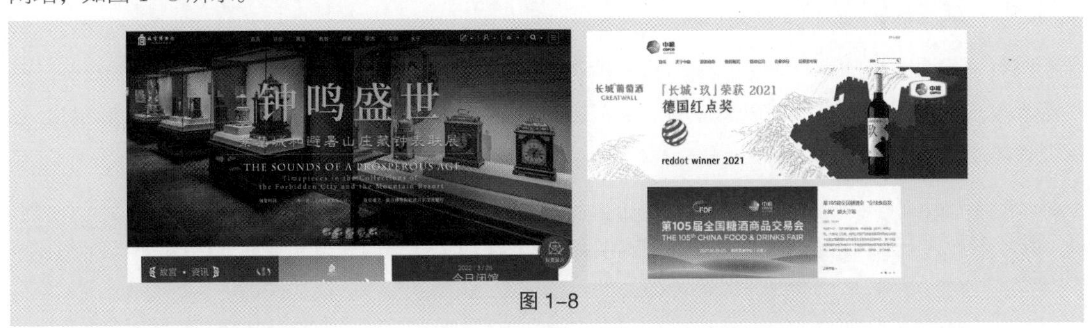

图 1-8

1.3.3 信息型网页

信息型网页即集合信息的网页，可以向用户提供专业的行业信息，常见于门户网站和专业网站，如图 1-9 所示。

图 1-9

1.4 网页设计的特点

网页设计虽然也需要进行字体设计和版式设计，但它和传统的平面设计还是有很大的不同，具体表现为媒体综合、艺术独特、技术多元及交互丰富 4 个特点。

慕课视频

网页设计的特点

1.4.1 媒体综合

综合运用媒体是网页设计的特点之一，也是当今网页设计的趋势。网页中可以使用文字、图像、音频及视频等多媒体元素，网页设计师在进行网页设计时需要综合运用这些多媒体元素，以最大限度地满足浏览者对网页的使用需求。

1.4.2 艺术独特

在进行网页设计时，除了要遵循艺术的一般规律，还要遵守网页设计的规范。在融合两者的过程中，网页设计有了自身独特的艺术表现力，并且对其他视觉艺术门类的表现风格产生了影响。

1.4.3 技术多元

与其他设计相比，网页的设计与实现需要丰富的软件与技术的支持，主要包含图像处理软件 Photoshop、图形处理软件 Illustrator、动画制作软件 Animate、网页代码编辑软件 Dreamweaver 等软件，以及 HTML5、CSS3、JavaScript 等技术。

1.4.4 交互丰富

网页中包含大量的交互设计，它体现在网页的每一处细节中。无论是细腻微妙的动态效果，还是宏观复杂的交互逻辑，都在网页中得到了充分的展示。同时，用户也在交互过程中由被动的信息接受者转变为主动的信息处理者。

1.5 网页设计的必备技能

想要设计出出色的网页，需要掌握网页设计的必备技能。网页设计的必备技能可以分为使用软件和使用脚本语言两个方面。

慕课视频

网页设计的必备技能

1.5.1 使用软件

进行网页设计的常用软件包括思维导图类、交互设计类、界面设计类、动画效果类及代码编辑类这 5 类软件，如图 1-10 所示。建议初学者先掌握 Photoshop（PS）和 Dreamweaver（DW）。其中，Photoshop 是一款图像处理软件，是网页设计人员进行图片处理、广告设计和页面设计时常用的软件；Dreamweaver 是一款网页代码编辑软件，是网页设计人员配合前端工程师，快速进行网站建设时常用的软件。

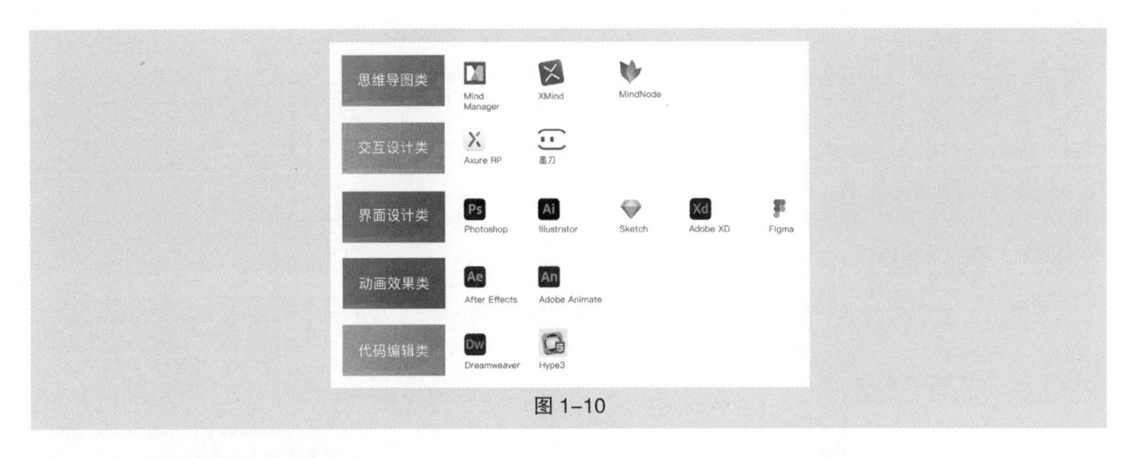

图 1-10

1.5.2 使用脚本语言

网站的实现需要 HTML、CSS 和 JavaScript 这 3 种技术。其中，HTML 用于定义网页内容的含义和结构，CSS 用于描述网页的表现与展示效果，JavaScript 用于处理网页的功能与行为。HTML5 和 CSS3 分别是 HTML 和 CSS 技术目前的最新版本。在进行网页设计时，网页设计师需要了解这些前端脚本语言，如图 1-11 所示，以便顺利地配合前端工程师实现网站的设计。

图 1-11

1.6 网页设计的流程

网页设计可以按照网站策划、素材搜集、交互设计、界面设计、网站制作、测试发布的流程进行，如图 1-12 所示。

（a）网站策划 （b）素材搜集 （c）交互设计

（d）界面设计 （e）网站制作 （f）测试发布

图 1-12

1.6.1 网站策划

网页设计是根据品牌的调性、网站的定位而进行的。网页的主题不同，其设计风格也会有所区别。因此，网页设计的第一步是网站策划，即分析需求及功能，了解用户特征，并进行相关竞品的调研，明确设计方向和页面风格。

1.6.2 素材搜集

根据初步确定的设计方向和页面风格，进行相关素材的搜集，为接下来的视觉设计做准备。

1.6.3 交互设计

交互设计是对整个网站进行初步构思的环节，在此环节一般需要进行架构设计、流程图设计、线框图设计、原型图设计等具体工作。为了方便后续的界面设计工作，线框图和原型图可直接在 Photoshop 或 Sketch 中设计。

1.6.4 界面设计

界面设计是人与机器之间传递和交换信息的媒介。当线框图、原型图通过审查后，便可以进入界面的视觉设计阶段，这个阶段的设计图即最终呈现给用户的界面。

1.6.5 网站制作

对设计完成后的界面进行切图与标注，并运用 Dreamweaver 或脚本语言制作出可交互的网站，以便进行后续的网站测试与发布工作。

1.6.6 测试发布

测试发布是网页设计的最后一个阶段。这个阶段让具有代表性的用户进行典型操作，设计人员和开发人员共同观察、记录并在测试过程中对细节进行调整。最后将整理好的网站文件运用 FTP 传输工具传输到网络上，供用户访问。

第2章 网页设计基本规范

02

学习网页设计的基本规范是进行网页设计的重要基础，遵循网页设计的规范可以保证网页设计的可行性与实用性。本章对网页设计的设计单位、设计尺寸、基础布局、栅格系统、文字规范、图标规范、图片比例及控件管理进行系统的讲解。通过对本章的学习，读者可以对网页设计的基本规范有一个系统的认识，并为后续制作不同类型、不同风格的网页打下基础。

学习引导

学习目标		
知识目标	能力目标	素质目标
1. 了解网页设计的设计单位 2. 熟悉网页设计的基础布局 3. 掌握网页设计的文字规范 4. 掌握网页设计的图标规范	1. 掌握网页设计的设计尺寸 2. 熟练搭建网页设计的栅格系统 3. 熟悉网页设计的图片比例 4. 掌握网页设计的控件管理	1. 培养搜集并分析网页设计规范的能力 2. 培养对网页设计规范的持续学习、独立思考的能力 3. 培养将理论规范联系实际操作的能力

2.1 设计单位

了解设计单位是学习网页设计基本规范的第一步，单位是网页设计规范中最基本的内容。网页设计中需要大家了解的设计单位分别是英寸、像素及分辨率。

2.1.1 英寸

英寸（inch，in）是英式的长度单位，1 英寸≈ 2.54 厘米。许多显示设备经常用英寸来表示大小。目前主流的台式一体机显示器的尺寸一般为 21.5 英寸、24 英寸、27 英寸、32 英寸，笔记本电脑的尺寸一般为 13.3 英寸、14 英寸、15.6 英寸，如图 2-1 所示。

（a）27 英寸的联想台式一体机　（b）14 英寸的联想笔记本电脑

图 2-1

2.1.2 像素

像素（pixel，px）是组成图像最小的点。把图像放大到一定程度，会发现图像是由一个个小点组成的，这些小点就是像素。Photoshop 的预设文档使用的单位都是 px，如图 2-2 所示。

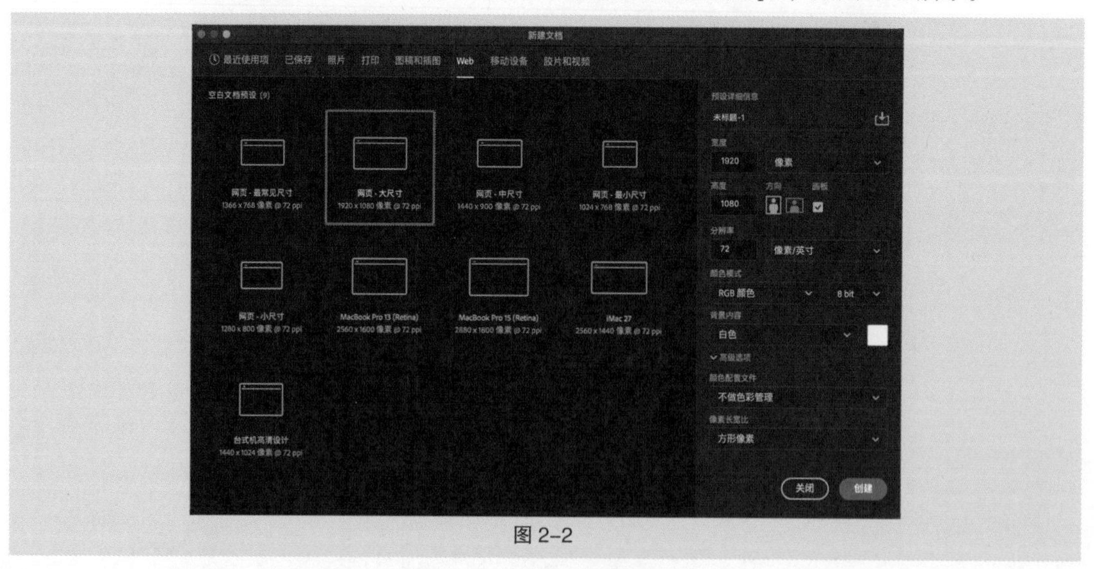

图 2-2

2.1.3 分辨率

分辨率（resolution）表示图像中像素的多少，它等于图像水平方向的像素数 × 图像垂直方向的像素数。屏幕尺寸一样的情况下，分辨率越高，显示效果就越精细和细腻，例如 14 英寸计算机屏幕的分辨率是 1366px×768px 或 1920px×1080px，但 1920px×1080px 的显示效果比 1366px×768px 的显示效果好，如图 2-3 所示。

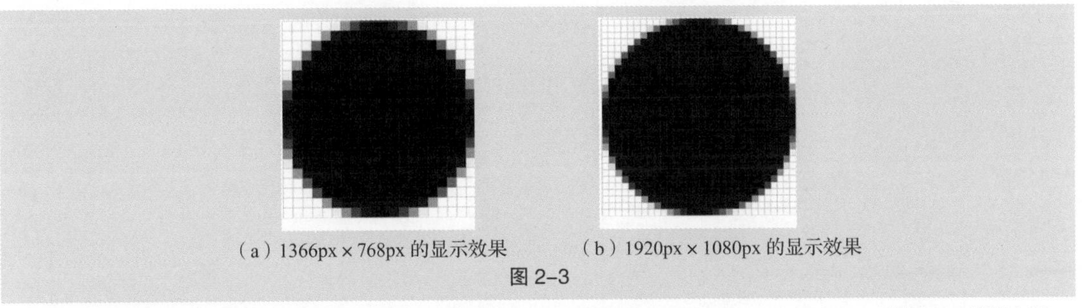

（a）1366px×768px 的显示效果　（b）1920px×1080px 的显示效果

图 2-3

像素密度（Pixels Per Inch，PPI）表示每英寸的像素数。使用 Photoshop 进行网页设计时，通常将分辨率设置为每英寸 72 个像素，如图 2-4 所示。

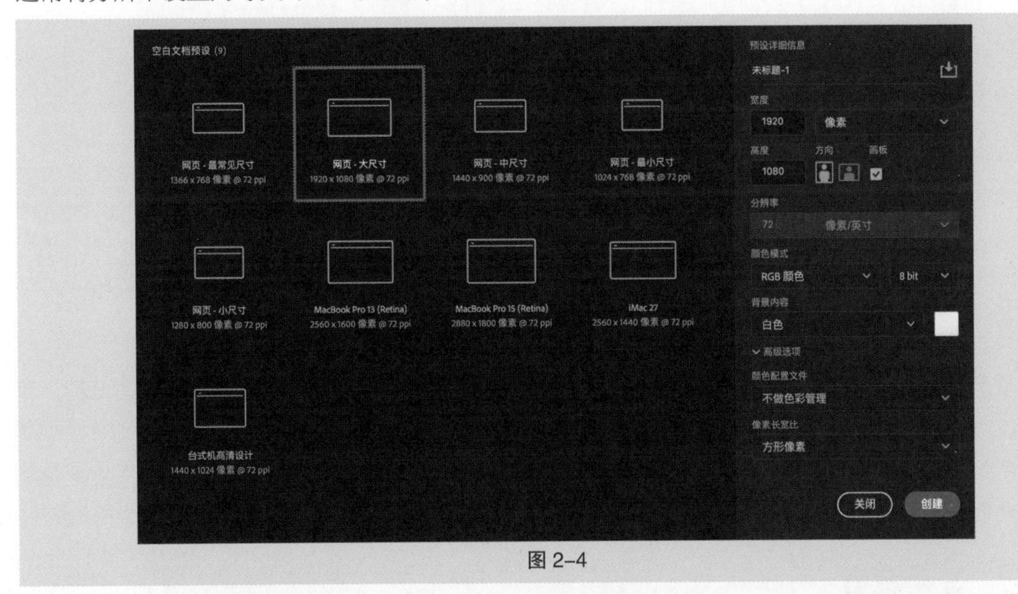

图 2-4

2.2 设计尺寸

无论是网页设计还是其他设计，设计尺寸都是需要高度重视的一个方面。下面将全面介绍网页设计尺寸中的页面宽度、安全宽度及首屏高度，以帮助大家掌握网页设计尺寸。

2.2.1 页面宽度

网页中常见的屏幕分辨率如图 2-5 所示。在进行 PC 端网页设计时，根据市场占有率以及为了能够适应宽度为 1920px 的屏幕，大部分设计师会以 1920px×1080px 为基准进行设计。因此使用 Photoshop 进行网页设计时，推荐创建宽度为 1920px 的画布，高度根据网页的要求设定，一般会先设置为 5000px。在设计后台系统网站时，考虑需要响应的最大屏幕和最小屏幕，建议以中间尺寸 1440px×900px 为基准进行设计，以帮助前端在适配时降低错误率。

设备	屏幕宽度（px）	屏幕最小高度（px）	市场占有率
PC端	1920	1080	22.55%
	1366	768	18.43%
	1536	864	10.46%
	1440	900	6.14%
	1280	720	5.93%
	1600	900	3.46%
	2560	1440	2.32%
	1280	1024	2.2%
	其他	其他	28.51%
平板端	768	1024	35.48%
	1280	800	6.81%
	810	1080	6.13%
	800	1280	5.81%
	601	962	4.91%
	962	601	3.23%
	1024	1366	2.57%
	834	1112	2.46%
	其他	其他	32.6%
手机端	360	800	8.56%
	414	896	6.95%
	360	640	6.45%
	412	915	4.77%
	390	844	4.75%
	360	780	4.56%
	375	667	4.43%
	375	812	4.35%
	其他	其他	55.18%

以上数据来源Statcounter Global Stats 2021年9月—2022年9月

图 2-5

完成宽度为 1920px 的 PC 端设计稿后，便可以通过前端实现响应式设计，以适配移动设备，满足用户的浏览需求。但电商类、后台系统等比较复杂的功能性网站，需要单独设计移动端网页。以宽度 375px 为基准，使用 Photoshop 进行网页设计时，推荐创建宽度为 750px 的画布，以便适配其他移动设备。

2.2.2 安全宽度

安全宽度即内容安全区域，是承载页面元素的固定宽度。设置安全宽度的目的是确保网页中的元素在不同计算机的屏幕分辨率下都可以正常显示。在宽度为 1920px 的设计尺寸中，常见平台的安全宽度如图 2-6 所示。

常见平台	淘宝	天猫	京东	Bootstrap 3.x	Bootstrap 4.x
安全宽度	950px	990px	990px	1170px	1200px

图 2-6

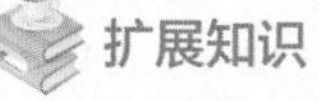

扩展知识

Bootstrap 是基于 HTML、CSS、JavaScript 开发的直观、简洁、强大的前端开发框架，它可以令 Web 开发更加快捷。

2.2.3 首屏高度

当用户打开计算机或移动设备中的浏览器时，在不滚动屏幕的情况下，第一眼看到的画面的高度就是首屏高度。通常首屏中的页面的关注度为 80.3%，首屏外的页面的关注度仅有 19.7%，因此首屏对网页设计极其重要。

如果以 1080px 作为设计稿的首屏高度，除掉任务栏、菜单栏及状态栏的高度后，在其他分辨率较低的屏幕上，图片的核心内容会因为屏幕太“矮”而被剪裁掉。因此，首屏高度应不包括任务栏、菜单栏及状态栏的高度。常用浏览器的状态栏、菜单栏、滚动条的高度及该种浏览器在国内占据的市场份额如图 2-7 所示。综合分辨率及浏览器的统计数据，以 1080px 高度为基准，图片尺寸建议选择 1366px×768px，即首屏参考线高度建议为 768px，图像可视区、核心内容区安全高度建议为 560px，如图 2-8 所示。

浏览器	状态栏（px）	菜单栏（px）	滚动条（px）	市场份额（国内）
Chrome浏览器	22（浮动出现）	60	15	8%
火狐浏览器	20	132	15	1%
IE浏览器	24	120	15	35%
360浏览器	24	140	15	28%
遨游浏览器	24	147	15	1%
搜狗浏览器	25	163	15	5%

图 2-7

图片尺寸（px）	首屏参考线高度参考值（px）	图像可视区、核心内容区安全高度参考值（px）	说明
1280×850	850	620	-
1366×768	768	560	-
1680×1050 1440×900	900	710	-
1920×1080 1920×1200	1080	855	常用
2560×1600 2880×1800	1600	1220	常用于Retina屏

图 2-8

2.3 基础布局

网页分为上下布局、左右布局和 T 形布局 3 种基础布局，如图 2-9 所示。网页主要由页头、内容主体及页脚三大板块构成。其中，页头包含网站标识和导航栏等元素，内容主体包含 Banner 和与该网页内容相关的信息，页脚包含导航栏和版权信息等元素，如图 2-10 所示。

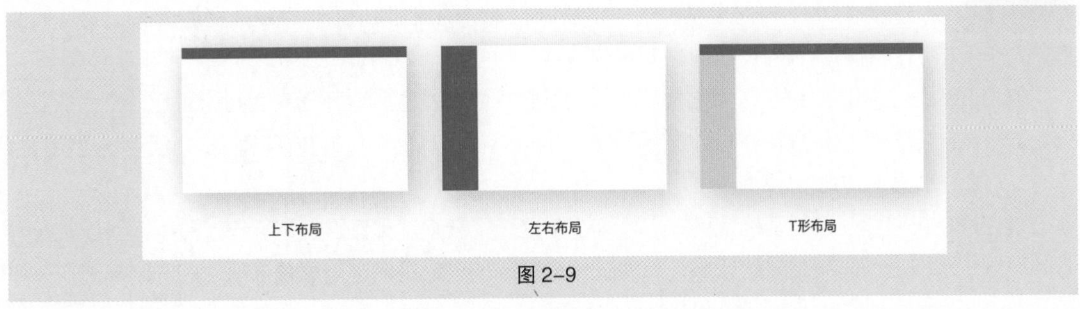

图 2-9

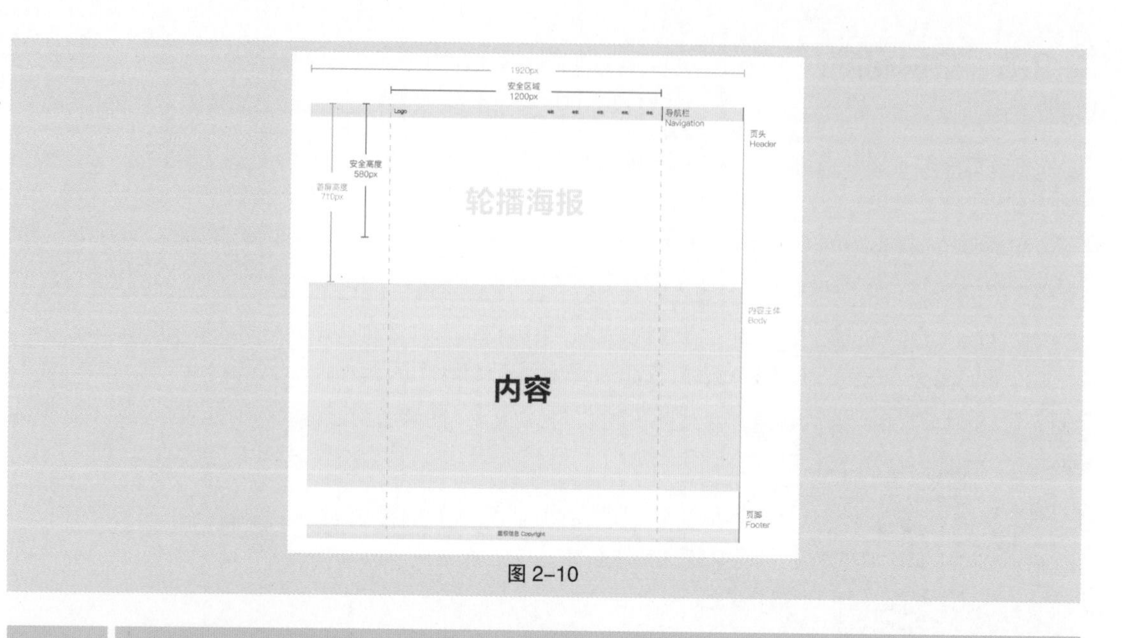

图 2-10

2.4 栅格系统

栅格系统可以使网页更规整、美观，在网页中搭建栅格系统能有效提升整个网站的设计效率与开发效率。下面将分别讲解栅格系统的概念、组成及搭建，以帮助大家全面掌握栅格系统。

2.4.1 栅格系统的概念

栅格系统，也称为网格系统。在网页中，我们可以利用一系列垂直和水平的参考线，将网页分割成若干个有规律的单元格，再以这些单元格为基准进行网页的布局设计，使布局规范、简洁、有秩序，如图 2-11 所示。

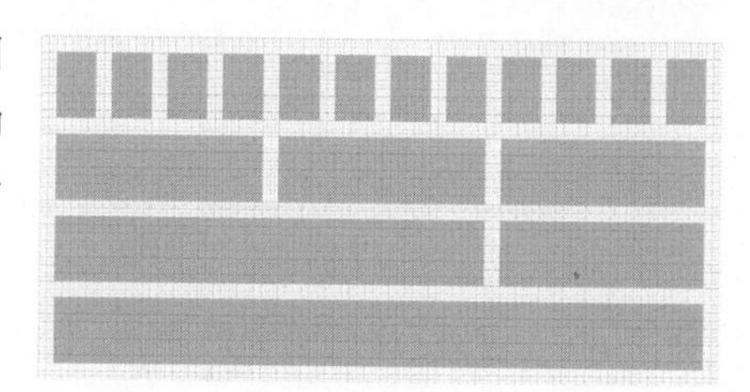

图 2-11

2.4.2 栅格系统的组成

1. 单元格

栅格系统由单元格组成，因此其基本单位是单元格。需要先定义好栅格系统的最小单元格，然后以最小单元格去定义栅格系统。

常见的 PC 端网页的最小单元格边长有 4px、6px、8px、10px、12px。目前主流计算机的屏幕分辨率在竖直方向与水平方向上基本都可以被 8 整除，因此以 8px 作为单元格的边长，与其他像素作为单元格边长相比，从视觉上能感受到较为明显的差异，如图 2-12 所示。

利用 8px 建立栅格系统后，便需要使用 8 的倍数的像素设置元素及元素之间的间距。注意不要全部都套用8的倍数,可以优先用8的倍数,跨度太大时可以使用其他常见的PC端网页的最小单元格边长。

2. 列 + 水槽 + 边距

确定好单元格后，则需要确定列、水槽和边距这 3 个元素，如图 2-13 所示。其中，列是放置内容的区域；水槽是列与列之间的区域，有助于分离内容；边距是内容与屏幕边缘之间的距离。

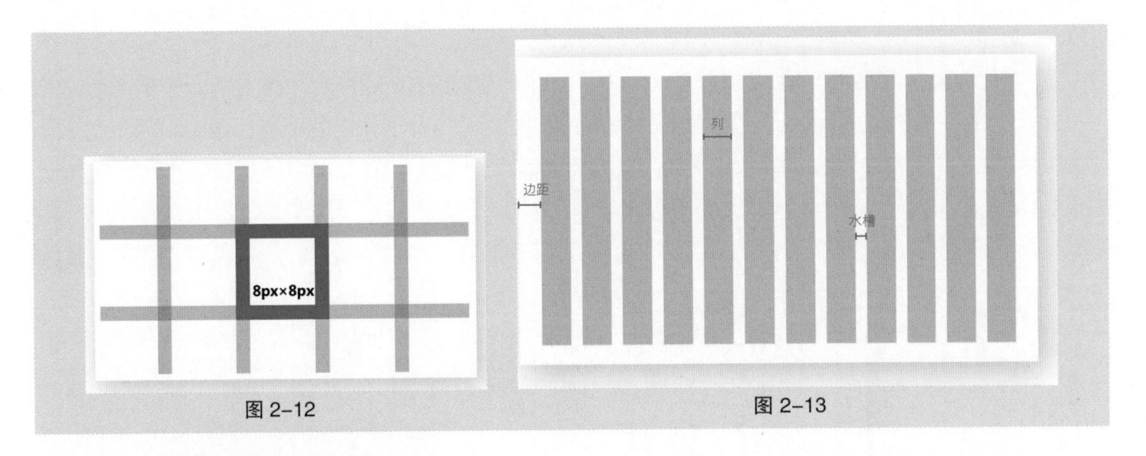

图 2-12　　图 2-13

2.4.3 栅格系统的搭建

1. 确定屏幕宽度

搭建栅格系统的第一步是创建画布，针对不同的设计项目，屏幕宽度会有所不同，屏幕宽度的具体数值可以查看本书“2.2 设计尺寸”一节中的内容。

2. 确定栅格区域

创建好画布后，接下来需要确定栅格区域。应在结合屏幕宽度的基础上，根据不同的布局确定栅格区域。如果是宽度为 1920px 的上下布局的网页，则栅格区域通常会在中间的内容主体区域，如图 2-14 所示。

图 2-14

3. 确定列数、水槽、边距

- **列数**

PC 端网页常用的栅格系统为 12 列和 24 列，如图 2-15 所示。12 列在前端开发的 Bootstrap 与 Foundation 框架中广泛使用，适用于业务信息分组较少的后台页面设计。24 列适用于业务信息量大、信息分组较多的后台页面设计。移动端网页常用的栅格系统以 6 列和 12 列为主。

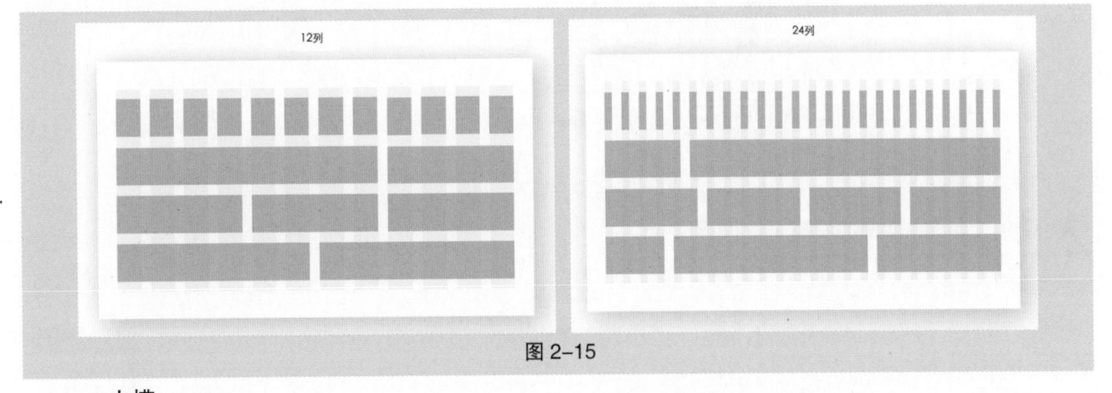

图 2-15

- **水槽**

水槽的宽度可以依照最小单元格的边长 8px 为增量进行统一设置，如 8px、16px、24px、32px、40px。其中 24px 最为常用，如图 2-16 所示。移动端网页的栅格系统的水槽宽度一般有 24px、30px、32px、40px，建议采用 32px。（XS 意为超小、SM 意为小、MD 意为中、LG 意为大、XL 意为超大）

- **边距**

边距通常为 0 或水槽宽度的 0.5、1.0、1.5、2.0 倍。以 1920px 的设计稿为例，栅格系统一般在 1200px 的安全区域内建立，此时内容与屏幕左右边缘已经有了一定的距离，边距可以根据画面美观度及呼吸感进行设置，如图 2–17 所示。移动端网页的栅格系统的边距一般有 20px、24px、30px、32px、40px 及 50px，建议采用 30px。

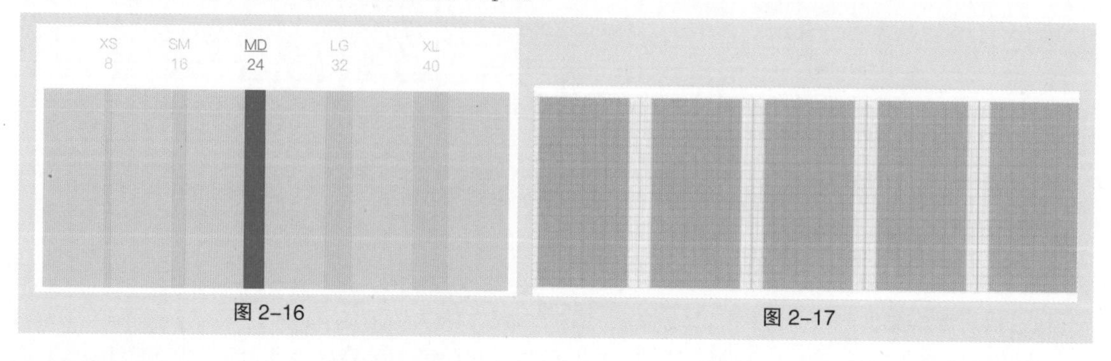

图 2–16　　图 2–17

扩展知识

在浏览器中搜索 GridGuide，在该网站中可以很方便地计算多种网格布局方案，从而快速搭建栅格系统，如图 2-18 所示。

图 2–18

2.5 文字规范

文字是组成网页的重要元素之一，它会直接影响到网页的美观度及可读性。下面将分别介绍网页设计中文字的安全字体、字号大小、文字字重、文字行高、文字间距、行间距及段落间距，帮助大家全面掌握网页设计中的文字规范。

2.5.1 安全字体

安全字体是用户计算机系统中自带的字体，如 Windows 系统的微软雅黑、macOS 的苹方。另外，CSS 定义了 5 种通用字体系列：Serif（衬线）字体、Sans-serif（无衬线）字体、Monospace

（等宽）字体、Cursive（草书）字体、Fantasy（幻想）字体。网页设计师可以放心使用安全字体。将常见的安全字体根据开发优先级、设计美观度从高到低进行排列，如图 2-19 所示。

Windows系统	Mac OS	Sans-serif（无衬线）	Serif（衬线）	Monospace（等宽）
微软雅黑 Microsoft YaHei	苹方 PingFang SC	Helvetica	Georgia	Menlo
黑体 SimHei	冬青黑体 Hiragino Sans GB	Arial	Times	Monaco
宋体 SimSun	华文细黑 STHeiti Light、ST Xihei	Tahoma	Times New Roman	Lucida Console
新宋体 NSimSun	华文黑体 STHeiti	Trebuchet MS	Palatino	Courier
仿宋 FangSong	华文楷体 STKaiti	Verdana	Palatino Linotype	Courier New
楷体 KaiTi	华文宋体 STSong	Arial Black	Garamond	Consolas
仿宋_GB2312	华文仿宋 STFangsong	Impact	Bookman	
楷体_GB2312		Charcoal	Book Antiqua	
		Geneva		
		Gadget		
		Lucida Sans Unicode		
		Lucida Grande		
		Comic Sans MS		
		cursive		

图 2-19

网页设计师在进行视觉设计时，中文通常使用微软雅黑、宋体、苹方，英文和数字通常使用 Serif 字体中的 Helvetica、Arial 或 Sans-serif 字体中的 Georgia、Times New Roman。

2.5.2 字号大小

基于计算机显示器阅读距离（50cm）及最佳阅读角度（30 度），字号为 14px 能够保证用户在多数常用显示器上的阅读效率最高，如图 2-20 所示。

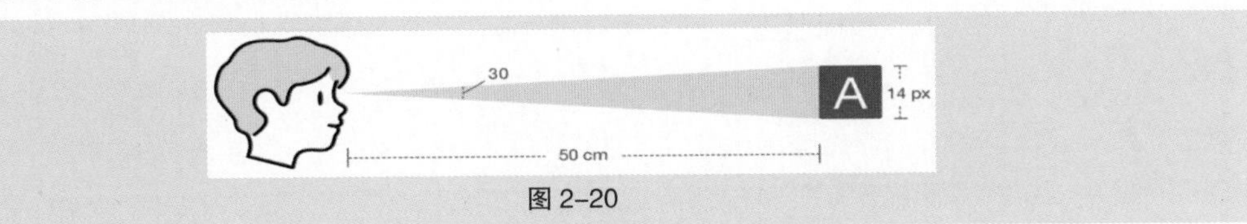

图 2-20

以 14px 字号为默认字体，运用不同的字号和字重体现网页中的视觉信息层次，如图 2-21 所示。需要注意的是，字号多采用偶数，因为奇数无法对齐像素。

效果	字重	字号
大运营标题	Regular	56px
中运营标题	Regular	48px
小运营标题	Regular	36px
大标题	Regular	32px
中标题	Regular	24px
小标题	Regular	20px
大字标题	Bold	16px
文字标题	Bold	14px
大正文	Regular	14px
小正文	Regular	12px
辅助文案	Regular	12px

图 2-21

在移动端网页中，iOS 和 Material Design 提供的参考字号并不完全适用于中文，因为在字号相同的情况下，中文比西文大。例如 iOS 官方规范的正文字号为 17pt，但使用中文时 14pt 和 12pt 更加合适。为了区分标题和正文，字号差异至少保持在 2pt 及以上。iOS 和安卓对字体大小的建议如图 2-22 所示。其中行距和字间距的单位为 px。

关于单位的说明如下。

px：像素（pixels，px）是物理像素（Physical Pixel）的单位，属于相对单位，会因为屏幕像素密度变化而变化。运用 Photoshop 软件进行 UI 设计时使用的单位，运用此单位需要兼容不同分辨率的界面。

pt：点（points，pt）是逻辑像素（Logic Point）的单位，属于绝对单位，不会因为屏幕像素密度变化而变化。iOS 开发及运用 Sketch 软件进行 UI 设计。

dp：独立密度像素（Density-independent Pixels，dp），用于非文字单位，等同于苹果设备上的 pt。

sp：独立缩放像素（Scale-independent Pixels，sp）是 Android 设备上的字体单位。用户可以根据自己需求调整字体尺寸，当文字尺寸是“正常”状态时，1sp=1dp。

安卓对于字体大小的建议

位置	字体	字重	字号	使用情况	字间距
标题一	Roboto	Light	96sp	正常情况	-1.5
标题二	Roboto	Light	60sp	正常情况	-0.5
标题三	Roboto	Regular	48sp	正常情况	0
标题四	Roboto	Regular	34sp	正常情况	0.25
标题五	Roboto	Regular	24sp	正常情况	0
标题六	Roboto	Medium	20sp	正常情况	0.15
副标题一	Roboto	Regular	16sp	正常情况	0.15
副标题二	Roboto	Medium	14sp	正常情况	0.1
正文一	Roboto	Regular	16sp	正常情况	0.5
正文二	Roboto	Regular	14sp	正常情况	0.25
按钮	Roboto	Medium	14sp	首字母大写	0.75
标题	Roboto	Regular	14sp	正常情况	0.4
注释	Roboto	Regular	14sp	首字母大写	1.5

图 2-22

2.5.3 文字字重

在大部分情况下，只会出现 Regular 和 Medium 两种字重，分别对应 CSS 代码中 font-weight 属性值的 400 和 500。在英文字体加粗的情况下会采用 Semi-Bold 字重，对应 CSS 代码中 font-weight 属性值的 600，如图 2-23 所示。

图 2-23

2.5.4 文字行高

不同的字号应设置不同的行高，这样才可以维持网页中文字的秩序美。在版式设计中，西文的行高基本是字号的 1.2 倍，中文的行高基本是字号的 1.5 ～ 2 倍，甚至更大。在网页设计中，可以参考版式设计的行高设置规律，或遵循 Ant Design 定义的 10 个不同的字号及与之对应的行高，如图 2-24 所示。其中字号和行高的单位都为 px。

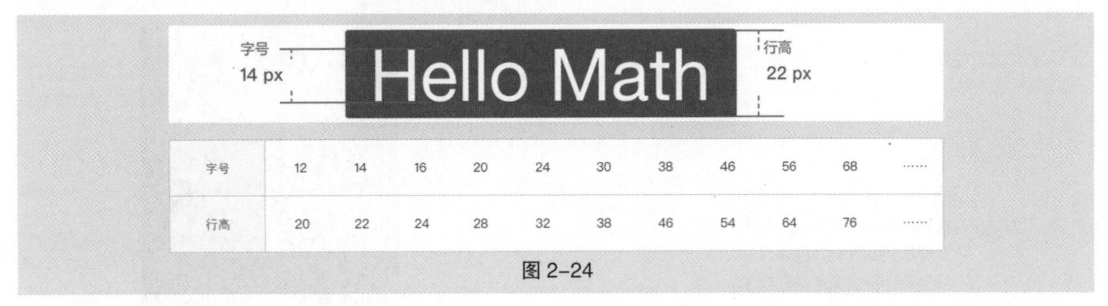

字号	12	14	16	20	24	30	38	46	56	68	……
行高	20	22	24	28	32	38	46	54	64	76	……

图 2-24

扩展知识

Ant Design 是经过大量的项目实践总结出的一套设计语言与研发框架，如图 2-25 所示。其中，文字行高的设置是受到五声音阶及自然律的启发而定义的。这套文字行高的规律为：字号 +8px= 行高。

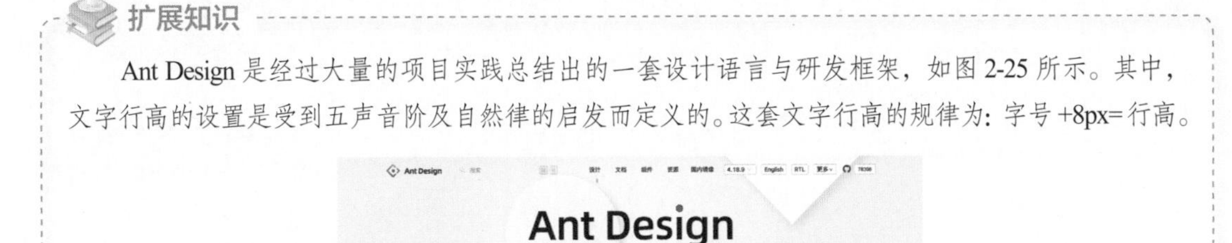

图 2-25

2.5.5 文字间距

不同的字母有不同的外形，使用相同的文字间距会造成字母显示不协调，因此需要调整文字间距来提升可读性，如图 2-26 所示。使用 Photoshop 进行网页设计时，将“字符”面板中的文字间距设置为“视觉”，排版的可读性更佳，如图 2-27 所示。

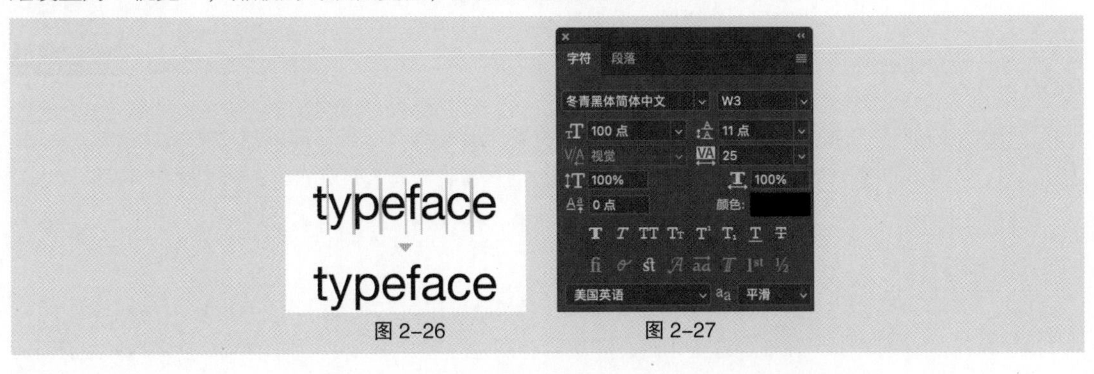

图 2-26　图 2-27

2.5.6 行间距

行间距让文字与文字之间有了可呼吸的空间，如图 2-28 所示，行间距对文章的易读性有很大的影响。网页设计中的行间距可以使用 Ant Design 定义的固定数值 8 像素，即行高减去字号的数值。需要注意的是，使用Photoshop 进行网页设计时，“字符”面板中的行间距并不等同于这里的行间距，Photoshop 里的行间距需要根据本书“2.5.4 文字行高”小节中的规范进行设置，如图 2-29 所示。

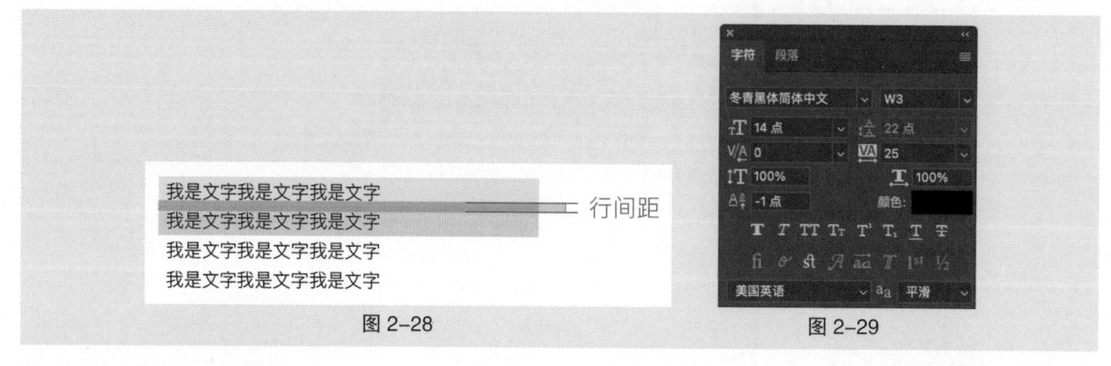

图 2-28　　图 2-29

2.5.7 段落间距

段落间距能够保持页面的节奏，它与行高、行间距有着密切的联系。段落间距一般是行高与行间距之和，如图 2-30 所示。

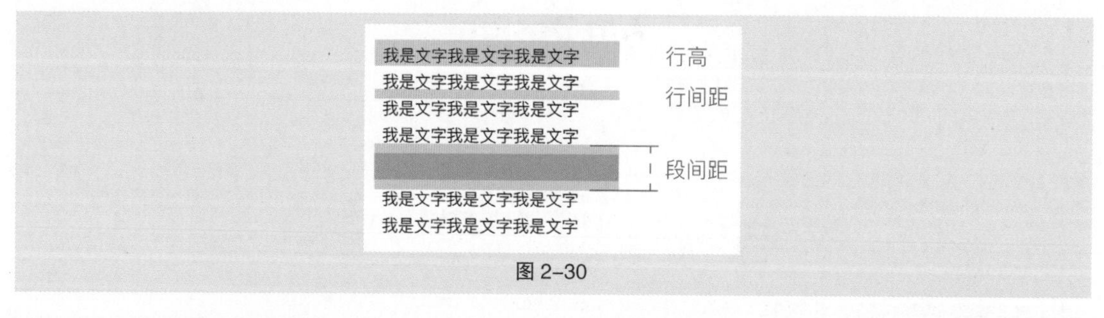

图 2-30

2.6 图标规范

在网页设计中，图标通常与文字组合搭配，起到引导视线和帮助观者识别信息的作用。下面将分别讲解网页设计中图标的设计尺寸、视觉平衡、视觉调整及使用原则，帮助大家全面掌握网页设计中的图标规范。

2.6.1 设计尺寸

在进行网页图标的设计时，以 4 的倍数和 8 的倍数为基准的尺寸是目前最灵活的设计尺寸。其中，24px × 24px 是目前最常用的图标尺寸，而 20px × 20px 应用于紧凑型页面中，如图 2-31 所示。

为了保证图标的显示效果和网页页面的整体效果，建议图标的最小尺寸为 16px × 16px，最大尺寸不要超过 48px × 48px。

设计图标时需留出一定的出血位，以预防图标边缘被切掉以及把握图标的设计平衡。设计尺寸为 24px × 24px 或 20px × 20px 的图标时，通常会在四边各留出 2px 作为出血位，如图 2-32 所示。

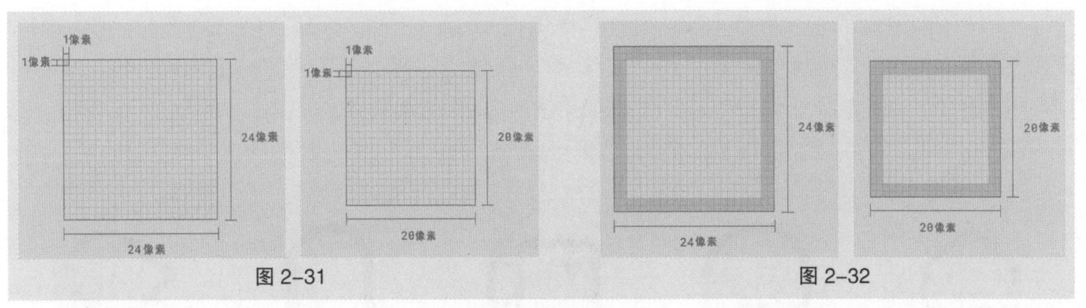

图 2-31　　　　图 2-32

图标像素完美指图标的每一个像素位都可以精确对应到一个像素。通常我们会将图标的坐标设置为整数，将图标的尺寸设置为偶数，以保证图标清晰，如图 2-33 所示。

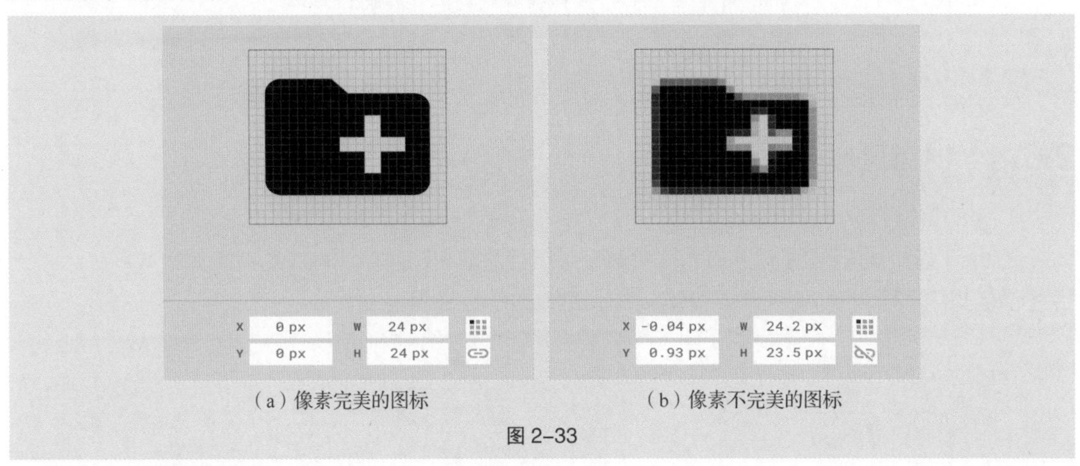

（a）像素完美的图标　（b）像素不完美的图标

图 2-33

2.6.2 视觉平衡

不同形状的图标可以根据网格系统来进行规范，以实现一组图标视觉平衡。网格系统中的形状可以分为 4 种，即方形、圆形、垂直矩形和水平矩形。在 24px×24px 的网格系统中，方形的宽高都为 18px，圆形的直径为 20px，垂直矩形的高度为 20px、宽度为 16px，水平矩形的高度为 16px、宽度为 20px，如图 2-34 所示。

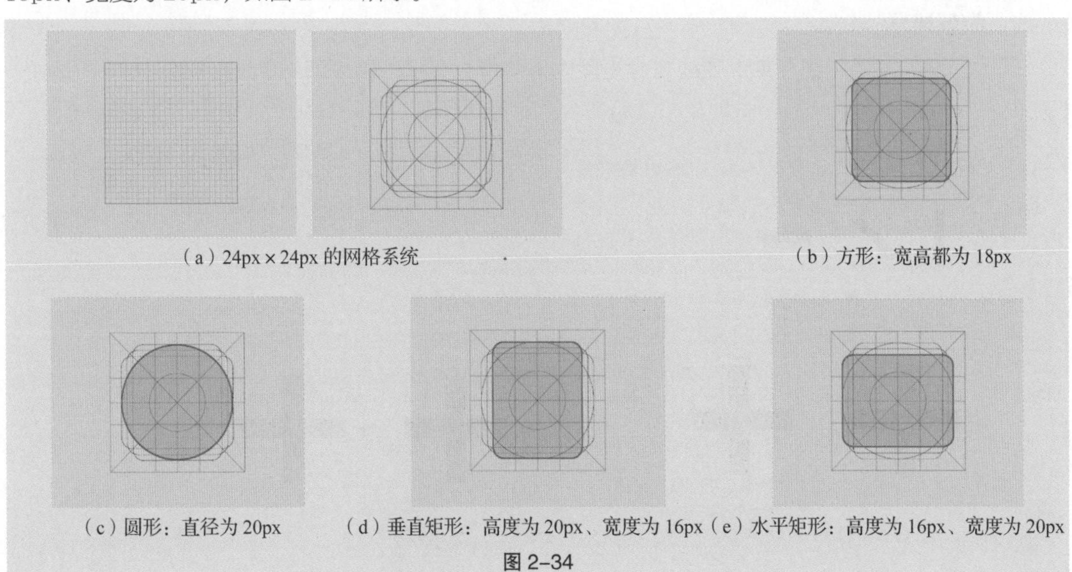
（a）24px×24px 的网格系统　（b）方形：宽高都为 18px

（c）圆形：直径为 20px　（d）垂直矩形：高度为 20px、宽度为 16px　（e）水平矩形：高度为 16px、宽度为 20px

图 2-34

一组图标如果完全贴合网格系统中的 4 种形状进行绘制，一定会出现单个图标变形、不自然、比例不协调的现象。正确使用网格系统的方法是：将对应网格系统形状的图标放入该网格，根据图标自身的比例，做出轻微调整，可以使图标溢出网格或者未填满网格，如图 2-35 所示。这样既实现了一组图标的视觉平衡，又保证了单个图标的比例协调。

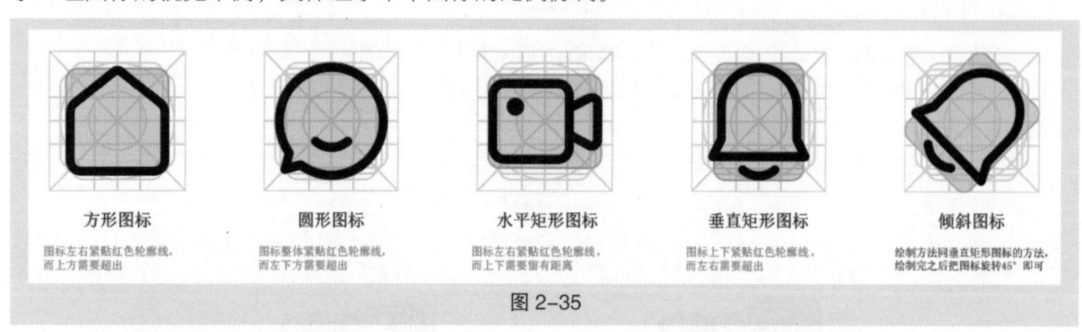

图 2-35

2.6.3 视觉调整

1. 重心调整

对图标的重心进行物理对齐和物理平衡，可能会造成个别图标比例失衡或整体排版错乱。图标的重心应该根据不同形状进行对齐调整，具体调整如图 2-36 所示。

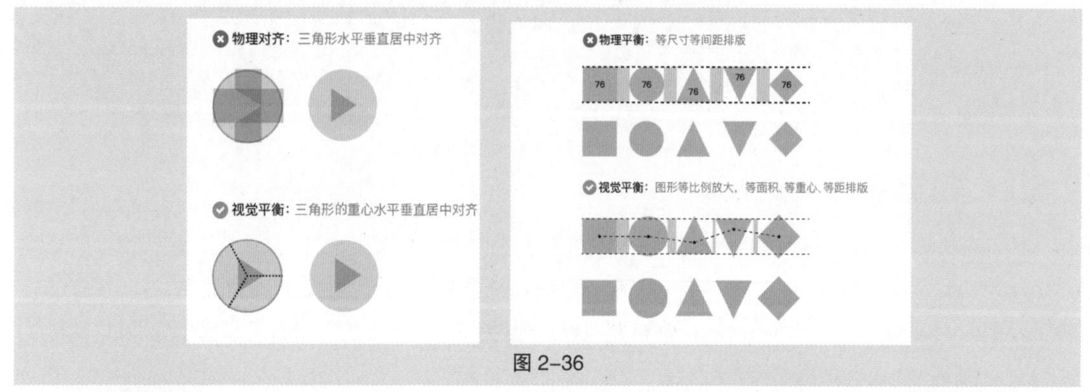

图 2-36

2. 线条调整

同等厚度的线条，在视觉上竖线看起来要比横线薄。在进行图标的绘制时，有时我们会适当地调整线条尺寸来避免出现视错觉现象，以保证图标的视觉平衡。图 2-37 所示为图标的线条调整。

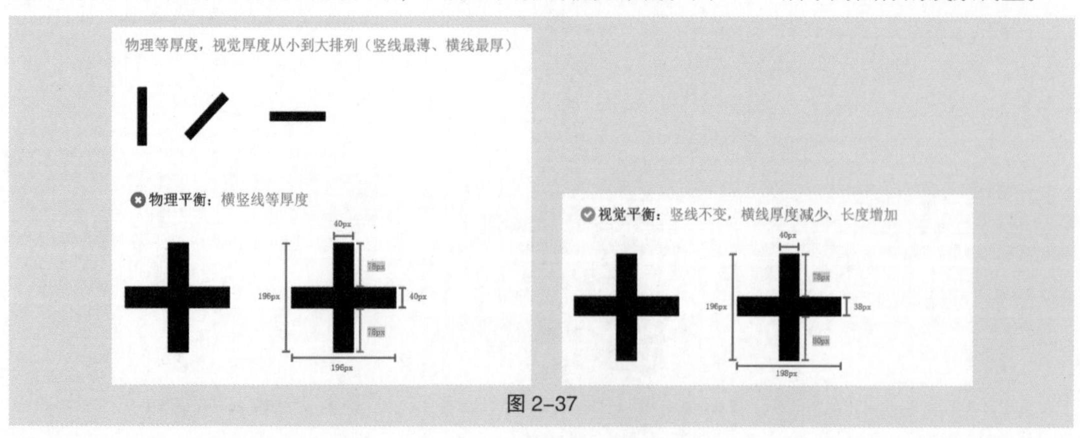

图 2-37

3. 颜色调整

在颜色相同的情况下，由于文本占的视觉面积小，因此文本会比图标看起来更轻。在进行图标的绘制时，可以适当地加深文本的颜色，以保证图标的视觉平衡。图 2-38 所示为图标的颜色调整。

图 2-38

2.6.4 使用原则

为支持响应式设计，交付前端的图标应尽量使用 SVG 矢量格式。或者将图标直接上传到 iconfont 中，让前端直接调用图标字体，如图 2-39（a）所示。具体的图标制作说明和导出方法可以查看 iconfont 的帮助中心，如图 2-39（b）所示。

（a）iconfont

（b）iconfont 帮助中心

图 2-39

2.7 图片比例

图片统一按照 72px 的固定比例进行设计，以此应用于特定场景，例如 1 ∶ 1 尺寸的图片通常会作为头像使用。图 2-40 所示为整理好的常用图片比例及特定应用，以便大家进行后续设计。

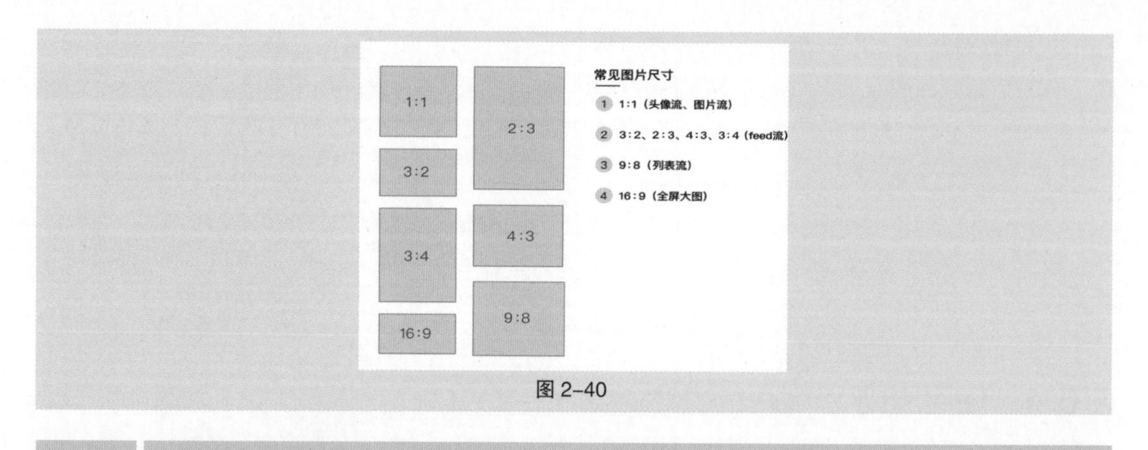

图 2-40

2.8 控件管理

在进行网页设计时，网页设计师应充分考虑交互时控件的不同状态。例如网页中使用频率较高的按钮控件，其状态最多时会包括正常状态、聚焦状态、悬停状态、激活状态、加载状态和禁用状态 6 种，如图 2-41 所示。网页设计师在进行控件管理时，应该根据控件的不同状态做出设计上的变化，以便用户知晓如何进行产品交互。

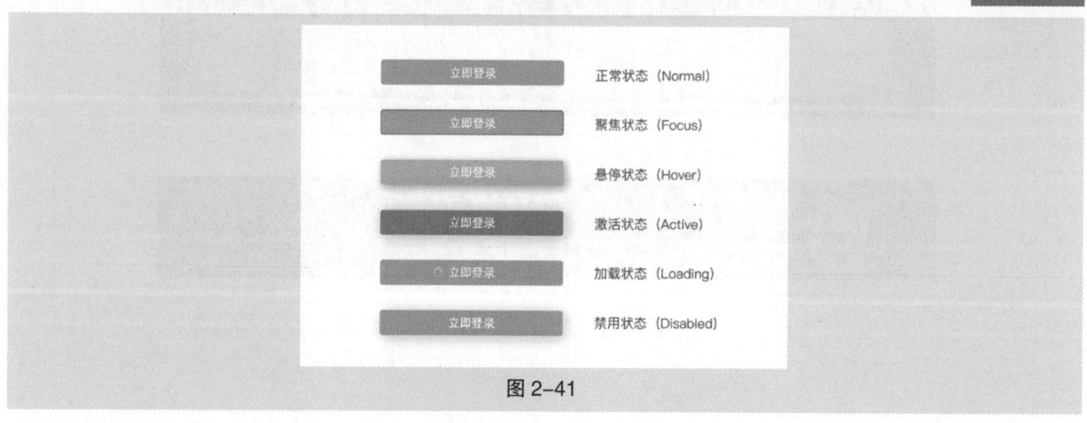

图 2-41

03

第3章 网页常用组件设计

组件设计是网页设计的核心。组件可以向用户呈现完整、独立的需求模块。组件能够实现模块化设计，帮助设计人员及开发人员高效工作。本章对网页中的导航系统、广告组件、展示组件及输入组件等常用组件的基础知识及制作方法进行系统讲解。通过对本章的学习，读者可以对网页常用组件的设计有一个系统的认识，并快速掌握组件的绘制规范和制作方法，为接下来的网页界面设计打下基础。

学习引导

学习目标		
知识目标	能力目标	素质目标
1. 掌握导航系统的基础知识 2. 掌握广告组件的基础知识 3. 掌握展示组件的基础知识 4. 掌握输入组件的基础知识	1. 掌握导航系统的制作方法 2. 掌握广告组件的制作方法 3. 掌握展示组件的制作方法 4. 掌握输入组件的制作方法	1. 培养良好的网页设计习惯 2. 培养对网页设计锐意进取、精益求精的工匠精神 3. 培养对网页组件的设计与创新能力

3.1 导航系统设计

导航系统（Navigation System）通过特定的技术手段，为网页的访问者提供相应途径，使其可以便捷地访问到所需内容。导航系统需要具有持久显示、指导性等特点，具有提供位置指示及功能操作的重要引导作用。

3.1.1 导航菜单

导航菜单（Navigation Menu）是一个网站的“灵魂”，是可以为页面和功能提供导航的列表。导航菜单通常由文本标签组成，图标为非必要组成元素。常见的导航样式为顶部导航和侧边导航。

顶部导航提供全局性的类目和功能，常用于信息展示类网站。设计时建议每组字符为 2 ～ 4 个，导航项的数量为 2 ～ 9 个。有时根据结构，顶部导航会带有二级子导航，当将鼠标指针移到顶部导航的某个项上时，会弹出它的二级子导航，如图 3-1 所示。

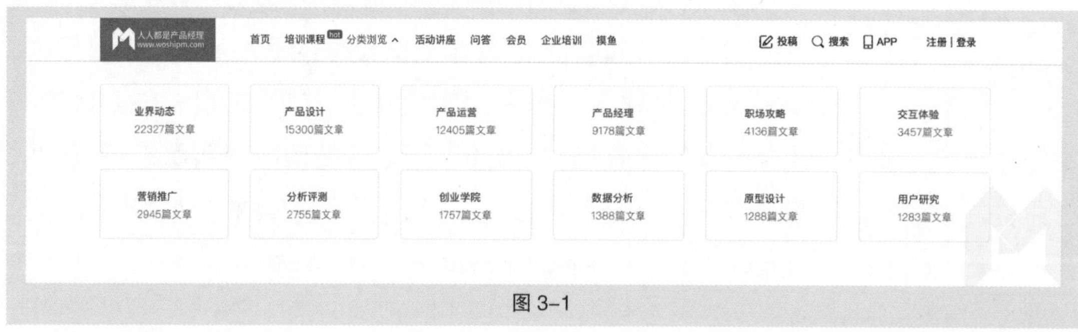

图 3-1

侧边导航提供多级结构，用于收纳和排列网站架构。侧边导航常用于系统层级简单但功能数量多的管理系统网站。当进行大型电商平台网站或复杂管理系统网站的设计时，可以把侧边导航和顶部导航结合，进行混合式导航菜单设计。设计时建议层级结构为 2 ～ 3 级。在设计层级结构时，侧边导航可以从内部或从侧边展开，如图 3-2 所示。

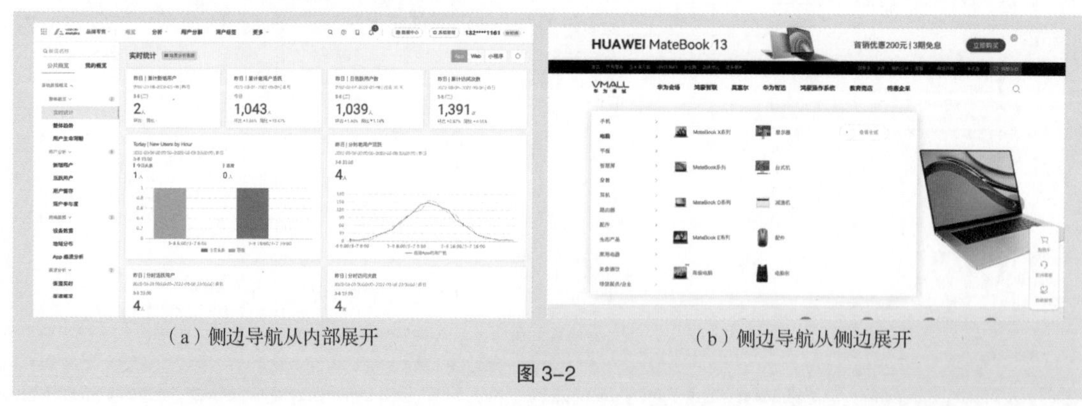

（a）侧边导航从内部展开　　（b）侧边导航从侧边展开

图 3-2

3.1.2 面包屑导航

面包屑导航（Breadcrumb Navigation）是一种辅助导航，用于显示当前网页在整个网站中的位置，以及帮助用户返回上一级或各个层级页面。面包屑导航通常由文本标签和分隔符组成，常用于分类清晰明确、多层级的网站。

在设计时，可根据实际情况设置面包屑导航的尺寸，常见的设计尺寸为 14px 或 12px。其中父级页面的文本标签需要呈现出可点击的状态，当前页面的文本标签则呈现出不可点击的状态，如图 3-3 所示。

首页 › 设计文章 › 产品 › 详情

图 3-3

3.1.3 选项卡导航

选项卡导航（Tabs Navigation）是将相似的内容组织在同一个视图中的导航，用户通过选项卡可以在相同层级的不同子任务、视图或模式之间快速切换。选项卡导航通常由文本标签和内容区域组成，滑动按钮为非必要组成元素。当页面中需要展示相同层级的不同类别的内容时或页面的信息量过多时会使用该组件。

选项卡导航的常见类型为线条型选项卡、文本型选项卡、卡片型选项卡和胶囊型选项卡，如图 3-4 所示。线条型选项卡通过下划线标识，配合颜色变化来指示选中的文本标签。文本型选项卡属于轻量级的选项卡导航，仅通过文本颜色的变化来指示选中的文本标签，适用于页面信息多的次级内容模块。卡片型选项卡会给选中的整体文本标签增加背景容器，适用于强调重要的标签页或内容区域较大的场景。胶囊型选项卡会为标签文本增加背景，适用于页面内容区域最后一级的标签页。

设计选项卡导航时，建议文本标签的数量为 2 ~ 6 个，文本标签字数为 2 ~ 6 个并尽量统一。选项卡导航的文字字号为 14px，在页面空间不足的情况下可使用 12px，同一组的文字字号需要相同。

（a）线条型选项卡

（b）文本型选项卡

（c）卡片型选项卡

（d）胶囊型选项卡

图 3-4

3.1.4 锚点导航

锚点导航（Anchor Navigation）是用于在页面不同模块间快速切换的导航。锚点导航通常由文本标签和侧轴线组成，常用于较长的页面，能够帮助用户快速定位重点内容。

在设计时，锚点导航通常位于页面的右上角，建议锚点导航的最大高度不超过 400px。当导航内容超过固定高度时，可在内部设计滚动条。建议锚点导航的宽度为 160px（含焦点状态和滚动条），当标题宽度超过固定宽度时，用英文省略号表示未显示的内容，鼠标指针悬停时显示完整标题，如图 3-5 所示。

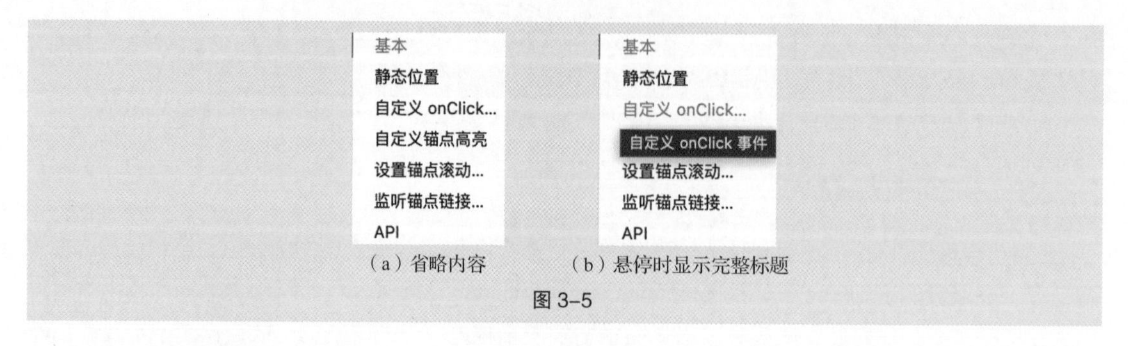

（a）省略内容（b）悬停时显示完整标题

图 3-5

3.1.5 分步导航

分步导航（Steps Navigation）是用于引导用户按照流程完成任务的导航。分步导航通常由步骤节点和文本标签组成，常用于复杂任务或存在先后关系的模式。利用分步导航可以将任务分解成一系列步骤，达到简化任务的效果。分步导航的常见样式为长条形和点形，点形可以进一步演化为点状（或图标状），如图 3-6 所示。

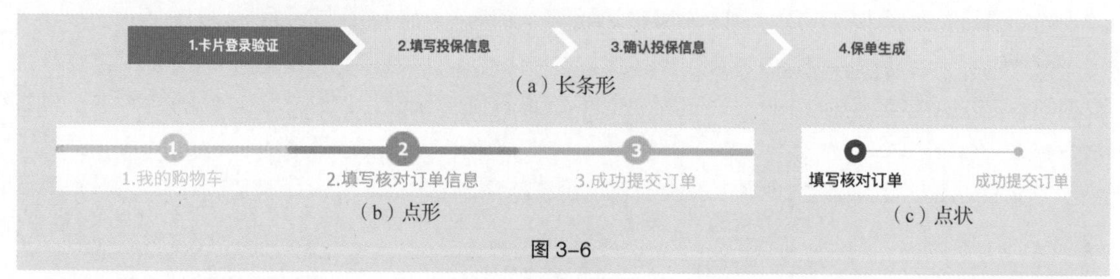

（a）长条形

（b）点形（c）点状

图 3-6

在设计时，步骤不得少于 2 步。步骤的标题建议为 2 ～ 6 个中文字，每一个步骤可以添加简单的文字描述。根据网页的页面内容，可以将分步导航的布局变成横向分布或纵向分布，如图 3-7 所示。横向分布时，分步导航通常位于页面标题的下方，居中展示，建议步骤不超过 5 步。当页面宽度不足时，建议使用纵向分布，此时分步导航通常位于页面左侧。

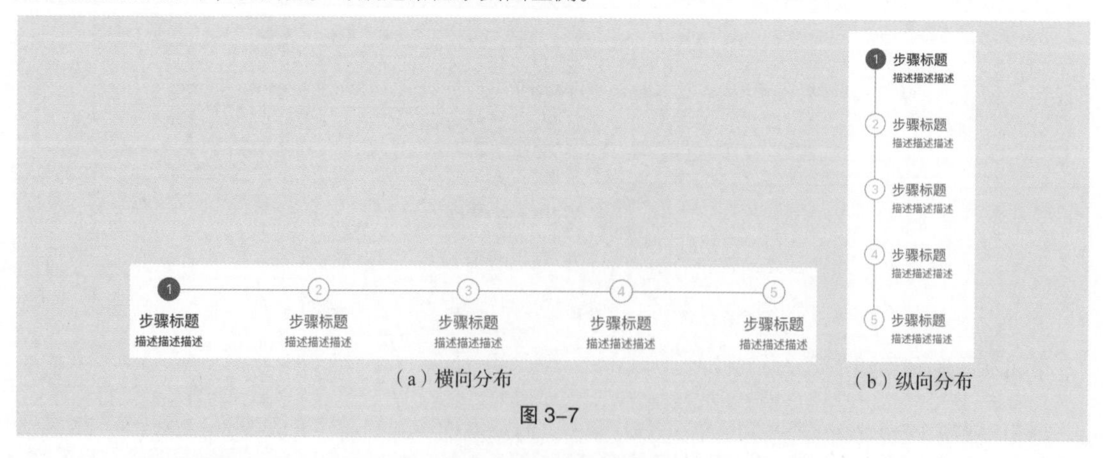

（a）横向分布（b）纵向分布

图 3-7

3.1.6 分页导航

分页导航（Pagination Navigation）是采用分页形式分隔长列表的导航。分页导航通常由前进按钮、后退按钮和一组页码按钮组成。当加载或渲染所有数据需要花费大量时间时，使用分页导航能有效记录内容对应的页码，方便用户查找。

在设计时，当分页数大于5时，第5页按钮与最后一页按钮中间会自动展示“…”。根据不同的需要，可以加入跳至具体页面的控件，如图3-8所示。

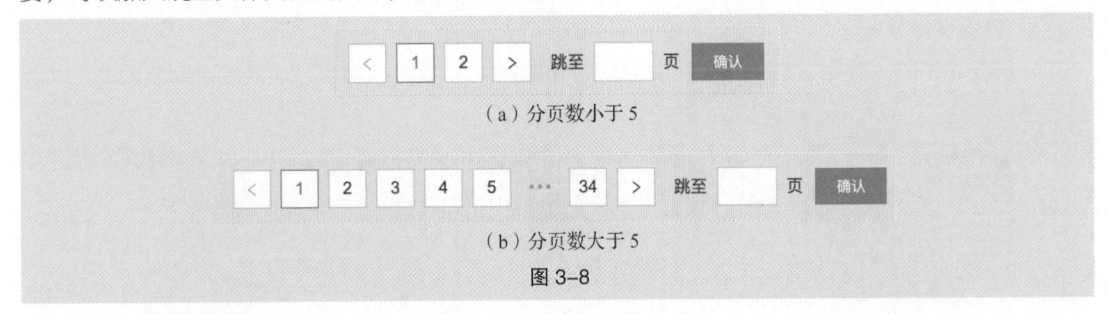

（a）分页数小于5

（b）分页数大于5

图3-8

3.1.7 树形导航

树形导航（Tree Navigation）是一种有展开、收起、选择等交互功能的多层次架构导航。树形导航通常由节点按钮和文本标签组成，图标和复选框为非必要组成元素。树形导航常用于大量、具有层级关系的数据展示场景中，利用该导航的展开收起和关联选中等交互功能可以对数据进行便捷的操作与处理。

在设计时，可根据实际情况设计节点按钮的形状，其中三角节点按钮在页面层级较少时使用。在页面层级较少的情况下，用户不用专门去判断当前节点所在层级的位置。而方形节点按钮会与页面层级线进行搭配使用，通过层级缩进，将页面层级线标识清楚，能够更好地在多层级情况下进行合理区分，如图3-9所示。

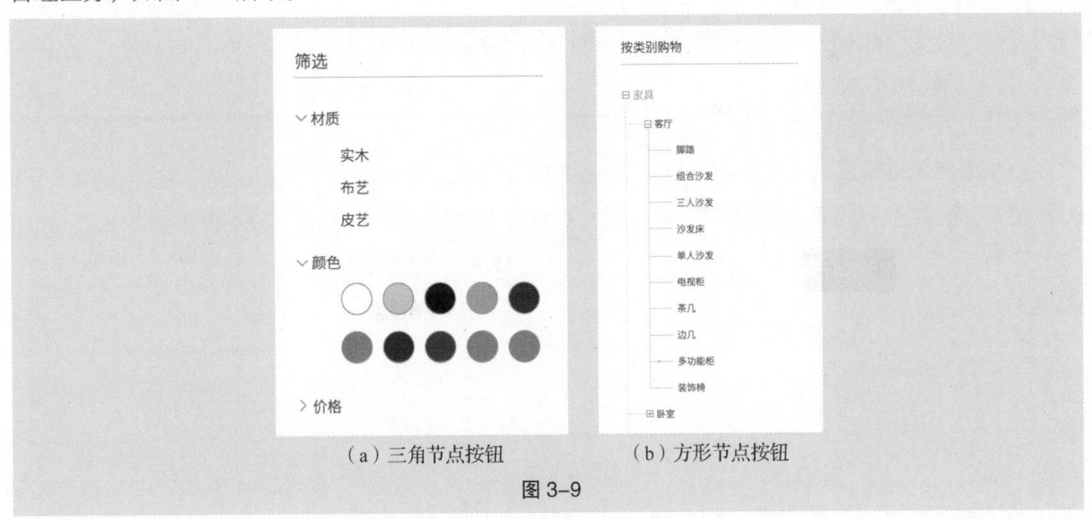

（a）三角节点按钮　（b）方形节点按钮

图3-9

扩展知识

网站导航分类

根据网站的功能，导航可以分为结构导航、关联性导航及公用程序导航。

1. 结构导航

结构导航是遵循网站层级结构的导航，主要包括全局导航和局部导航，如图3-10所示。其中，全局导航通常用于访问网站的顶级结构页面；局部导航在全局导航之下，用于访问下级结构页面。

2. 关联性导航

关联性导航是跨越网站各个层级结构的导航，用于连接页面，如图 3–10 所示。

3. 公用程序导航

公用程序导航主要用于提供可以协助访问者访问网站的工具或功能，通常位于网站的右上角，包括登录、通知、帮助等导航内容，如图 3–10 所示。

图 3–10

3.1.8 课堂案例——设计中式茶叶官方网站导航菜单

【案例设计要求】

1. 根据图 3–11 所示的原型效果，使用 Photoshop 制作中式茶叶官方网站导航菜单。

图 3–11

2. 视觉上应体现出中式茶叶的设计风格，契合中式茶叶的设计主题。
3. 设计文件应符合网页设计的制作规范与制作标准。

【案例设计理念】在设计过程中，围绕中式茶叶官方网站导航菜单进行创作。Logo 以印章的形式体现中式茶叶古朴浑厚的特点。背景颜色为白色，令内容更易读。主题颜色选取深绿色，给人清新自然的感觉。字体选用黑体，符合设计规范。整体设计充满特色，契合主题。最终效果参看“云盘 / Ch03/3.1.8 课堂案例——设计中式茶叶官方网站导航菜单 / 工程文件 .psd”，如图 3–12 所示。

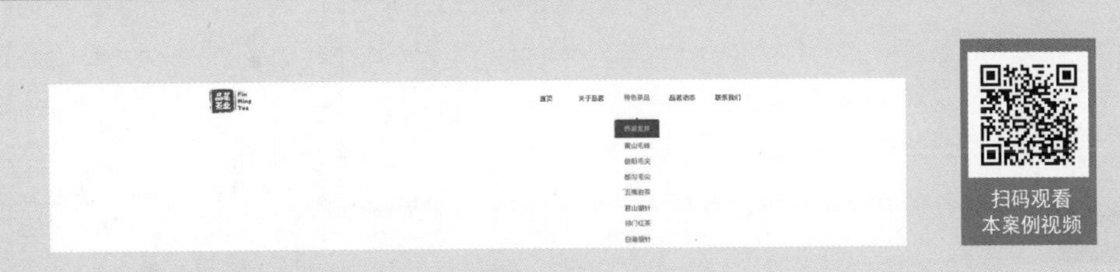

图 3-12

【案例学习目标】学习使用绘图工具、文字工具制作中式茶叶官方网站导航菜单。

【案例知识要点】使用“新建参考线”命令建立参考线，使用“置入嵌入对象”命令置入图片，使用“横排文字”工具添加文字，使用“矩形”工具、“多边形”工具和“圆角矩形”工具绘制基本形状。

（1）按 Ctrl+N 组合键，弹出“新建文档”对话框，设置“宽度”为 1920 像素、“高度”为 366 像素、“分辨率”为 72 像素 / 英寸、“背景内容”为白色，如图 3-13 所示。单击“创建”按钮，新建一个文件。

（2）选择“视图 > 新建参考线版面”命令，弹出“新建参考线版面”对话框，勾选“列”复选框，设置“数字”为 12、“宽度”为 78 像素、“装订线”为 24 像素，如图 3-14 所示。单击“确定”按钮，完成参考线版面的创建。

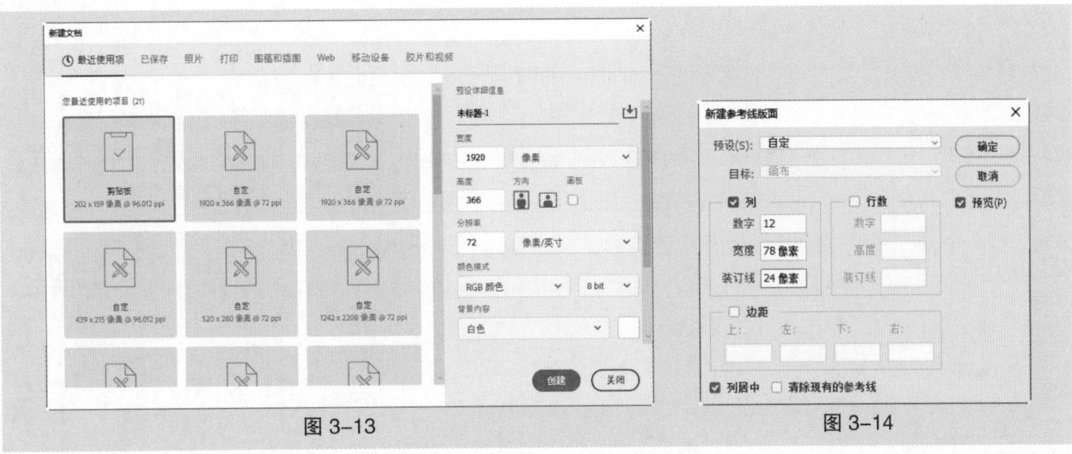

图 3-13　　图 3-14

（3）选择“视图 > 新建参考线”命令，弹出“新建参考线”对话框，在 80 像素的位置新建一条水平参考线，对话框中的设置如图 3-15 所示。单击“确定”按钮，完成水平参考线的创建，效果如图 3-16 所示。

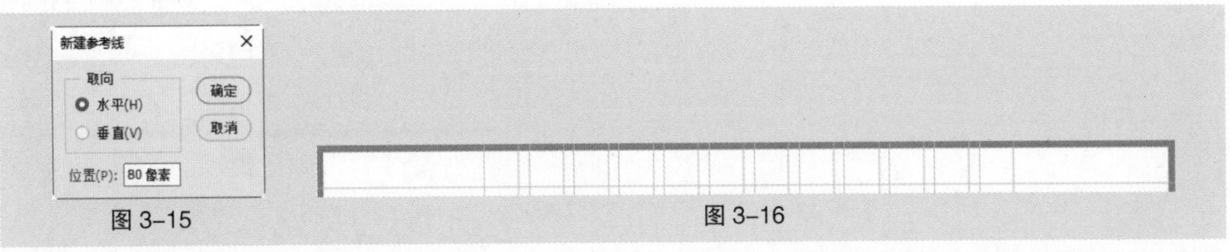

图 3-15　　图 3-16

（4）选择“文件 > 置入嵌入对象”命令，弹出“置入嵌入的对象”对话框，选择云盘中的“Ch03 > 3.1.8 课堂案例——设计中式茶叶官方网站导航菜单 > 素材 > 01”文件。单击“置入”按钮，将图片置入图像窗口中，按 Enter 键确定操作，效果如图 3-17 所示。“图层”控制面板中生成新的图层，将其重命名为“原型”。在“图层”控制面板中单击“锁定全部”按钮，锁定图层，如图 3-18 所示。

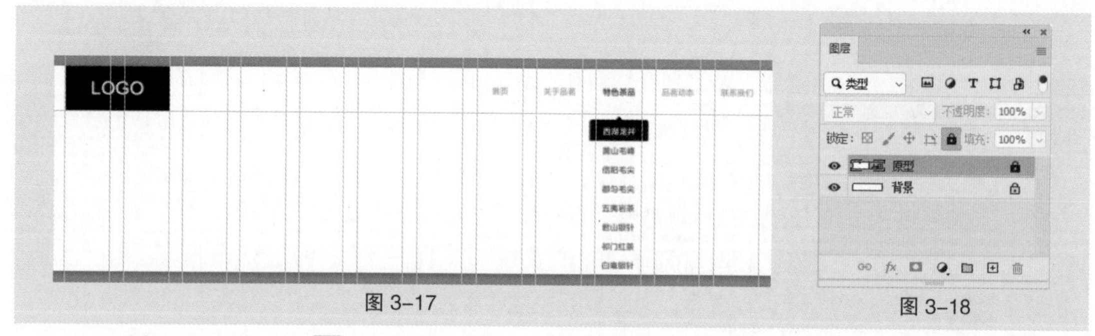

图 3-17　　　　图 3-18

（5）选择“矩形”工具，在属性栏的“选择工具模式”中选择“形状”，将“填充”颜色设置为白色，将“描边”颜色设置为无。在图像窗口中绘制一个宽为 1920 像素、高为 80 像素的矩形，如图 3-19 所示，“图层”控制面板中生成新的形状图层“矩形 1”。

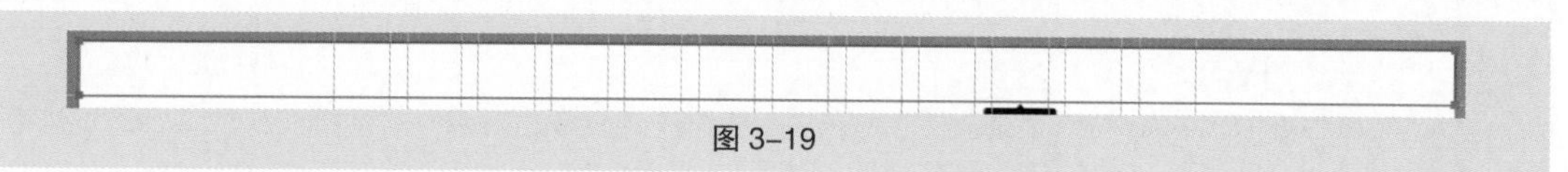

图 3-19

（6）选择“文件 > 置入嵌入对象”命令，弹出“置入嵌入的对象”对话框，选择云盘中的“Ch03 > 3.1.8 课堂案例——设计中式茶叶官方网站导航菜单 > 素材 > 02”文件。单击“置入”按钮，将图片置入图像窗口中，在属性栏中设置其大小及位置，如图 3-20 所示。按 Enter 键确定操作，效果如图 3-21 所示，“图层”控制面板中生成新的图层，将其重命名为“LOGO”。

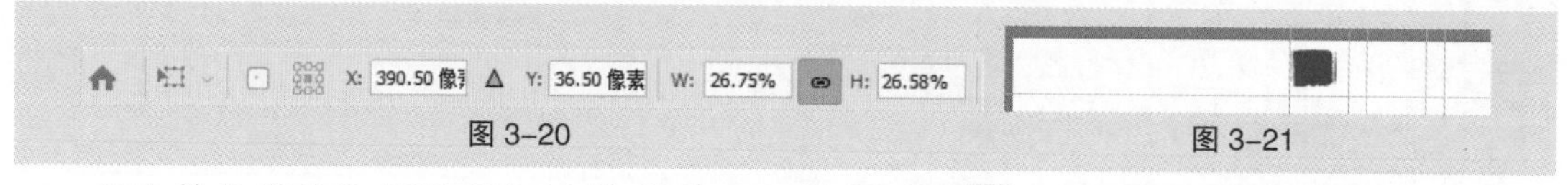

图 3-20　　　　图 3-21

（7）单击“图层”控制面板下方的“添加图层样式”按钮，在弹出的菜单中选择“颜色叠加”命令，弹出对话框，将“颜色”设置为蓝绿色（14、99、110），其他选项的设置如图 3-22 所示，单击“确定”按钮，效果如图 3-23 所示。

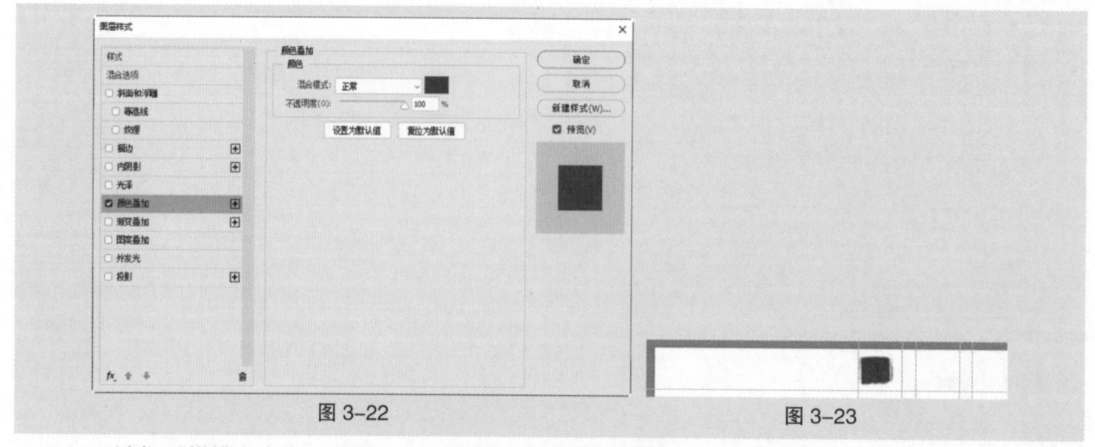

图 3-22　　　　图 3-23

（8）选择“横排文字”工具，在适当的位置输入需要的文字并选取文字。选择“窗口 > 字符”命令，打开“字符”面板，在“字符”面板中将“颜色”设置为白色，其他选项的设置如图 3-24 所示。按 Enter 键确定操作，效果如图 3–25 所示，“图层”控制面板中生成新的文字图层。使用相同的方法，在适当的位置输入文字，效果如图 3–26 所示。

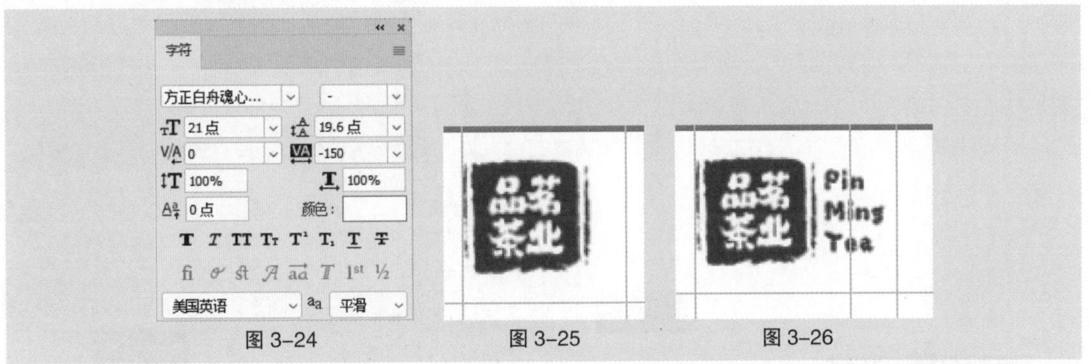

图 3–24　　图 3–25　　图 3–26

（9）选择“矩形”工具，在属性栏中将“填充”颜色设置为黑色，将“描边”颜色设置为无，在图像窗口中绘制一个宽为 78 像素的矩形，如图 3–27 所示，“图层”控制面板中生成新的形状图层“矩形 2”。选择“横排文字”工具，在适当的位置输入需要的文字并选取文字，在“字符”面板中将“颜色”设置为深灰色（51、51、51），其他选项的设置如图 3–28 所示，按 Enter 键确定操作，“图层”控制面板中生成新的文字图层。

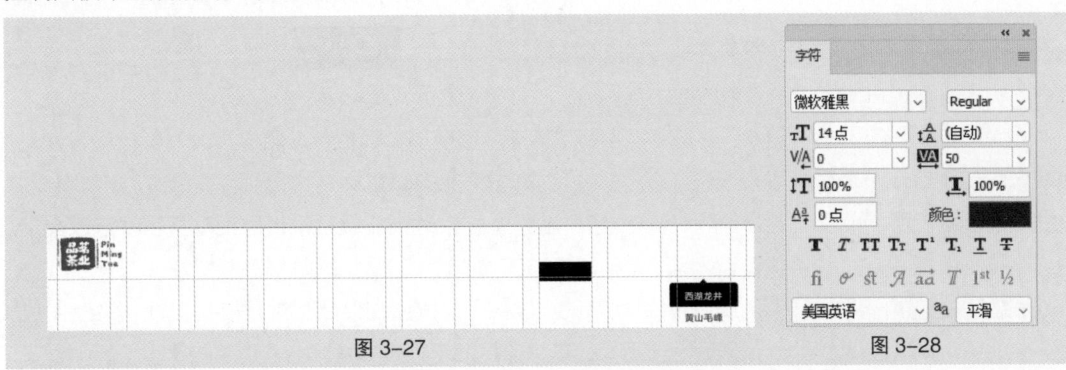

图 3–27　　图 3–28

（10）按住 Shift 键的同时单击“矩形 2”图层，将需要的图层同时选取。选择“移动”工具，在属性栏的“对齐方式”中单击“水平居中对齐”按钮。选择“首页”文字图层，按住 Ctrl 键的同时单击“矩形 1”图层，将需要的图层同时选取，在属性栏的“对齐方式”中单击“垂直居中对齐”按钮，效果如图 3–29 所示。选择“矩形 2”图层，按 Delete 键将其删除。使用相同的方法分别输入需要的文字并设置合适的字体和字号，效果如图 3–30 所示。

图 3–29　　图 3–30

（11）选择“多边形”工具，在属性栏中将“填充”颜色设置为蓝绿色（14、99、110），将“描边”颜色设置为无，将“边数”设置为 3。按住 Shift 键，在图像窗口中绘制一个宽为 6 像素、高为 4 像素的三角形，如图 3–31 所示，“图层”控制面板中生成新的形状图层“多边形 1”。选择“圆角矩形”工具，在图像窗口中绘制一个宽为 100 像素、高为 34 像素的圆角矩形。在属性栏中将“填充”颜色设置为蓝绿色（14、99、110），将“描边”颜色设置为无，将“半径”设置为 4 像素，效果如图 3–32 所示，“图层”控制面板中生成新的形状图层“圆角矩形 1”。

（12）选择“横排文字”工具T，在适当的位置输入需要的文字并选取文字。在“字符”面板中将“颜色”设置为白色，其他选项的设置如图 3-33 所示。按 Enter 键确定操作，效果如图 3-34 所示，“图层”控制面板中生成新的文字图层。按住 Shift 键的同时单击“圆角矩形 1”图层，将需要的图层同时选取。选择“移动”工具，在属性栏的“对齐方式”中分别单击“水平居中对齐”按钮和“垂直居中对齐”按钮。按 Ctrl+E 组合键合并图层。

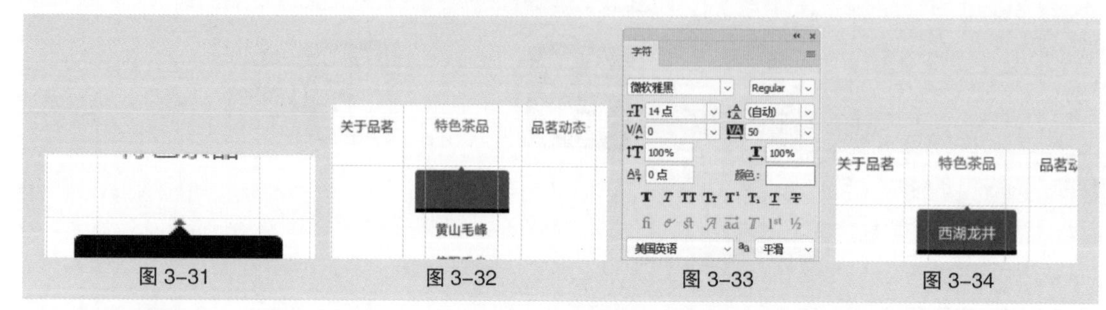

图 3-31　图 3-32　图 3-33　图 3-34

（13）按住 Shift 键的同时单击“西湖龙井”文字图层，将需要的图层同时选取。按 Ctrl+T 组合键，图像周围出现变换框。在属性栏中将“Y”坐标加 4 像素，如图 3-35 所示。按 Enter 键确定操作，效果如图 3-36 所示。

图 3-35　图 3-36

（14）选择“矩形”工具，在属性栏中将“填充”颜色设置为白色，将“描边”颜色设置为无。在图像窗口中绘制一个宽为 100 像素、高为 34 像素的矩形，如图 3-37 所示，“图层”控制面板中生成新的形状图层“矩形 2”。选择“横排文字”工具T，在适当的位置输入需要的文字并选取文字。在“字符”面板中将“颜色”设置为蓝绿色（14、99、110），其他选项的设置如图 3-38 所示，按 Enter 键确定操作，“图层”控制面板中生成新的文字图层。按住 Shift 键的同时单击“矩形 2”图层，将需要的图层同时选取。选择“移动”工具，在属性栏的“对齐方式”中分别单击“水平居中对齐”按钮和“垂直居中对齐”按钮，效果如图 3-39 所示。

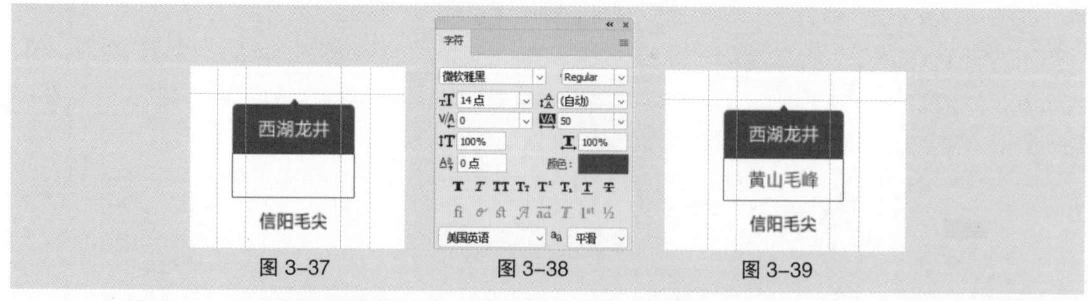

图 3-37　图 3-38　图 3-39

（15）按 Ctrl+J 组合键复制图层。按 Ctrl+T 组合键，图像周围出现变换框。在属性栏中将“Y”坐标加 34 像素，按 Enter 键确定操作，效果如图 3-40 所示。选择“横排文字”工具T，选中并修改文字，效果如图 3-41 所示。使用相同的方法分别复制图层并修改文字，效果如图 3-42 所示。

（16）按住 Shift 键的同时单击“圆角矩形 1”图层，将需要的图层同时选取，按 Ctrl+G 组合键群组图层并将其重命名为“二级导航”，如图 3-43 所示。按住 Shift 键的同时单击“矩形 1”图层，将需要的图层同时选取，按 Ctrl+G 组合键群组图层并将其重命名为“导航”，如图 3-44 所示。中式茶叶官方网站导航菜单就制作完成了。

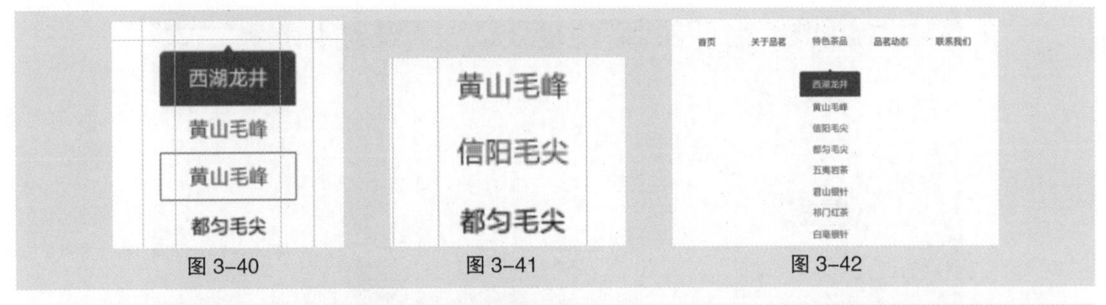

图 3-40　　图 3-41　　图 3-42

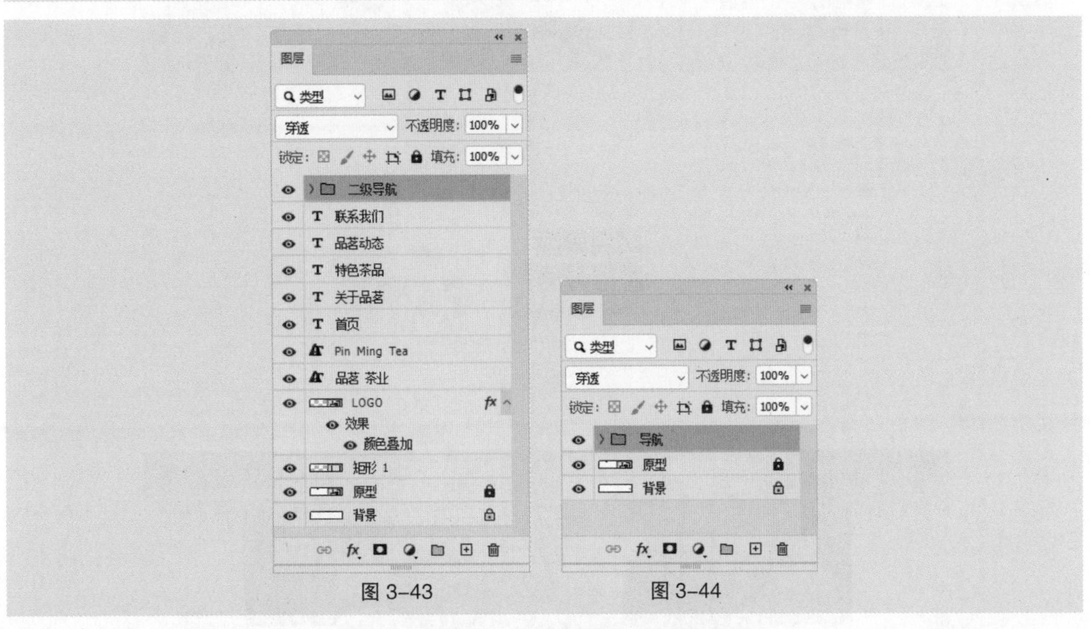

图 3-43　　图 3-44

3.2 广告组件设计

广告组件（Advertisement Component）是网页中放置经过设计的文字、图片、动画、视频等元素，向网站访问者提供商品或服务信息的一种组件。其主要目的是依靠点击实现交互，以促成进一步的信息传递。

3.2.1 轮播广告

轮播广告（Carousel Advertisement）是以幻灯片的方式，在页面中横向展示多张图片的广告。轮播广告通常由指示器和图片组成，常用于展示一组具有平级关系的广告，使用该广告可以极大地节省网页空间。

轮播广告的常见样式为横向通栏、固定宽度和卡片化，如图 3-45 所示。横向通栏轮播广告是将图片横向铺满，呈现视觉开阔、简约大气的画面，但是要注意协调导航栏的样式。固定宽度轮播广告只会占据网页的一部分，当网页承载了大量信息内容时，可以使用该样式，以节省空间。卡片化轮播广告可以同时展示 3 张图片，当页面宽度方向上的空间空余，但高度方向上的空间匮乏时，可以使用该样式。

（a）横向通栏

（b）固定宽度

（c）卡片化

图 3–45

在设计时，建议轮播广告的数量为 2 ～ 5 个，最多不超过 8 个。指示器的形状可以设计为点状、线状或滑块，如图 3–46 所示，其通常在图片的底部或者右边。

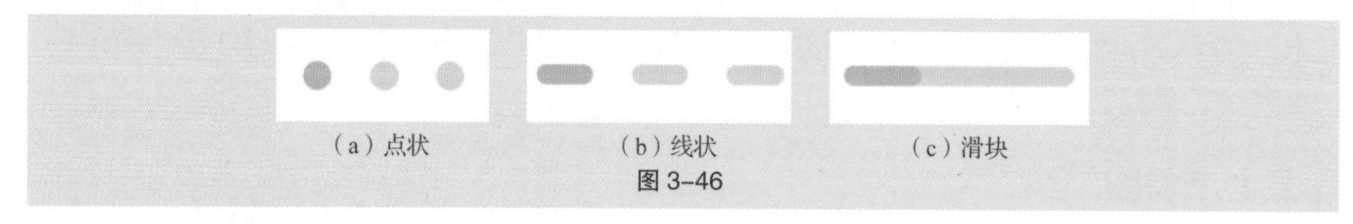

（a）点状　　（b）线状　　（c）滑块

图 3–46

3.2.2 弹出式广告

弹出式广告（Pop–up Advertisement）是用户打开网站时，目标页面上自动弹出的广告。弹出式广告通常由关闭按钮和图片组成，常用于网站首页，以展示相关活动。由于弹出式广告通常是自动弹出的，因此具有少跳转、高曝光率、瞬间吸引用户注意力的优势。但同时容易打断用户浏览，稍有不慎会引起用户反感。

在设计时，建议在弹出式广告下面加入一个半透明的遮罩层，令其更加醒目。如果担心用户反感，则可以加入倒计时控件，让用户不用单击关闭按钮，在倒计时结束后自动关闭弹出式广告，如图 3–47 所示。

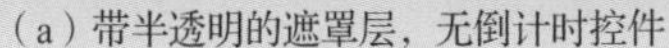

（a）带半透明的遮罩层，无倒计时控件

（b）带倒计时控件

图 3–47

3.2.3 浮动式广告

浮动式广告（Floating Advertisement）是用户打开网页时，在页面上飘浮的广告。浮动式广告通常由关闭按钮和图片组成，常用于网站首页，以展示相关活动。这类广告通常会跟随网页上下移动，以保证用户始终能够看到。因此这类广告具有强烈的侵扰性，极易影响用户的浏览体验，使用时要十分谨慎。

在设计时，浮动式广告通常在网页的左侧或右侧，并且尺寸不建议过大，如图 3–48 所示。

图 3–48

3.2.4 课堂案例——设计中式家具电商平台网站轮播广告

【案例设计要求】

1. 根据图 3–49 所示的原型效果，使用 Photoshop 制作中式家具电商平台网站轮播广告。

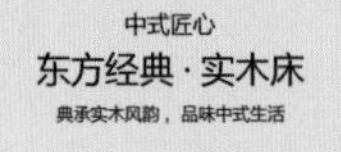

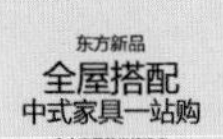

新中式
雅韵东方
新潮经典

图 3–49

2. 视觉上应体现出中式家具的设计风格，契合中式家具的设计主题。
3. 设计文件应符合网页设计的制作规范与制作标准。

【案例设计理念】在设计过程中，围绕中式家具电商平台网站轮播广告进行创作。背景以山水画的形式体现中式家具古朴浑厚的特点。标题文字颜色选用棕色，给人自然环保的感觉。字体选用江西拙楷体，以符合设计风格。整体设计充满特色，契合主题。最终效果参看“云盘 /Ch03/3.2.4 课堂案例——设计中式家具电商平台网站轮播广告 / 工程文件 .psd”，如图 3–50 所示。

【案例学习目标】学习使用绘图工具、文字工具制作中式家具电商平台网站轮播广告。

【案例知识要点】使用“新建参考线”命令建立参考线，使用“置入嵌入对象”命令置入图片，使用“横排文字”工具添加文字，使用“椭圆”工具绘制基本形状。

图 3–50

1. 轮播海报 1

（1）按 Ctrl+N 组合键，弹出“新建文档”对话框，设置“宽度”为 1920 像素、“高度”为 808 像素、“分辨率”为 72 像素 / 英寸、“背景内容”为白色，如图 3–51 所示。单击“创建”按钮，新建一个文件。

（2）选择“视图 > 新建参考线版面”命令，弹出“新建参考线版面”对话框，勾选“列”复选框，设置“数字”为 2、“宽度”为 600 像素、“装订线”为 0 像素，如图 3–52 所示。单击“确定”按钮，完成参考线版面的创建。

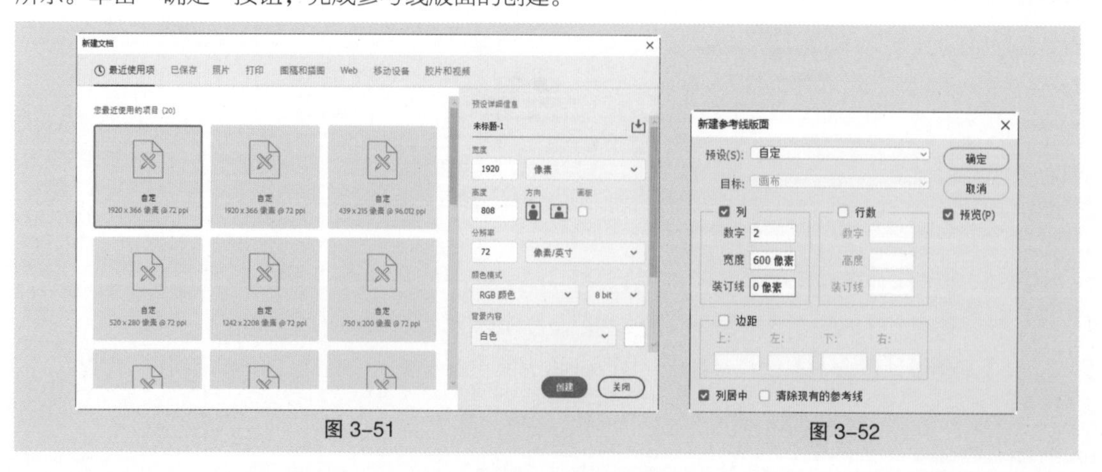

图 3–51　　图 3–52

（3）选择“文件 > 置入嵌入对象”命令，弹出“置入嵌入的对象”对话框，选择云盘中的“Ch03 > 3.2.4 课堂案例——设计中式家具电商平台网站轮播广告 > 素材 > 01 ～ 03”文件。单击“置入”按钮，将图片置入图像窗口中，按 Enter 键确定操作，效果如图 3-53 所示，“图层”控制面板中生成新的图层并分别重命名为“原型 1”“原型 2”“原型 3”。按住 Shift 键的同时单击“原型 1”图层，将需要的图层同时选取，在“图层”控制面板中单击“锁定全部”按钮，锁定图层，如图 3-54 所示。

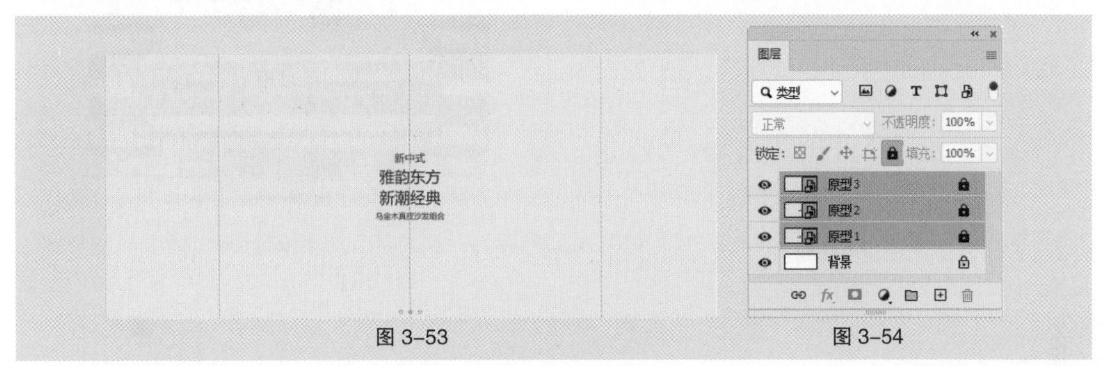

图 3-53　　图 3-54

（4）选择“矩形”工具，在属性栏的“选择工具模式”中选择“形状”，将“填充”颜色设置为白色，将“描边”颜色设置为无。在图像窗口中绘制一个与页面大小相等的矩形，“图层”控制面板中生成新的形状图层“矩形 1”。

（5）选择“文件 > 置入嵌入对象”命令，弹出“置入嵌入的对象”对话框，选择云盘中的“Ch03 > 3.2.4 课堂案例——设计中式家具电商平台网站轮播广告 > 素材 > 04”文件。单击“置入”按钮，将图片置入图像窗口中，在属性栏中设置其大小及位置，如图 3-55 所示。按 Enter 键确定操作，“图层”控制面板中生成新的图层并将其重命名为“山水画 1”。按 Ctrl+Alt+G 组合键为图层创建剪贴蒙版，效果如图 3-56 所示。

图 3-55　　图 3-56

（6）选择“文件 > 置入嵌入对象”命令，弹出“置入嵌入的对象”对话框，选择云盘中的“Ch03 > 3.2.4 课堂案例——设计中式家具电商平台网站轮播广告 > 素材 > 05”文件。单击“置入”按钮，将图片置入图像窗口中，在属性栏中设置其大小及位置，如图 3-57 所示。按 Enter 键确定操作，效果如图 3-58 所示，“图层”控制面板中生成新的图层并将其重命名为“实木床”。

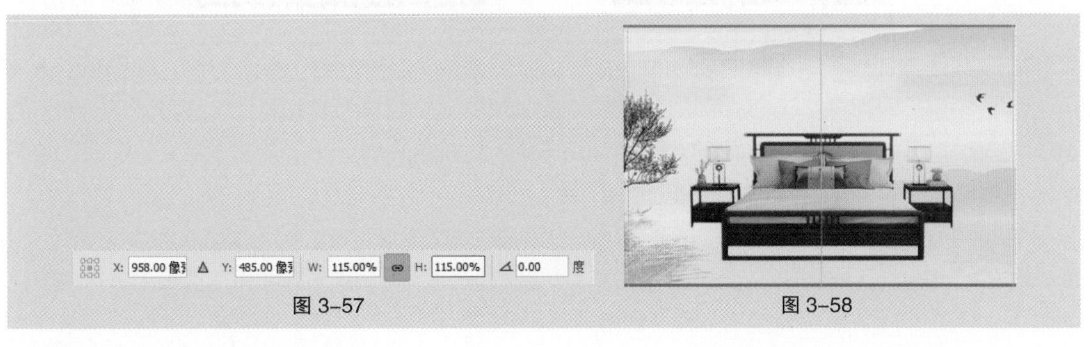

图 3-57　　图 3-58

（7）按 Ctrl+J 组合键复制“实木床”图层并将其重命名为“倒影 1”。按 Ctrl+T 组合键，图像周围出现变换框，单击鼠标右键，在弹出的菜单中选择“垂直翻转”命令，垂直翻转图像，在属性栏中设置其位置，如图 3-59 所示。按 Enter 键确定操作，效果如图 3-60 所示。

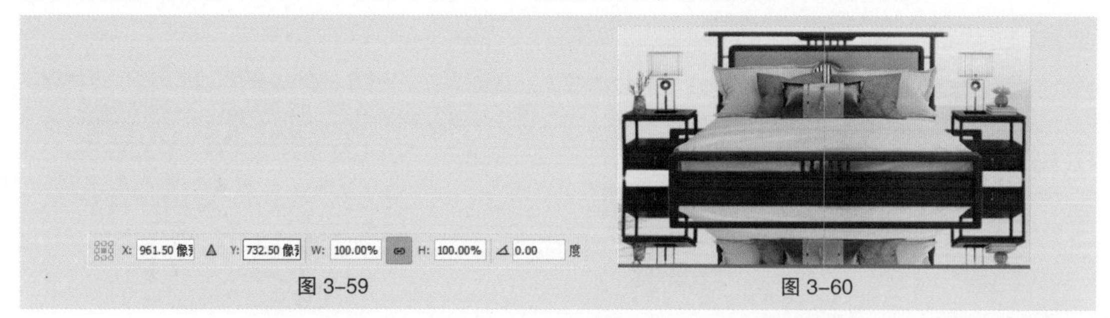

图 3-59　　图 3-60

（8）在“图层”控制面板中将“倒影 1”图层拖曳到“实木床”图层的下方，将“不透明度”设置为 40%。单击“图层”控制面板下方的“添加图层蒙版”按钮，为“倒影 1”图层添加图层蒙版，如图 3-61 所示。选择“渐变”工具，单击属性栏中的“点按可编辑渐变”按钮，弹出“渐变编辑器”对话框，将渐变色设置为从黑色到白色，单击“确定”按钮。在图像窗口中由下至上拖曳填充渐变色，松开鼠标，效果如图 3-62 所示。

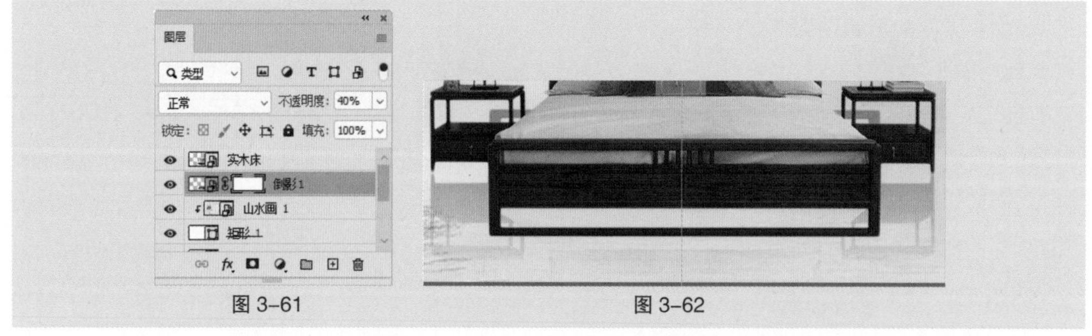

图 3-61　　图 3-62

（9）选择“矩形选框”工具，在适当的位置绘制选区，将前景色设置为黑色，按 Alt+Delete 组合键填充前景色，效果如图 3-63 所示。按 Ctrl+D 组合键取消选择选区。使用相同的方法制作实木床的倒影，如图 3-64 所示。

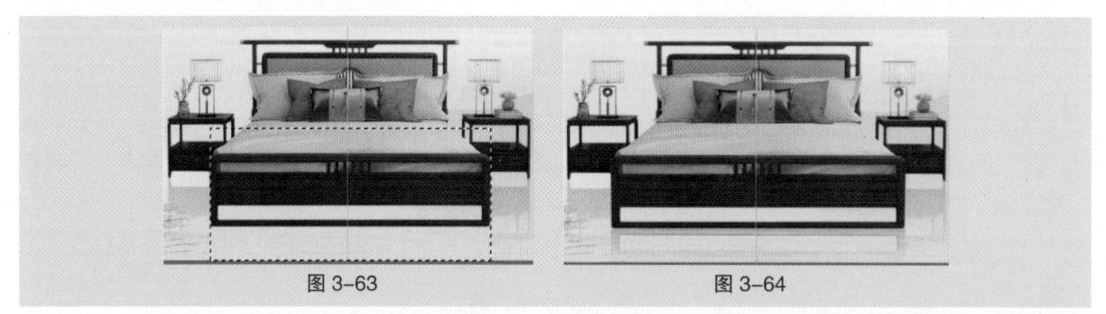

图 3-63　　图 3-64

（10）选择“实木床”图层，单击“图层”控制面板下方的“添加图层样式”按钮，在弹出的菜单中选择“投影”命令，在弹出的对话框中进行设置，如图 3-65 所示，单击“确定”按钮，效果如图 3-66 所示。

（11）单击“图层”控制面板下方的“创建新的填充或调整图层”按钮，在弹出的菜单中选择“亮度 / 对比度”命令，“图层”控制面板中生成“亮度 / 对比度 1”图层。在弹出的面板中进行设置，如图 3-67 所示，按 Enter 键确定操作，效果如图 3-68 所示。

图 3-65　　图 3-66

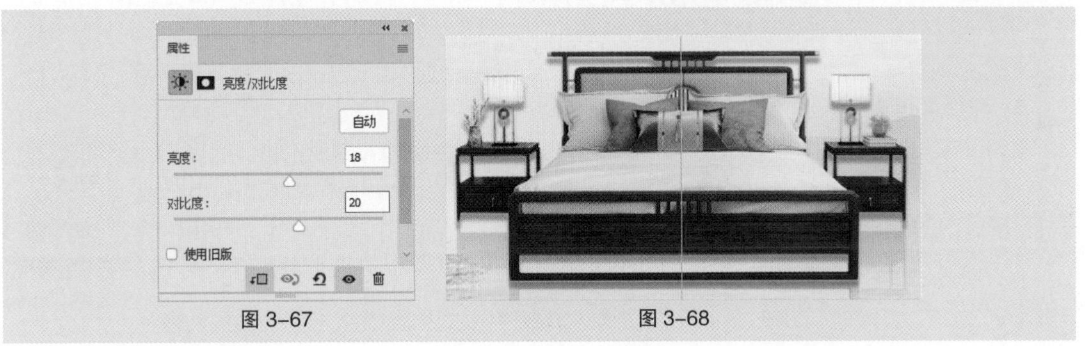

图 3-67　　图 3-68

（12）选择“横排文字”工具 T，在适当的位置输入需要的文字并选取文字。选择“窗口 > 字符”命令，打开“字符”面板，在“字符”面板中将“颜色”设置为深灰色（53、51、57），其他选项的设置如图 3-69 所示。按 Enter 键确定操作，效果如图 3-70 所示，“图层”控制面板中生成新的文字图层。使用相同的方法，在适当的位置输入文字，效果如图 3-71 所示。

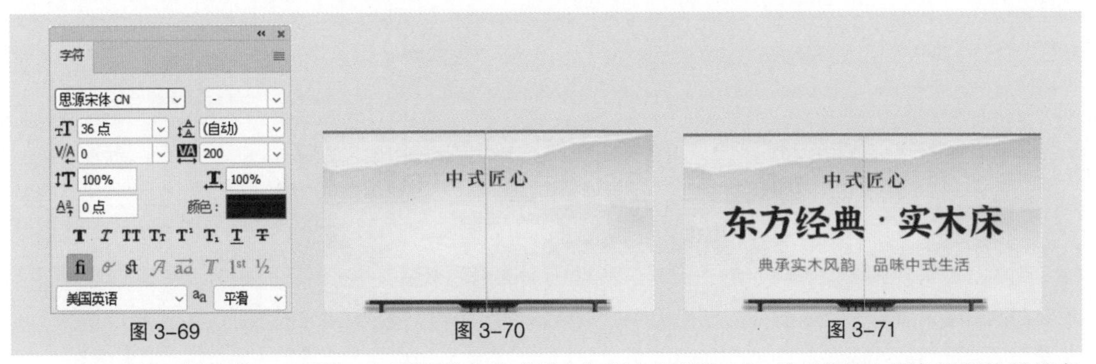

图 3-69　　图 3-70　　图 3-71

（13）选择“椭圆”工具 ○，在属性栏中将“填充”颜色设置为无，将“描边”颜色设置为浅棕色（204、151、86），将“粗细”设置为 2 像素。按住 Shift 键，在图像窗口中绘制一个半径为 12 像素的圆形，效果如图 3-72 所示，“图层”控制面板中生成新的形状图层“椭圆 1”。按 Ctrl+J 组合键复制图层。按 Ctrl+T 组合键，图像周围出现变换框。在属性栏中将“X”坐标加 30 像素，按 Enter 键确定操作。在属性栏中将“描边”颜色设置为灰色（139、139、139），效果如图 3-73 所示。

（14）使用相同的方法复制圆形并修改颜色，效果如图 3-74 所示。按住 Shift 键的同时单击“矩形 1”图层，将需要的图层同时选取，按 Ctrl+G 组合键群组图层并将其重命名为“轮播海报 1”，如图 3-75 所示。

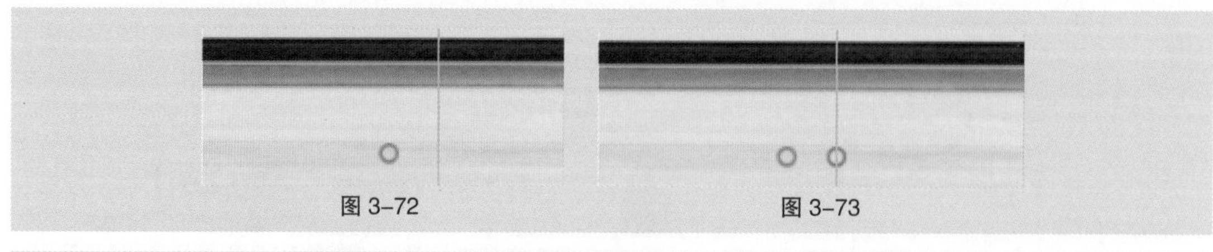

图 3-72　　图 3-73

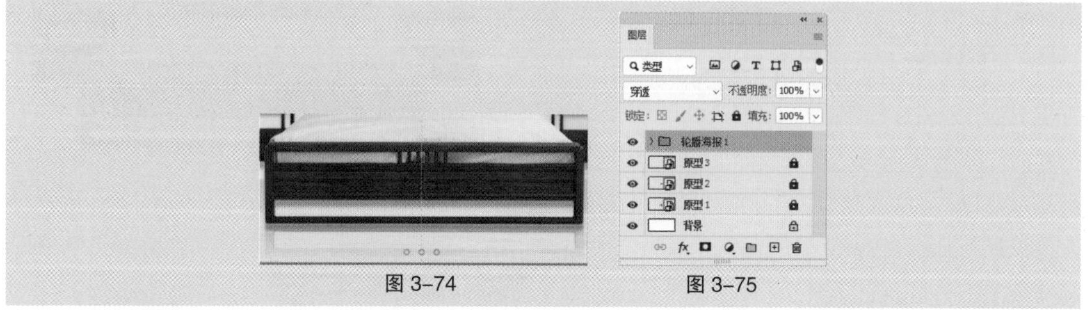

图 3-74　　图 3-75

2. **轮播海报 2**

（1）选择“矩形”工具□，在属性栏中将“填充”颜色设置为白色，将“描边”颜色设置为无。在图像窗口中绘制一个与页面大小相等的矩形，“图层”控制面板中生成新的形状图层“矩形 2”。

扫码观看
本案例视频 2

（2）选择“文件 > 置入嵌入对象”命令，弹出“置入嵌入的对象”对话框，选择云盘中的“Ch03 > 3.2.4 课堂案例——设计中式家具电商平台网站轮播广告 > 素材 > 06”文件。单击“置入”按钮，将图片置入图像窗口中，在属性栏中设置其大小及位置，如图 3-76 所示。按 Enter 键确定操作，“图层”控制面板中生成新的图层并将其重命名为“山水画 2”。按 Ctrl+Alt+G 组合键为图层创建剪贴蒙版，效果如图 3-77 所示。

图 3-76　　图 3-77

（3）选择“横排文字”工具T，在适当的位置输入需要的文字并选取文字。在“字符”面板中将“颜色”设置为深灰色（51、51、51），其他选项的设置如图 3-78 所示。按 Enter 键确定操作，效果如图 3-79 所示，“图层”控制面板中生成新的文字图层。使用相同的方法，在适当的位置输入文字，效果如图 3-80 所示。

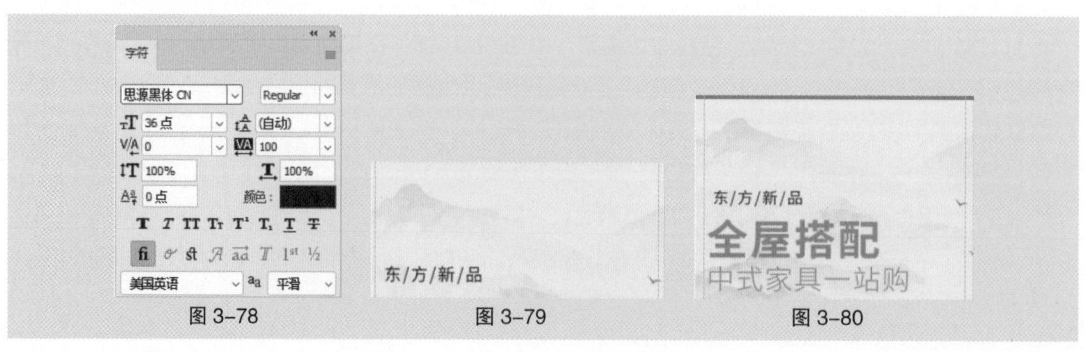

图 3-78　　图 3-79　　图 3-80

（4）选择“圆角矩形”工具，在属性栏中将“填充”颜色设置为无，将“描边”颜色设置为灰色（139、139、139），将“半径”设置为 24 像素。在图像窗口中绘制一个宽为 360 像素、高为 52 像素的圆角矩形，效果如图 3-81 所示，“图层”控制面板中生成新的形状图层“圆角矩形 1”。

（5）选择“横排文字”工具，在适当的位置输入需要的文字并选取文字。在“字符”面板中将“颜色”设置为深灰色（53、51、57），其他选项的设置如图 3-82 所示。按 Enter 键确定操作，“图层”控制面板中生成新的文字图层，效果如图 3-83 所示。

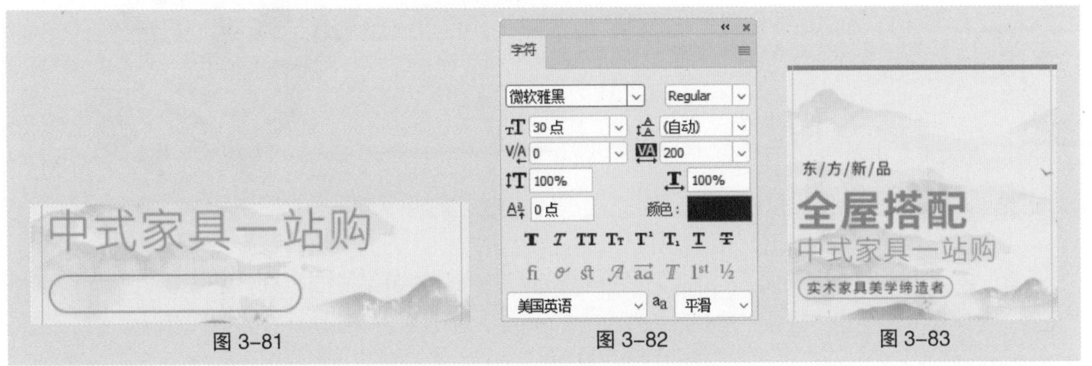

图 3-81　图 3-82　图 3-83

（6）选择“椭圆”工具，在属性栏中将“填充”颜色设置为无，将“描边”颜色设置为灰色（139、139、139），将“粗细”设置为 2 像素。按住 Shift 键，在图像窗口中绘制一个圆形，“图层”控制面板中生成新的形状图层“椭圆 2”，效果如图 3-84 所示。按 Ctrl+J 组合键复制图层。按 Ctrl+T 组合键，图像周围出现变换框，在属性栏中将“水平缩放”设置为 30%，按 Enter 键确定操作。在属性栏中将“填充”颜色设置为灰色（139、139、139），将“描边”颜色设置为无，效果如图 3-85 所示。

图 3-84　图 3-85

（7）选择“文件 > 置入嵌入对象”命令，弹出“置入嵌入的对象”对话框，选择云盘中的“Ch03 > 3.2.4 课堂案例——设计中式家具电商平台网站轮播广告 > 素材 > 07”文件。单击“置入”按钮，将图片置入图像窗口中，在属性栏中设置其大小及位置，如图 3-86 所示。按 Enter 键确定操作，效果如图 3-87 所示。“图层”控制面板中生成新的图层并将其重命名为“全屋定制”。

图 3-86　图 3-87

（8）单击“图层”控制面板下方的“添加图层样式”按钮，在弹出的菜单中选择“投影”命令，在弹出的对话框中进行设置，如图 3-88 所示，单击“确定”按钮，效果如图 3-89 所示。

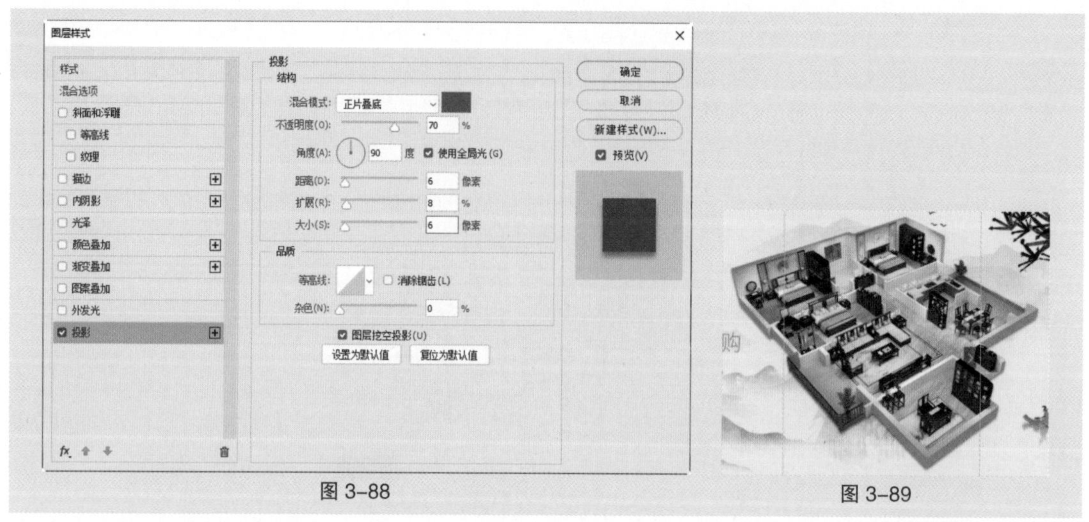

图 3-88　　图 3-89

（9）单击“图层”控制面板下方的“创建新的填充或调整图层”按钮，在弹出的菜单中选择“亮度 / 对比度”命令，“图层”控制面板中生成“亮度 / 对比度 2”图层。在弹出的面板中进行设置，如图 3-90 所示，按 Enter 键确定操作，效果如图 3-91 所示。

（10）展开“轮播海报 1”图层组，按住 Shift 键的同时选择需要的图层，如图 3-92 所示。按 Ctrl+J 组合键复制图层。将复制得到的图层拖曳到“亮度 / 对比度 2”图层的上方并重命名，如图 3-93 所示。

图 3-90　　图 3-91　　图 3-92　　图 3-93

（11）选择“椭圆 1 拷贝 3”图层，选择“椭圆”工具，在属性栏中将“描边”颜色设置为灰色（139、139、139），效果如图 3-94 所示。选择“椭圆 1 拷贝 4”图层，选择“椭圆”工具，在属性栏中将“描边”颜色设置为浅棕色（204、151、86），效果如图 3-95 所示。

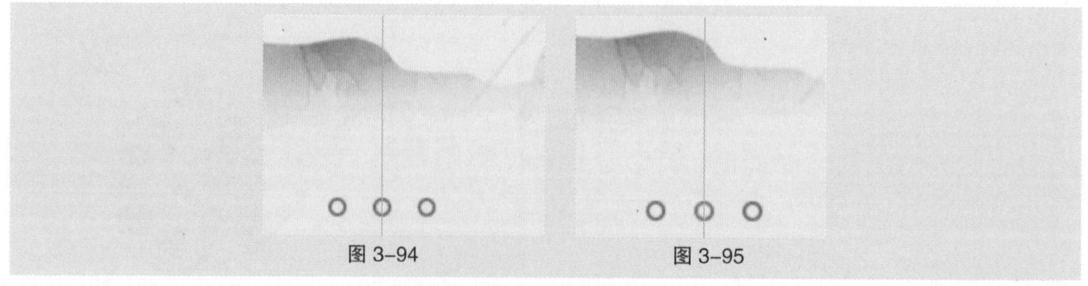
图 3-94　　图 3-95

（12）选择“椭圆 1 拷贝 5”图层，按住 Shift 键的同时单击“矩形 2”图层，将需要的图层同时选取，按 Ctrl+G 组合键群组图层并将其重命名为“轮播海报 2”，如图 3-96 所示，效果如图 3-97 所示。

图 3-96　　图 3-97

3．轮播海报 3

（1）选择“矩形”工具，在属性栏中将“填充”颜色设置为白色，将“描边”颜色设置为无。在图像窗口中绘制一个与页面大小相等的矩形，“图层”控制面板中生成新的形状图层“矩形 3”。

扫码观看
本案例视频 3

（2）选择“文件 > 置入嵌入对象”命令，弹出“置入嵌入的对象”对话框，选择云盘中的“Ch03 > 3.2.4 课堂案例——设计中式家具电商平台网站轮播广告 > 素材 > 08”文件。单击“置入”按钮，将图片置入图像窗口中，在属性栏中设置其大小及位置，如图 3-98 所示。按 Enter 键确定操作，“图层”控制面板中生成新的图层并将其重命名为“山水画 3”。按 Ctrl+Alt+G 组合键为图层创建剪贴蒙版，在“图层”控制面板中将“不透明度”设置为 60%，效果如图 3-99 所示。

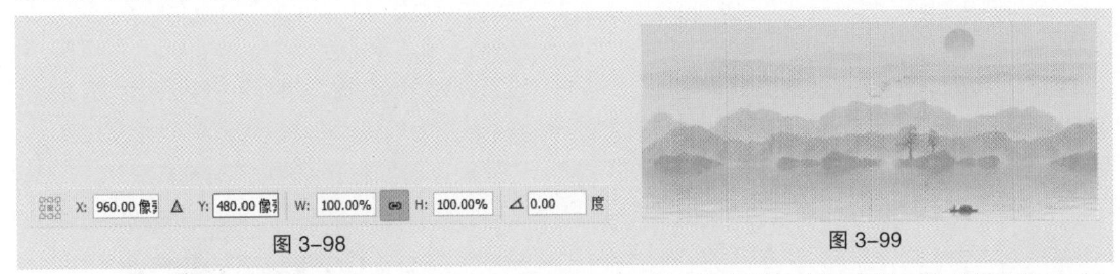

图 3-98　　图 3-99

（3）单击“图层”控制面板下方的“创建新的填充或调整图层”按钮，在弹出的菜单中选择“色彩平衡”命令，“图层”控制面板中生成“色彩平衡 1”图层，在弹出的面板中进行设置，如图 3-100 所示。按 Enter 键确定操作，效果如图 3-101 所示。

图 3-100　　图 3-101

（4）按 Ctrl + O 组合键，打开云盘中的“Ch03 > 3.2.4 课堂案例——设计中式家具电商平台网站轮播广告 > 素材 > 09”文件。在“图层”控制面板中双击“背景”图层，在弹出的对话框中单击“确定”按钮，如图 3-102 所示，将背景图层转换为普通图层。选择“钢笔”工具，在属性栏的“选择工具模式”中选择“路径”，在图像窗口中绘制路径，如图 3-103 所示。按 Ctrl+Enter 组合键将路径转换为选区，如图 3-104 所示，按 Shift+Ctrl+I 组合键反选选区。

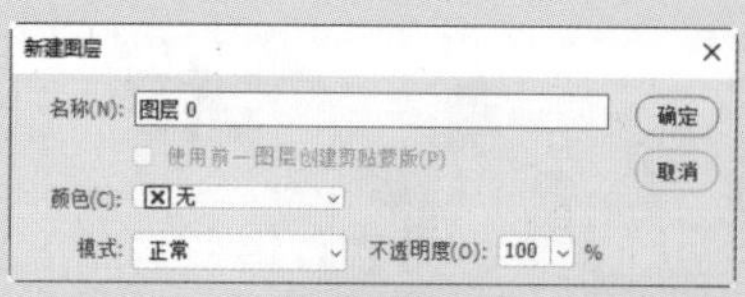

图 3-102 　　图 3-103 　　图 3-104

（5）按 Delete 键删除不需要的图像，按 Ctrl+D 组合键取消选择选区。使用相同的方法，抠除其他不需要的部分，效果如图 3-105 所示。选择“图像 > 裁切”命令，在弹出的对话框中进行设置，如图 3-106 所示，单击“确定”按钮。按 Ctrl+S 组合键，弹出“存储为”对话框，将图像命名为“10”，保存为 PNG 格式，单击“保存”按钮。弹出“PNG 格式选项”对话框，如图 3-107 所示，单击“确定”按钮，保存图像。

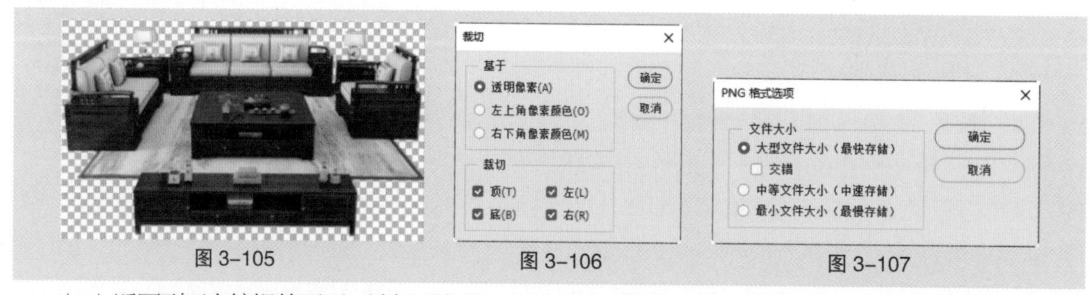

图 3-105　　图 3-106　　图 3-107

（6）返回到正在编辑的页面，选择“文件 > 置入嵌入对象”命令，弹出“置入嵌入的对象”对话框，选择云盘中的“Ch03 > 3.2.4 课堂案例——设计中式家具电商平台网站轮播广告 > 素材 > 10”文件。单击“置入”按钮，将图片置入图像窗口中，在属性栏中设置其大小及位置，如图 3-108 所示。按 Enter 键确定操作，效果如图 3-109 所示，“图层”控制面板中生成新的图层并将其重命名为“中式家具”。

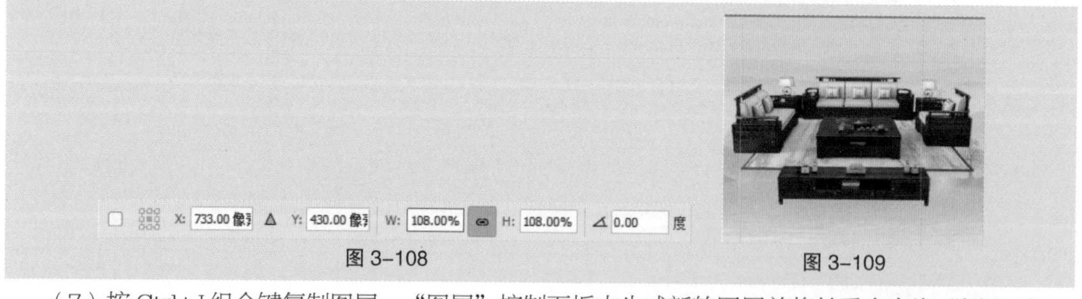

图 3-108　　图 3-109

（7）按 Ctrl+J 组合键复制图层，“图层”控制面板中生成新的图层并将其重命名为“倒影 1”。按 Ctrl+T 组合键，图像周围出现变换框，单击鼠标右键，在弹出的菜单中选择“垂直翻转”命令，垂直翻转图像，在属性栏中设置其位置，如图 3-110 所示。按 Enter 键确定操作，效果如图 3-111 所示。

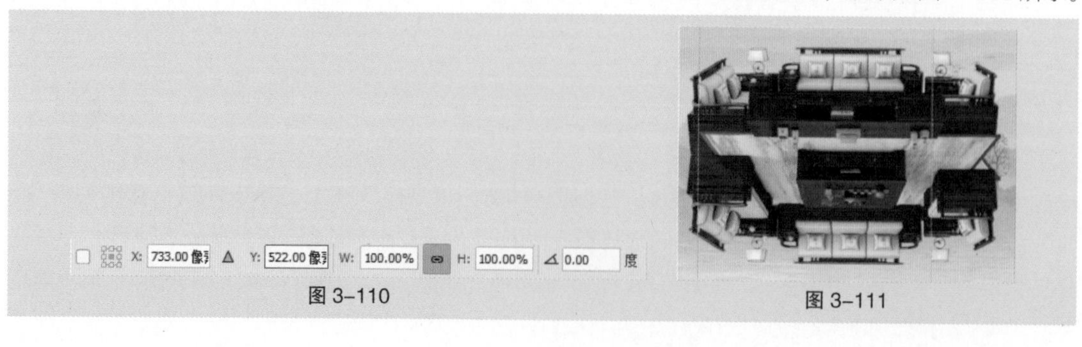

图 3-110　　图 3-111

（8）在“图层”控制面板中将“倒影 1”图层拖曳到“中式家具”图层的下方，将“不透明度”设置为40%。单击“图层”控制面板下方的“添加图层蒙版”按钮，为“倒影 1”图层添加图层蒙版，如图 3-112 所示。选择“渐变”工具，单击属性栏中的“点按可编辑渐变”按钮，弹出“渐变编辑器”对话框，将渐变色设置为从黑色到白色，单击“确定”按钮。在图像窗口中由下至上拖曳填充渐变色，松开鼠标，效果如图 3-113 所示。

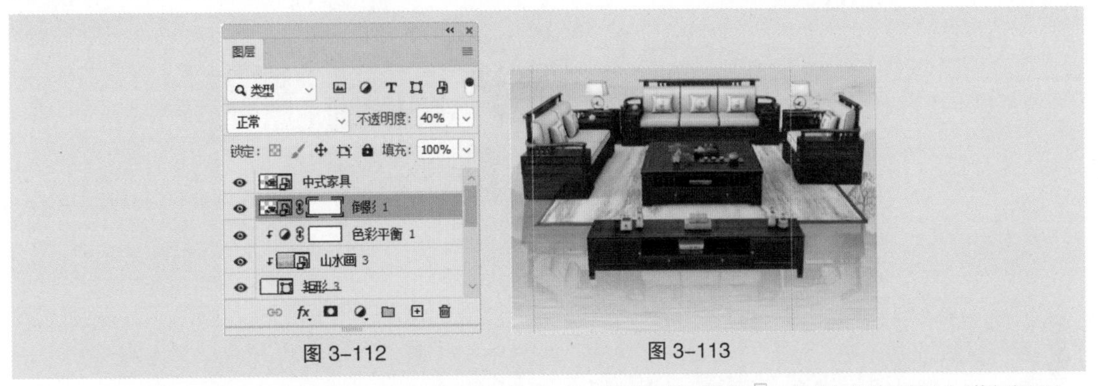

图 3-112　　图 3-113

（9）选择“画笔”工具，在属性栏中单击“画笔预设”按钮，在弹出的面板中进行设置，如图 3-114 所示。将前景色设置为黑色，在图像窗口中拖曳鼠标擦除不需要的部分，效果如图 3-115 所示。使用相同的方法制作其他倒影，如图 3-116 所示。

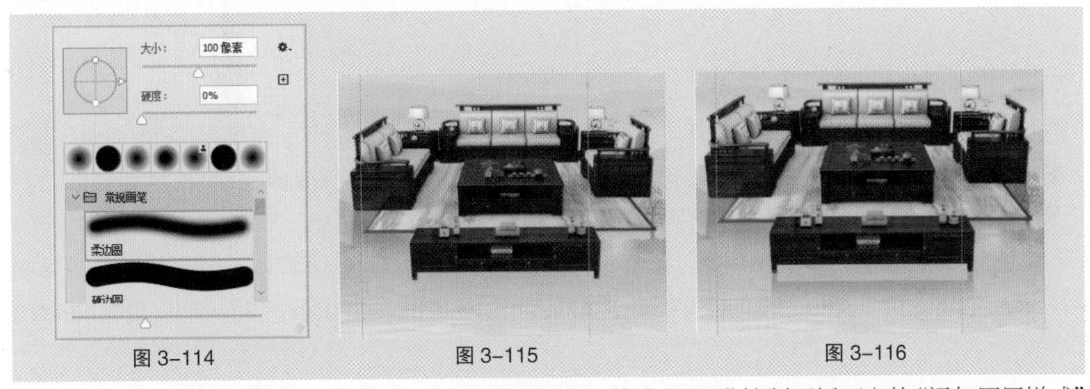

图 3-114　　图 3-115　　图 3-116

（10）在“图层”控制面板中选择“中式家具”图层，单击“图层”控制面板下方的“添加图层样式”按钮，在弹出的菜单中选择“投影”命令，在弹出的对话框中进行设置，如图 3-117 所示，单击“确定”按钮，效果如图 3-118 所示。

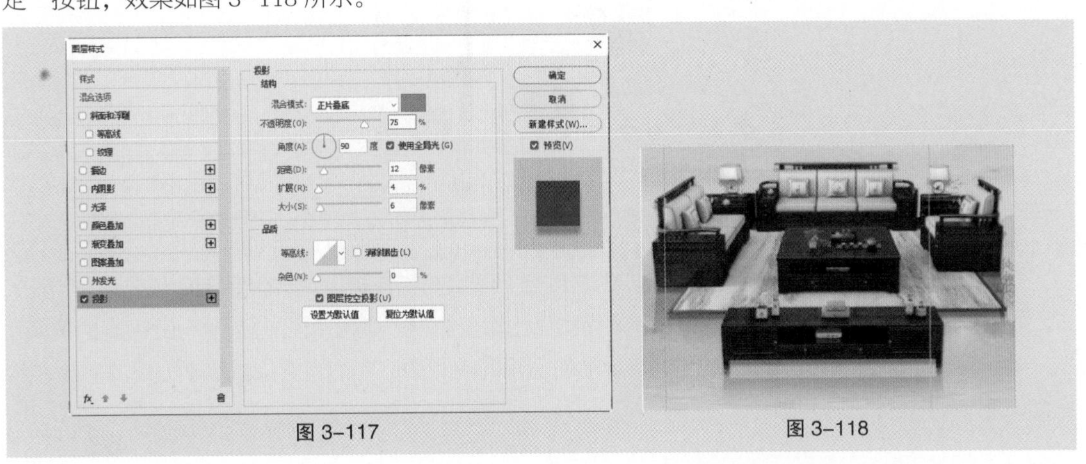

图 3-117　　图 3-118

（11）单击“图层”控制面板下方的“创建新的填充或调整图层”按钮，在弹出的菜单中选择“亮度 / 对比度”命令，“图层”控制面板中生成“亮度 / 对比度 3”图层。在弹出的面板中进行设置，如图 3–119 所示，按 Enter 键确定操作，效果如图 3–120 所示。

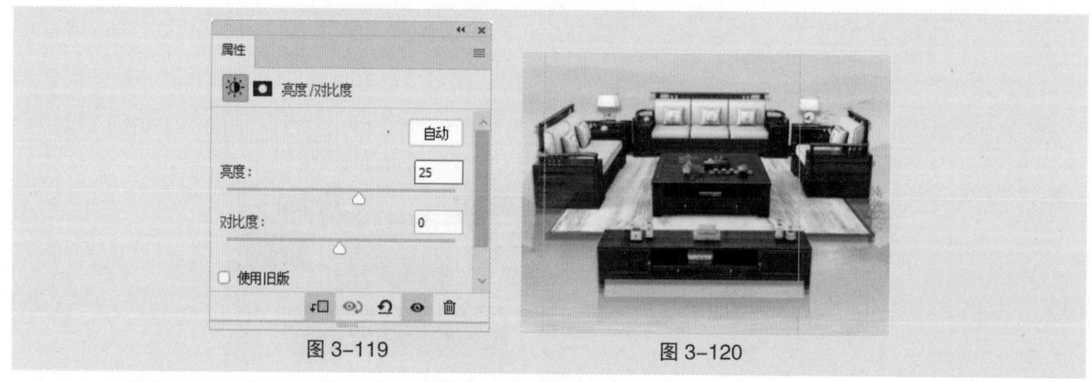

图 3–119　　图 3–120

（12）选择“直线”工具，在属性栏中将“填充”颜色设置为深灰色（53、51、57），将“描边”颜色设置为无，将“粗细”设置为 2 像素，如图 3–121 所示。按住 Shift 键，在图像窗口中绘制一条直线，效果如图 3–122 所示，“图层”控制面板中生成新的形状图层“形状 1”。

图 3–121　　图 3–122

（13）选择“横排文字”工具，在适当的位置输入需要的文字并选取文字。在“字符”面板中将“颜色”设置为深灰色（53、51、57），其他选项的设置如图 3–123 所示。按 Enter 键确定操作，效果如图 3–124 所示，“图层”控制面板中生成新的文字图层。

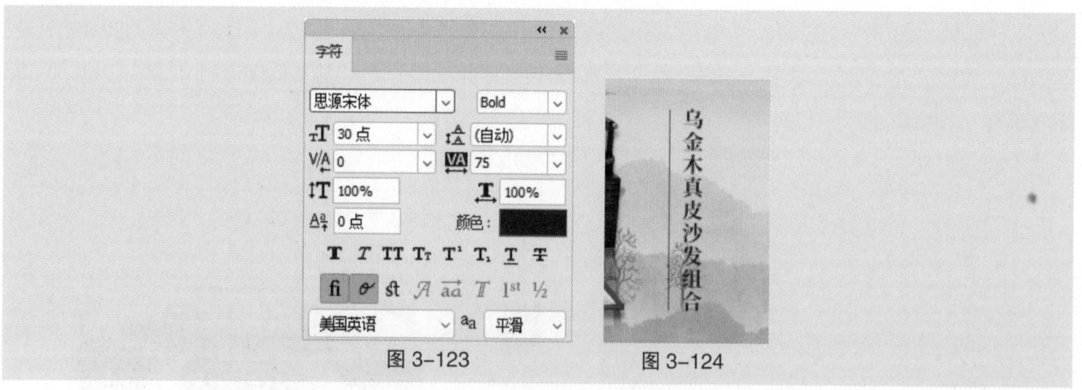

图 3–123　　图 3–124

（14）选择“形状 1”图层，按 Ctrl+J 组合键复制图层并将复制得到的图层拖曳到文字图层的上方，如图 3–125 所示。按 Ctrl+T 组合键，文字周围出现变换框。在属性栏中将“X”坐标加 67 像素，按 Enter 键确定操作，效果如图 3–126 所示。使用相同的方法，在适当的位置绘制直线并复制，效果如图 3–127 所示。

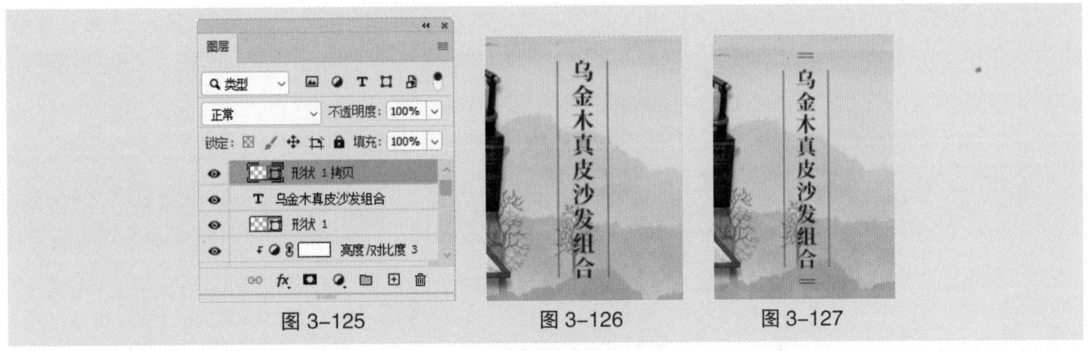

图 3-125　　图 3-126　　图 3-127

（15）选择“横排文字”工具T.，在适当的位置输入需要的文字并选取文字。在“字符”面板中将“颜色”设置为深灰色（53、51、57），其他选项的设置如图 3-128 所示。按 Enter 键确定操作，“图层”控制面板中生成新的文字图层，效果如图 3-129 所示。

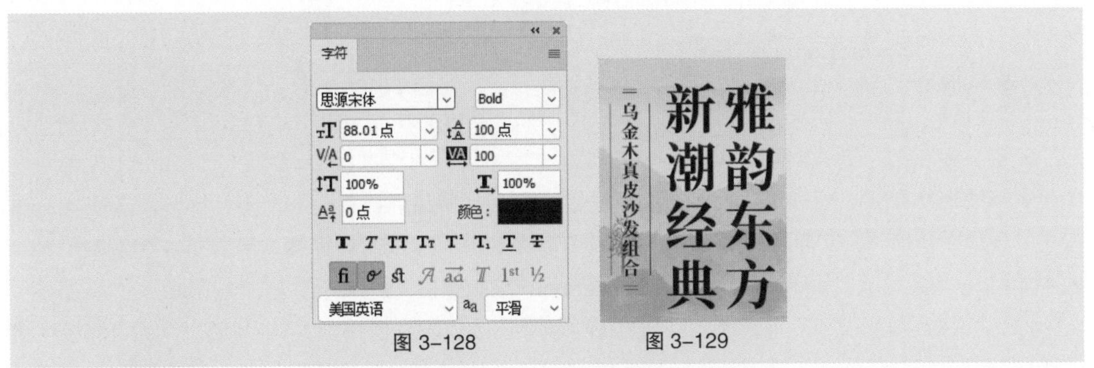

图 3-128　　图 3-129

（16）选择“椭圆”工具◯，在属性栏中将“填充”颜色设置为无，将“描边”颜色设置为浅棕色（204、151、86），其他选项的设置如图 3-130 所示。按住 Shift 键，在图像窗口中绘制一个圆形，“图层”控制面板中生成新的形状图层“椭圆 3”，效果如图 3-131 所示。

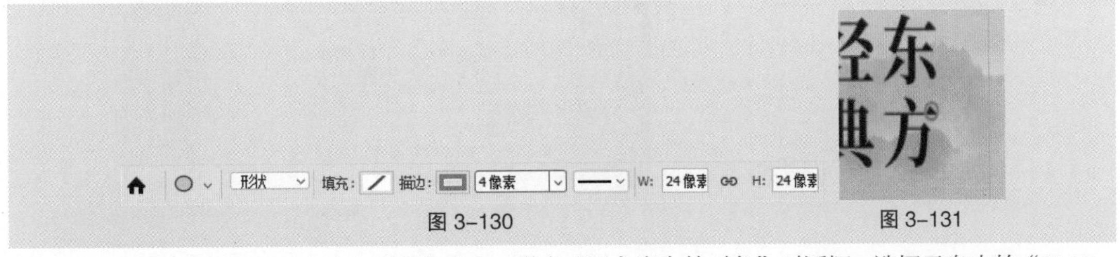

图 3-130　　图 3-131

（17）选择“文件 > 置入嵌入对象”命令，弹出“置入嵌入的对象”对话框，选择云盘中的“Ch03 > 3.2.4 课堂案例——设计中式家具电商平台网站轮播广告 > 素材 > 11”文件。单击“置入”按钮，将图片置入图像窗口中，在属性栏中设置其大小及位置，如图 3-132 所示。按 Enter 键确定操作，效果如图 3-133 所示，“图层”控制面板中生成新的图层并将其重命名为“中式边框”。

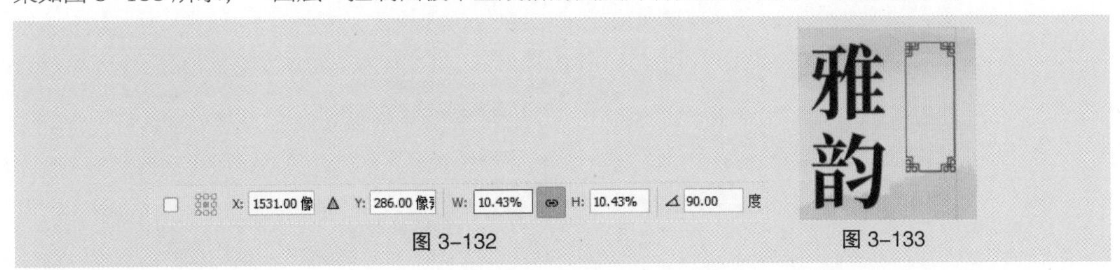

图 3-132　　图 3-133

（18）选择“中式家具”图层，单击“图层”控制面板下方的“添加图层样式”按钮 fx，在弹出的菜单中选择“颜色叠加”命令，在弹出的对话框中进行设置，如图 3-134 所示。单击“确定”按钮，效果如图 3-135 所示。

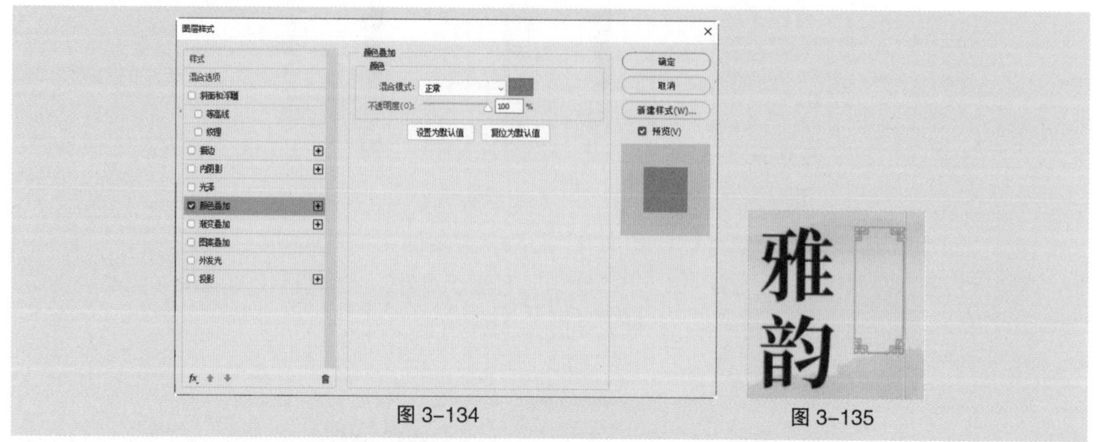

图 3-134　　图 3-135

（19）选择“矩形”工具 □，在属性栏中将“填充”颜色设置为浅棕色（204、151、86），将“描边”颜色设置为无。在图像窗口中绘制一个宽为 20 像素、高为 134 像素的矩形，“图层”控制面板中生成新的形状图层“矩形 4”，效果如图 3-136 所示。单击属性栏中的“路径操作”按钮 □，在弹出的菜单中选择“合并形状”命令，在图像窗口中绘制一个宽为 36 像素、高为 134 像素的矩形，效果如图 3-137 所示。使用相同的方法在适当的位置绘制矩形，效果如图 3-138 所示。

（20）选择“横排文字”工具 T，在适当的位置输入需要的文字并选取文字。在“字符”面板中将“颜色”设置为白色，其他选项的设置如图 3-139 所示。按 Enter 键确定操作，“图层”控制面板中生成新的文字图层，效果如图 3-140 所示。

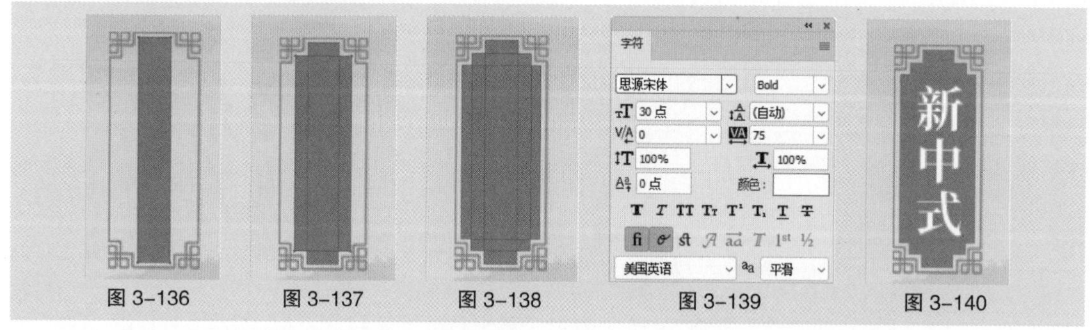

图 3-136　　图 3-137　　图 3-138　　图 3-139　　图 3-140

（21）展开“轮播海报 1”图层组，按住 Shift 键的同时选择需要的图层，如图 3-141 所示。按 Ctrl+J 组合键复制图层。将复制得到的图层拖曳到“新中式”文字图层的上方并重命名，如图 3-142 所示。

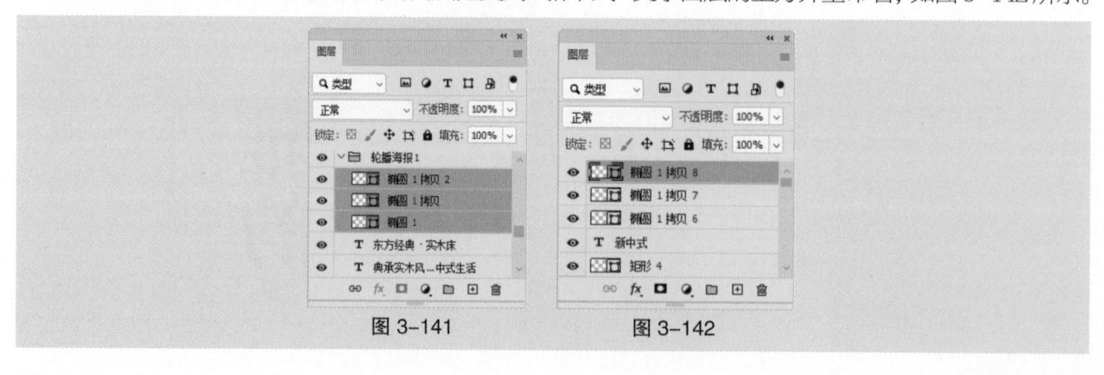

图 3-141　　图 3-142

（22）选择“椭圆 1 拷贝 6”图层，选择“椭圆”工具[ellipse tool icon]，在属性栏中将“描边”颜色设置为灰色（139、139、139），效果如图 3-143 所示。选择“椭圆 1 拷贝 8”图层，在属性栏中将“描边”颜色设置为浅棕色（204、151、86），效果如图 3-144 所示。按住 Shift 键的同时单击“矩形 3”图层，将需要的图层同时选取，按 Ctrl+G 组合键群组图层并将其重命名为“轮播海报 3”，如图 3-145 所示。中式家具电商平台网站轮播广告就制作完成了。

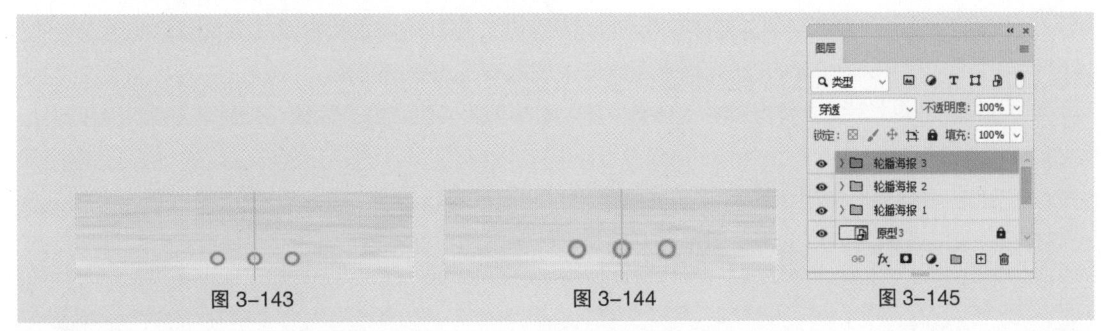

图 3-143　　图 3-144　　图 3-145

3.3 展示组件设计

展示组件（Display Component）是网站将信息进行聚合展示的组件。其主要目的是令内容的呈现更加符合用户的浏览习惯与需求，提升用户体验和网站使用效率。

3.3.1 卡片

卡片（Card）通常由文本、图片和操作按钮组成，常用于产品展示、内容概述等方面，作为进一步展示详情的入口。

卡片的常见样式为边框卡片和无边框卡片，如图 3-146 所示。边框卡片的四周有外描边作为边框，网页页面背景颜色通常为纯白色。无边框卡片的周边不加任何装饰元素，卡片背景颜色通常为纯白色，网页页面背景颜色为灰色。

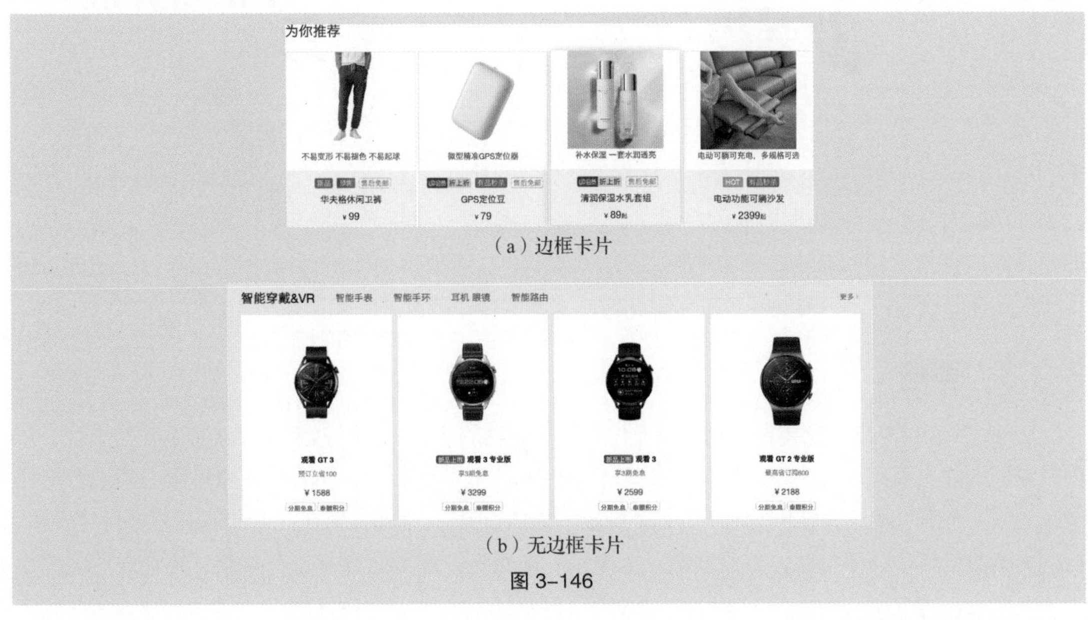

（a）边框卡片

（b）无边框卡片

图 3-146

在设计时，卡片通常根据栅格系统进行排列，建议一行最多不超过 4 个。在卡片空间内，需注意信息的区分及信息之间的间距。

3.3.2 列表

列表（List）是将同类型的信息聚合在一起的组件。列表通常包含正文内容，图片元素和操作按钮为非必要组成元素。当页面中需要展示相同类型的信息，以让用户进行沉浸式浏览时会使用该组件。该组件常作为信息展示类网站的新闻列表或管理系统类网站的数据列表。

列表的常见样式为文字列表和图文列表，其中图文列表又可以细分为缩略图列表和常规图列表，如图 3-147 所示。文字列表适合用于展示文字较短的内容，可进行多行或多列展示以达到利用空间的效果。缩略图列表适合用于展示普通的缩略内容，可以包含图像、文字和按钮等元素。常规图列表适合用于展示丰富的内容，由于图片较大、文字较多，建议把按钮放在文字内容的下方。

（a）文字列表　　（b）图文列表——缩略图列表

（c）图文列表——常规图列表

图 3-147

在设计时，建议列表内的重要信息居左，次要信息居右。列表标题尽量简短明确，控制在一行以内。如果文案内容过长，则在第 3 行末尾使用省略号“...”。列表内按钮的文案不宜过长，按钮的数量尽量控制在 3 个以内，当需要多个按钮时，可以将次要按钮放到“更多”按钮中。

3.3.3 表格

表格（Table）是用行列的形式，结构化地展示信息的组件。表格通常由表头和单元格组成，行列分割线为非必要组成元素。表头用于说明当前列的信息类别，可以在表头放置排序、筛选等操作按钮。单元格用于展示表格的主题内容，支持放置文字、图标、按钮、标签、单选框、复选框等元素。行列分割线则用于分隔信息。当需要展示大量结构化数据或需要对数据进行排序、筛选及对比等复杂操作时会使用该组件，便于用户对数据进行获取、查询及其他操作。

表格的常见样式为无分割线表格、分割线表格和斑马纹表格，如图 3-148 所示。无分割线表格是不使用任何分割线的表格，这种表格只适合展示少量的结构化数据，因此并不经常使用。分割线表格是使用边框线或行列分割线的表格，这种表格适用于结构化数据相对较少的情况，能够让用户一目了然。斑马纹表格是使用隔行换色的效果的表格，这种表格适用于结构化数据相对较多的情况，能够让用户更容易区分不同行的数据。

名称	工资	地址
徐昕越	23,000	北京市 海淀区 北三环西路
刘婉静	25,000	北京市 海淀区 罗庄东路
于冰	22,000	北京市 朝阳区 小黄庄路
吕绍春	17,000	北京市 朝阳区 劲松路
王嘉怡	27,000	北京市 石景山区 八角北路

（a）无分割线表格

镜像ID/名称	操作系统	平台	系统位数	状态(全部)	进度	创建时间	操作
ubuntu_20_04_x64_20G_alibase_20220215.vhd ubuntu_20_04_x6...		Ubuntu	64位	可用	100%	2022年2月15日 20:57:00	创建实例 相关实例
ubuntu_18_04_x64_20G_alibase_20220208.vhd ubuntu_18_04_x6...		Ubuntu	64位	可用	100%	2022年2月10日 16:35:54	创建实例 相关实例
rockylinux_8_5_x64_20G_alibase_20220214.vhd rockylinux_8_5_x6...		Rocky Linux	64位	可用	100%	2022年2月15日 20:59:02	创建实例 相关实例
opensuse_15_3_x64_20G_alibase_20220208.vhd opensuse_15_3_x...		openSUSE	64位	可用	100%	2022年2月11日 17:37:11	创建实例 相关实例
fedora_34_1_x64_20G_alibase_20220208.vhd fedora_34_1_x64_...		Fedora	64位	可用	100%	2022年2月11日 17:35:46	创建实例 相关实例
debian_9_13_x64_20G_alibase_20220208.vhd debian_9_13_x64_...		Debian	64位	可用	100%	2022年2月11日 15:28:48	创建实例 相关实例

（b）分割线表格

日期	名称	地址
2016-05-03	徐昕越	北京市 海淀区 北三环西路
2016-05-02	于京	北京市 海淀区 罗庄东路
2016-05-04	刘婉静	北京市 朝阳区 小黄庄路
2016-05-01	王佳琪	北京市 朝阳区 劲松路

（c）斑马纹表格

图 3-148

在设计时，表头文字使用 14px 的字号并加粗，单元格文字使用 14px 的字号，并使用“—”表示空值。表头和单元格的内容通常左对齐，当变量数字的列数有 3 个及 3 个以上的，数字列的表头和单元格的内容右对齐。每列的宽度根据实际展示的内容的长短而定，内容进行自适应显示，建议每列内容左右两侧的安全距离为 16px。

3.3.4 折叠面板

折叠面板（Collapse）是一组可以对内容区域进行折叠或展开的组件。折叠面板通常由标题、切换按钮及子面板组成，常用于企业招聘岗位等复杂区域。

在设计时，建议将展开时的面板设置为不同的颜色，以进行区分。可根据需要将切换按钮放置在标题的左侧或右侧，如图 3-149 所示。

品牌公关（北京） +

公关媒介（北京） +

广告投放（北京） +

大客户销售（北京、上海、深圳） +

电话销售/SDR（北京）

岗位职责：

1. 通过电话联络销售并进行初步筛选，寻找并确认产品的销售机会；
2. 了解潜在客户的详细信息（决策／需求／购买力等）；
3. 面向目标市场积极主动地寻找新的潜在客户和销售机会；
4. 为市场和销售团队提供相关市场的信息回馈；
5. 面向潜在市场推广公司的服务以及产品。

任职条件：

图 3-149

3.3.5 课堂案例——设计中式茶叶官方网站新闻列表

【案例设计要求】

1. 根据图 3-150 所示的原型效果，使用 Photoshop 制作中式茶叶官方网站新闻列表。

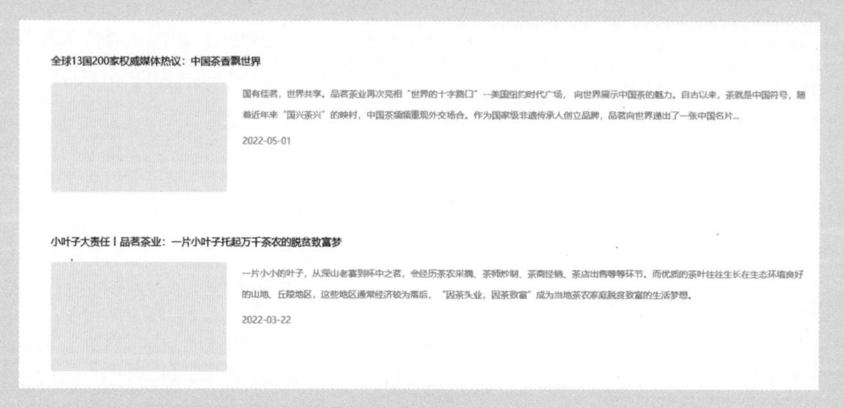

图 3-150

2. 视觉上应体现出新闻列表的设计风格，契合中式茶叶的设计主题。

3. 设计文件应符合网页设计的制作规范与制作标准。

【案例设计理念】在设计过程中，围绕中式茶叶官方网站新闻列表进行创作。背景颜色为白色，令内容更易读。标题文字的颜色选用深绿色，给人清新自然的感觉。字体选用黑体，以符合设计规范。最终效果参看“云盘 /Ch03/3.3.5 课堂案例——设计中式茶叶官方网站新闻列表 / 工程文件 .psd”，如图 3-151 所示。

【案例学习目标】学习使用绘图工具、文字工具制作中式茶叶官方网站新闻列表。

【案例知识要点】使用“新建参考线版面”命令建立参考线版面，使用“置入嵌入对象”命令置入图片，使用“横排文字”工具添加文字，使用“矩形”工具绘制基本形状。

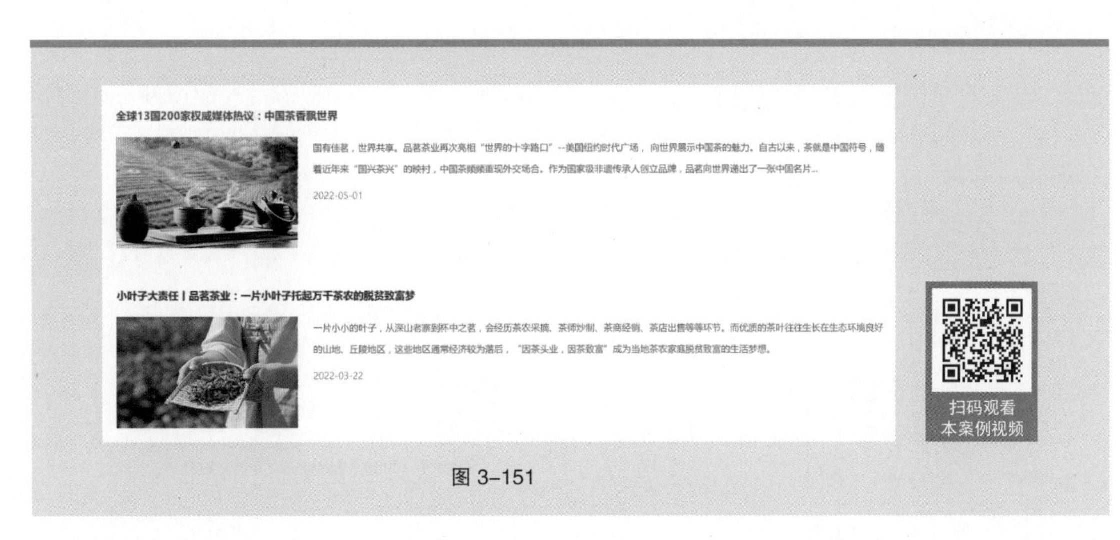

图 3–151

（1）按 Ctrl+N 组合键，弹出“新建文档”对话框，设置“宽度”为 1920 像素、“高度”为 754 像素、“分辨率”为 72 像素 / 英寸、“背景内容”为白色，如图 3–152 所示。单击“创建”按钮，新建一个文件。

（2）选择“视图 > 新建参考线版面”命令，弹出“新建参考线版面”对话框，勾选“列”复选框，设置“数字”为 12、“宽度”为 78 像素、“装订线”为 24，如图 3–153 所示。单击“确定”按钮，完成参考线版面的创建。

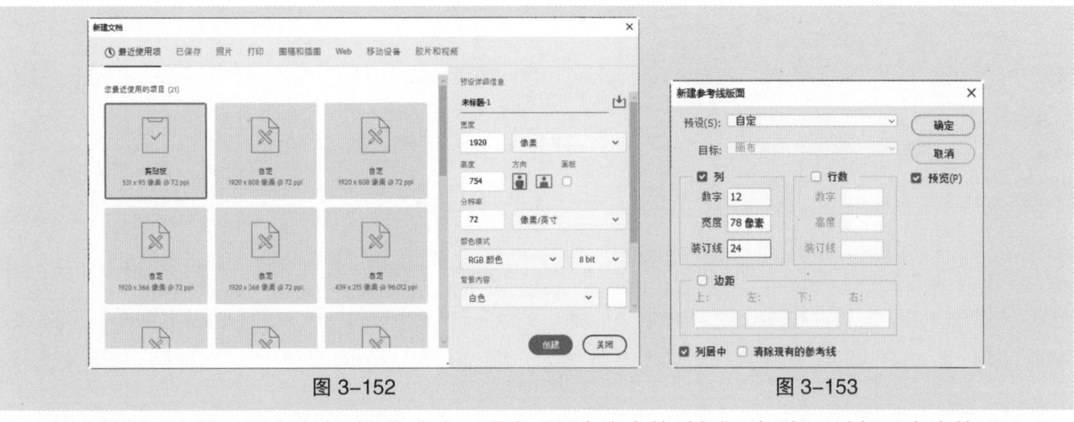

图 3–152　　　图 3–153

（3）选择“文件 > 置入嵌入对象”命令，弹出“置入嵌入的对象”对话框，选择云盘中的“Ch03 > 3.3.5 课堂案例——设计中式茶叶官方网站新闻列表 > 素材 > 01”文件。单击“置入”按钮，将图片置入图像窗口中，按 Enter 键确定操作，效果如图 3–154 所示，“图层”控制面板中生成新的图层并将其重命名为“原型”。单击“锁定全部”按钮🔒，锁定图层，如图 3–155 所示。

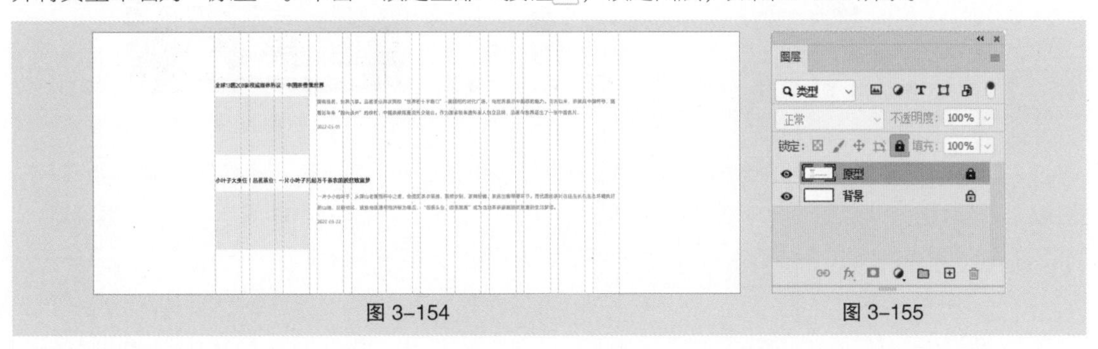

图 3–154　　　图 3–155

（4）选择“横排文字”工具 T.，在距离上方页边距 144 像素的位置输入需要的文字并选取文字。选择“窗口 > 字符”命令，打开“字符”面板，在“字符”面板中将“颜色”设置为蓝绿色（14、99、110），其他选项的设置如图 3–156 所示。按 Enter 键确定操作，效果如图 3–157 所示，“图层”控制面板中生成新的文字图层。

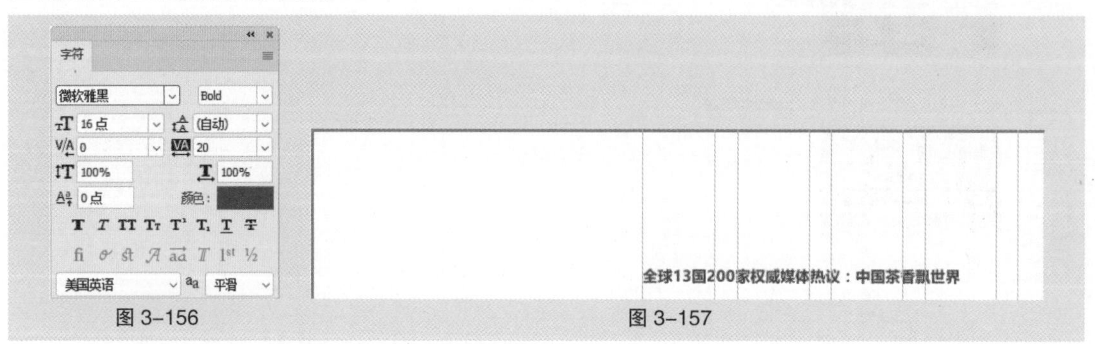

图 3–156　　图 3–157

（5）选择“矩形”工具 □，在属性栏的“选择工具模式”中选择“形状”，将“填充”颜色设置为白色，将“描边”颜色设置为无，如图 3–158 所示。在图像窗口中距离上方文字 24 像素的位置绘制一个宽为 282 像素、高为 168 像素的矩形，效果如图 3–159 所示，“图层”控制面板中生成新的形状图层“矩形 1”。

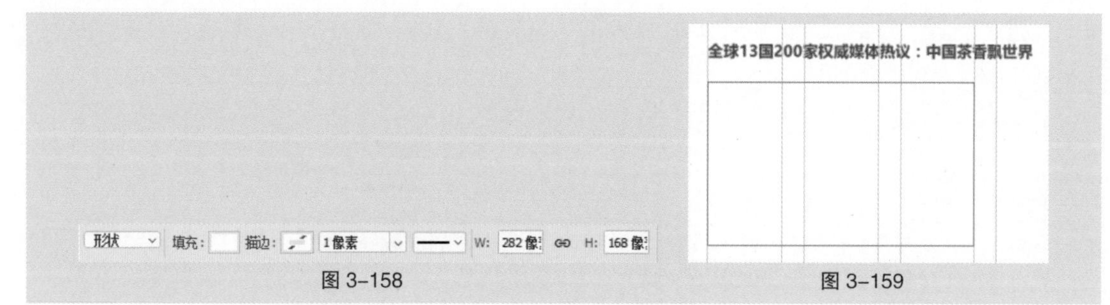

图 3–158　　图 3–159

（6）选择“文件 > 置入嵌入对象”命令，弹出“置入嵌入的对象”对话框，选择云盘中的“Ch03 > 3.3.5 课堂案例——设计中式茶叶官方网站新闻列表 > 素材 > 02”文件。单击“置入”按钮，将图片置入图像窗口中，在属性栏中设置其大小及位置，如图 3–160 所示，按 Enter 键确定操作，“图层”控制面板中生成新的图层并将其重命名为“茶具”。按 Ctrl+G 组合键为图层创建剪切蒙版，效果如图 3–161 所示。

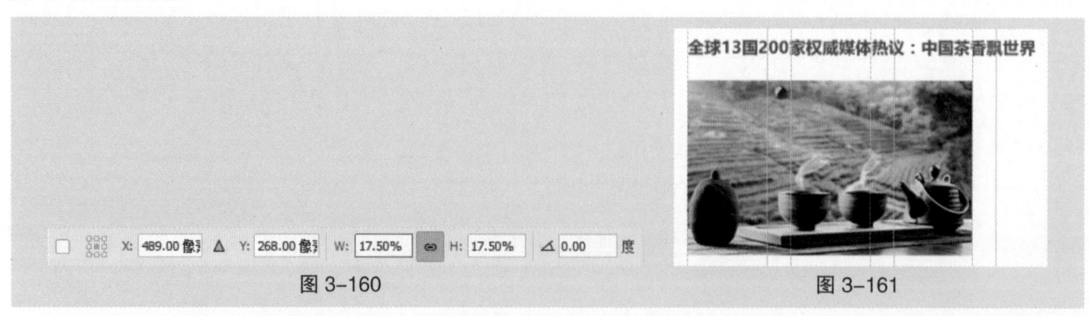

图 3–160　　图 3–161

（7）选择“横排文字”工具 T.，在距离左侧矩形 24 像素的位置按住鼠标左键不放，向右下方拖曳鼠标，绘制出一个宽为 894 像素、高为 72 像素的文本框，如图 3–162 所示。在文本框中输入需要的文字并设置合适的字体和字号，设置文字的填充颜色为灰色（102、102、102），效果如图 3–163 所示。

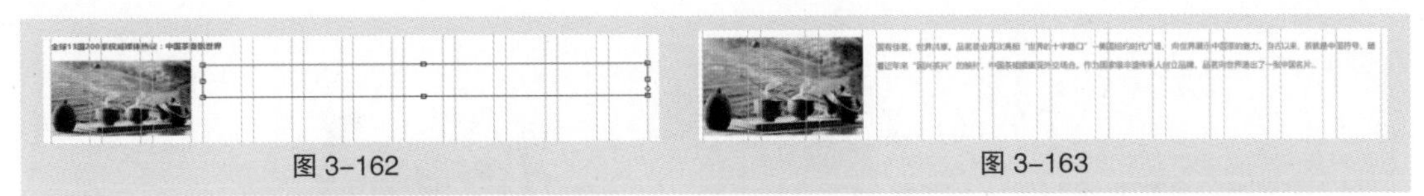

图 3-162　　图 3-163

（8）在文本框中输入需要的文字并选取文字，在“字符”面板中将“颜色”设置为浅灰色（155、155、155），其他选项的设置如图 3-164 所示。按 Enter 键确定操作，效果如图 3-165 所示，“图层”控制面板中生成新的文字图层。

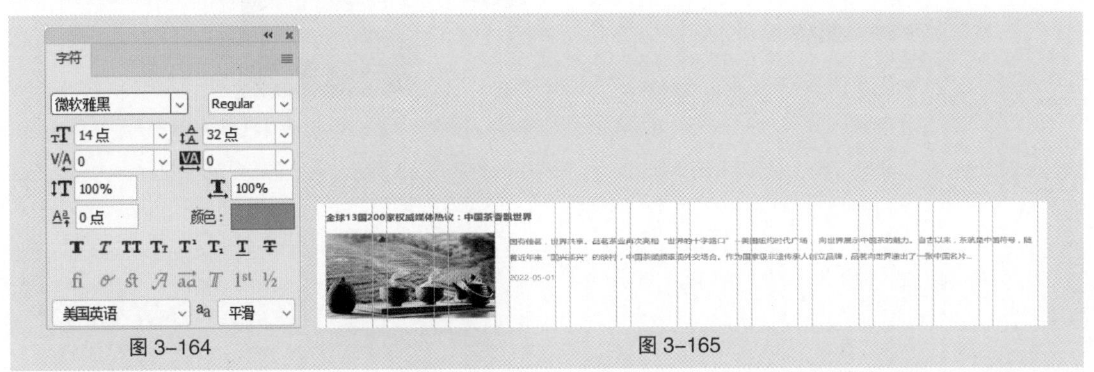

图 3-164　　图 3-165

（9）在“图层”控制面板中，按住 Shift 键的同时将需要的图层同时选取，如图 3-166 所示。按 Ctrl+G 组合键群组图层并将其重命名为“新闻 1”。按 Ctrl+J 组合键复制图层组。“图层”控制面板中生成新的图层组并将其重命名为“新闻 2”，如图 3-167 所示。

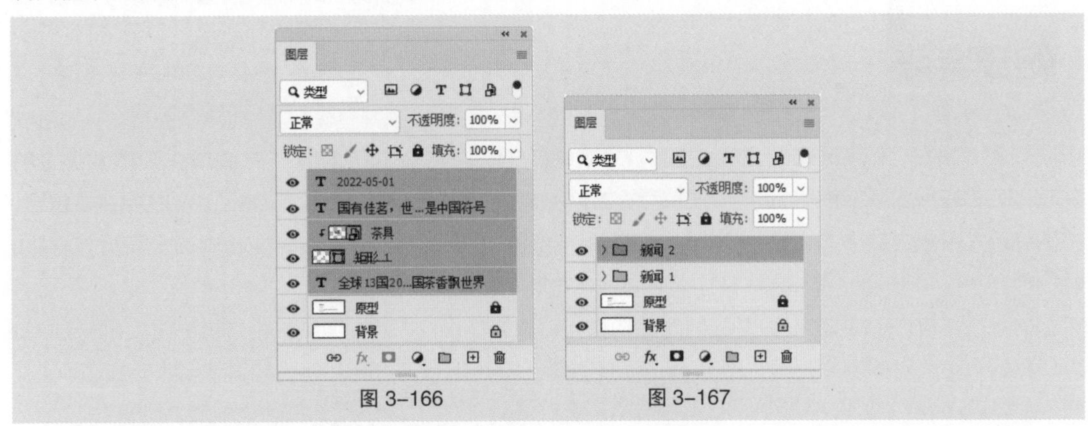

图 3-166　　图 3-167

（10）按 Ctrl+T 组合键，图像周围出现变换框，在属性栏中将“Y”坐标加 272 像素，如图 3-168 所示。按 Enter 键确定操作，效果如图 3-169 所示。

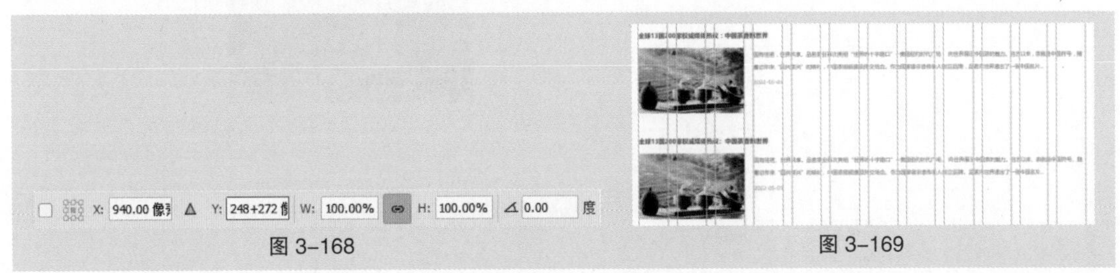

图 3-168　　图 3-169

（11）展开“新闻 2”图层组，选择需要的图层，如图 3-170 所示。在图像窗口中选择文字并修改文字，选择修改好的文字，在“字符”面板中将“颜色”设置为深灰色（51、51、51），其他选项的设置如图 3-171 所示，效果如图 3-172 所示。

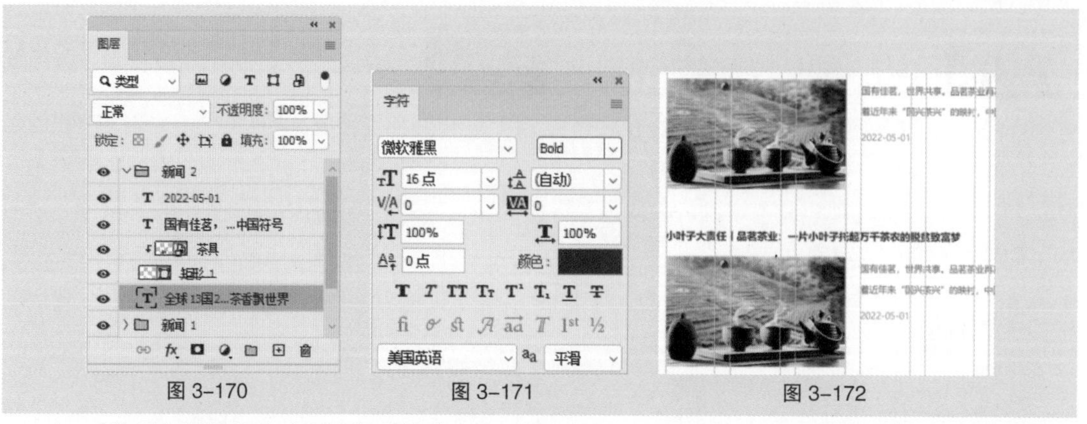

图 3-170　　图 3-171　　图 3-172

（12）使用相同的方法分别选择并修改文字，效果如图 3-173 所示。在“图层”控制面板中选择“茶具”图层，按 Delete 键将其删除，如图 3-174 所示。

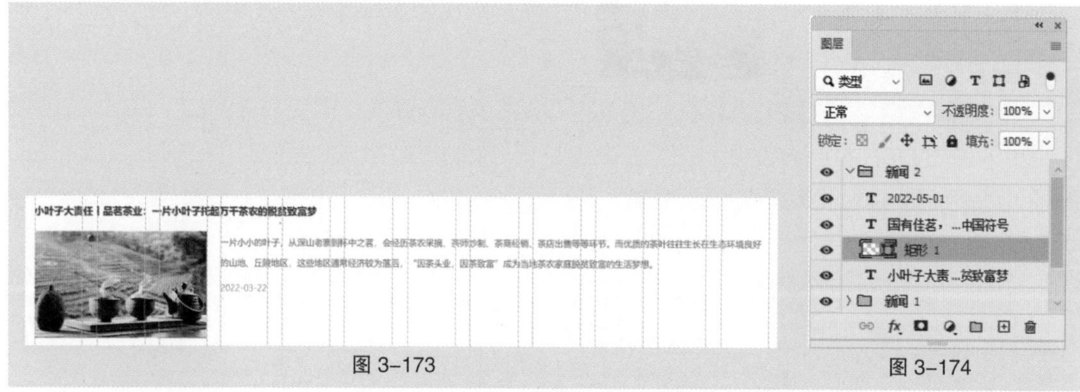

图 3-173　　图 3-174

（13）选择“文件 > 置入嵌入对象”命令，弹出“置入嵌入的对象”对话框，选择云盘中的“Ch03 > 3.3.5 课堂案例——设计中式茶叶官方网站新闻列表 > 素材 > 03”文件。单击“置入”按钮，将图片置入图像窗口中，在属性栏中设置其大小及位置，如图 3-175 所示。按 Enter 键确定操作，“图层”控制面板中生成新的图层并将其重命名为“茶叶”。

（14）按 Ctrl+G 组合键为图层创建剪切蒙版，效果如图 3-176 所示。在“图层”控制面板中单击“原型”图层左侧的“眼睛”图标，将其隐藏。中式茶叶官方网站新闻列表就制作完成了。

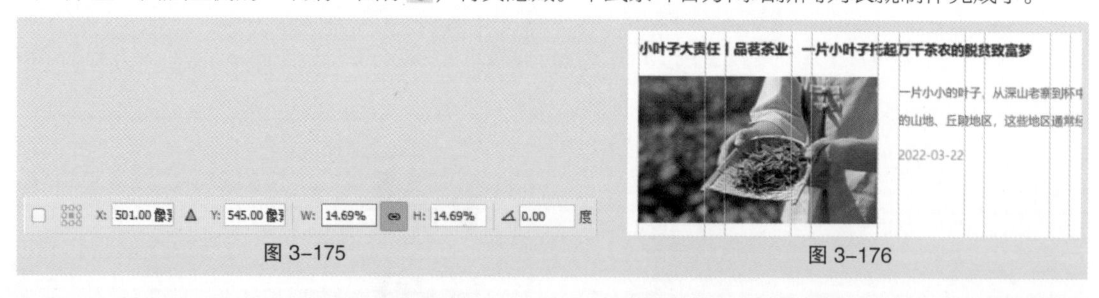

图 3-175　　图 3-176

3.4 输入组件设计

用户在和应用交互的过程中，经常需要输入、编辑、删除某些信息。多样化且有针对性的输入组件能够帮助用户高效明确地完成操作，提升用户的使用体验。

3.4.1 搜索

搜索（Search）是进行信息检索，帮助用户快速找到需要的信息的组件。搜索通常由输入框和搜索按钮组成，下拉框、弹出面板和热搜标签为非必要组成元素。当需要在页面、表单中进行信息查找时会使用该组件。其中带有下拉框的搜索常用于有大量内容但分类对搜索并非核心的网站，如图 3-177 所示。弹出面板和热搜标签通常会组合出现在搜索中，弹出面板中通常包含搜索记录、搜索热搜和网站本身想要推广的内容。搜索常用于大型电商网站中。热搜标签和弹出面板如图 3-178 所示。

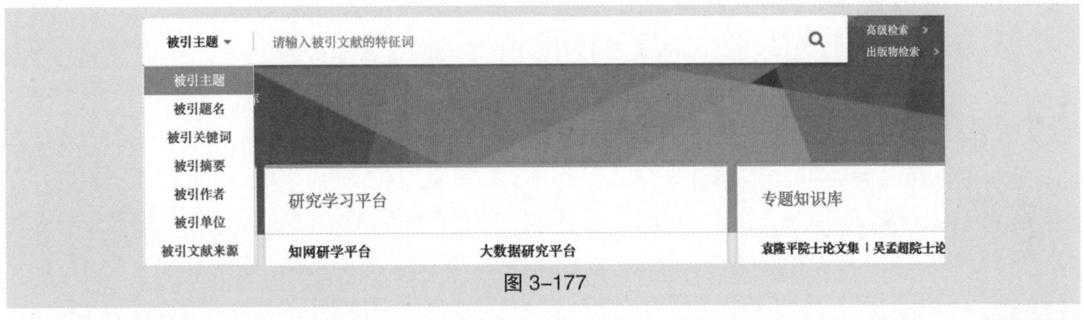

图 3-177

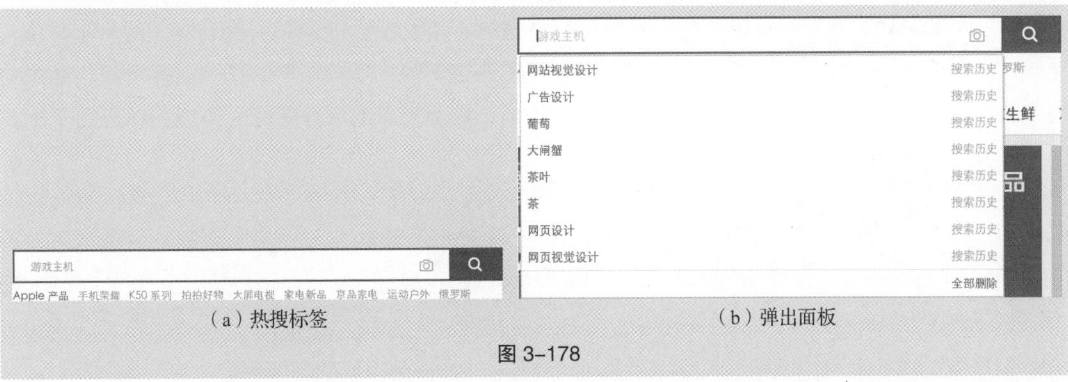

（a）热搜标签　（b）弹出面板

图 3-178

在设计时，建议整体宽度控制在 220px ～ 650px，输入框中有搜索示例。在设计信息检索类或综合电商类网站时，搜索框应位于靠近网页顶部的居中位置，以满足用户需要进行大量搜索的需求，如图 3-179 所示。在设计信息展示类或垂直电商类网站时，搜索框应位于靠近网页顶部的右侧位置，以实现搜索的辅助功能，如图 3-180 所示。

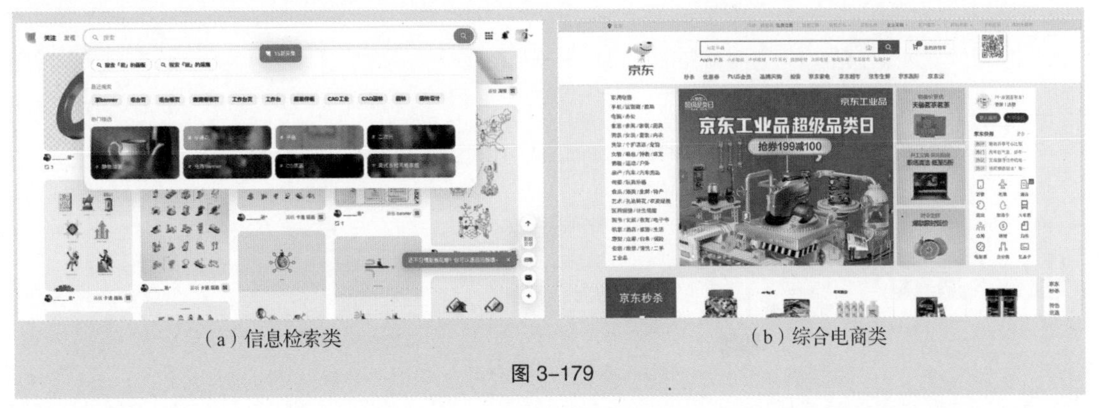

（a）信息检索类　（b）综合电商类

图 3-179

（a）信息展示类　　　　（b）垂直电商类

图 3-180

3.4.2 表单

表单（Form）是收集、校验及提交数据的组件。表单由文本标签、表单域及表单按钮组成。文本标签用于解释输入项的含义、验证输入项并给出反馈提示和描述输入项的类型。表单域是表单的核心部分，包含文本框、密码框、隐藏域、多行文本框、复选框、单选框、下拉框和文件上传框等可进行交互输入的区域。表单按钮用于提交数据或进入下一步，包括提交按钮、复位按钮等按钮。

表单的常见样式为基础表单、分步表单和高级表单，如图 3-181 所示。基础表单适用于登录、注册这类输入项较少的表单场景。分步表单适用于转账这类输入项较多的流程化业务场景，通过对表单步骤进行合理的拆分，可以减少用户的心理负担，提高表单的填写效率。高级表单适用于上传作品这类需要一次性输入、提交大批量数据的场景。

（a）基础表单　　　　（b）分步表单　　　　（c）高级表单

图 3-181

在设计时，表单中的文本标签的对齐方式可以为左对齐、右对齐或顶部左对齐，同一个表单中的文本标签的对齐方式需要一致，如图 3-182 所示。当表单超过 1.5 屏时，表单按钮可以采用浮动栏的形式在底部展示，其位置保持一致。

（a）左对齐　（b）右对齐　（c）顶部左对齐

图 3-182

3.4.3 课堂案例——设计职业教育管理系统网站注册表单

【案例设计要求】

1. 根据图 3-183 所示的原型效果，使用 Photoshop 制作职业教育管理系统网站注册表单。
2. 视觉上应体现出注册表单的设计风格，契合职业教育管理系统的设计主题。
3. 设计文件应符合网页设计的制作规范与制作标准。

【案例设计理念】在设计过程中，围绕职业教育管理系统网站注册表单进行创作。背景颜色为浅灰色，令内容更易读。色彩选用蓝紫色，给人静谧庄重的感觉。字体选用黑体，以符合设计规范。最终效果参看“云盘 /Ch03/3.4.3 课堂案例——设计职业教育管理系统网站注册表单 / 工程文件 .psd”，如图 3-184 所示。

图 3-183　图 3-184

【案例学习目标】学习使用绘图工具、文字工具制作职业教育管理系统网站注册表单。

【案例知识要点】使用“新建参考线版面”命令建立参考线版面，使用“置入嵌入对象”命令置入图片，使用“横排文字”工具添加文字，使用“圆角矩形”工具绘制基本形状。

（1）按 Ctrl+N 组合键，弹出“新建文档”对话框，设置“宽度”为 1440 像素、“高度”为 900 像素、“分辨率”为 72 像素 / 英寸、“背景内容”为浅灰色（242、242、242），如图 3-185 所示。单击“创建”按钮，新建一个文件。

（2）选择“视图 > 新建参考线版面”命令，弹出“新建参考线版面”对话框，勾选“列”复选框，设置“数字”为 24、“宽度”为 32 像素、“装订线”为 24 像素，如图 3-186 所示。单击“确定”按钮，完成参考线版面的创建。

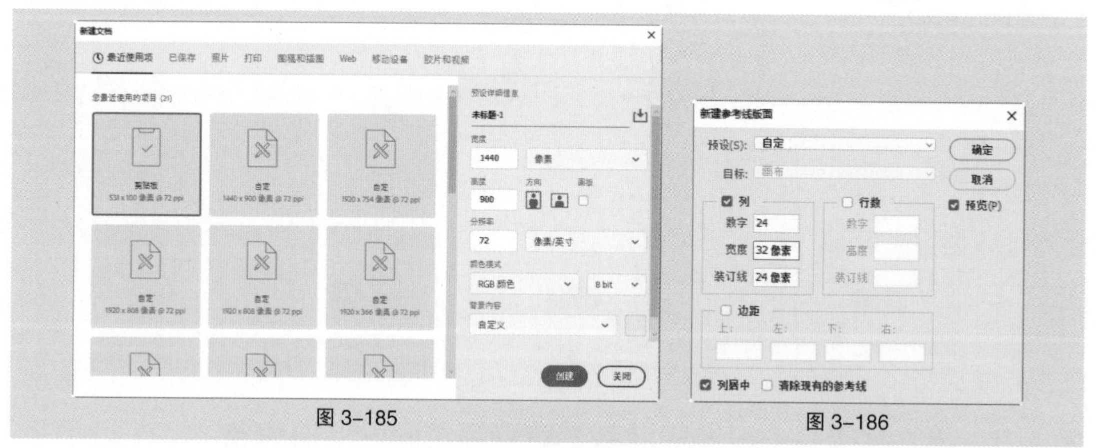

图 3-185　　图 3-186

（3）选择“文件 > 置入嵌入对象”命令，弹出“置入嵌入的对象”对话框，选择云盘中的“Ch03 > 3.4.3 课堂案例——设计职业教育管理系统网站注册表单 > 素材 > 01”文件。单击“置入”按钮，将图片置入图像窗口中，按 Enter 键确定操作，效果如图 3-187 所示，“图层”控制面板中生成新的图层并将其重命名为“原型”。单击“锁定全部”按钮，锁定图层，如图 3-188 所示。

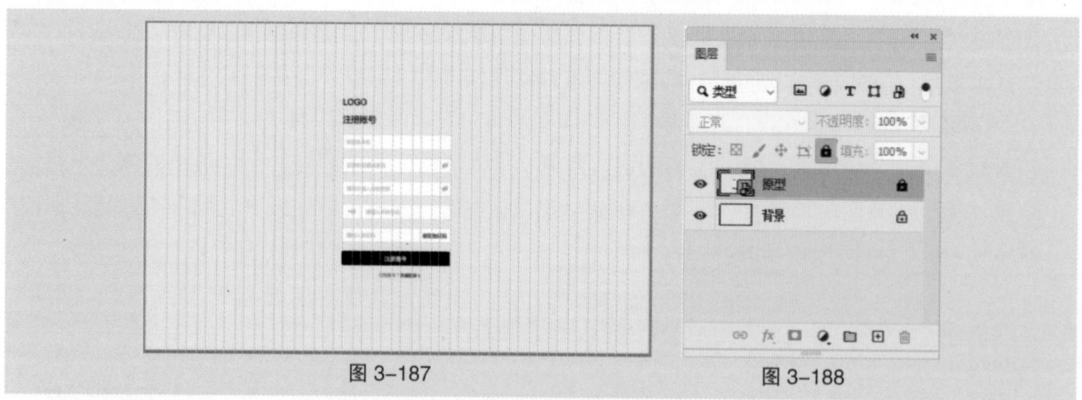

图 3-187　　图 3-188

（4）选择“文件 > 置入嵌入对象”命令，弹出“置入嵌入的对象”对话框，选择云盘中的“Ch03 > 3.4.3 课堂案例——设计职业教育管理系统网站注册表单 > 素材 > 02”文件。单击“置入”按钮，将图标置入图像窗口中，在属性栏中设置其大小及位置，如图 3-189 所示。按 Enter 键确定操作，效果如图 3-190 所示，“图层”控制面板中生成新的图层并将其重命名为“LOGO”。

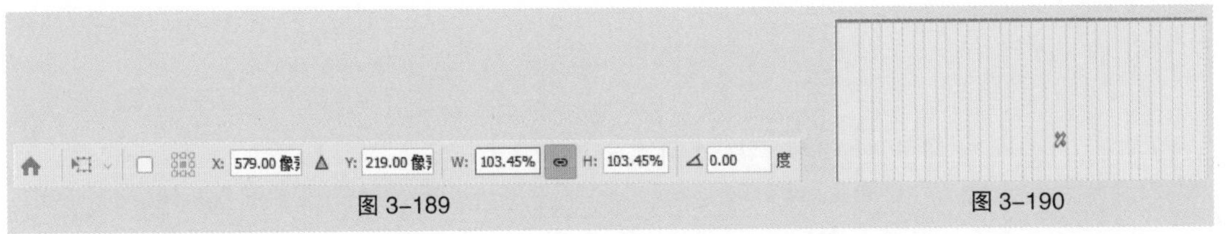

图 3-189　　图 3-190

（5）选择“横排文字”工具 T，在距离左侧图标 8 像素的位置输入需要的文字并选取文字。选择“窗口 > 字符”命令，打开“字符”面板，在“字符”面板中将“颜色”设置为蓝紫色（117、79、254），其他选项的设置如图 3-191 所示。按 Enter 键确定操作，效果如图 3-192 所示，“图层”控制面板中生成新的文字图层。

（6）在距离上方文字 24 像素的位置输入需要的文字并选取文字，在“字符”面板中将“颜色”设置为深蓝色（24、17、60），其他选项的设置如图 3-193 所示。按 Enter 键确定操作，效果如图 3-194 所示，“图层”控制面板中生成新的文字图层。

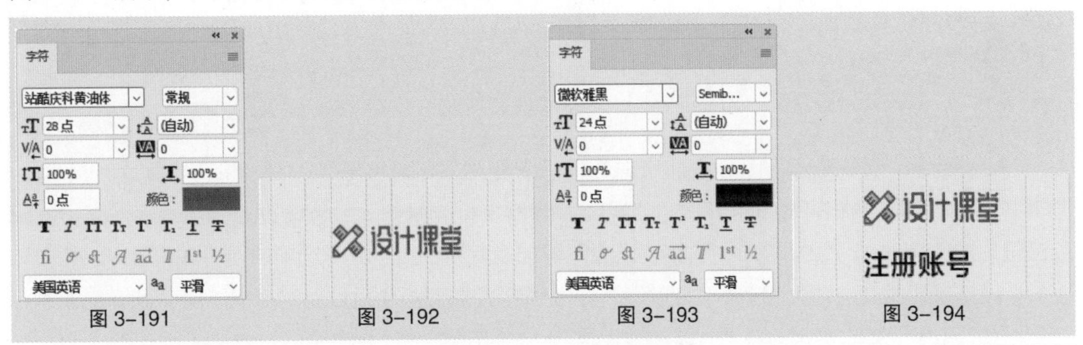

图 3-191　　图 3-192　　图 3-193　　图 3-194

（7）选择“圆角矩形”工具，在属性栏的“选择工具模式”中选择“形状”，将“填充”颜色设置为白色，将“描边”颜色设置为灰色（210、210、210），将“描边”粗细设置为 1 像素，将“半径”设置为 4 像素。在图像窗口中距离上方文字 24 像素的位置绘制一个宽为 312 像素、高为 40 像素的圆角矩形，效果如图 3-195 所示，“图层”控制面板中生成新的形状图层“圆角矩形 1”。

（8）选择“横排文字”工具 T，在圆角矩形内部距离左侧 12 像素的位置输入需要的文字并选取文字。在“字符”面板中将“颜色”设置为浅紫色（170、165、187），其他选项的设置如图 3-196 所示。按 Enter 键确定操作，“图层”控制面板中生成新的文字图层。按住 Shift 键的同时单击“圆角矩形 1”图层，同时选取需要的图层。在属性栏的“对齐方式”中单击“垂直居中对齐”按钮，效果如图 3-197 所示。

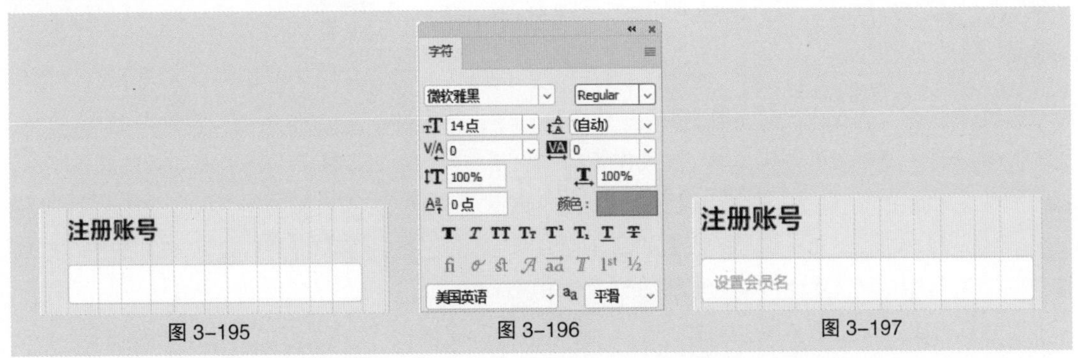

图 3-195　　图 3-196　　图 3-197

（9）按 Ctrl+J 组合键复制图层。按 Ctrl+T 组合键，图像周围出现变换框，在属性栏中将“Y”坐标加 64 像素，如图 3-198 所示。按 Enter 键确定操作，效果如图 3-199 所示。

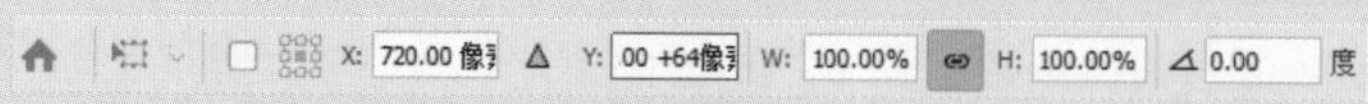

图 3-198　　　　图 3-199

（10）选择需要的图层，如图 3-200 所示。在图像窗口中选取并修改文字，效果如图 3-201 所示。使用相同的方法复制图层并修改文字，效果如图 3-202 所示。

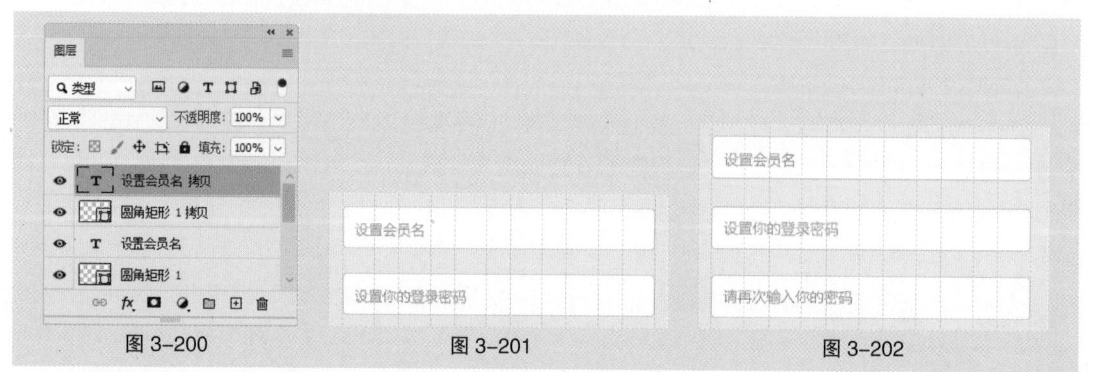

图 3-200　　　　图 3-201　　　　图 3-202

（11）选择“圆角矩形”工具，在图像窗口中距离上方圆角矩形 24 像素的位置绘制一个宽为 57 像素、高为 40 像素的圆角矩形。在“属性”面板中将“填充”颜色设置为白色，将“描边”颜色设置为灰色（210、210、210），将“描边”粗细设置为 1 点，其他选项的设置如图 3-203 所示。按 Enter 键确定操作，效果如图 3-204 所示，“图层”控制面板中生成新的形状图层“圆角矩形 2”。

（12）选择“横排文字”工具，在圆角矩形内部距离左侧 12 像素的位置输入需要的文字并选取文字。在“字符”面板中将“颜色”设置为灰紫色（92、87、118），其他选项的设置如图 3-205 所示。按 Enter 键确定操作，效果如图 3-206 所示，“图层”控制面板中生成新的文字图层。

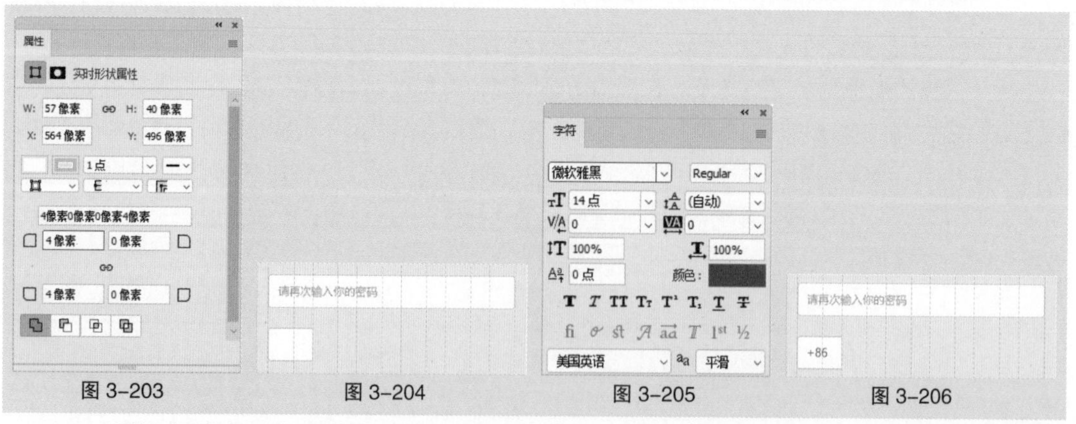

图 3-203　　　　图 3-204　　　　图 3-205　　　　图 3-206

（13）选择“圆角矩形”工具，在图像窗口中绘制一个宽为 256 像素、高为 40 像素的圆角矩形。在“属性”面板中将“填充”颜色设置为白色，将“描边”颜色设置为灰色（210、210、210），将“描边”粗细设置为 1 点，其他选项的设置如图 3-207 所示。按 Enter 键确定操作，效果如图 3-208 所示，“图层”控制面板中生成新的形状图层“圆角矩形 3”。

（14）选择“横排文字”工具，在圆角矩形内部距离左侧 12 像素的位置输入需要的文字并选取文字。在“字符”面板中将“颜色”设置为浅紫色（170、165、187），其他选项的设置如图 3-209 所示。按 Enter 键确定操作，效果如图 3-210 所示，“图层”控制面板中生成新的文字图层。

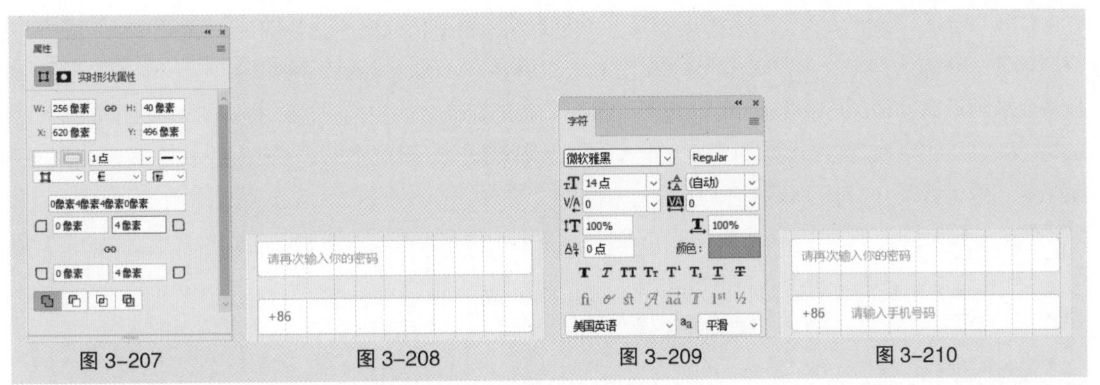

图 3-207 图 3-208 图 3-209 图 3-210

（15）在“图层”控制面板中选择“设置会员名”文字图层。按住 Shift 键的同时单击“圆角矩形 1”图层，同时选取这两个图层。按 Ctrl+J 组合键复制图层并将复制得到的图层拖曳到“请输入手机号码”文字图层的上方，如图 3-211 所示。按 Ctrl+T 组合键，图像周围出现变换框，在属性栏中将“Y”坐标加 256 像素。按 Enter 键确定操作，效果如图 3-212 所示。

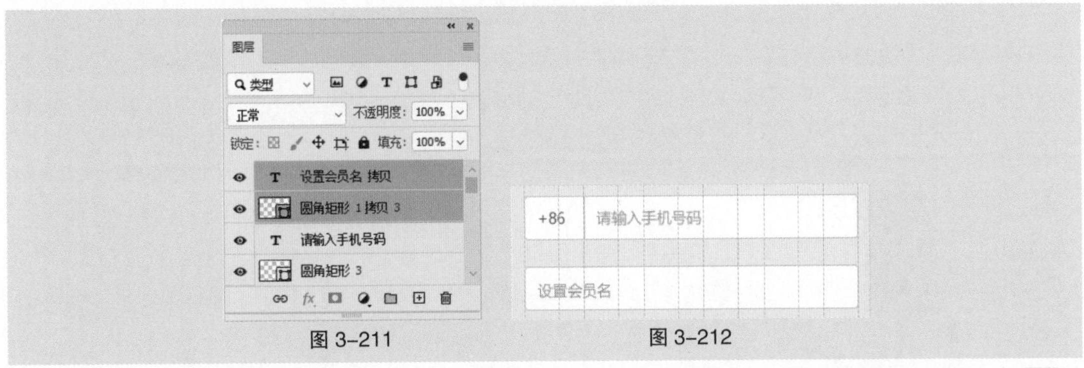

图 3-211 图 3-212

（16）在“图层”控制面板中选择“设置会员名 拷贝”文字图层。选择“横排文字”工具 T，在图像窗口中选取并修改文字，效果如图 3-213 所示。在圆角矩形内部距离右侧 12 像素的位置输入需要的文字并选取文字，在“字符”面板中将“颜色”设置为深蓝色（24、17、60），其他选项的设置如图 3-214 所示。按 Enter 键确定操作，效果如图 3-215 所示，“图层”控制面板中生成新的文字图层。

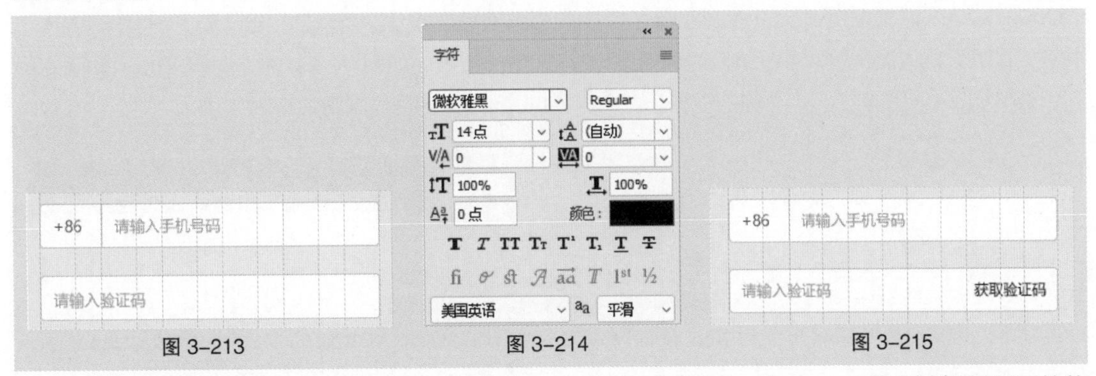

图 3-213 图 3-214 图 3-215

（17）在“图层”控制面板中选择“圆角矩形 1 拷贝 3”图层。按 Ctrl+J 组合键复制图层并将复制得到的图层拖曳到“获取验证码”文字图层的上方，如图 3-216 所示。按 Ctrl+T 组合键，图像周围出现变换框，在属性栏中将“Y”坐标加 64 像素。按 Enter 键确定操作，在“属性”面板中，将“填充”颜色设置为蓝紫色（117、79、254），将“描边”颜色设置为无，效果如图 3-217 所示。

（18）选择“横排文字”工具 T，在适当的位置输入需要的文字并选取文字。在“字符”面板中将“颜色”设置为白色，其他选项的设置如图 3–218 所示。按 Enter 键确定操作，“图层”控制面板中生成新的文字图层。按住 Shift 键的同时单击“圆角矩形 1 拷贝 4”图层，将需要的图层同时选取。选择“移动”工具 ✥，在属性栏的“对齐方式”中分别单击“水平居中对齐”按钮 和“垂直居中对齐”按钮 ，效果如图 3–219 所示。

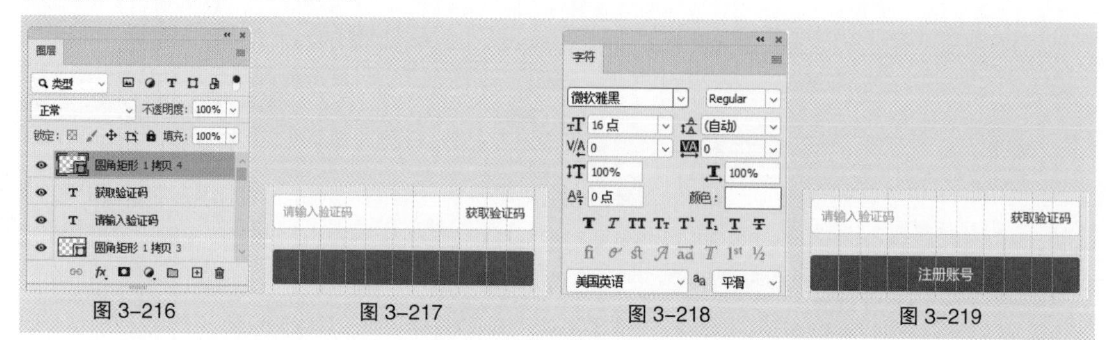

图 3–216　　图 3–217　　图 3–218　　图 3–219

（19）选择“横排文字”工具 T，在距离上方圆角矩形 20 像素的位置输入需要的文字并选取文字，在“字符”面板中将“颜色”设置为灰紫色（92、87、118），其他选项的设置如图 3–220 所示。选取部分文字，如图 3–221 所示，将“颜色”设置为深蓝色（24、17、60）。按 Enter 键确定操作，效果如图 3–222 所示，“图层”控制面板中生成新的文字图层。

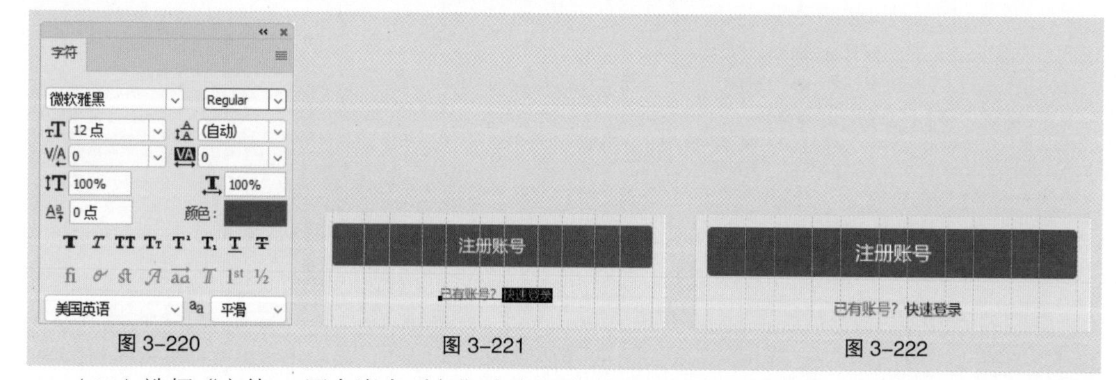

图 3–220　　图 3–221　　图 3–222

（20）选择“文件 > 置入嵌入对象”命令，弹出“置入嵌入的对象”对话框，选择云盘中的“Ch03 > 3.4.3 课堂案例——设计职业教育管理系统网站注册表单 > 素材 > 03”文件。单击“置入”按钮，将图标置入图像窗口中，在属性栏中设置其大小及位置，如图 3–223 所示。按 Enter 键确定操作，效果如图 3–224 所示，“图层”控制面板中生成新的图层并将其重命名为“进入”。

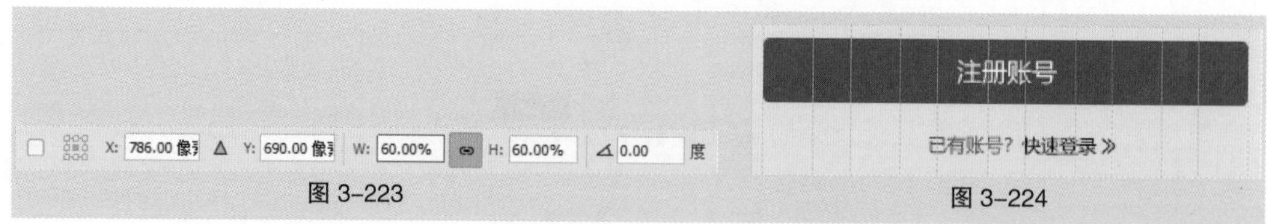

图 3–223　　图 3–224

（21）选择“横排文字”工具 T，在距离上方文字 108 像素的位置输入需要的文字并选取文字，在“字符”面板中将“颜色”设置为灰紫色（92、87、118），其他选项的设置如图 3–225 所示。按 Enter 键确定操作，效果如图 3–226 所示，“图层”控制面板中生成新的文字图层。在距离左侧文字 40 像素的位置输入文字，效果如图 3–227 所示。

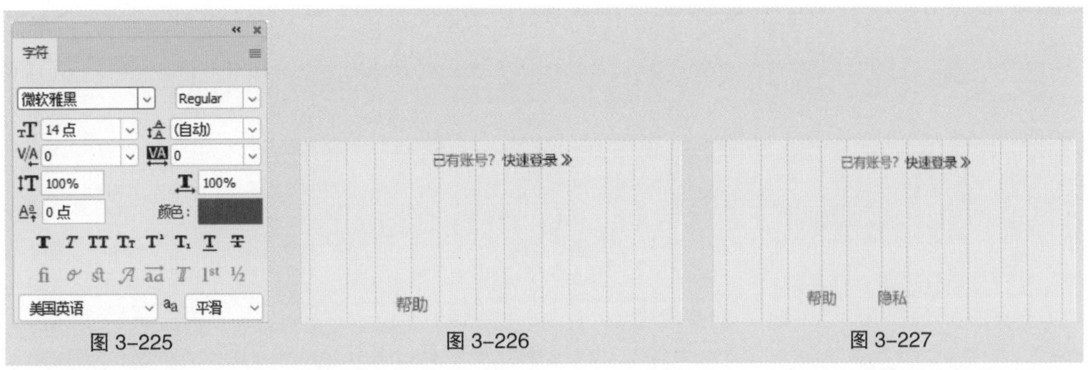

图 3-225　　图 3-226　　图 3-227

（22）输入其他文字，效果如图 3-228 所示。输入底部的文字，效果如图 3-229 所示。按住 Shift 键的同时单击“LOGO”图层，将需要的图层同时选取。按 Ctrl+G 组合键群组图层并将其重命名为“注册账号”。单击“原型”图层左侧的“眼睛”图标，将其隐藏，如图 3-230 所示。职业教育管理系统网站注册表单就制作完成了。

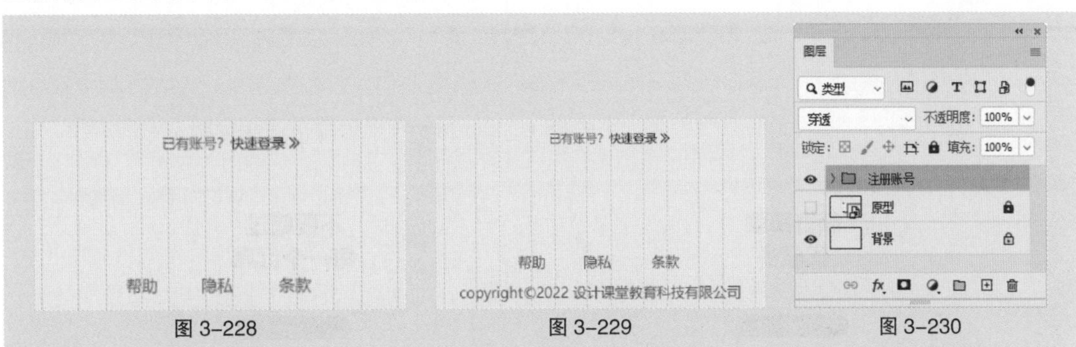

图 3-228　　图 3-229　　图 3-230

3.5 课堂练习——设计科技公司官方网站导航

【案例设计要求】

1. 根据图 3-231 所示的原型效果，使用 Photoshop 制作科技公司官方网站导航。

图 3-231

2. 视觉上应体现出科技公司的设计风格，契合科技公司的设计主题。
3. 设计文件应符合网页设计的制作规范与制作标准。

【案例学习目标】学习使用绘图工具、文字工具制作科技公司官方网站导航，最终效果如图 3-232 所示。

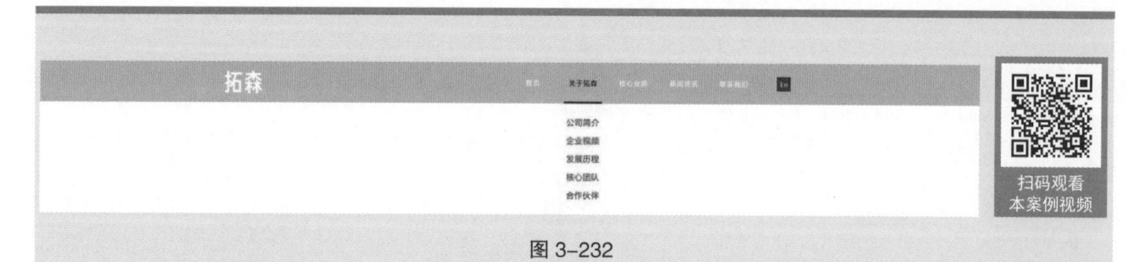

图 3-232

3.6 课后习题——设计有机果蔬电商平台网站轮播广告

【案例设计要求】

1. 根据图 3-233 所示的原型效果，使用 Photoshop 制作有机果蔬电商平台网站轮播广告。

图 3-233

2. 视觉上应体现出果蔬电商平台的设计风格，契合果蔬电商平台的设计主题。

3. 设计文件应符合网页设计的制作规范与制作标准。

【案例学习目标】学习使用绘图工具、文字工具制作有机果蔬电商平台网站轮播广告，最终效果如图 3-234 所示。

图 3-234

04

第 4 章 官方展示网页设计

一个优秀的官方展示网站能够有效地提升企业的整体形象，增加企业品牌的曝光度，从而提高业务转化率。本章对官方展示网站的内容规划、设计风格及页面类型等进行系统讲解。通过对本章的学习，读者可以对官方展示网页的设计有一个基本的认识，并快速掌握官方展示网页的设计思路和制作方法。

学习引导

学习目标		
知识目标	能力目标	素质目标
1．熟悉官方展示网站的内容规划 2．了解官方展示网站的设计风格 3．认识官方展示网站的页面类型	1．掌握官方展示网页的设计思路 2．掌握官方展示网页的制作方法	1．培养对官方展示网页的设计创新能力 2．培养规范设计官方展示网页的良好习惯 3．培养设计官方展示网页时锐意进取、精益求精的工匠精神

慕课视频

第 4 章

4.1 官方展示网站页面设计

官方展示网站是企业在互联网上向用户宣传形象和提供产品服务的平台，相当于企业的网络名片。下面将全面讲解官方展示网站的内容规划、设计风格及页面类型，帮助大家深入理解官方展示网页的设计思路和制作方法。

4.1.1 官方展示网站的内容规划

设计官方展示网站时，要先进行内容方面的规划，以达到让目标用户充分认识与了解企业的目的。官方展示网站的整体架构可以根据顶部导航、右侧悬浮导航及底部导航三大板块进行规划。其中，顶部导航通常包含首页、企业简介、业务介绍、品牌新闻、企业联系等栏目，右侧悬浮导航通常包含返回顶部按钮等栏目，底部导航则包含顶部导航内的栏目、企业介绍、联系方式、版权所有和网站备案等栏目，如图 4-1 所示。

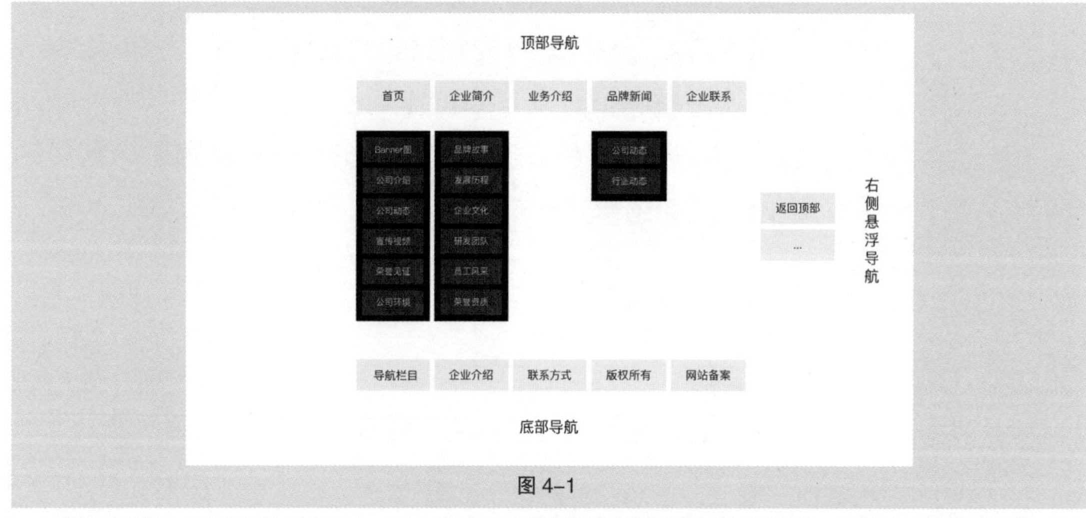

图 4-1

首页是官方展示网站的门面，其内容应基于用户的浏览行为进行规划，建议包含轮播广告、企业简介、业务介绍、宣传视频、荣誉成果、公司动态、联系方式、合作伙伴等板块。企业简介可以围绕企业的品牌故事、使命愿景、发展历程、企业文化、员工风采、荣誉资质等板块进行组织。业务介绍主要根据企业自身的特色业务或产品分别进行展示，具体的展示内容可以为业务或产品的特点、功能及优势。品牌新闻在大部分情况下会介绍公司动态，中大型企业还会加入行业动态，以帮助用户了解市场动向。企业联系通常包含联系方式与招聘信息，有时招聘信息也会作为顶部导航的一级栏目。

以上是官方展示网站的常用内容，网页设计师在进行具体的官方展示网站的内容规划时，应根据官方展示网站自身的定位，结合上述内容进行灵活的变动与处理。

4.1.2 官方展示网站的设计风格

官方展示网站的设计风格与其对应的行业属性有直接关系，不同的行业会有不同的网站设计风格。根据行业属性，常见的官方展示网站的设计风格有大众简约、现代商务、文化复古、活泼卡通这 4 类。

1. 大众简约

大众简约风格的官方展示网站的信息内容言简意赅，颜色以品牌色为主、以灰色系为辅，并伴有大量留白，如图 4–2 所示。该风格会给用户带来宁静、舒适的感受，适用范围较广。

图 4–2

2. 现代商务

现代商务风格的官方展示网站普遍具有稳重和商业化的特征，颜色偏冷暗色，如图 4–3 所示。该风格会给用户带来磅礴大气的感受，适用于商务服务等各类现代企业。

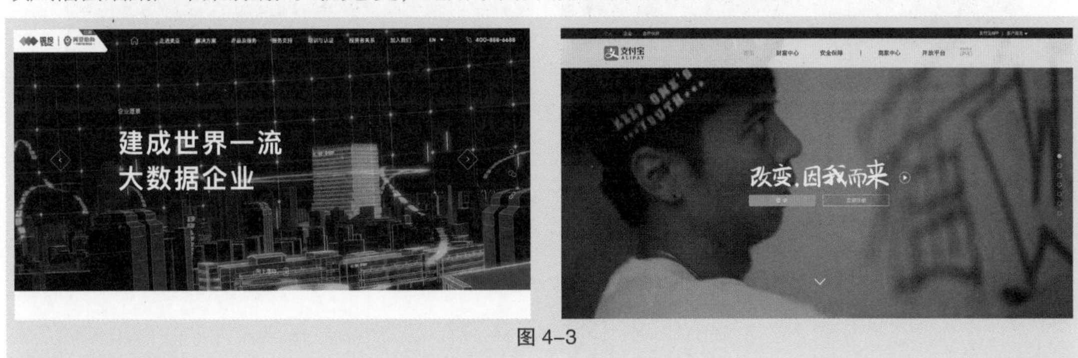

图 4–3

3. 文化复古

文化复古风格的官方展示网站具有强烈的历史文化气息，通常选取饱和度和亮度较低的颜色，如图 4–4 所示。该风格会给用户带来沉稳、庄重的感受，适用于美术馆、博物馆等传统文化类企业。

图 4–4

4. 活泼卡通

活泼卡通风格的官方展示网站的结构简单清晰，通常选取饱和度和亮度较高的颜色，如图 4–5 所示。该风格会给用户带来亲切、温馨的感受，适用于受众为幼儿的网站。

图 4-5

4.1.3 官方展示网站的页面类型

1. 网站首页

网站首页又称为“网站主页”，通常是用户通过搜索引擎访问网站时看到的首个页面，也是用户了解企业的页面。网站首页通常以大屏图片展示，以快速吸引用户，如图 4-6 所示。

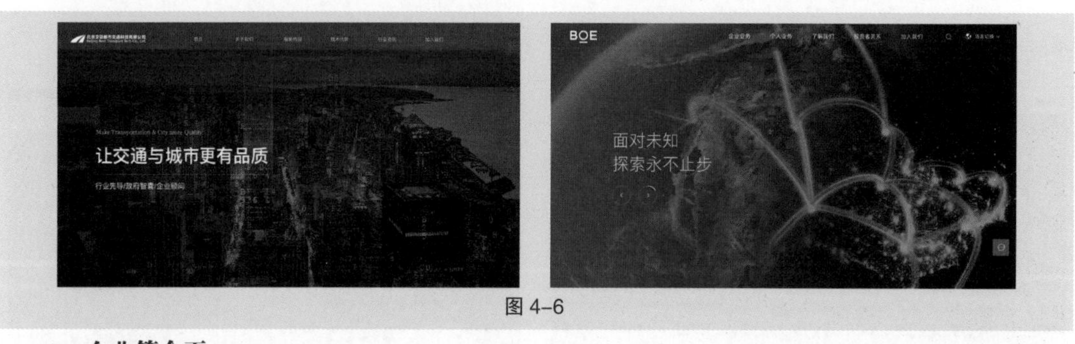

图 4-6

2. 企业简介页

企业简介页是介绍企业基本情况的页面，能够让用户在短时间内了解到企业的故事、文化及发展历程等内容。在设计时，需要注意加强元素间的对比，建立有组织的层次结构，便于用户快速识别关键信息，如图 4-7 所示。

图 4-7

3. 业务介绍页

业务介绍页是介绍企业核心业务或特色产品的页面，能够让用户详细地了解企业的业务或产品。业务介绍页通常遵循“一屏一特点”的原则进行设计与展示，以达到将业务内容或产品内容有层次地呈现给用户的目的，如图 4-8 所示。

4. 品牌新闻页

品牌新闻页是企业与用户建立无形联系的页面，该页面能够为网站带来额外的访问量。品牌新闻页多采用图文结合的列表形式，当新闻不多时可采用网格形式，如图 4-9 所示。

图 4–8

图 4–9

5. 企业联系页

企业联系页是展示企业联系方式的页面，有时还会加入招聘信息，大部分网站将该页面放置在顶部导航栏的最后一个栏目中。在企业联系页中，需要将信息模块化、有组织地进行展示，尽可能地做到简洁易读，如图 4–10 所示。

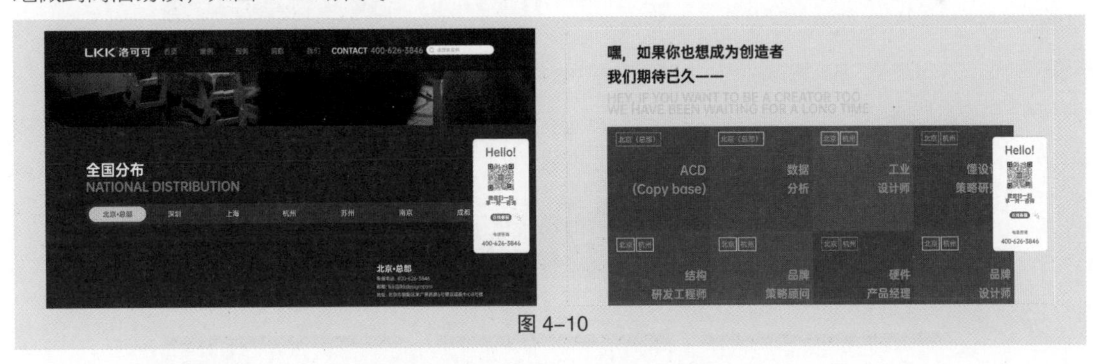

图 4–10

4.1.4 课堂案例——设计中式茶叶官方网站首页

【案例设计要求】

1. 根据图 4–11 所示的原型效果，使用 Photoshop 制作中式茶叶官方网站首页。
2. 视觉上应体现出中式茶叶的设计风格，契合中式茶叶的设计主题。
3. 设计文件应符合网页设计的制作规范与制作标准。

【案例设计理念】在设计过程中，围绕中式茶叶官方网站首页进行创作。背景颜色选用白色，令内容更易读。标题文字的颜色选用蓝绿色，给人清新自然的感觉。字体选用黑体，以符合设计规范。最终效果参看“云盘 /Ch04/4.1.4 课堂案例——设计中式茶叶官方网站首页 / 工程文件 .psd”，如图 4–12 所示。

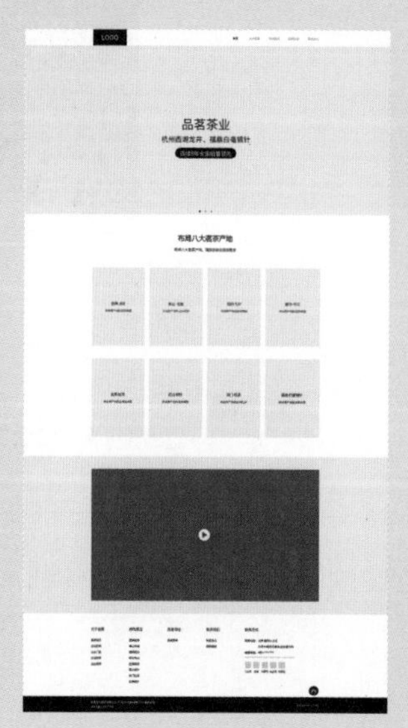

Banner2:智慧品茗–现代化农业智慧园
Banner3:香茗一口 品味人生
健康、适口、纯正、稳定的好茶饮

图 4–11

图 4–12

【案例学习目标】学习使用绘图工具、文字工具制作中式茶叶官方网站首页。

【案例知识要点】使用“新建参考线”命令建立参考线，使用“置入嵌入对象”命令置入图片，使用“横排文字”工具添加文字，使用“矩形”工具、“圆角矩形”工具绘制基本形状。

1. 制作导航栏

（1）按 Ctrl+N 组合键，弹出“新建文档”对话框，设置“宽度”为 1920 像素、“高度”为 3478 像素、“分辨率”为 72 像素 / 英寸、“背景内容”为白色，如图 4–13 所示。单击“创建”按钮，新建一个文件。

扫码观看
本案例视频 1

（2）选择“视图 > 新建参考线版面”命令，弹出“新建参考线版面”对话框，勾选

“列”复选框，设置“数字”为 12、“宽度”为 78 像素、“装订线”为 24 像素，如图 4–14 所示。单击“确定”按钮，完成参考线版面的创建。

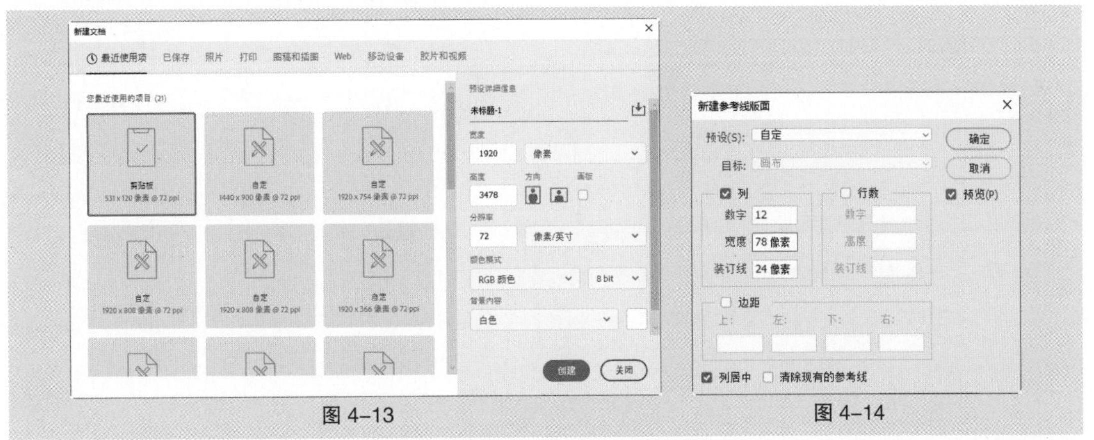

图 4–13　　图 4–14

（3）选择“文件 > 置入嵌入对象”命令，弹出“置入嵌入的对象”对话框，选择云盘中的“Ch04 > 4.1.4 课堂案例——设计中式茶叶官方网站首页 > 素材 > 01”文件。单击“置入”按钮，将图片置入图像窗口中，按 Enter 键确定操作，效果如图 4–15 所示，“图层”控制面板中生成新的图层并将其重命名为“原型”。单击“锁定全部”按钮，锁定图层，如图 4–16 所示。

（4）选择“视图 > 新建参考线”命令，弹出“新建参考线”对话框，在距离上方页边距 80 像素的位置新建一条水平参考线，对话框中的设置如图 4–17 所示。单击“确定”按钮，完成参考线的创建。

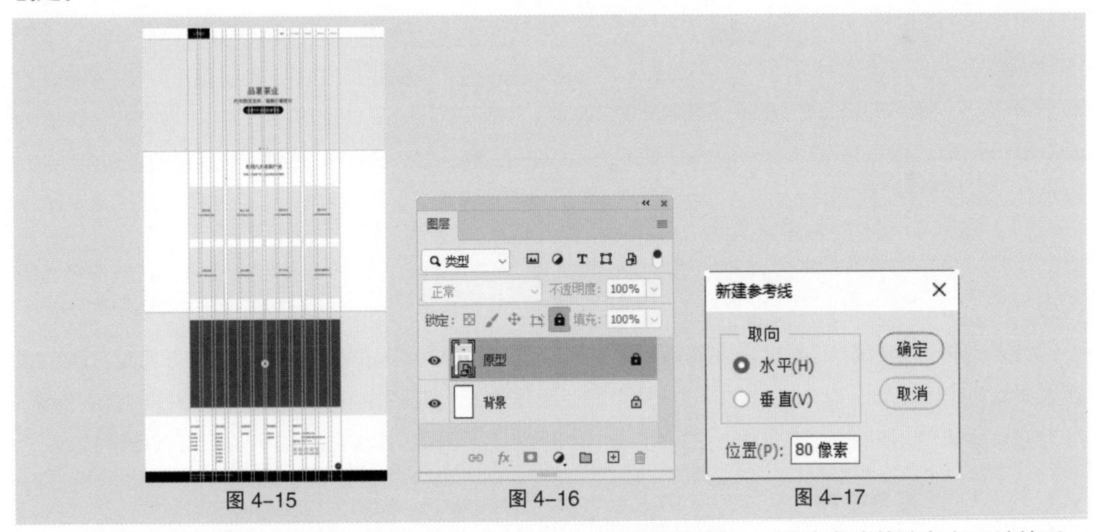

图 4–15　　图 4–16　　图 4–17

（5）按 Ctrl ＋ O 组合键打开云盘中的“Ch04> 4.1.4 课堂案例——设计中式茶叶官方网站首页 > 素材 > 02”文件，如图 4–18 所示。在“图层”控制面板的“导航”图层组上单击鼠标右键，在弹出的菜单中选择“复制组”命令。在弹出的对话框的“文档”文本框中输入“未标题 –1”，如图 4–19 所示。单击“确定”按钮，复制图层组到新建的图像窗口中。

（6）返回到新建的图像窗口中。在“图层”控制面板中展开“导航”图层组，选择“二级导航”图层组，按 Delete 键将其删除，效果如图 4–20 所示。选择“特色茶品”文字图层，在“属性”面板中将“颜色”设置为深灰色（51、51、51）。按 Enter 键确定操作，效果如图 4–21 所示。

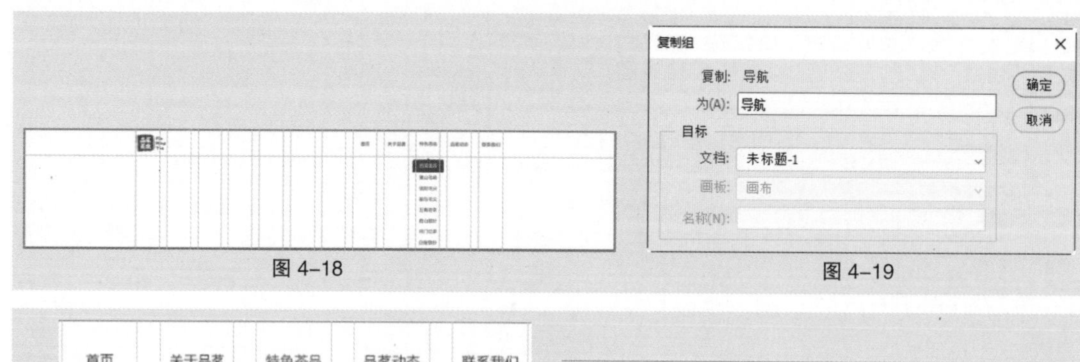

图 4-18　　图 4-19

首页　关于品茗　特色茶品　品茗动态　联系我们

图 4-20　　图 4-21

（7）在“图层”控制面板中选择“首页”文字图层。在“属性”面板中将“颜色”设置为蓝绿色（14、99、110），如图 4-22 所示。按 Enter 键确定操作，效果如图 4-23 所示。

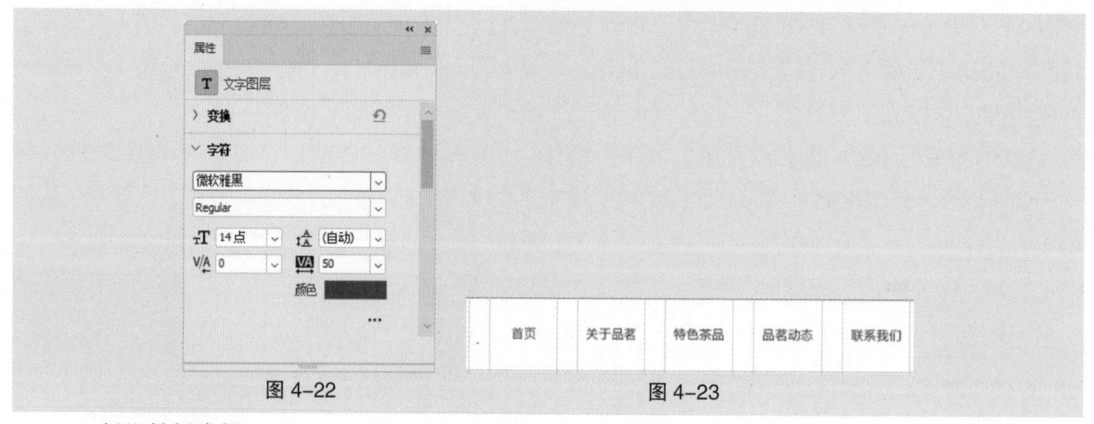

图 4-22　　图 4-23

2. 制作轮播海报

（1）选择“视图 > 新建参考线”命令，弹出“新建参考线”对话框，在距离上方参考线 860 像素的位置新建一条水平参考线，对话框中的设置如图 4-24 所示。单击“确定”按钮，完成参考线的创建。

（2）选择“矩形”工具▭，在属性栏的“选择工具模式”中选择“形状”，将“填充”颜色设置为淡蓝色（223、233、237），将“描边”颜色设置为无。在图像窗口中绘制一个宽为 1920 像素、高为 860 像素的矩形，效果如图 4-25 所示，“图层”控制面板中生成新的形状图层“矩形 1”。

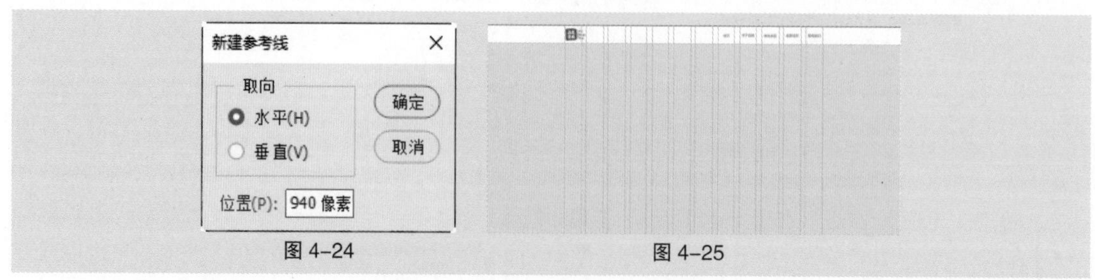

图 4-24　　图 4-25

（3）选择“文件 > 置入嵌入对象”命令，弹出“置入嵌入的对象”对话框，选择云盘中的“Ch04 > 4.1.4 课堂案例——设计中式茶叶官方网站首页 > 素材 > 03”文件。单击“置入”按钮，将图片置入图像窗口中，在属性栏中设置其大小及位置，如图 4-26 所示。按 Enter 键确定操作，“图层”控制面板中生成新的图层并将其重命名为“山水画 1”。按 Ctrl+Alt+G 组合键为图层创建剪贴蒙版，效果如图 4-27 所示。

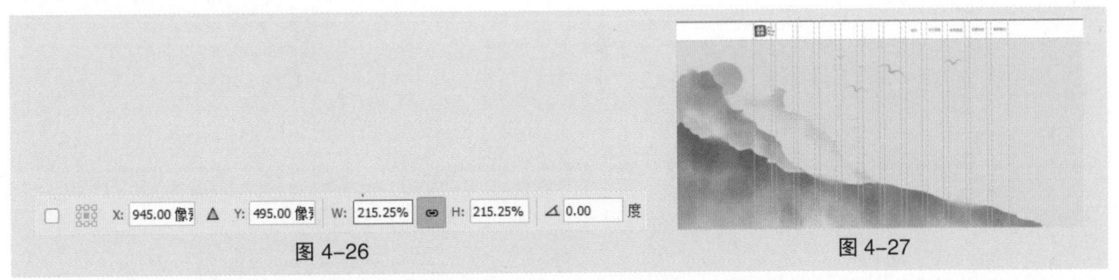

图 4-26　　图 4-27

（4）单击“图层”控制面板下方的“创建新的填充或调整图层”按钮 ，在弹出的菜单中选择“色彩平衡”命令，“图层”控制面板中生成“色彩平衡 1”图层。在弹出的面板中进行设置，如图 4-28 所示。按 Enter 键确定操作，效果如图 4-29 所示。

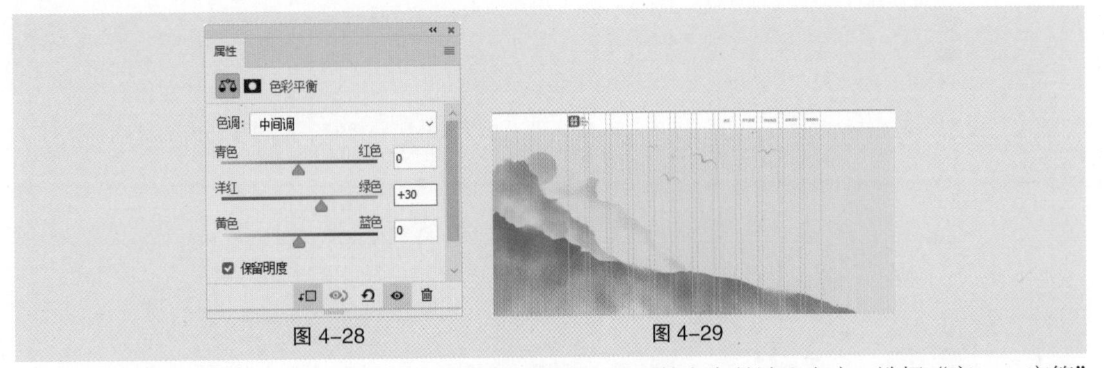

图 4-28　　图 4-29

（5）选择“横排文字”工具 T，在适当的位置输入需要的文字并选取文字。选择“窗口 > 字符”命令，打开“字符”面板，在“字符”面板中将“颜色”设置为蓝绿色（14、99、110），其他选项的设置如图 4-30 所示。按 Enter 键确定操作，效果如图 4-31 所示，“图层”控制面板中生成新的文字图层。

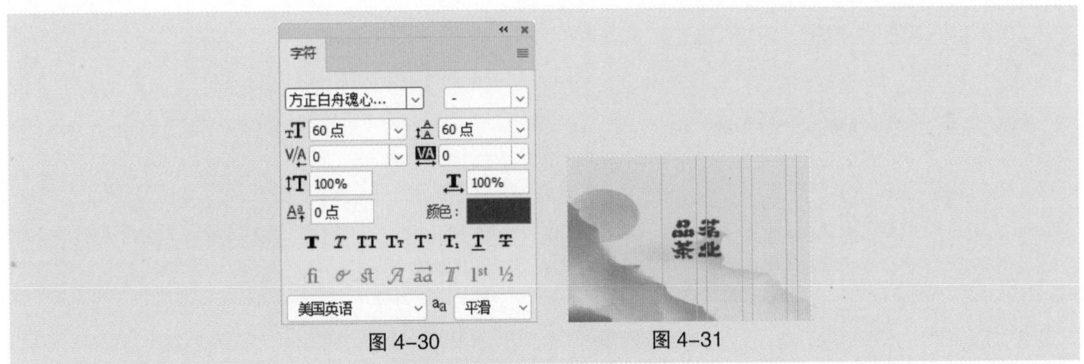

图 4-30　　图 4-31

（6）选择“文件 > 置入嵌入对象”命令，弹出“置入嵌入的对象”对话框，选择云盘中的“Ch04 > 4.1.4 课堂案例——设计中式茶叶官方网站首页 > 素材 > 04”文件。单击“置入”按钮，将图片置入图像窗口中，在属性栏中设置其大小及位置，如图 4-32 所示。按 Enter 键确定操作，“图层”控制面板中生成新的图层并将其重命名为“山”。按 Ctrl+Alt+G 组合键为图层创建剪贴蒙版，效果如图 4-33 所示。

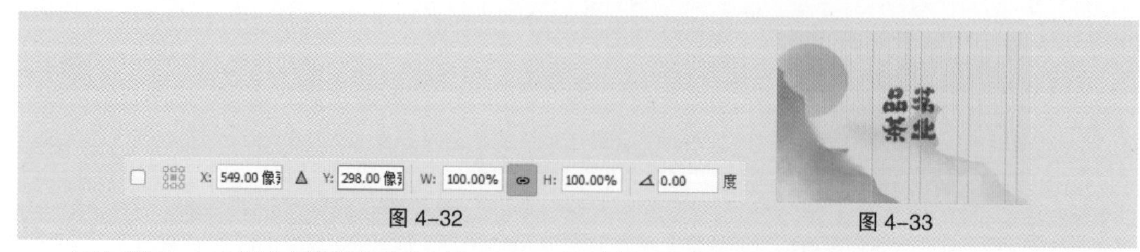

图 4-32　　图 4-33

（7）按 Ctrl+J 组合键复制图层。按 Ctrl+T 组合键，图像周围出现变换框，在属性栏中设置其大小及位置，如图 4-34 所示，按 Enter 键确定操作。按 Ctrl+Alt+G 组合键为图层创建剪贴蒙版，效果如图 4-35 所示。

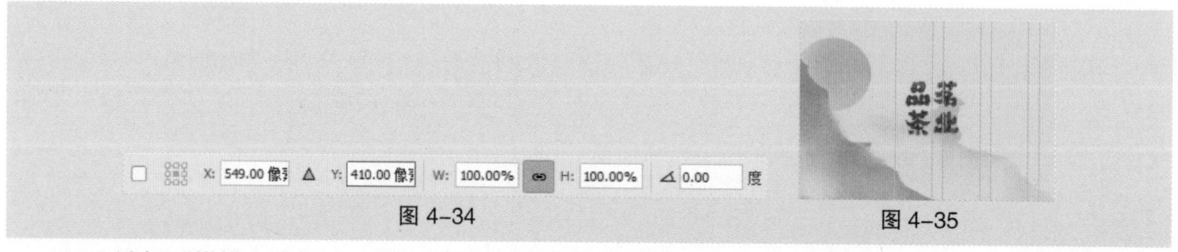

图 4-34　　图 4-35

（8）选择“横排文字”工具 T，在适当的位置输入需要的文字并选取文字。在“字符”面板中将“颜色”设置为蓝绿色（14、99、110），其他选项的设置如图 4-36 所示。按 Enter 键确定操作，效果如图 4-37 所示，“图层”控制面板中生成新的文字图层。

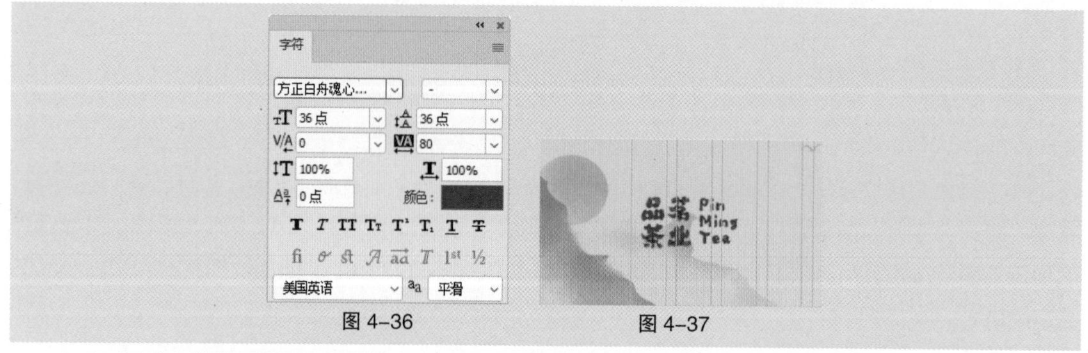

图 4-36　　图 4-37

（9）在适当的位置输入需要的文字并选取文字。在“字符”面板中将“颜色”设置为蓝绿色（14、99、110），其他选项的设置如图 4-38 所示。按 Enter 键确定操作，效果如图 4-39 所示，“图层”控制面板中生成新的文字图层。

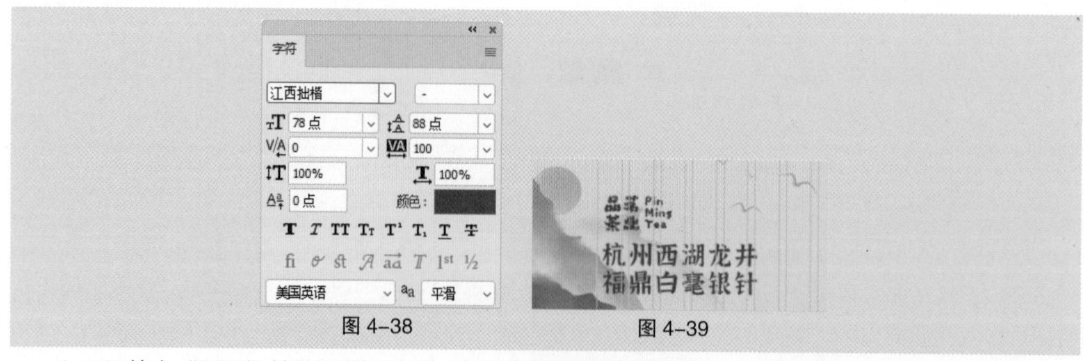

图 4-38　　图 4-39

（10）单击“图层”控制面板下方的“添加图层样式”按钮 fx，在弹出的菜单中选择“描边”命令，在弹出的对话框将“颜色”设置为暗黄色（234、198、168），其他选项的设置如图 4-40 所示。选择“内阴影”选项，切换到相应的界面并进行设置，如图 4-41 所示，单击“确定”按钮。

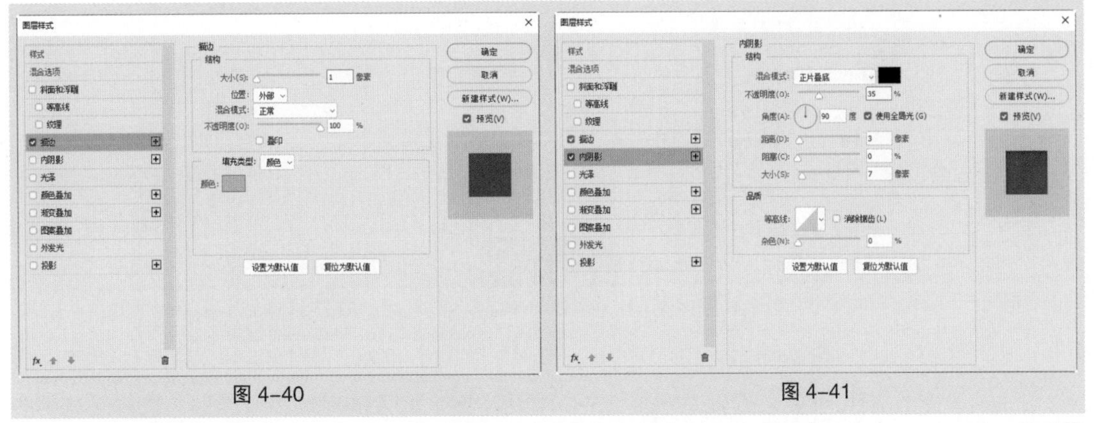

图 4-40　　　　图 4-41

（11）选择“圆角矩形”工具▢，在属性栏中将“填充”颜色设置为大红色（197、24、30），将“描边”颜色设置为无，将“半径”设置为 29 像素。在图像窗口中适当的位置绘制一个宽为 400 像素、高为 72 像素的圆角矩形，效果如图 4-42 所示，“图层”控制面板中生成新的形状图层“圆角矩形 1”。

（12）选择“横排文字”工具T，在适当的位置输入需要的文字并选取文字。在“字符”面板中将“颜色”设置为白色，其他选项的设置如图 4-43 所示。按 Enter 键确定操作，效果如图 4-44 所示，“图层”控制面板中生成新的文字图层。

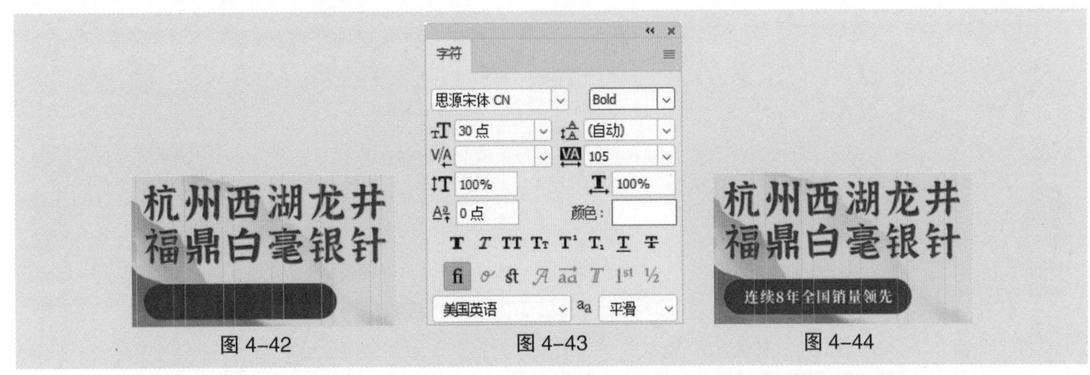

图 4-42　　　　图 4-43　　　　图 4-44

（13）选择“矩形”工具▭，在属性栏中将“填充”颜色设置为淡绿色（174、203、194），将“描边”颜色设置为无。在图像窗口中适当的位置绘制一个宽为 1000 像素、高为 208 像素的矩形，效果如图 4-45 所示，“图层”控制面板中生成新的形状图层“矩形 2”。

（14）按 Ctrl+T 组合键，图像周围出现变换框，单击鼠标右键，在弹出的菜单中选择“透视”命令。向左侧拖曳右上角的控制点到 35° 的位置，效果如图 4-46 所示。按 Enter 键确定操作，在弹出的“转变为常规路径”对话框中单击“是”按钮。

图 4-45　　　　图 4-46

（15）选择“矩形”工具▭，在图像窗口中适当的位置绘制一个宽为 1000 像素、高为 100 像素的矩形。在“属性”面板中将“填充”颜色设置为灰绿色（139、169、160），将“描边”颜色设置为无，如图 4-47 所示，“图层”控制面板中生成新的形状图层“矩形 3”，效果如图 4-48 所示。

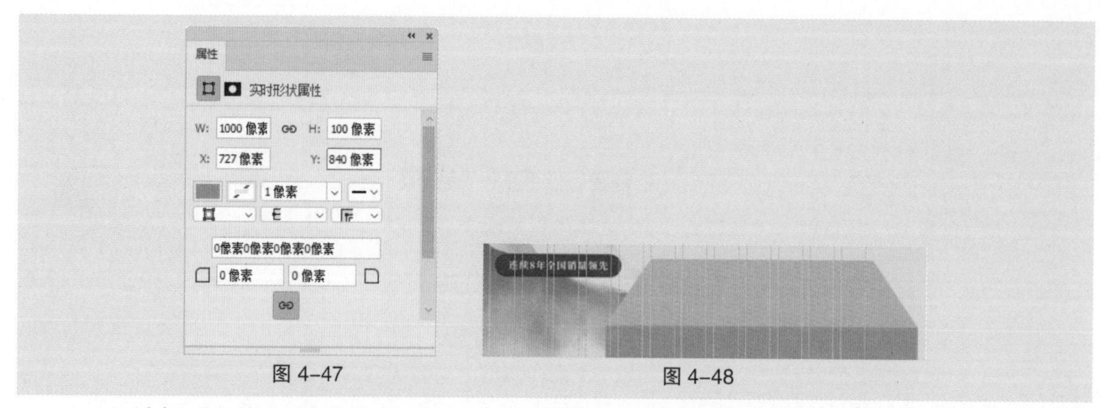

图 4-47　　图 4-48

（16）选择“文件 > 置入嵌入对象”命令，弹出“置入嵌入的对象”对话框，选择云盘中的“Ch04 > 4.1.4 课堂案例——设计中式茶叶官方网站首页 > 素材 > 05”文件。单击“置入”按钮，将图片置入图像窗口中，在属性栏中设置其大小及位置，如图 4-49 所示。按 Enter 键确定操作，“图层”控制面板中生成新的图层并将其重命名为“西湖龙井”，效果如图 4-50 所示。

（17）在属性栏中将“填充”颜色设置为灰蓝色（108、134、135），将“描边”颜色设置为无。在图像窗口中适当的位置绘制一个宽为 279 像素、高为 94 像素的矩形，效果如图 4-51 所示，“图层”控制面板中生成新的形状图层“矩形 4”。

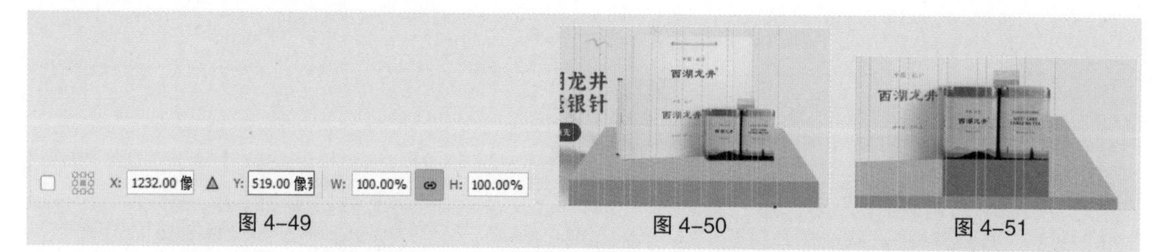

图 4-49　　图 4-50　　图 4-51

（18）单击“图层”控制面板下方的“添加图层样式”按钮 fx，在弹出的菜单中选择“渐变叠加”命令，弹出“图层样式”对话框。单击“点按可编辑渐变”按钮，弹出“渐变编辑器”对话框，设置 0、100 这两个位置色标的 RGB 值分别为（108、134、135）、（174、203、194），如图 4-52 所示。单击“确定”按钮，返回到“图层样式”对话框，其他选项的设置如图 4-53 所示，单击“确定”按钮。

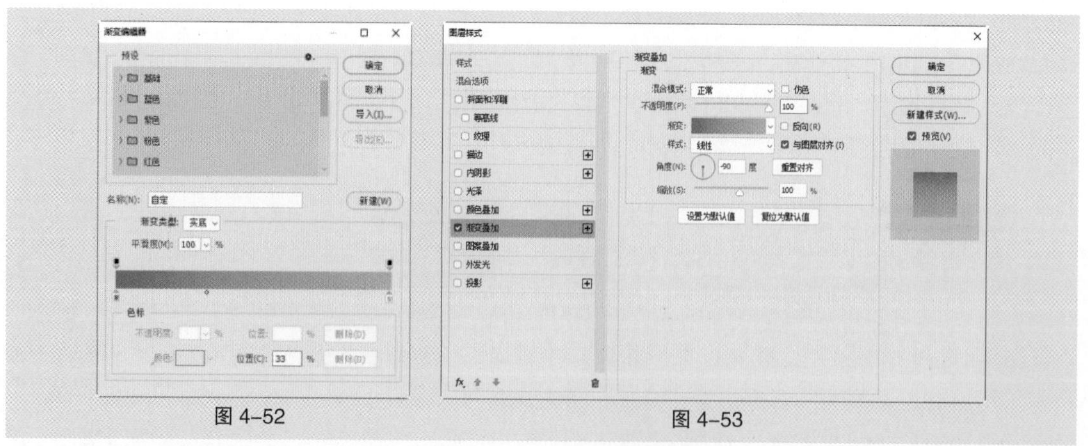

图 4-52　　图 4-53

（19）使用相同的方法，在适当的位置绘制矩形并添加“渐变叠加”效果，效果如图 4-54 所示。在“图层”控制面板中选择“西湖龙井”图层，将其拖曳到“矩形 5”图层的上方，如图 4-55 所示。

（20）选择“椭圆”工具 ，在属性栏中将“填充”颜色设置为白色，将“描边”颜色设置为无。按住 Shift 键，在距离下方参考线 12 像素的位置绘制一个直径为 10 像素的圆形，效果如图 4–56 所示，“图层”控制面板中生成新的形状图层“椭圆 1”。

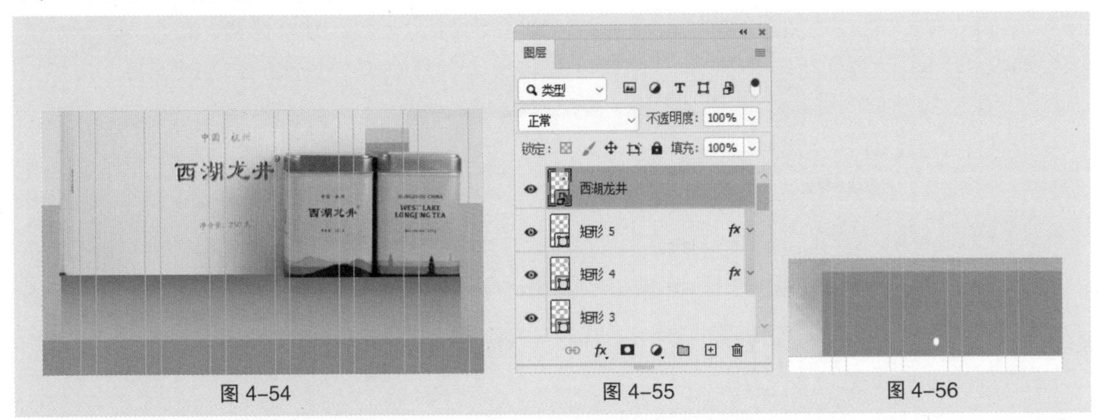

图 4–54　　图 4–55　　图 4–56

（21）按 Ctrl+J 组合键复制图层。按 Ctrl+T 组合键，图像周围出现变换框，在属性栏中将“X”坐标加 30 像素，按 Enter 键确定操作。在“图层”控制面板中将“不透明度”设置为 30%，效果如图 4–57 所示。

（22）使用相同的方法复制图层并修改不透明度，效果如图 4–58 所示。按住 Shift 键的同时单击“矩形 1”图层，将需要的图层同时选取，按 Ctrl+G 组合键群组图层并将其重命名为“轮播海报 1”，如图 4–59 所示。

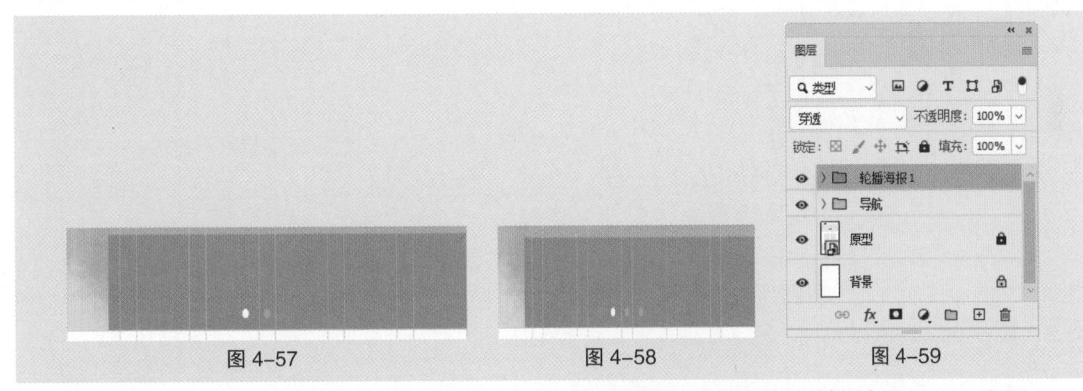

图 4–57　　图 4–58　　图 4–59

（23）使用上述方法分别制作“轮播海报 2”和“轮播海报 3”图层组，效果如图 4–60 和图 4–61 所示。

图 4–60　　图 4–61

3. 制作内容区

（1）选择“视图 > 新建参考线”命令，弹出“新建参考线”对话框，在距离上方参考线 1232

像素的位置新建一条水平参考线，对话框中的设置如图 4-62 所示。单击“确定”按钮，完成参考线的创建。

（2）选择“矩形”工具，在属性栏中将“填充”颜色设置为浅灰色（246、246、246），将“描边”颜色设置为无。在图像窗口中绘制一个宽为 1920 像素、高为 1232 像素的矩形，效果如图 4-63 所示，“图层”控制面板中生成新的形状图层“矩形 8”。

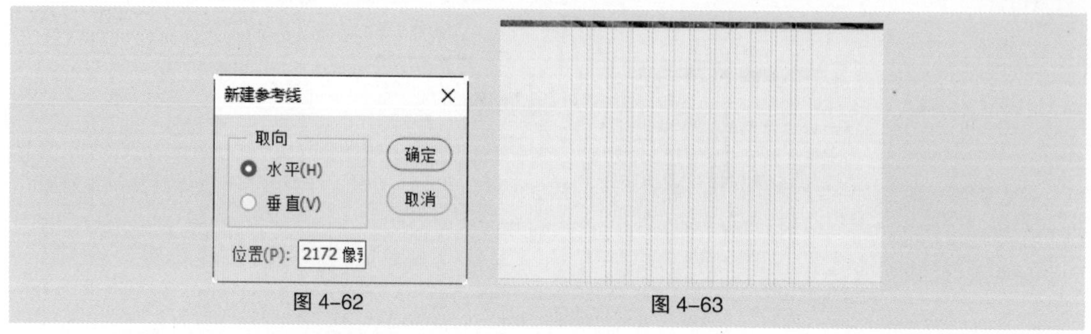

图 4-62　　图 4-63

（3）选择“文件 > 置入嵌入对象”命令，弹出“置入嵌入的对象”对话框，选择云盘中的“Ch04 > 4.1.4 课堂案例——设计中式茶叶官方网站首页 > 素材 > 15”文件。单击“置入”按钮，将图片置入图像窗口中，在属性栏中设置其大小及位置，如图 4-64 所示。按 Enter 键确定操作，效果如图 4-65 所示，“图层”控制面板中生成新的图层并将其重命名为“山”。

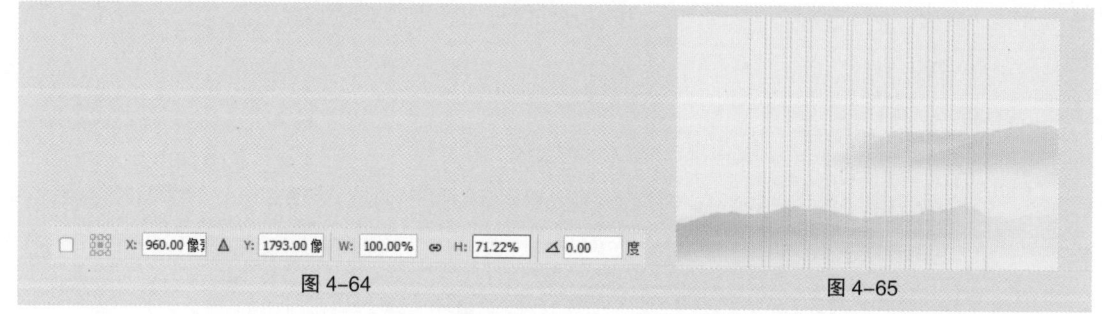

图 4-64　　图 4-65

（4）单击“图层”控制面板下方的“创建新的填充或调整图层”按钮，在弹出的菜单中选择“色彩平衡”命令，“图层”控制面板中生成“色彩平衡 2”图层。在弹出的面板中进行设置，如图 4-66 所示。按 Enter 键确定操作，效果如图 4-67 所示。

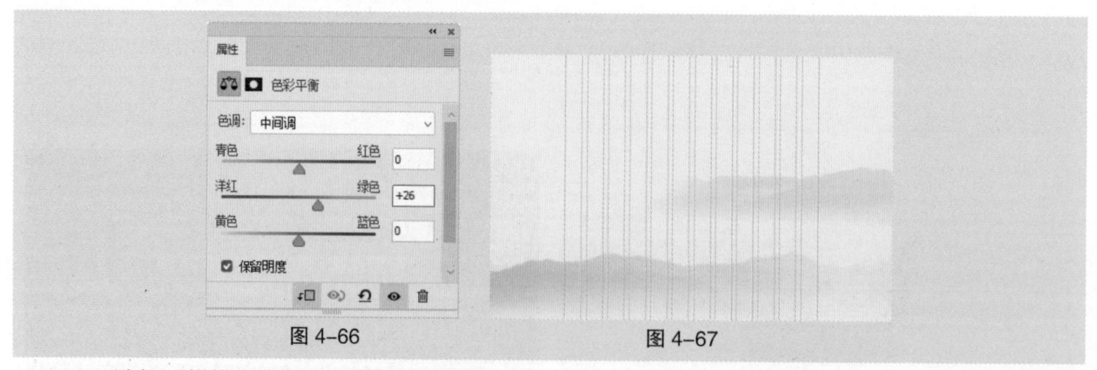

图 4-66　　图 4-67

（5）选择“横排文字”工具，在距离上方参考线 96 像素的位置输入需要的文字并选取文字。在“字符”面板中将“颜色”设置为深灰色（21、20、22），其他选项的设置如图 4-68 所示。按 Enter 键确定操作，效果如图 4-69 所示，“图层”控制面板中生成新的文字图层。

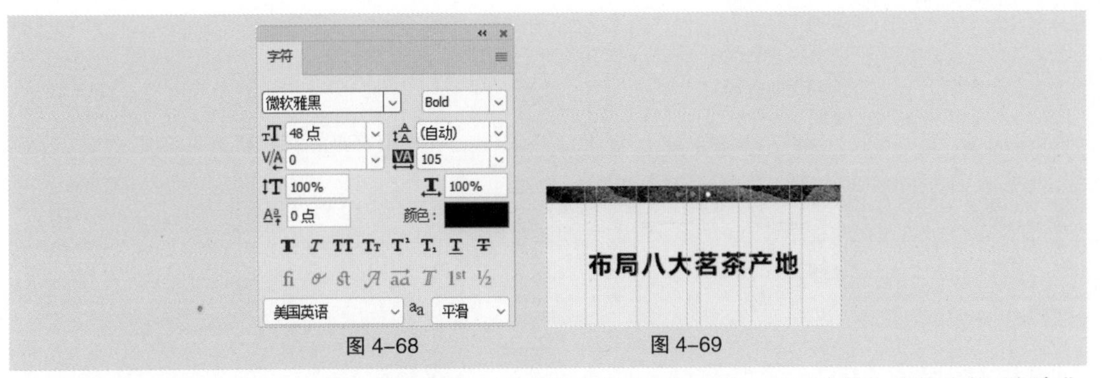

图 4-68　　图 4-69

（6）在距离上方文字 24 像素的位置输入需要的文字并选取文字。在“字符”面板中将“颜色”设置为灰色（154、155、156），其他选项的设置如图 4-70 所示。按 Enter 键确定操作，效果如图 4-71 所示，“图层”控制面板中生成新的文字图层。

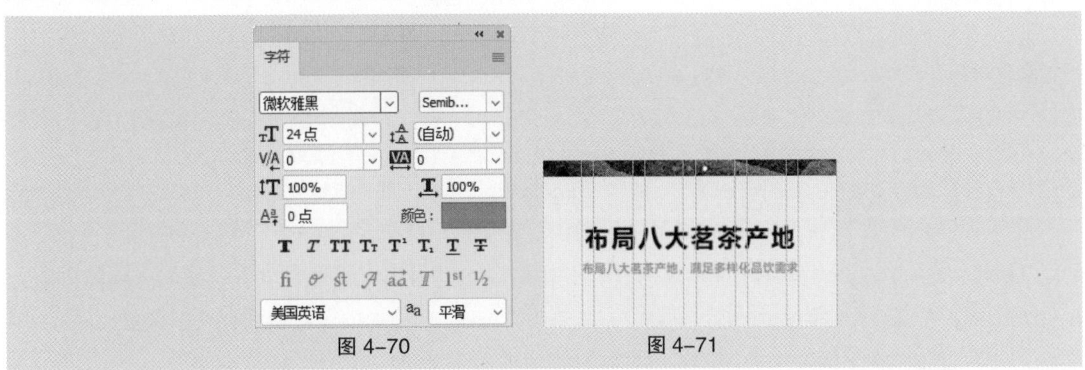

图 4-70　　图 4-71

（7）选择“矩形”工具，在距离上方文字 80 像素的位置绘制一个宽为 282 像素、高为 400 像素的矩形，“图层”控制面板中生成新的形状图层“矩形 9”。在“属性”面板中将“填充”颜色设置为白色，将“描边”颜色设置为中黄色（234、198、168），将“描边”粗细设置为 4 像素，如图 4-72 所示。按 Enter 键确定操作，效果如图 4-73 所示。

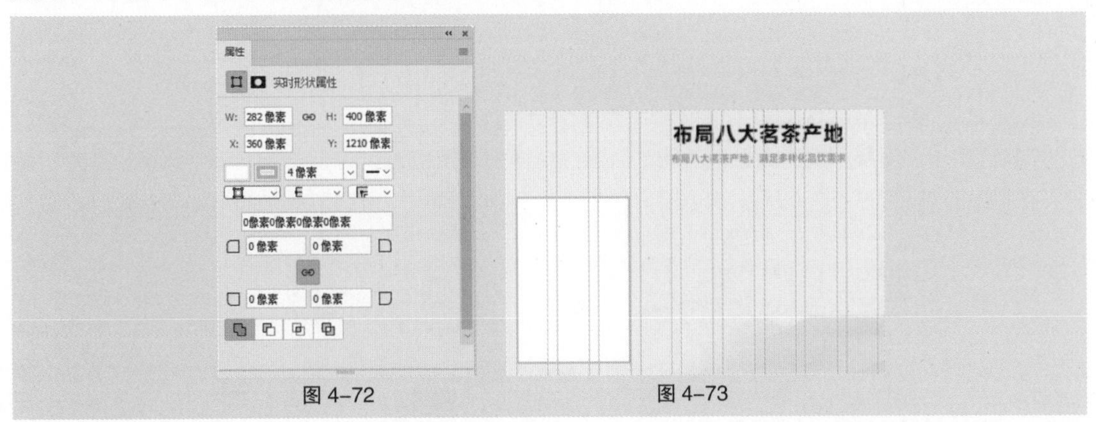

图 4-72　　图 4-73

（8）选择“椭圆”工具，按住 Shift 键，绘制一个圆形。在“属性”面板中设置其大小及位置，如图 4-74 所示，效果如图 4-75 所示。

（9）选择“路径选择”工具，按住 Alt+Shift 组合键，在图像窗口中向右 250 像素的位置复制圆形，效果如图 4-76 所示。使用相同的方法复制圆形并进行减去顶层形状操作，效果如图 4-77 所示。

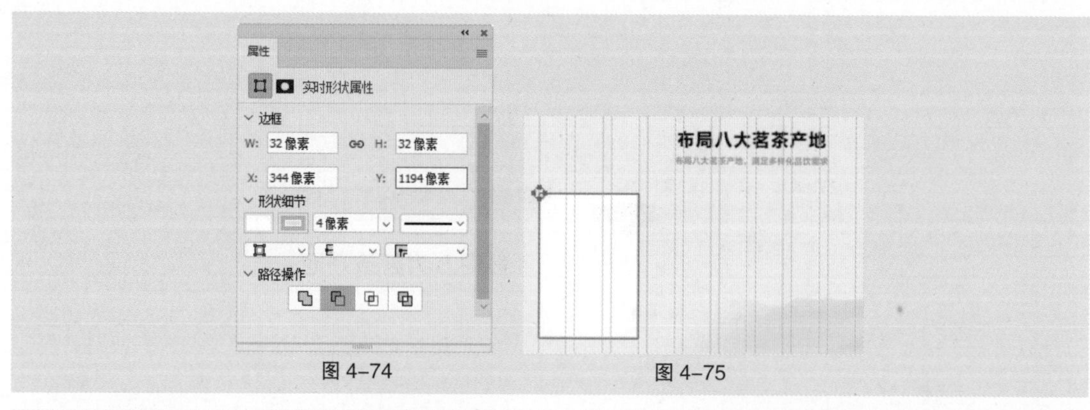

图 4-74　　图 4-75

图 4-76　　图 4-77

（10）选择“文件 > 置入嵌入对象”命令，弹出“置入嵌入的对象”对话框，选择云盘中的“Ch04 > 4.1.4 课堂案例——设计中式茶叶官方网站首页 > 素材 > 16”文件。单击“置入”按钮，将图片置入图像窗口中，在属性栏中设置其大小及位置，如图 4-78 所示。按 Enter 键确定操作，效果如图 4-79 所示，“图层”控制面板中生成新的图层并将其重命名为“盘子”。

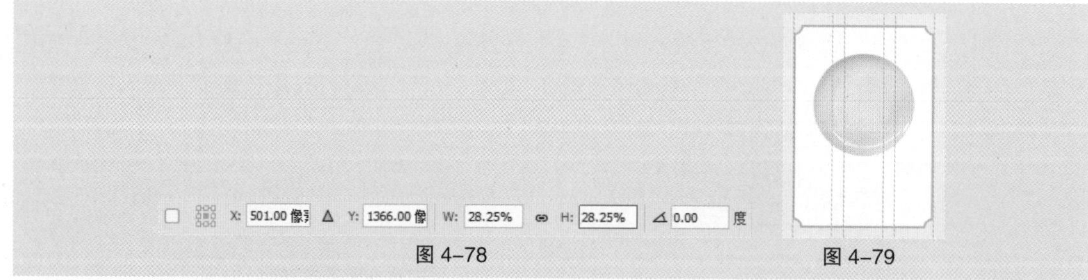

图 4-78　　图 4-79

（11）单击“图层”控制面板下方的“添加图层样式”按钮 fx，在弹出的菜单中选择“投影”命令，在弹出的对话框中进行设置，如图 4-80 所示。单击“确定”按钮，效果如图 4-81 所示。

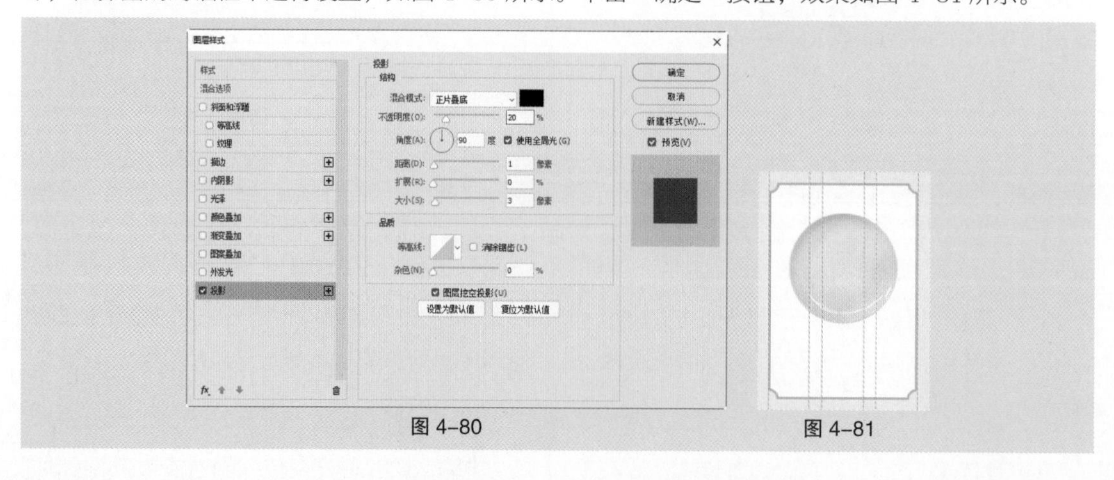

图 4-80　　图 4-81

（12）选择“椭圆”工具，在属性栏中将“填充”颜色设置为灰色（153、153、153），将“描边”颜色设置为无。按住 Shift 键，绘制一个与盘子大小相等的圆形。“图层”控制面板中生成新的形状图层并将其重命名为“投影”。按 Ctrl+T 组合键，图像周围出现变换框，在属性栏中设置其大小及位置，如图 4–82 所示。按 Enter 键确定操作，效果如图 4–83 所示。

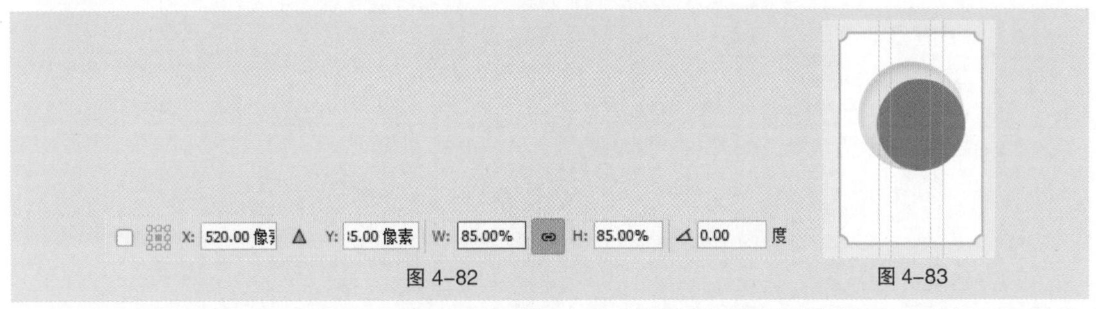

图 4–82　　图 4–83

（13）在“属性”面板中单击“蒙版”按钮，切换到相应的面板中进行设置，如图 4–84 所示，按 Enter 键确定操作。在“图层”控制面板中将“盘子”图层拖曳到“投影”图层的上方，效果如图 4–85 所示。

（14）单击“图层”控制面板下方的“创建新的填充或调整图层”按钮，在弹出的菜单中选择“亮度 / 对比度”命令，“图层”控制面板中生成“亮度 / 对比度 1”图层。在弹出的面板中进行设置，如图 4–86 所示，按 Enter 键确定操作，效果如图 4–87 所示。

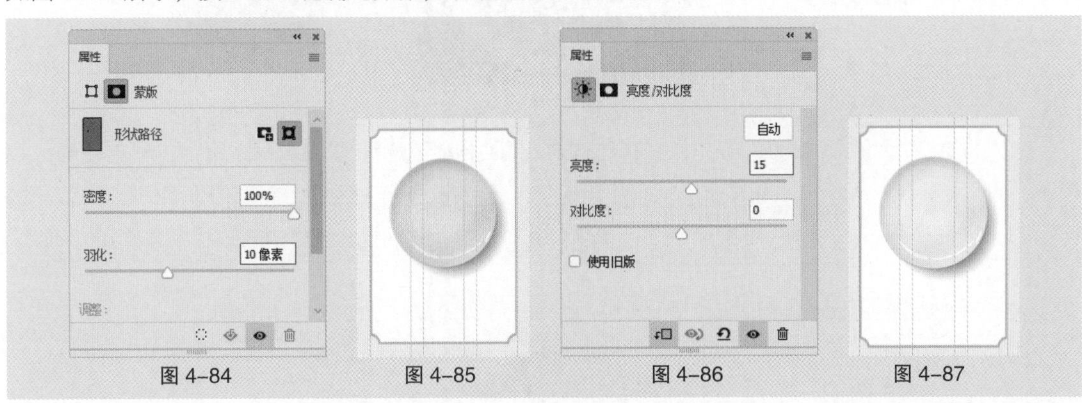

图 4–84　　图 4–85　　图 4–86　　图 4–87

（15）按 Ctrl + O 组合键打开云盘中的“Ch04 > 4.1.4 课堂案例——设计中式茶叶官方网站首页 > 素材 > 17”文件。在“图层”控制面板中双击“背景”图层，在弹出的对话框中单击“确定”按钮，如图 4–88 所示，将背景图层转换为普通图层。选择“快速选择”工具，拖曳鼠标绘制选区，如图 4–89 所示。

图 4–88　　图 4–89

（16）按 Alt+Ctrl+R 组合键，弹出“属性”面板，将“羽化”设置为 0.8 像素，其他选项的设置如图 4-90 所示。单击“确定”按钮，生成选区。按 Ctrl+Shift+I 组合键反选选区，效果如图 4-91 所示。按 Delete 键将不需要的部分删除，按 Ctrl+D 组合键取消选择选区，效果如图 4-92 所示。

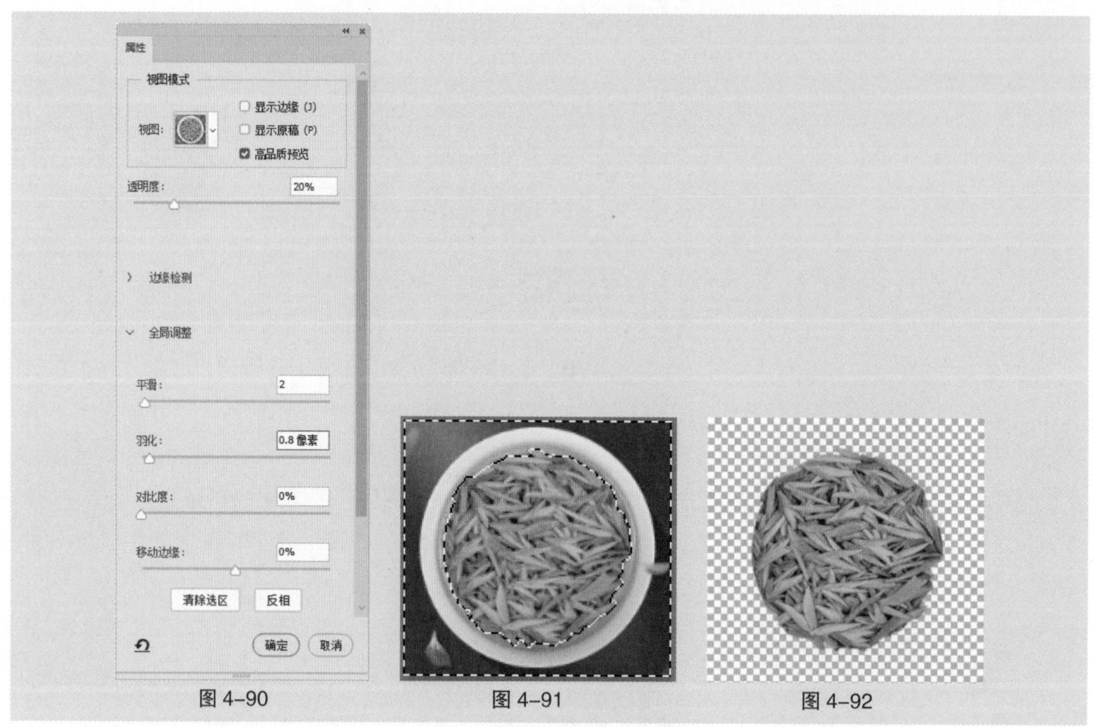

图 4-90　图 4-91　图 4-92

（17）选择“图像 > 裁切”命令，在弹出的对话框中进行设置，如图 4-93 所示。单击“确定”按钮，效果如图 4-94 所示。按 Ctrl+S 组合键，弹出“存储为”对话框，将图像命名为“18”，保存为 PNG 格式。单击“保存”按钮，弹出“PNG 格式选项”对话框，如图 4-95 所示。单击“确定”按钮，保存图像。

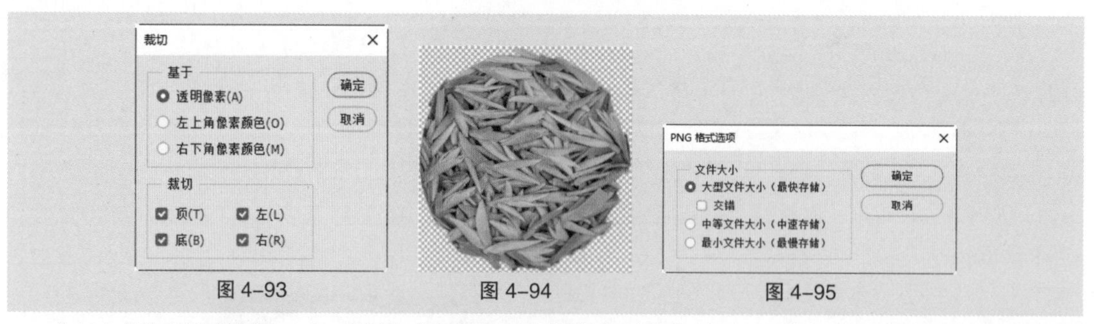

图 4-93　图 4-94　图 4-95

（18）返回到图像窗口中。选择“文件 > 置入嵌入对象”命令，弹出“置入嵌入的对象”对话框，选择云盘中的“Ch04 > 4.1.4 课堂案例——设计中式茶叶官方网站首页 > 素材 > 18”文件。单击“置入”按钮，将图片置入图像窗口中，在属性栏中设置其大小及位置，如图 4-96 所示。按 Enter 键确定操作，效果如图 4-97 所示，“图层”控制面板中生成新的图层并将其重命名为“西湖龙井”。

（19）单击“图层”控制面板下方的“添加图层样式”按钮 fx，在弹出的菜单中选择“投影”命令，在弹出的对话框中进行设置，如图 4-98 所示，单击“确定”按钮，效果如图 4-99 所示。

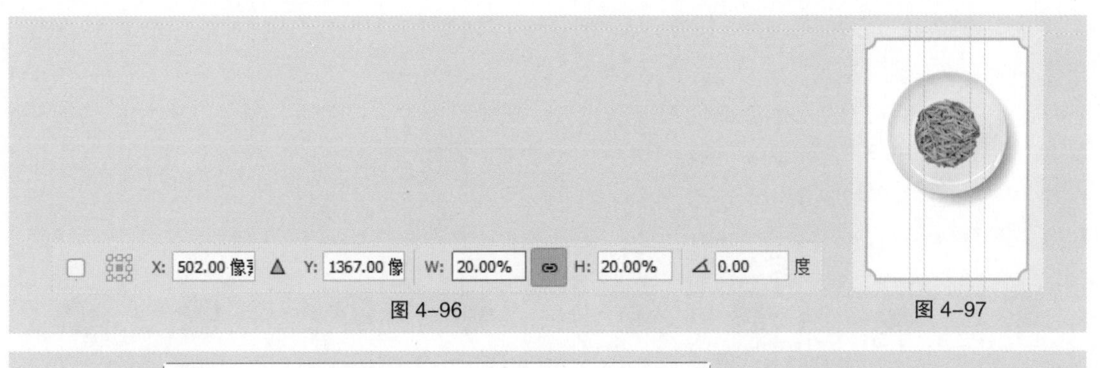

图 4-96　　　　图 4-97

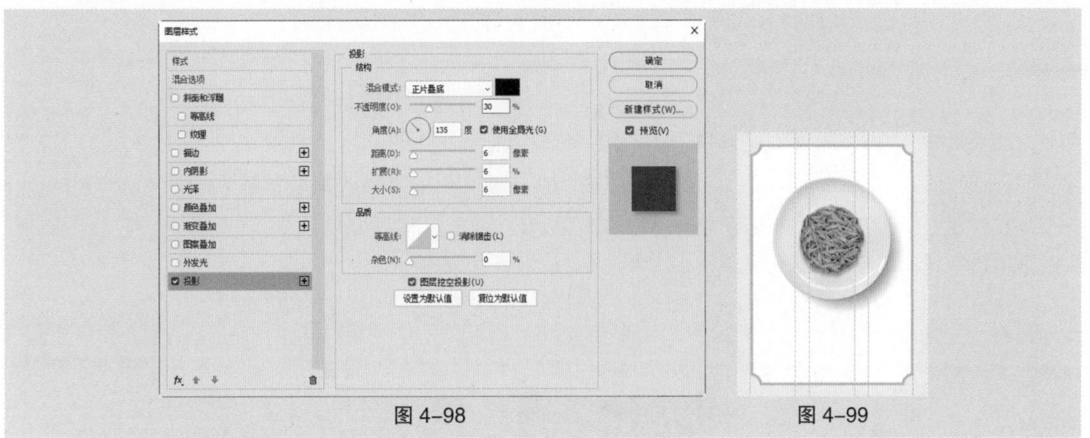

图 4-98　　　　图 4-99

（20）选择“横排文字”工具T，在适当的位置输入需要的文字并选取文字。在“字符”面板中将“颜色”设置为蓝绿色（21、99、109），其他选项的设置如图 4-100 所示。按 Enter 键确定操作，“图层”控制面板中生成新的文字图层。

（21）按住 Ctrl 键的同时单击“矩形 9”图层，将需要的图层同时选取。选择“移动”工具，在属性栏的“对齐方式”中单击“水平居中对齐”按钮，效果如图 4-101 所示。

（22）使用相同的方法输入其他文字并设置对齐方式，效果如图 4-102 所示。按住 Shift 键的同时单击“矩形 9”图层，将需要的图层同时选取，按 Ctrl+G 组合键群组图层并将其重命名为“西湖 · 龙井”，如图 4-103 所示。

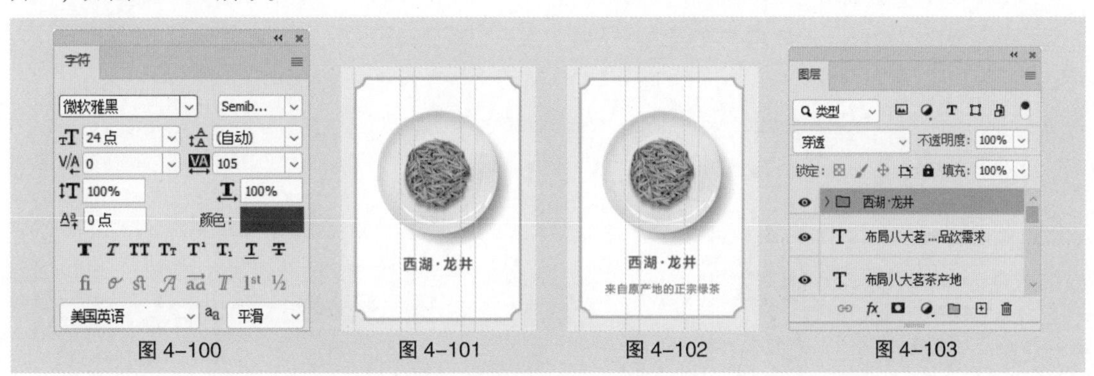

图 4-100　　图 4-101　　图 4-102　　图 4-103

（23）按 Ctrl+J 组合键复制图层组并将复制得到的图层重命名为“黄山 · 毛峰”。按 Ctrl+T 组合键，图像周围出现变换框。在属性栏中将“X”坐标加 306 像素，按 Enter 键确定操作，效果如图 4-104 所示。

（24）在“图层”控制面板中展开“黄山 · 毛峰”图层组，选择“矩形 9”图层。选择“路径选择”

工具[icon]，选择左上角的圆形路径，按 Delete 键，弹出“转变为常规路径”对话框，单击“是”按钮，效果如图 4-105 所示。

（25）使用相同的方法删除其他圆形路径。在属性面板中将“描边”颜色设置为无，效果如图 4-106 所示。选择“西湖龙井”图层，按 Delete 键将其删除。使用上述方法抠图、置入图片并添加“投影”效果，效果如图 4-107 所示。

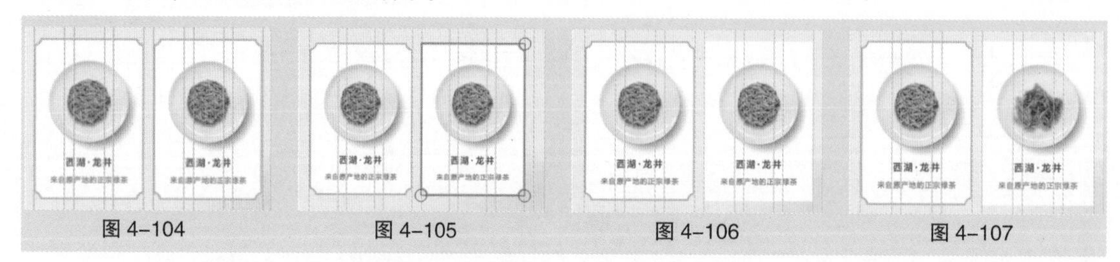

图 4-104　图 4-105　图 4-106　图 4-107

（26）选择“横排文字”工具[T]，在图像窗口中选取并修改文字，效果如图 4-108 所示。折叠“黄山 · 毛峰”图层组，使用上述方法复制图层组、置入图片并修改文字，效果如图 4-109 所示。按住 Shift 键，在“图层”控制面板中单击“矩形 8”图层，将需要的图层同时选取，按 Ctrl+G 组合键群组图层并将其重命名为“八大茗茶”，如图 4-110 所示。

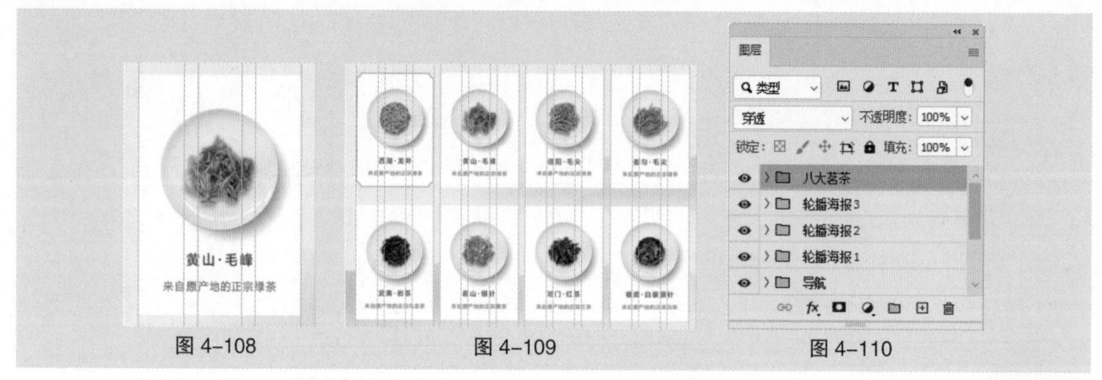

图 4-108　图 4-109　图 4-110

（27）选择“视图 > 新建参考线”命令，弹出“新建参考线”对话框，在距离上方页边距 2972 像素的位置新建一条水平参考线，对话框中的设置如图 4-111 所示。单击“确定”按钮，完成参考线的创建。

扫码观看
本案例视频 3

（28）选择“矩形”工具[icon]，在属性栏中将“填充”颜色设置为白色，将“描边”颜色设置为无。在图像窗口中绘制一个宽为 1920 像素、高为 800 像素的矩形，效果如图 4-112 所示，“图层”控制面板中生成新的形状图层“矩形 10”。

图 4-111　图 4-112

（29）选择“文件 > 置入嵌入对象”命令，弹出“置入嵌入的对象”对话框，选择云盘中的“Ch04 > 4.1.4 课堂案例——设计中式茶叶官方网站首页 > 素材 > 33”文件。单击“置入”按钮，将图片置入图像窗口中，在属性栏中设置其大小及位置，如图 4-113 所示。按 Enter 键确定操作，“图层”控制面板中生成新的图层并将其重命名为“茶园 1”。按 Ctrl+Alt+G 组合键为图层创建剪切蒙版，效果如图 4-114 所示。

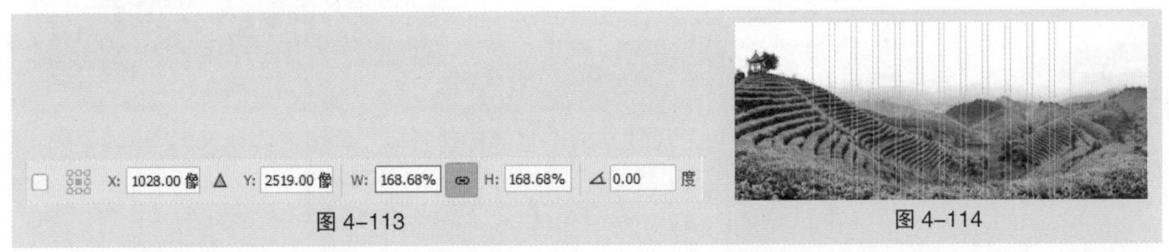

图 4-113　　图 4-114

（30）选择“滤镜 > 模糊 > 高斯模糊”命令，在弹出的对话框中进行设置，如图 4-115 所示。单击“确定”按钮，效果如图 4-116 所示。

图 4-115　　图 4-116

（31）单击“图层”控制面板下方的“创建新的填充或调整图层”按钮，在弹出的菜单中选择“色彩平衡”命令。“图层”控制面板中生成“色彩平衡 4”图层，在弹出的面板中进行设置，如图 4-117 所示。按 Enter 键确定操作，效果如图 4-118 所示。

（32）选择“矩形”工具，在图像窗口中距离上方参考线 64 像素的位置上绘制一个宽为 1200 像素、高为 672 像素的矩形，效果如图 4-119 所示，“图层”控制面板中生成新的形状图层“矩形 11”。

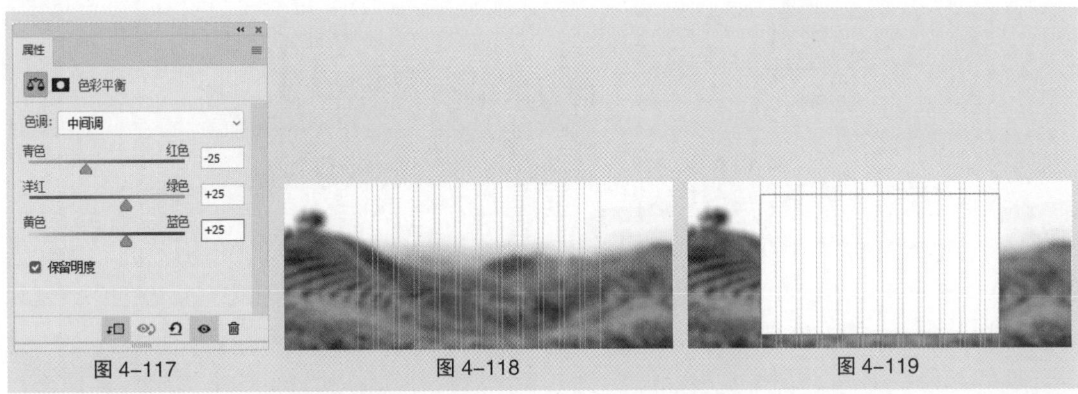

图 4-117　　图 4-118　　图 4-119

（33）选择“文件 > 置入嵌入对象”命令，弹出“置入嵌入的对象”对话框，选择云盘中的“Ch04 > 4.1.4 课堂案例——设计中式茶叶官方网站首页 > 素材 > 34”文件。单击“置入”按钮，将图片置入图像窗口中，在属性栏中设置其大小及位置，如图 4-120 所示。按 Enter 键确定操作，“图层”控制面板中生成新的图层并将其重命名为“茶园 2”。按 Ctrl+Alt+G 组合键为图层创建剪切蒙版，效果如图 4-121 所示。

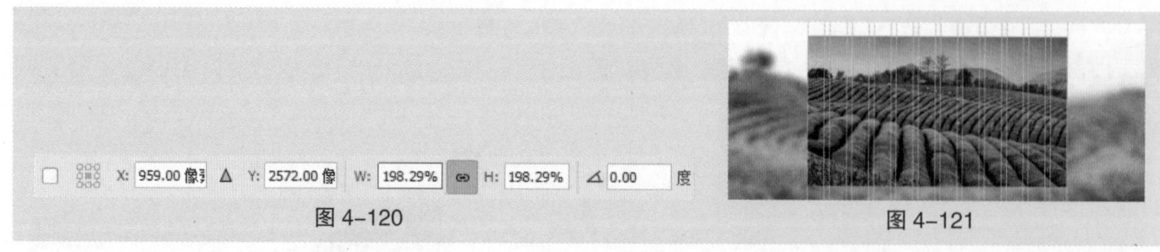

图 4–120　　图 4–121

（34）单击“图层”控制面板下方的“创建新的填充或调整图层”按钮，在弹出的菜单中选择“亮度 / 对比度”命令。“图层”控制面板中生成“亮度 / 对比度 3”图层，在弹出的面板中进行设置，如图 4–122 所示。按 Enter 键确定操作，效果如图 4–123 所示。

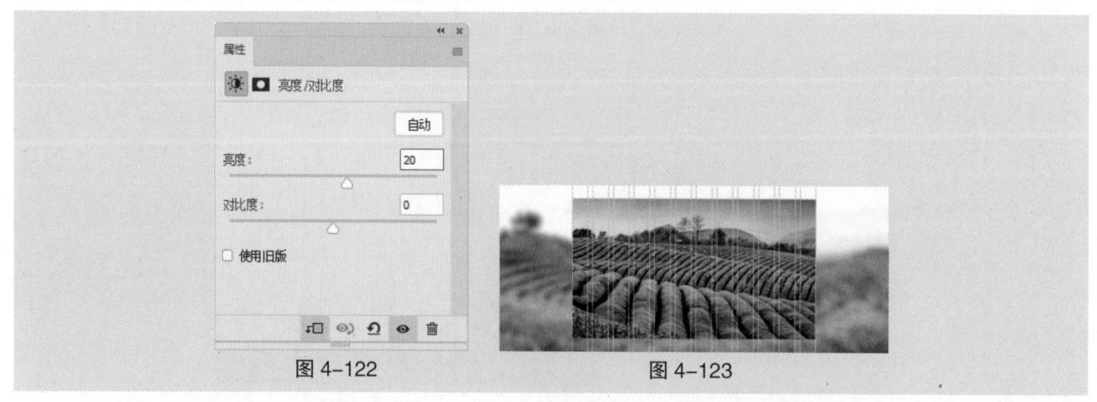

图 4–122　　图 4–123

（35）单击“图层”控制面板下方的“创建新的填充或调整图层”按钮，在弹出的菜单中选择“色彩平衡”命令。“图层”控制面板中生成“色彩平衡 5”图层，在弹出的面板中进行设置，如图 4–124 所示。按 Enter 键确定操作，效果如图 4–125 所示。

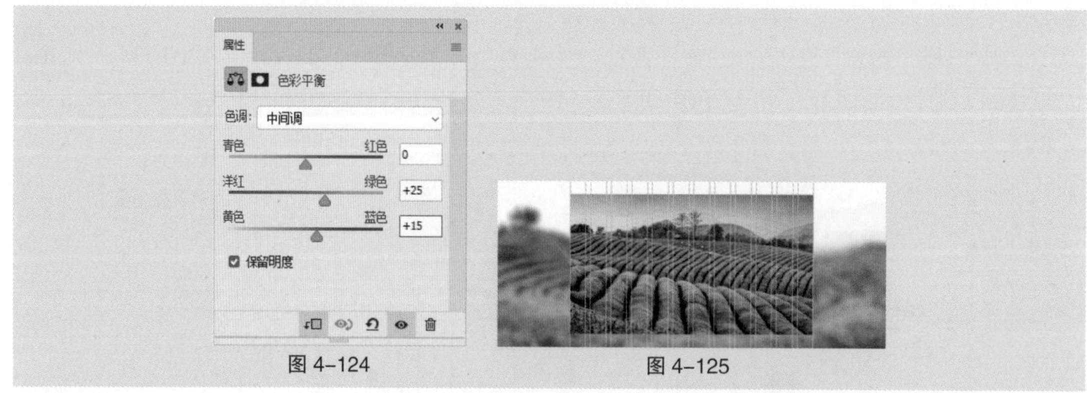

图 4–124　　图 4–125

（36）选择“椭圆”工具，在属性栏中将“填充”颜色设置为深灰色（21、20、22），将“描边”颜色设置为无。按住 Shift 键，在图像窗口中绘制一个直径为 80 像素的圆形。“图层”控制面板中生成新的形状图层“椭圆 2”，在“属性”面板中设置该图层的“不透明度”为 40%。

（37）按住 Ctrl 键的同时单击“矩形 11”图层，将需要的图层同时选取。选择“移动”工具，在属性栏的“对齐方式”中单击“水平居中对齐”按钮和“垂直居中对齐”按钮，效果如图 4–126 所示。

（38）选择“多边形”工具，在属性栏中将“边数”设置为 3，单击“设置其他形状和路径选项”按钮，在弹出的面板中将“半径”设置为 24 像素，其他选项的设置如图 4–127 所示。

图 4-126　　图 4-127

（39）按住 Shift 键，在图像窗口中适当的位置绘制一个圆角三角形，“图层”控制面板中生成新的形状图层“多边形 1”。在属性栏中将“填充”颜色设置为白色，效果如图 4-128 所示。按住 Shift 键的同时单击“矩形 10”图层，将需要的图层同时选取，按 Ctrl+G 组合键群组图层并将其重命名为“视频”，如图 4-129 所示。

图 4-128　　图 4-129

4. 制作页尾

（1）选择“视图 > 新建参考线”命令，弹出“新建参考线”对话框，在距离上方参考线 1226 像素的位置新建一条水平参考线，对话框中的设置如图 4-130 所示。单击“确定”按钮，完成参考线的创建。

（2）选择“矩形”工具，在属性栏中将“填充”颜色设置为白色，将“描边”颜色设置为无。在图像窗口中绘制一个宽为 1920 像素、高为 426 像素的矩形，效果如图 4-131 所示，“图层”控制面板中生成新的形状图层“矩形 12”。

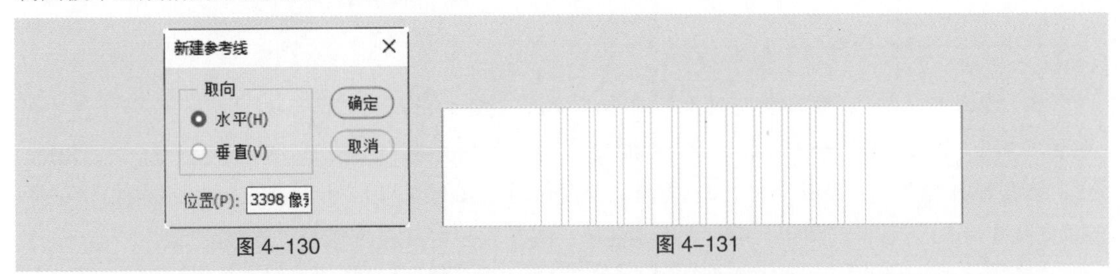

图 4-130　　图 4-131

（3）选择“横排文字”工具，在距离上方参考线 68 像素的位置输入需要的文字并选取文字。在“字符”面板中将“颜色”设置为深灰色（34、34、34），其他选项的设置如图 4-132 所示，按 Enter 键确定操作，“图层”控制面板中生成新的文字图层。选取需要的文字，在“字符”面板中进行设置，如图 4-133 所示。按 Enter 键确定操作，效果如图 4-134 所示。

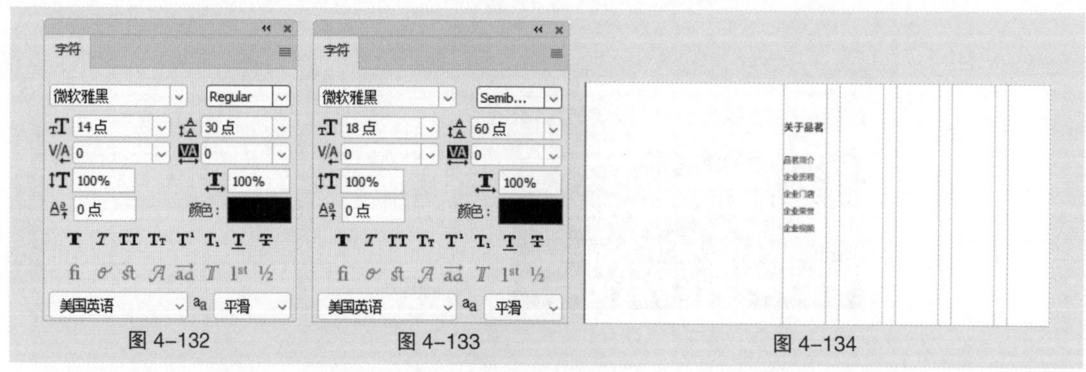

图 4-132　图 4-133　图 4-134

（4）按 Ctrl+J 组合键复制文字图层。按 Ctrl+T 组合键，文字周围出现变换框。在属性栏中将“X”坐标加 204 像素，按 Enter 键确定操作，效果如图 4-135 所示。分别选择并修改文字，效果如图 4-136 所示。

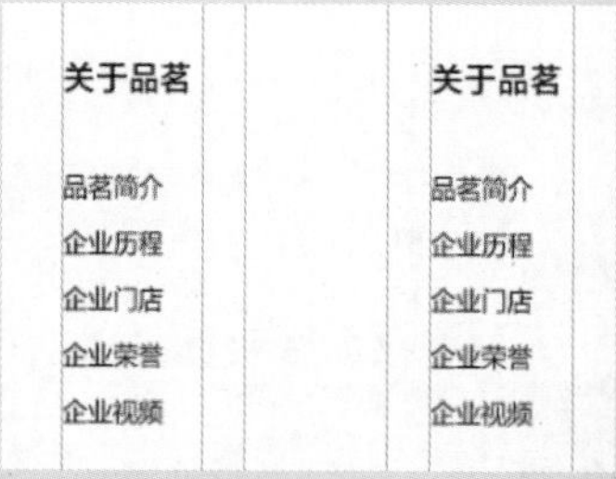

图 4-135 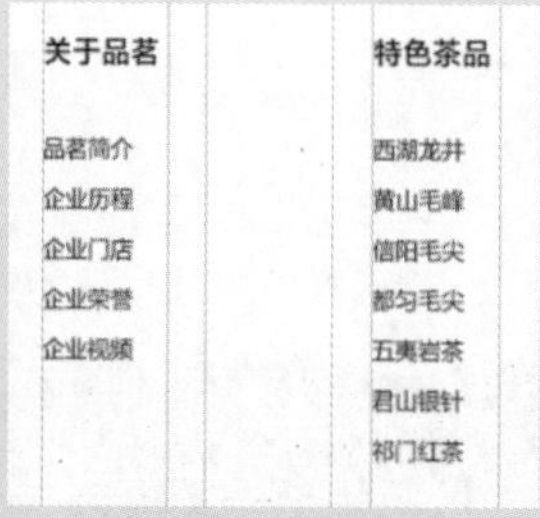　图 4-136

（5）使用相同的方法复制并修改文字，效果如图 4-137 所示。选择“直线”工具，在属性栏中将“填充”颜色设置为灰色（180、180、180），将“描边”颜色设置为无，将“粗细”设置为 2 像素。按住 Shift 键，在图像窗口中距离上方文字 16 像素的位置绘制一条长为 380 像素的直线段，效果如图 4-138 所示，“图层”控制面板中生成新的形状图层“形状 1”。

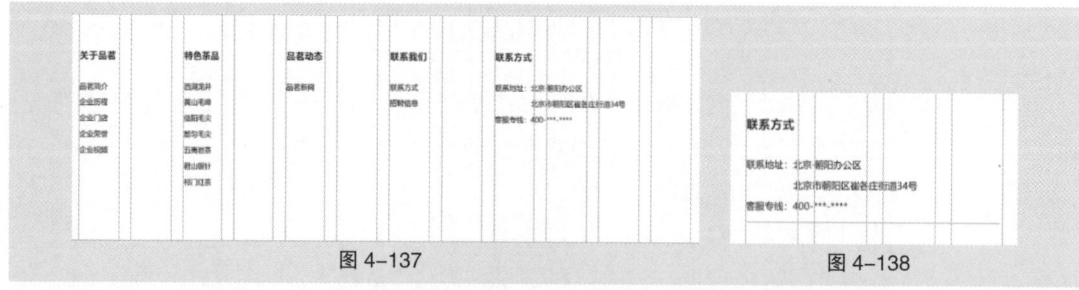

图 4-137　图 4-138

（6）选择“文件 > 置入嵌入对象”命令，弹出“置入嵌入的对象”对话框，选择云盘中的“Ch04 > 4.1.4 课堂案例——设计中式茶叶官方网站首页 > 素材 > 35”文件。单击“置入”按钮，将图标置入图像窗口中，在属性栏中设置其大小及位置，如图 4-139 所示。按 Enter 键确定操作，效果如图 4-140 所示，“图层”控制面板中生成新的图层并将其重命名为“公众号”。

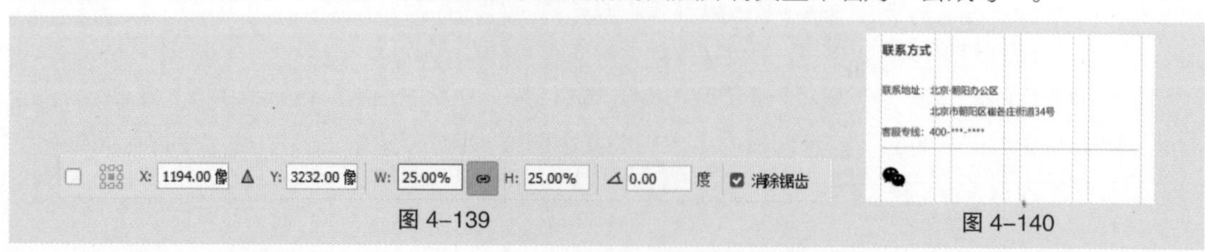

图 4-139　图 4-140

（7）单击“图层”控制面板下方的“添加图层样式”按钮 fx，在弹出的菜单中选择“颜色叠加”命令，在弹出的对话框中将“颜色”设置为灰色（102、102、102），其他选项的设置如图 4-141 所示。单击“确定”按钮，效果如图 4-142 所示。

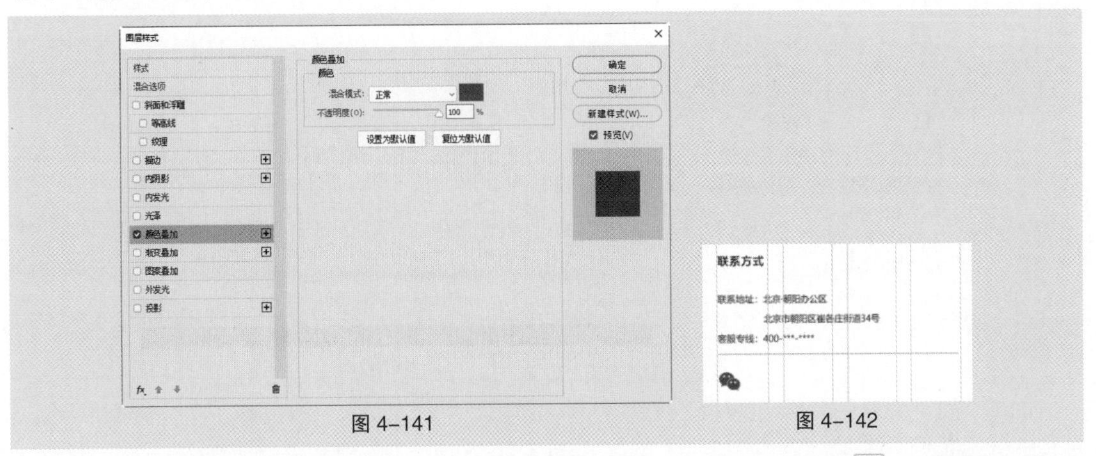

图 4-141　　图 4-142

（8）选择“横排文字”工具 T，在属性栏中单击“居中对齐文本”按钮，在距离上方图标 12 像素的位置输入需要的文字并选取文字。在“字符”面板中将“颜色”设置为灰色（102、102、102），其他选项的设置如图 4-143 所示。按 Enter 键确定操作，效果如图 4-144 所示，“图层”控制面板中生成新的文字图层。

（9）按住 Shift 键的同时单击“公众号”图层，将需要的图层同时选取。按 Ctrl+J 组合键复制图层。按 Ctrl+T 组合键，图像周围出现变换框。在属性栏中将“X”坐标加 64 像素，按 Enter 键确定操作，效果如图 4-145 所示。选择“公众号 拷贝”图层，按 Delete 键将其删除。使用上述方法置入图标、添加文字并添加“颜色叠加”效果，效果如图 4-146 所示。

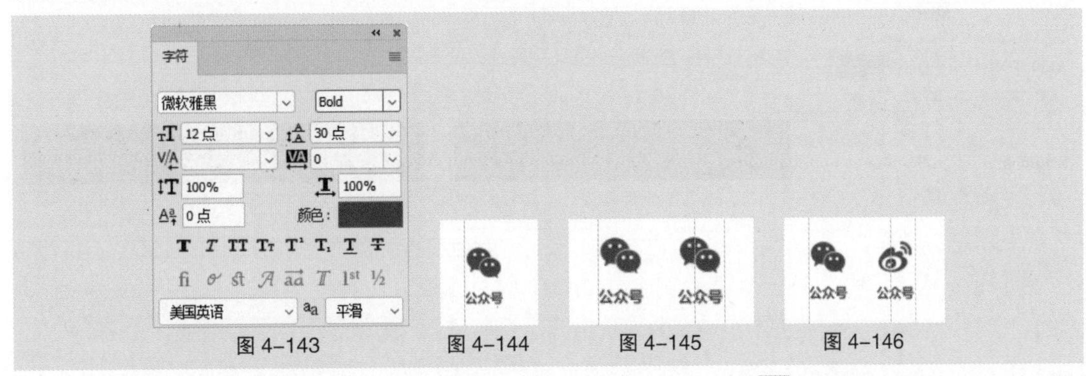

图 4-143　　图 4-144　　图 4-145　　图 4-146

（10）选择“公众号 拷贝 2”文字图层，选择“横排文字”工具 T，选取并修改文字。由于图标的形状不规则，因此需要将文字向左平移 1 像素，以平衡视觉，效果如图 4-147 所示。使用相同的方法复制图层、置入图标并修改文字，效果如图 4-148 所示。

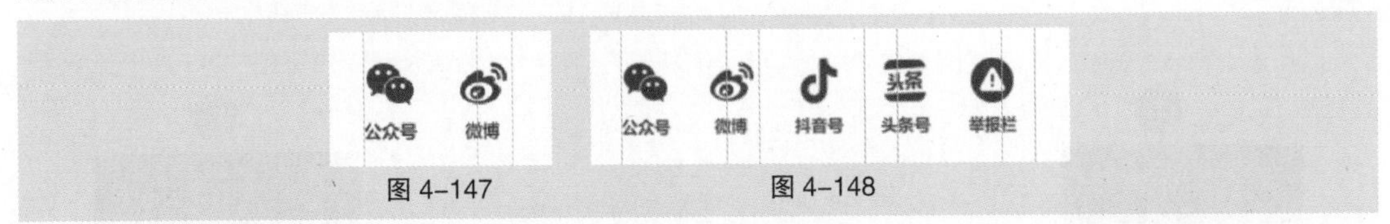

图 4-147　　图 4-148

（11）按住 Shift 键的同时在“图层”控制面板中单击“矩形 12”图层，将需要的图层同时选取。按 Ctrl+G 组合键群组图层并将其重命名为“页尾”，如图 4-149 所示。

（12）选择“矩形”工具，在属性栏中将“填充”颜色设置为深灰色（34、34、34），将“描边”颜色设置为无。在图像窗口中绘制一个宽为 1920 像素、高为 80 像素的矩形，效果如图 4-150 所示，“图层”控制面板中生成新的形状图层“矩形 13”。

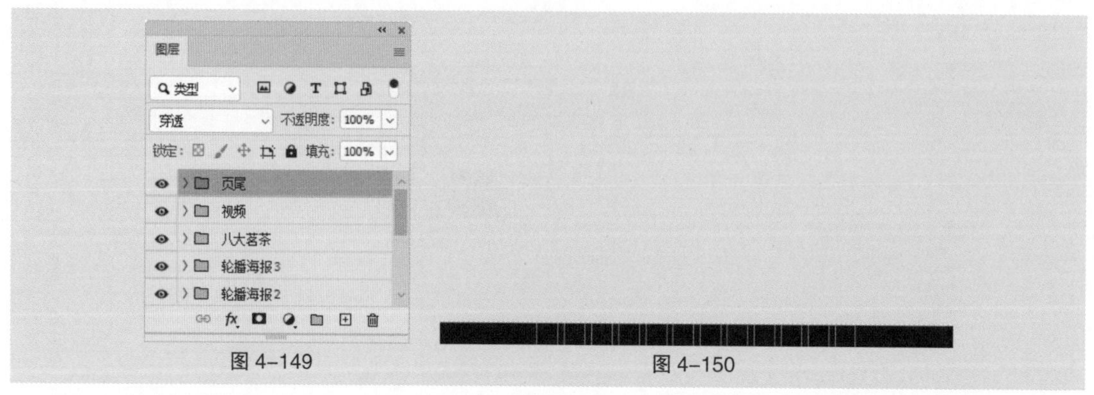

图 4-149　　图 4-150

（13）选择“横排文字”工具，在属性栏中单击“左对齐文本”按钮，在图像窗口中适当的位置输入需要的文字并选取文字。在“字符”面板中将“颜色”设置为灰色（107、107、107），其他选项的设置如图 4-151 所示。按 Enter 键确定操作，“图层”控制面板中生成新的文字图层。按住 Shift 键的同时单击“矩形 13”图层，将需要的图层同时选取。选择“移动”工具，在属性栏的“对齐方式”中单击 “垂直居中对齐”按钮，效果如图 4-152 所示。使用相同的方法输入其他文字，效果如图 4-153 所示。

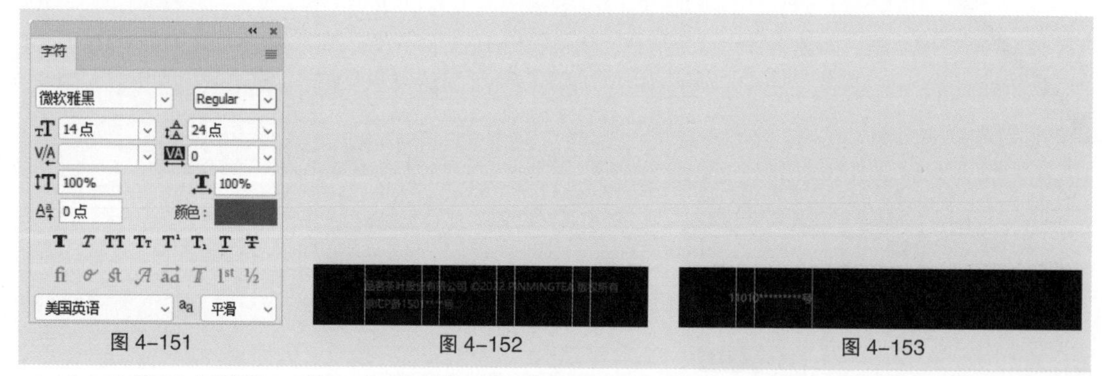

图 4-151　　图 4-152　　图 4-153

（14）选择“椭圆”工具，在属性栏中将“填充”颜色设置为蓝绿色（21、99、109），将“描边”颜色设置为无。按住 Shift 键，在图像窗口中距离下方矩形 12 像素的位置绘制一个直径为 50 像素的圆形。“图层”控制面板中生成新的形状图层“椭圆 3”，效果如图 4-154 所示。

（15）选择“文件 > 置入嵌入对象”命令，弹出“置入嵌入的对象”对话框，选择云盘中的“Ch04 > 4.1.4 课堂案例——设计中式茶叶官方网站首页 > 素材 > 40”文件。单击“置入”按钮，将图标置入图像窗口中，在属性栏中设置其大小及位置，如图 4-155 所示。按 Enter 键确定操作，效果如图 4-156 所示，“图层”控制面板中生成新的图层并将其重命名为“向上”。

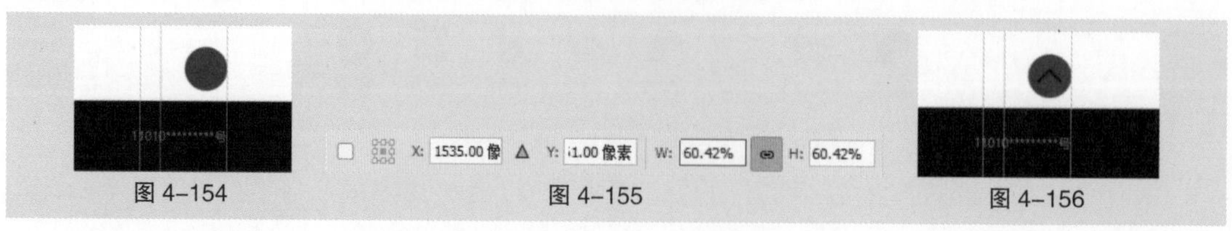

图 4-154　　图 4-155　　图 4-156

（16）单击“图层”控制面板下方的“添加图层样式”按钮 *fx*，在弹出的菜单中选择“颜色叠加”命令，弹出对话框，将“颜色”设置为白色，其他选项的设置如图 4–157 所示。单击“确定”按钮，效果如图 4–158 所示。按住 Shift 键的同时在“图层”控制面板中单击“矩形 13”图层，将需要的图层同时选取。按 Ctrl+G 组合键群组图层并将其重命名为“底部”，如图 4–159 所示。中式茶叶官方网站首页就制作完成了。

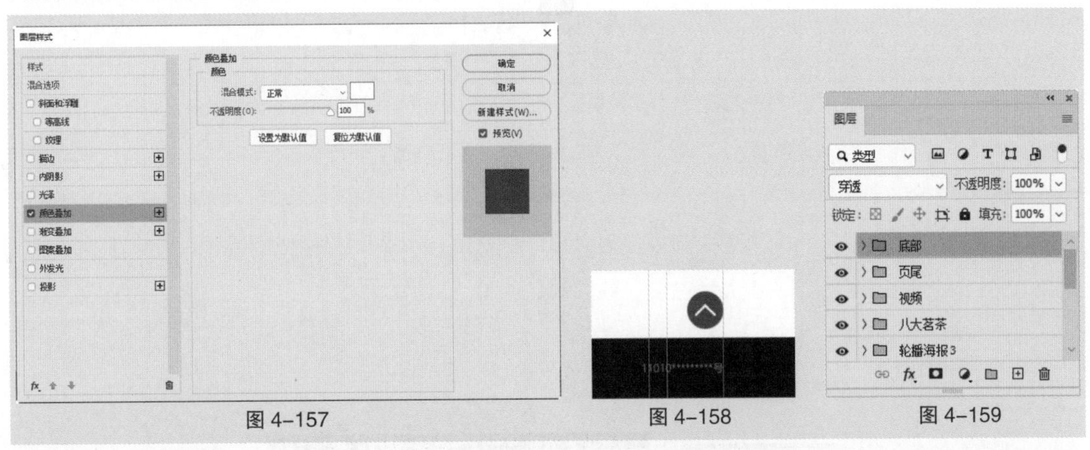

图 4–157　　图 4–158　　图 4–159

4.2 课堂练习——设计中式茶叶官方网站其他页面

【案例设计要求】

1. 根据图 4–160 所示的原型效果，使用 Photoshop 制作中式茶叶官方网站其他页面。

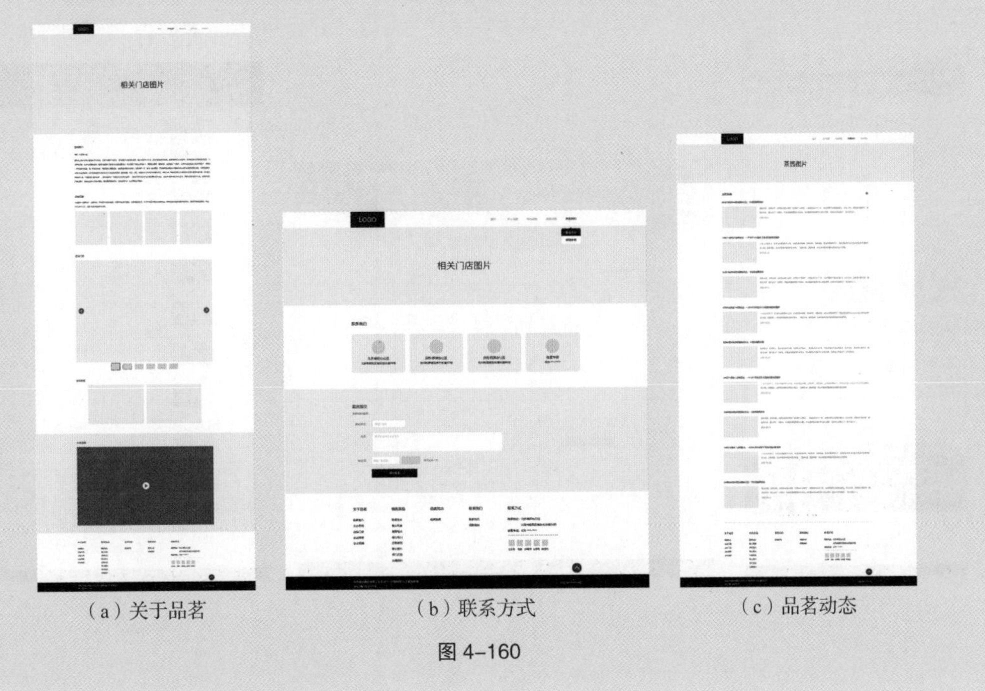

（a）关于品茗　（b）联系方式　（c）品茗动态

图 4–160

（d）西湖龙井　　（e）招聘信息

图 4-160（续）

2. 设计风格应与 4.1.4 课堂案例中首页的设计风格保持一致。

3. 设计文件应符合网页设计的制作规范与制作标准。

【案例学习目标】学习使用绘图工具、文字工具制作中式茶叶官方网站其他页面，最终效果如图 4-161 所示。

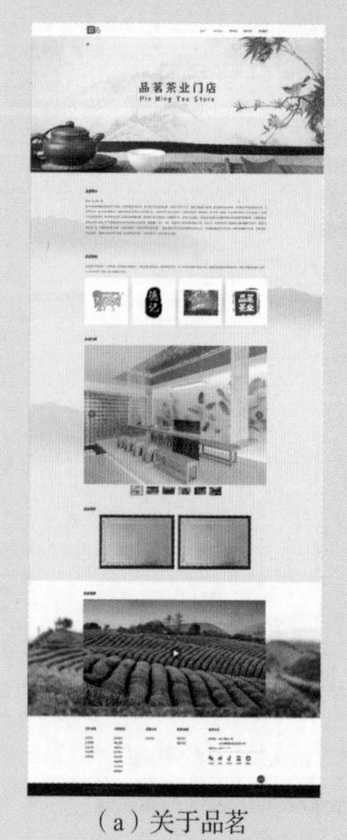

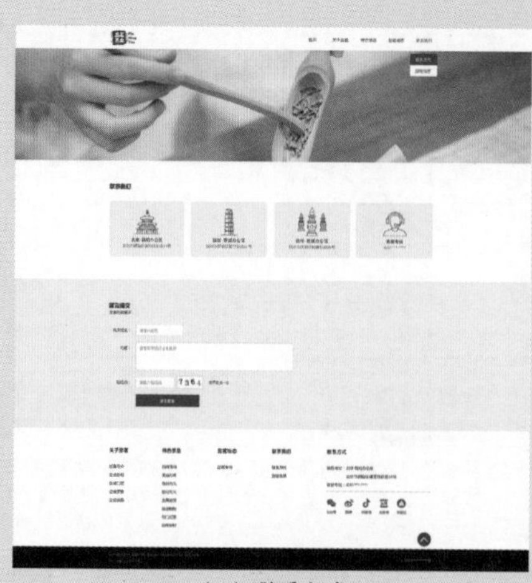

（a）关于品茗　　（b）联系方式　　（c）品茗动态

图 4-161

（d）西湖龙井　（e）招聘信息

图 4-161（续）

4.3 课后习题——设计科技公司官方网站

【案例设计要求】

1. 根据图 4-162 所示的原型效果，使用 Photoshop 制作科技公司官方网站。

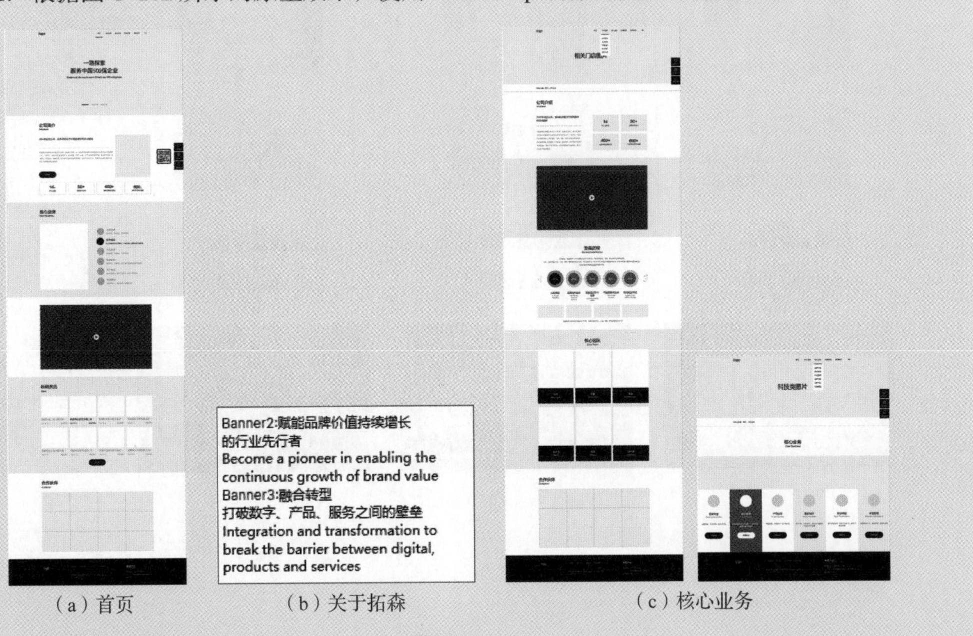

（a）首页　（b）关于拓森　（c）核心业务

图 4-162

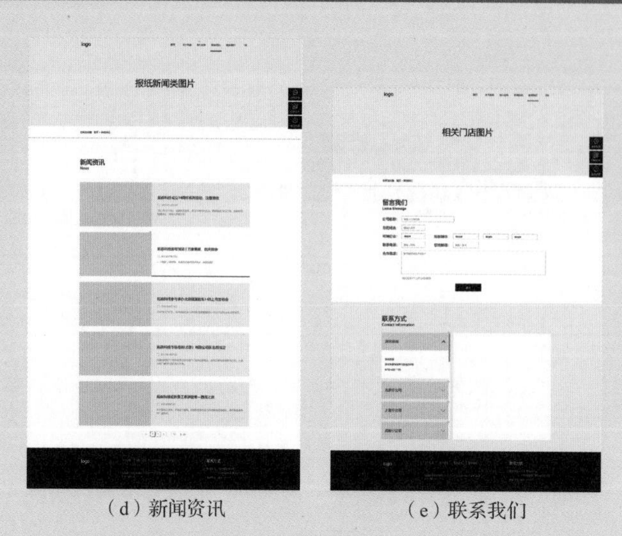

（d）新闻资讯　　　　（e）联系我们

图 4-162（续）

2. 视觉上应体现出科技公司的设计风格，契合科技公司的设计主题。

3. 设计文件应符合网页设计的制作规范与制作标准。

【案例学习目标】学习使用绘图工具、文字工具制作科技公司官方网站，效果参考图 4-163。

图 4-163

扫码观看
本案例视频 1

扫码观看
本案例视频 2

扫码观看
本案例视频 3

05

第 5 章 电商平台网页设计

随着互联网的发展及消费结构的升级，电子商务行业得到了迅猛发展，网购已成为大众日常生活中不可缺少的一部分。本章对电商平台网站的内容规划、设计风格及页面类型等进行系统讲解。通过对本章的学习，读者可以对电商平台网页的设计有一个基本的认识，并快速掌握电商平台网页的设计思路和制作方法。

学习引导

学习目标		
知识目标	能力目标	素质目标
1. 熟悉电商平台网站的内容规划 2. 了解电商平台网站的设计风格 3. 认识电商平台网站的页面类型	1. 掌握电商平台网页的设计思路 2. 掌握电商平台网页的制作方法	1. 培养对电商平台网页的设计创新能力 2. 培养规范设计电商平台网页的良好习惯 3. 培养对电商平台网页设计的锐意进取、精益求精的工匠精神

5.1 电商平台网站页面设计

电商平台网站是企业、机构或者个人开展电商活动的基础设施和信息平台，也是提供电商服务或进行交易的窗口。下面将全面讲解电商平台网站的内容规划、设计风格及页面类型，帮助大家深入理解电商平台网页的设计思路和制作方法。

5.1.1 电商平台网站的内容规划

一个完整的电商平台网站需要通过前台、中台、后台、基础支撑模块、其他系统配合串联运转，如图 5–1 所示。其中前台是直接展现给用户的，供用户浏览和操作，其他系统则提供给服务商和商户使用。对于用户而言，电商平台网站呈现出来的主要是可享受线上服务的前台商城页面，因此下面将重点讲解前台商城页面的内容规划。

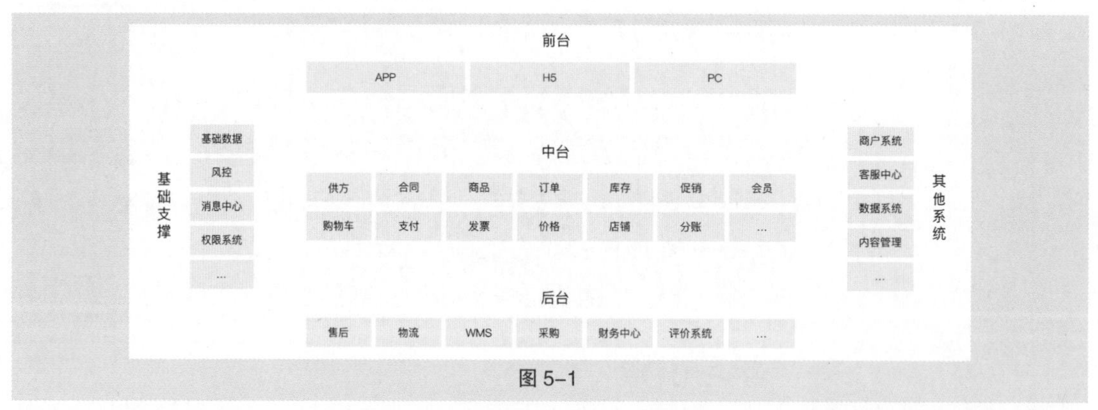

图 5–1

会员注册登录模块：开设会员注册登录机制，能确保交易信息的有效性和网站功能的拓展性。登录模块通常支持扫码登录和账号登录两种登录方式。使用账号登录时需要输入登录账号、密码或验证码。登录模块要支持找回密码和注册等功能。注册模块通常需要输入手机号或邮箱、验证码、密码、确认密码和勾选同意相关协议。注册模块要支持登录功能。

商品分类展示模块：一个电商平台网站需要承载大量商品，在建设时，应将商品有组织、分层次地进行展示，方便用户筛选、查找商品，如图 5–2 所示。

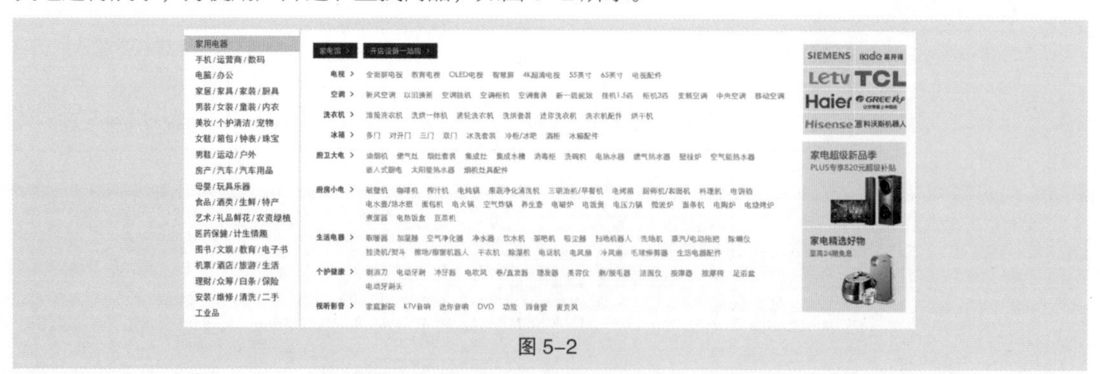

图 5–2

商品信息检索模块：商品信息检索模块可以帮助用户快速、准确地找到相关的产品。该模块由搜索和筛选共同组成。搜索的组成可以查看本书“3.4.1 搜索”小节的内容。筛选需要根据用户需求和商品特点进行细化，通常包括分类、配送地区、价格、上架时间等筛选类目，如图 5–3 所示。

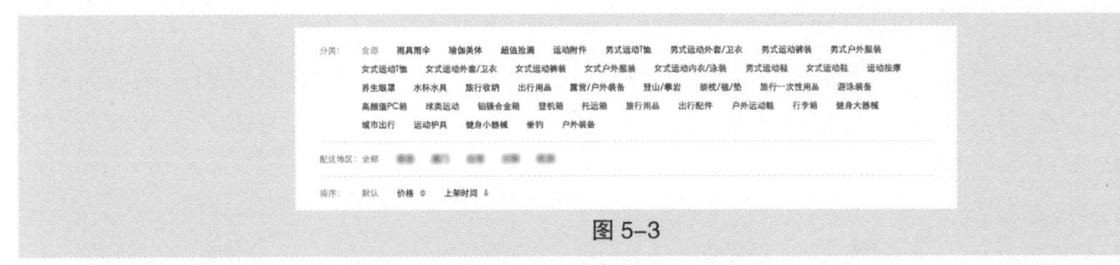

图 5-3

商品信息展示模块：展示商品信息可以充分体现商品的价值，促进用户下单。该模块主要包括商品主图区域、商品详情区域、侧边的导航等。商品主图区域主要由商品图片、商品名称、商品价格、活动标签（满减和优惠券）、价格标签（拼团价和活动价）、商品库存等内容组成，如图 5-4 所示。商品详情区域主要由商品详情描述、商品规格、售后服务、商品评价和常见问题等内容组成，如图 5-5 所示。

图 5-4

图 5-5

购物车管理模块：该模块是便于用户使用的人性化模块，通常包括商品图片、商品名称、商品单价、商品数量和商品总价，并支持选择、删除、结算等功能。

生成商品订单模块：如果用户需要购买商品，生成商品订单模块就会引导用户进行结账。该模块主要包括收货地址、支付方式、送货清单、发票信息、优惠券信息。用户提交订单并完成支付后会产生一个订单号，方便用户识别。

个人订单管理模块：用户通过个人订单管理模块，可以查询商品的状态和处理情况，还可以实时了解商品的运送情况。该模块主要包括订单状态和订单列表两个区域，如图 5-6 所示。订单状态有待付款、待收货、已完成、待评价和已取消等状态。订单列表中展示所有的订单、商品相关信息并提供不同的订单状态及操作。

图 5-6

5.1.2 电商平台网站的设计风格

电商平台网站的设计风格与其对应的业务属性有直接关系，不同的行业有不同的设计风格。根据行业属性，常见的电商平台网站的设计风格有热情欢快、文艺淡雅、倾向行业这 3 种。

1. 热情欢快

热情欢快风格的电商平台网站，所销售产品和信息内容十分丰富，颜色以红橙色系为主，如图 5-7 所示。该风格会给用户带来活泼热闹的感受，能提升用户的消费欲望，适用于大型综合类电商平台网站。

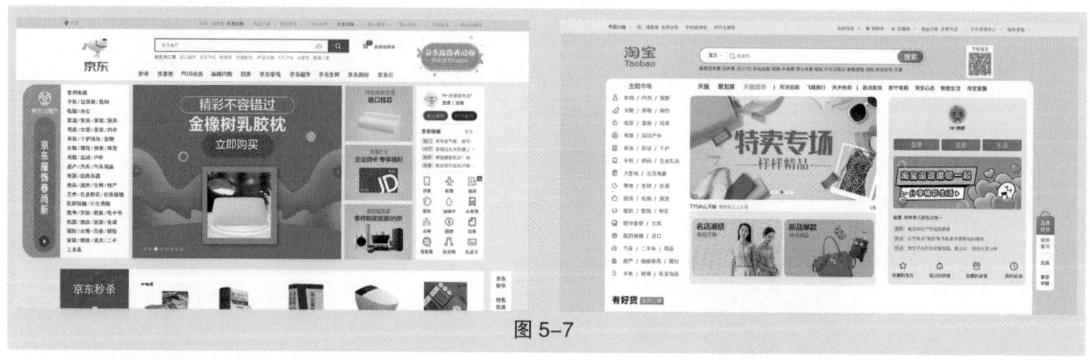

图 5-7

2. 文艺淡雅

文艺淡雅风格的电商平台网站普遍销售有一定质感的商品，颜色选取饱和度较低、明度较高的颜色，如图 5-8 所示。该风格会给用户带来文艺清新的感受，适用于中高端综合类电商平台网站。

图 5-8

3. 倾向行业

倾向行业风格的电商平台网站的目标明确，具有强烈的行业属性，颜色取决于行业的特点，如图 5-9 所示。该风格会给用户带来统一协调的感受，适用于专注某一个行业的垂直类电商平台网站。

图 5-9

5.1.3 电商平台网站的页面类型

1. 网站首页

电商平台网站的首页和官方展示网站的首页一样，是大部分用户通过搜索引擎访问网站时看到的首个页面。网站首页通常有组织地展示各类活动广告及各类特色产品，起到分发流量的作用，如图 5-10 所示。

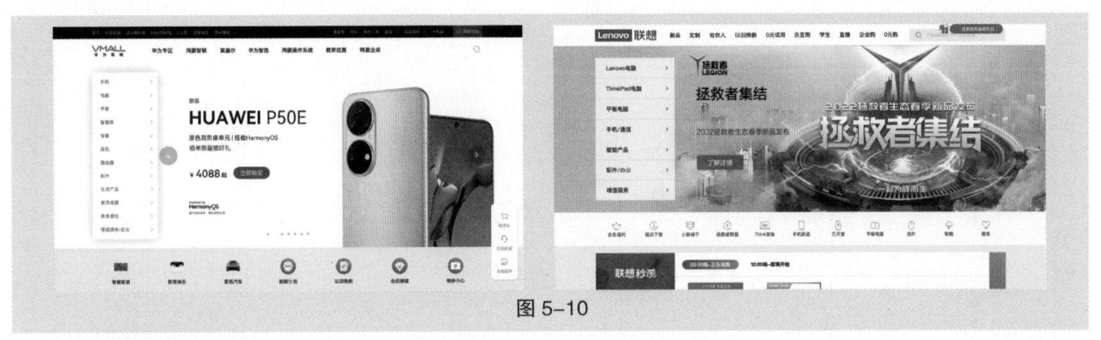

图 5-10

2. 商品列表页

商品列表页又称为“List 页”，是对信息进行归类管理、方便用户快速查看基本信息及操作的页面。设计商品列表页的关键在于保证信息的可阅读性及可操作性，如图 5-11 所示。

图 5-11

3. 商品详情页

商品详情页是商品信息的主要承载页面，因此对信息传播效率和优先级判定有一定的要求。清晰的布局能令用户快速看到关键信息，提高决策效率，如图 5-12 所示。

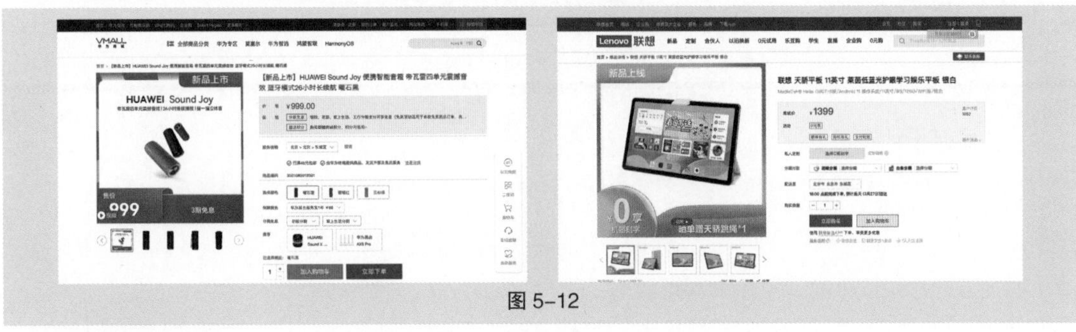

图 5-12

4. 购物车页

购物车页具有批量结算和对比商品的作用，此外，还为用户提供收藏夹。设计购物车页时应该充分考虑它的空状态、商品加入状态、满状态 3 种不同的状态，如图 5-13 所示。同时也要充分考虑购物车页中商品的选中状态和失效状态。

5. 个人订单页

个人订单页是用户进行交易后查看商品状态的页面。和商品列表页一样，该页面可以对订单信息进行归类管理，方便用户快速查看信息及操作。在个人订单页中，不仅要设计有订单、无订单的不同页面状态，还要设计由于订单本身状态变化而产生的信息与操作的变化状态，如图 5-14 所示。

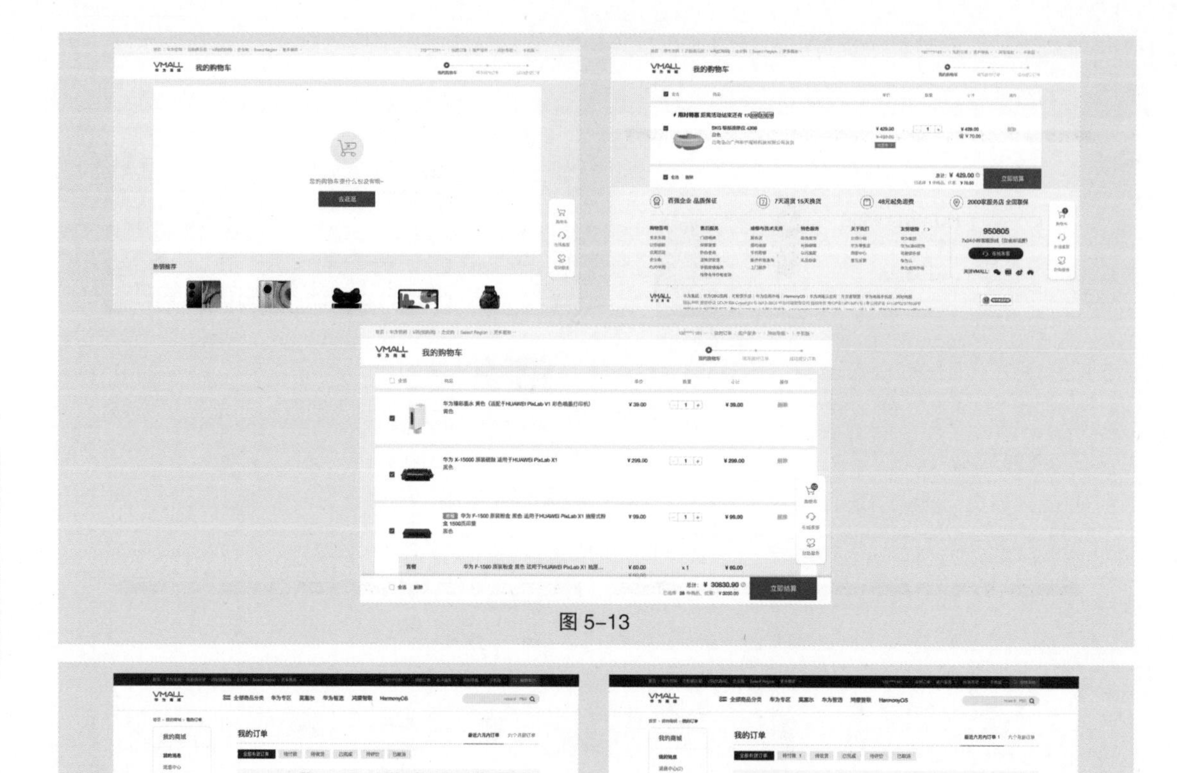

图 5-13

图 5-14

5.1.4　课堂案例——设计中式家具电商平台网站首页

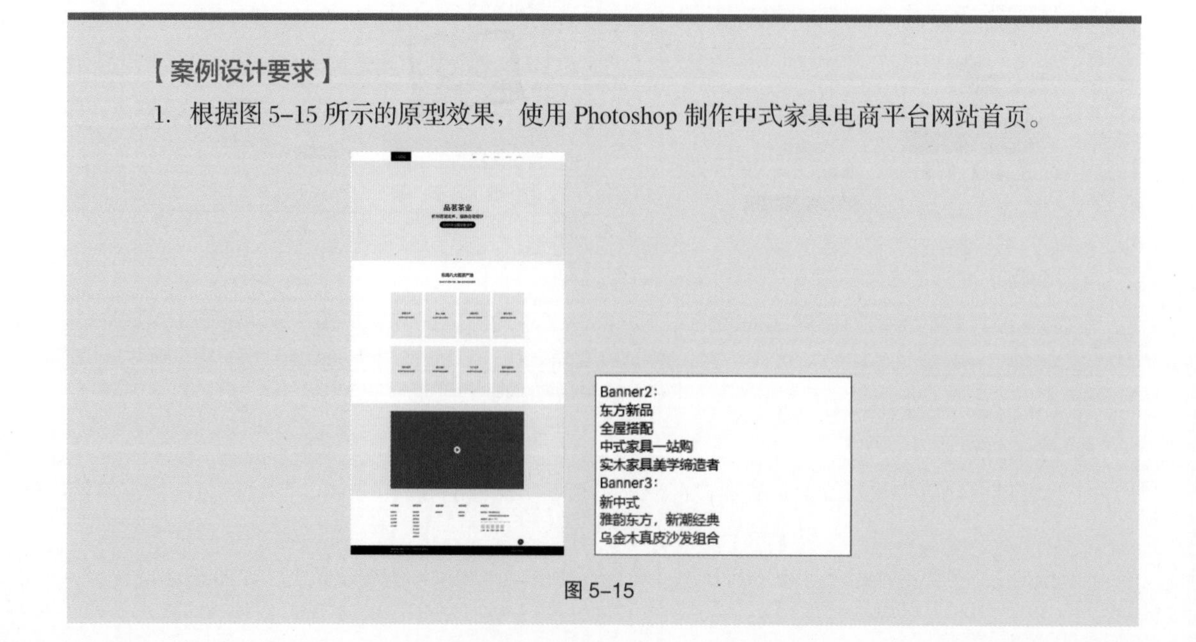

【案例设计要求】

1. 根据图 5-15 所示的原型效果，使用 Photoshop 制作中式家具电商平台网站首页。

图 5-15

2. 视觉上应体现出中式家具的设计风格，契合中式家具的设计主题。

3. 设计文件应符合网页设计的制作规范与制作标准。

【案例设计理念】在设计过程中，围绕中式家具电商平台网站首页进行创作。背景颜色为白色，令内容更易读。背景以山水画体现中式家具古朴浑厚的特点。标题文字的颜色选用棕色，给人自然环保的感觉。字体选用黑体，以符合设计规范。最终效果参看“云盘 /Ch05/5.1.4 课堂案例——设计中式家具电商平台网站首页 / 工程文件 .psd”，如图 5–16 所示。

图 5–16

【案例学习目标】学习使用绘图工具、文字工具制作中式家具电商平台网站首页。

【案例知识要点】使用“新建参考线”命令建立参考线，使用“置入嵌入对象”命令置入图片，使用“横排文字”工具添加文字，使用“矩形”工具、“圆角矩形”工具、“椭圆”工具绘制基本形状。

1. 制作导航栏及侧边导航栏

（1）按 Ctrl+N 组合键，弹出“新建文档”对话框，设置“宽度”为 1920 像素、“高度”为 3708 像素、“分辨率”为 72 像素 / 英寸、“背景内容”为白色，如图 5–17 所示。单击“创建”按钮，新建一个文件。

扫码观看
本案例视频 1

（2）选择“视图 > 新建参考线版面”命令，弹出“新建参考线版面”对话框，勾选“列”复选框，设置“数字”为 12、“宽度”为 78 像素、“装订线”为 24 像素，如图 5–18 所示。单击“确定”按钮，完成参考线版面的创建。

（3）选择“文件 > 置入嵌入对象”命令，弹出“置入嵌入的对象”对话框，选择云盘中的“Ch05 > 5.1.4 课堂案例——设计中式家具电商平台网站首页 > 素材 > 01”文件。单击“置入”按钮，将图片置入图像窗口中，按 Enter 键确定操作，效果如图 5–19 所示，“图层”控制面板中生成新的图层并将其重命名为“原型”。单击“锁定全部”按钮🔒，锁定图层，如图 5–20 所示。

（4）选择“视图 > 新建参考线”命令，弹出“新建参考线”对话框，在距离上方页边距 84 像素的位置新建一条水平参考线，对话框中的设置如图 5–21 所示。单击“确定”按钮，完成参考线的创建。

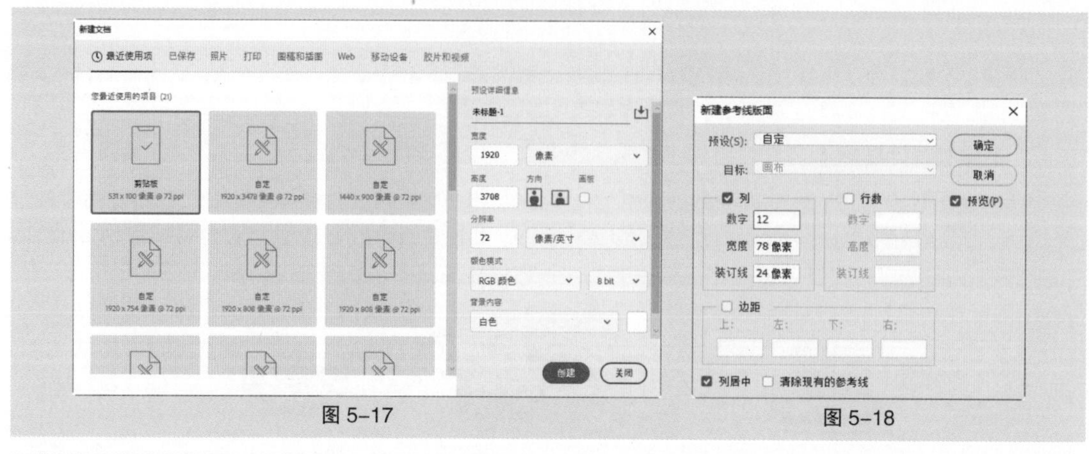
图 5-17　图 5-18

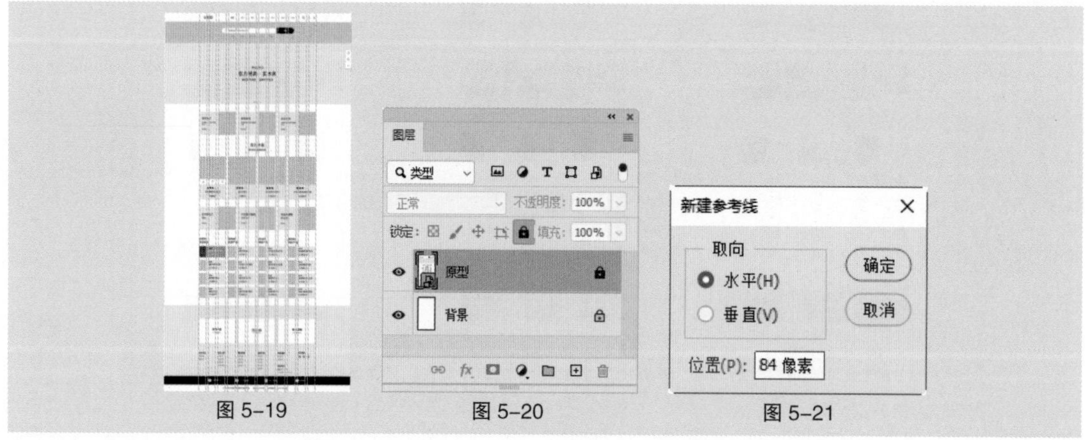
图 5-19　图 5-20　图 5-21

（5）选择“矩形”工具，在属性栏的“选择工具模式”中选择“形状”，将“填充”颜色设置为白色，将“描边”颜色设置为无。在图像窗口中绘制一个宽为 1920 像素、高为 84 的矩形，效果如图 5-22 所示，“图层”控制面板中生成新的形状图层“矩形 1”。

（6）选择“横排文字”工具，在距离左侧参考线 20 像素的位置输入需要的文字并选取文字。选择“窗口 > 字符”命令，打开“字符”面板，在“字符”面板中将“颜色”设置为橘黄色（204、151、86），其他选项的设置如图 5-23 所示。按 Enter 键确定操作，效果如图 5-24 所示，“图层”控制面板中生成新的文字图层。

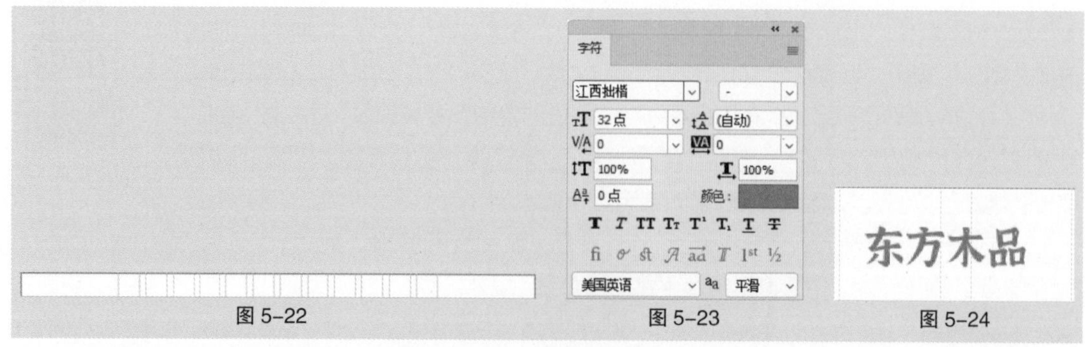

图 5-22　图 5-23　图 5-24

（7）选择“矩形”工具，在属性栏中将“填充”颜色设置为黑色，将“描边”颜色设置为无。在图像窗口中绘制一个宽为 78 像素的矩形，如图 5-25 所示，“图层”控制面板中生成新的形状图层“矩形 2”。

（8）选择“横排文字”工具 T，在适当的位置输入需要的文字并选取文字。在“字符”面板中将“颜色”设置为橘黄色（204、151、86），其他选项的设置如图 5-26 所示。按 Enter 键确定操作，“图层”控制面板中生成新的文字图层。

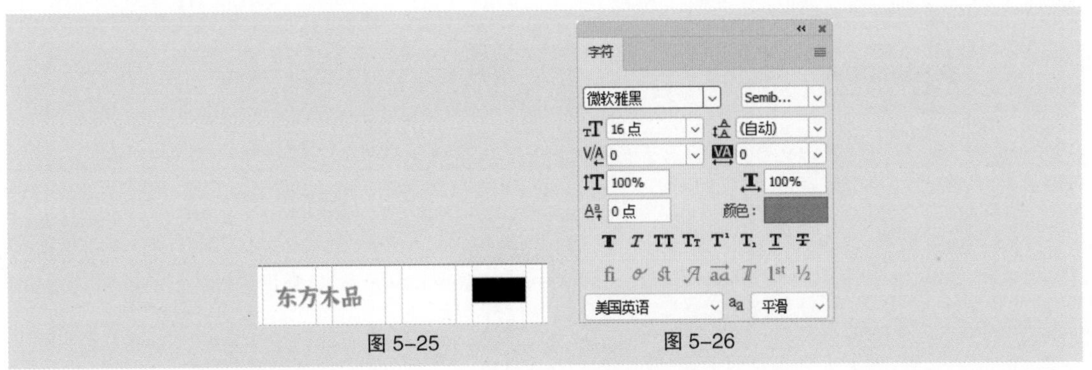

图 5-25　　图 5-26

（9）按住 Shift 键的同时单击“矩形 2”图层，将需要的图层同时选取。选择“移动”工具 ✥，在属性栏的“对齐方式”中单击“水平居中对齐”按钮 。选择“首页”文字图层，按住 Ctrl 键的同时单击“矩形 1”图层，将需要的图层同时选取，在属性栏的“对齐方式”中单击“垂直居中对齐”按钮 ，效果如图 5-27 所示。选择“矩形 2”图层，按 Delete 键将其删除。使用相同的方法分别输入需要的文字并设置合适的字体和字号，“图层”控制面板中分别生成新的文字图层，效果如图 5-28 所示。

图 5-27　　图 5-28

（10）选择“直线”工具 ⁄，在属性栏中将“填充”颜色设置为橘黄色（204、151、86），将“描边”颜色设置为无，将“粗细”设置为 2 像素。按住 Shift 键，在图像窗口中绘制一个长为 60 像素的直线段，如图 5-29 所示，“图层”控制面板中生成新的形状图层“形状 1”。

（11）选择“文件 > 置入嵌入对象”命令，弹出“置入嵌入的对象”对话框，选择云盘中的“Ch05 > 5.1.4 课堂案例——设计中式家具电商平台网站首页 > 素材 > 02”文件。单击“置入”按钮，将图标置入图像窗口中，在属性栏中设置其大小及位置，如图 5-30 所示。按 Enter 键确定操作，效果如图 5-31 所示，“图层”控制面板中生成新的图层并将其重命名为“搜索”。

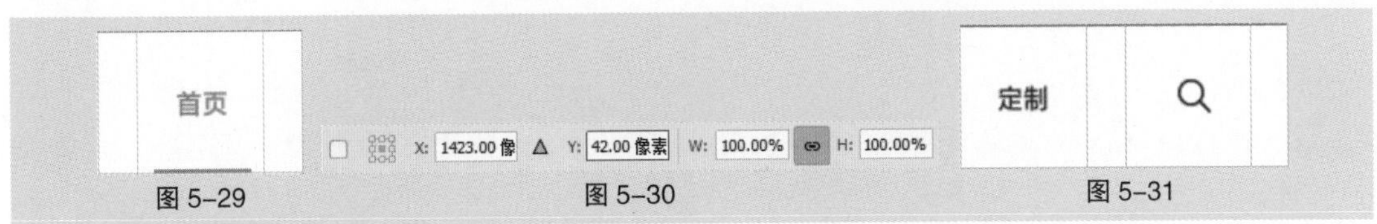

图 5-29　　图 5-30　　图 5-31

（12）单击“图层”控制面板下方的“添加图层样式”按钮 fx，在弹出的菜单中选择“颜色叠加”命令，弹出对话框，将“颜色”设置为橘黄色（204、151、86），其他选项的设置如图 5-32 所示。单击“确定”按钮，效果如图 5-33 所示。

（13）使用相同的方法置入其他图标，“图层”控制面板中分别生成新的图层，效果如图 5-34 所示。按住 Shift 键的同时在“图层”控制面板中单击“矩形 1”图层，将需要的图层同时选取。按 Ctrl+G 组合键群组图层并将其重命名为“导航”，如图 5-35 所示。

图 5-32

图 5-33

图 5-34

图 5-35

（14）选择“矩形”工具▭，在属性栏中将“填充”颜色设置为浅灰色（241、245、246），将“描边”颜色设置为无。在图像窗口中绘制一个宽为 1920 像素、高为 208 像素的矩形，如图 5-36 所示，“图层”控制面板中生成新的形状图层“矩形 2”。

（15）选择“圆角矩形”工具▢，在图像窗口中距离上方参考线 56 像素的位置绘制一个宽为 568 像素、高为 56 像素的圆角矩形。在“属性”面板中将“填充”颜色设置为白色，将“描边”颜色设置为无，其他选项的设置如图 5-37 所示，“图层”控制面板中生成新的形状图层“圆角矩形 1”。

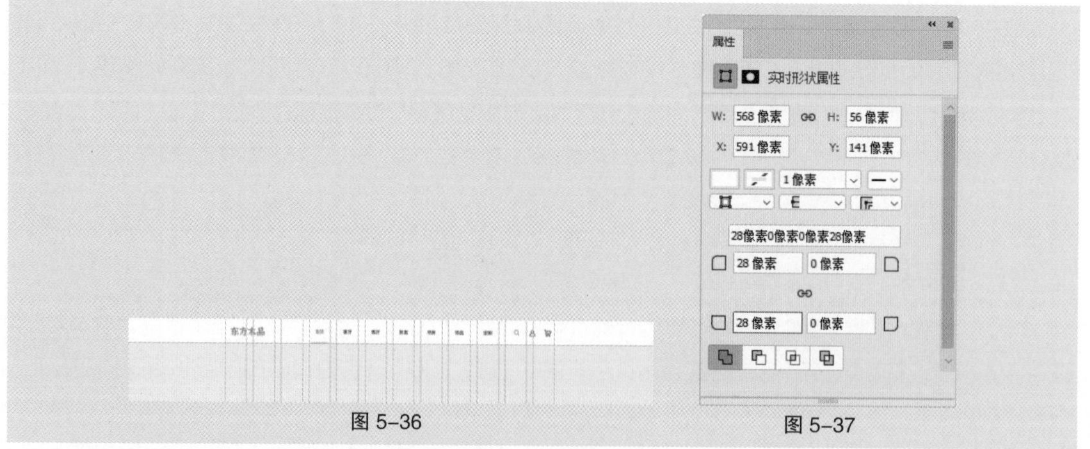

图 5-36

图 5-37

（16）选择“文件 > 置入嵌入对象”命令，弹出“置入嵌入的对象”对话框，选择云盘中的“Ch05 > 5.1.4 课堂案例——设计中式家具电商平台网站首页 > 素材 > 05”文件。单击“置入”按钮，将图标置入图像窗口中，在属性栏中设置其大小及位置，如图 5-38 所示。按 Enter 键确定操作，效果如图 5-39 所示，“图层”控制面板中生成新的图层并将其重命名为“搜索”。

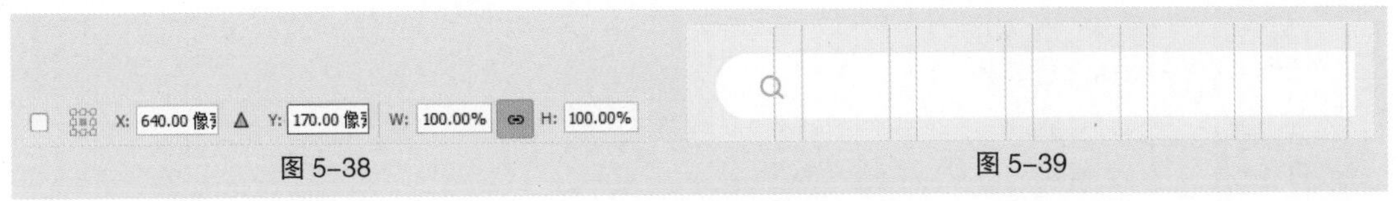

图 5-38　　图 5-39

（17）选择“横排文字”工具T.，在适当的位置输入需要的文字并选取文字。在“字符”面板中将“颜色”设置为灰色（153、153、153），其他选项的设置如图 5-40 所示。按 Enter 键确定操作，“图层”控制面板中生成新的文字图层。按住 Ctrl 键的同时单击“圆角矩形 1”图层，将需要的图层同时选取，在属性栏的“对齐方式”中单击“垂直居中对齐”按钮，效果如图 5-41 所示。

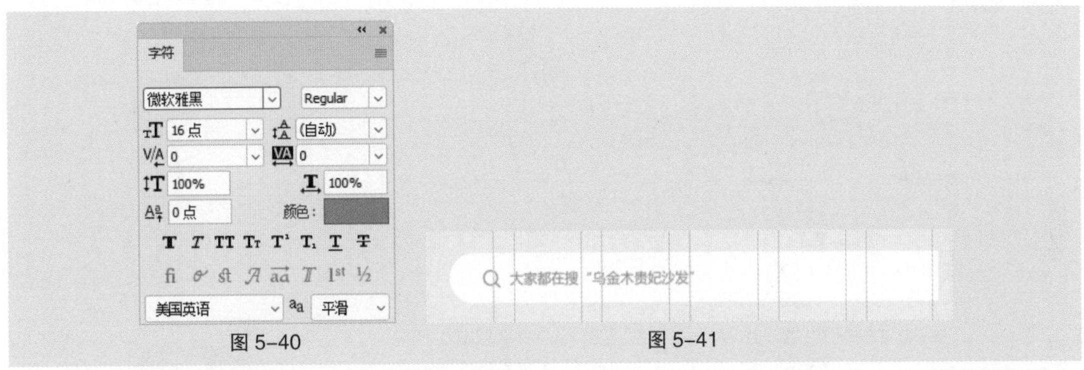

图 5-40　　图 5-41

（18）选择“圆角矩形”工具，在图像窗口中绘制一个宽为 170 像素、高为 56 像素的圆角矩形。在“属性”面板中将“填充”颜色设置为橘黄色（204、151、86），将“描边”颜色设置为无，其他选项的设置如图 5-42 所示，“图层”控制面板中生成新的形状图层“圆角矩形 2”，效果如图 5-43 所示。

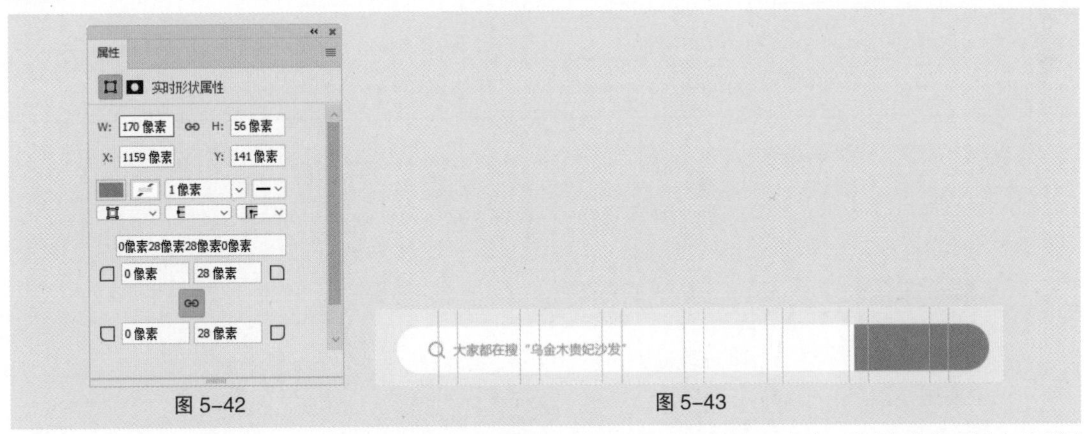

图 5-42　　图 5-43

（19）选择“横排文字”工具T.，在适当的位置输入需要的文字并选取文字，在“字符”面板中将“颜色”设置为白色，其他选项的设置如图 5-44 所示。按 Enter 键确定操作，“图层”控制面板中生成新的文字图层。按住 Shift 键的同时单击“圆角矩形 2”图层，将需要的图层同时选取，在属性栏的“对齐方式”中单击“垂直居中对齐”按钮，效果如图 5-45 所示。

（20）选择“横排文字”工具T.，在距离上方圆角矩形 16 像素的位置输入需要的文字并选取文字。在“字符”面板中将“颜色”设置为灰色（153、153、153），其他选项的设置如图 5-46 所示。按 Enter 键确定操作，“图层”控制面板中生成新的文字图层。选取需要的文字，在“字符”面板中将“颜色”设置为橘黄色（204、151、86），效果如图 5-47 所示。

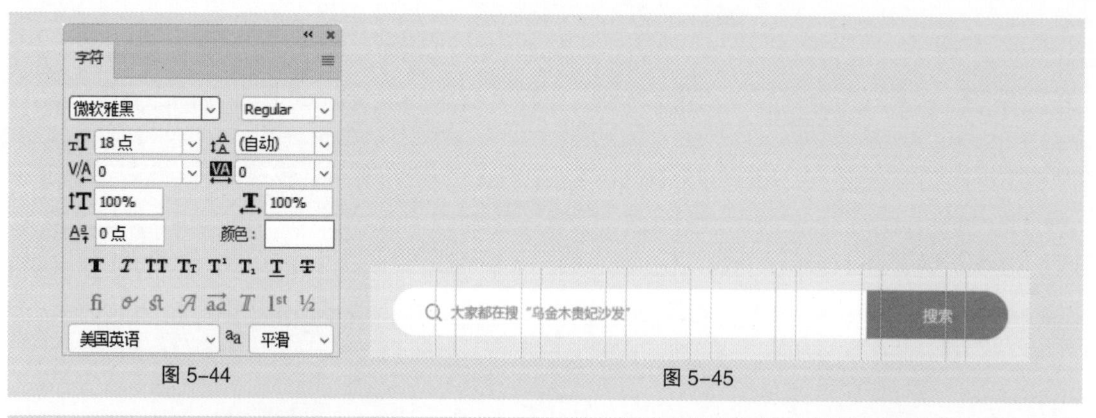

图 5-44　　图 5-45

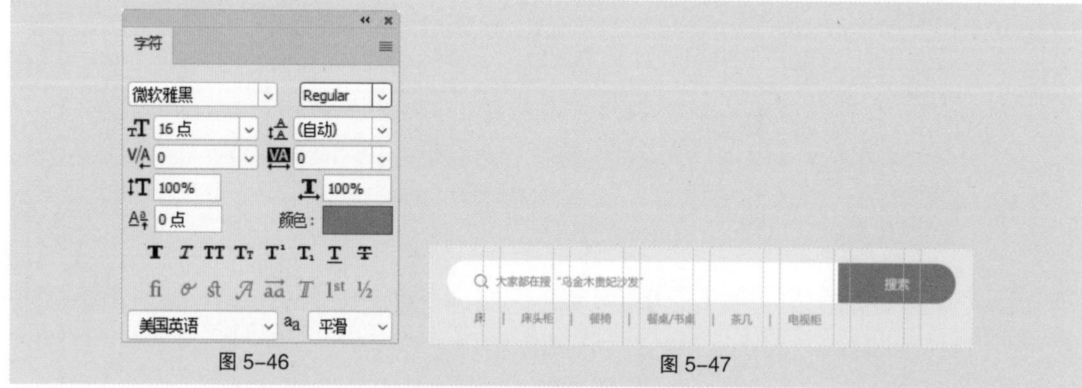

图 5-46　　图 5-47

（21）选择“文件 > 置入嵌入对象”命令，弹出“置入嵌入的对象”对话框，选择云盘中的“Ch05 > 5.1.4 课堂案例——设计中式家具电商平台网站首页 > 素材 > 06”文件。单击“置入”按钮，将图标置入图像窗口中，在属性栏中设置其大小及位置，如图 5-48 所示。按 Enter 键确定操作，效果如图 5-49 所示，“图层”控制面板中生成新的图层并将其重命名为“关闭”。

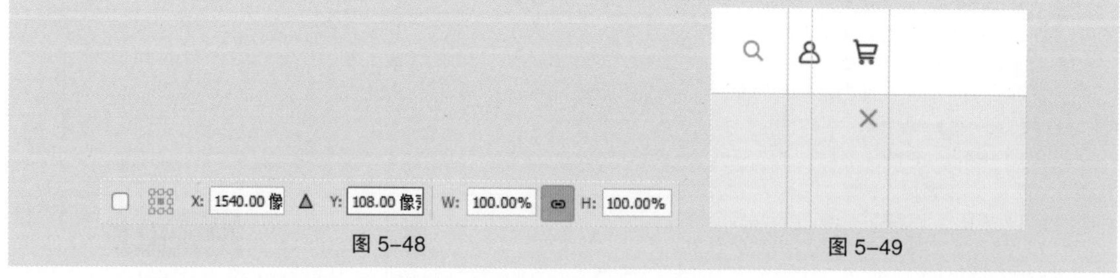

图 5-48　　图 5-49

（22）按住 Shift 键的同时在“图层”控制面板中单击“矩形 2”图层，将需要的图层同时选取。按 Ctrl+G 组合键群组图层并将其重命名为“搜索”，如图 5-50 所示。

（23）选择“圆角矩形”工具，在图像窗口中距离上方矩形 60 像素的位置绘制一个宽为 62 像素、高为 186 像素的圆角矩形。在“属性”面板中将“填充”颜色设置为白色，将“描边”颜色设置为无，其他选项的设置如图 5-51 所示，“图层”控制面板中生成新的形状图层“圆角矩形 3”，效果如图 5-52 所示。

（24）按 Ctrl+J 组合键复制图层。在“图层”控制面板中将复制得到的图层拖曳到“圆角矩形 3”图层的下方。在“属性”面板中将“颜色”设置为灰色（185、185、185），单击“蒙版”按钮，切换到相应的面板并进行设置，如图 5-53 所示，效果如图 5-54 所示。

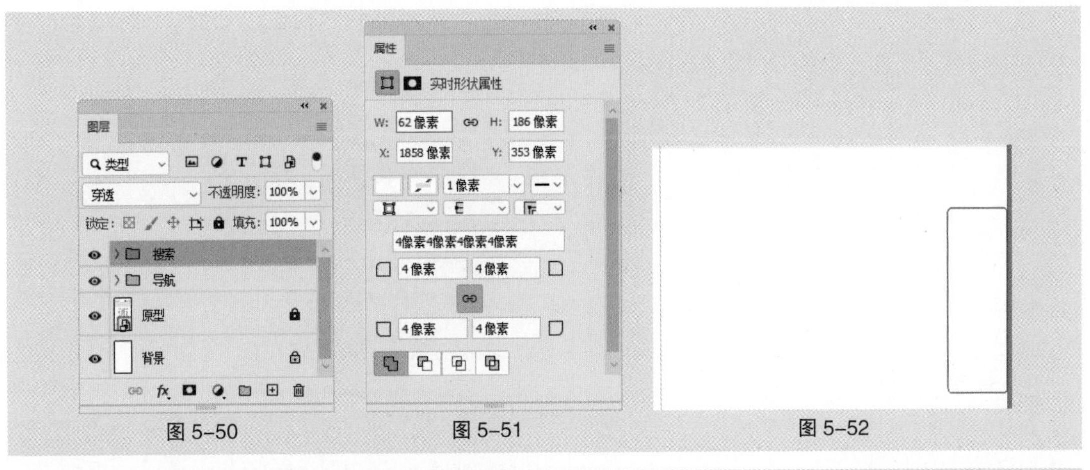

图 5-50　　图 5-51　　图 5-52

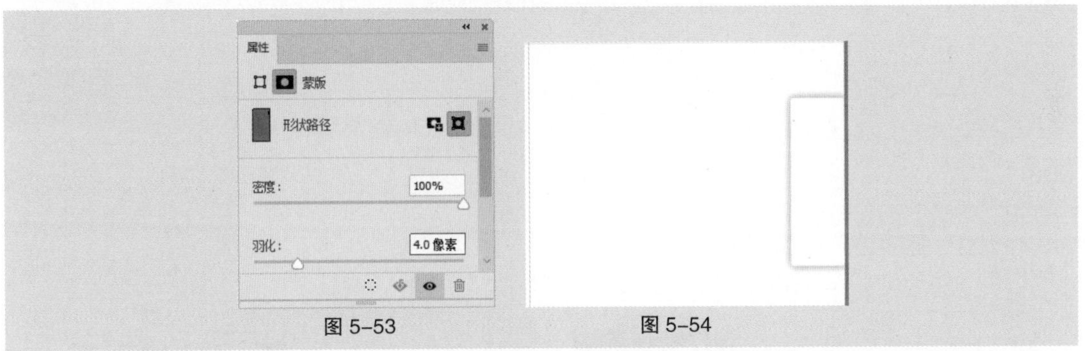

图 5-53　　图 5-54

（25）选择“圆角矩形 3”图层。选择“文件 > 置入嵌入对象”命令，弹出“置入嵌入的对象”对话框，选择云盘中的“Ch05 > 5.1.4 课堂案例——设计中式家具电商平台网站首页 > 素材 > 07”文件。单击“置入”按钮，将图标置入图像窗口中，在属性栏中设置其大小及位置，如图 5-55 所示。按 Enter 键确定操作，效果如图 5-56 所示，“图层”控制面板中生成新的图层并将其重命名为“客服”。使用相同的方法，置入其他图标，“图层”控制面板中分别生成新的图层，效果如图 5-57 所示。

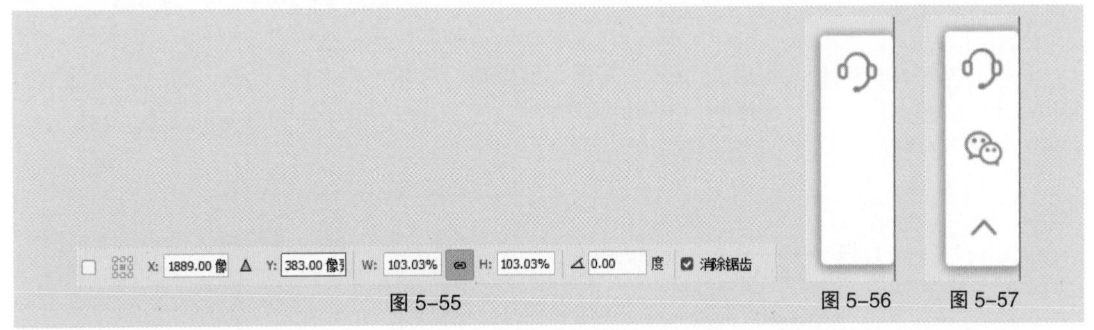

图 5-55　　图 5-56　　图 5-57

（26）选择“直线”工具，在属性栏中将“填充”颜色设置为浅灰色（210、210、210），将“描边”颜色设置为无，将“粗细”设置为 2 像素。按住 Shift 键，在图像窗口中绘制一个长为 62 像素的直线段，如图 5-58 所示，“图层”控制面板中生成新的形状图层“形状 2”。

（27）按 Ctrl+J 组合键复制图层。按 Ctrl+T 组合键，图像周围出现变换框。在属性栏中将“Y”坐标加 63 像素，按 Enter 键确定操作，效果如图 5-59 所示。

（28）按住 Shift 键，在“图层”控制面板中单击“圆角矩形 3 拷贝”图层，将需要的图层同时选取。按 Ctrl+G 组合键群组图层并将其重命名为“侧边导航”，如图 5-60 所示。

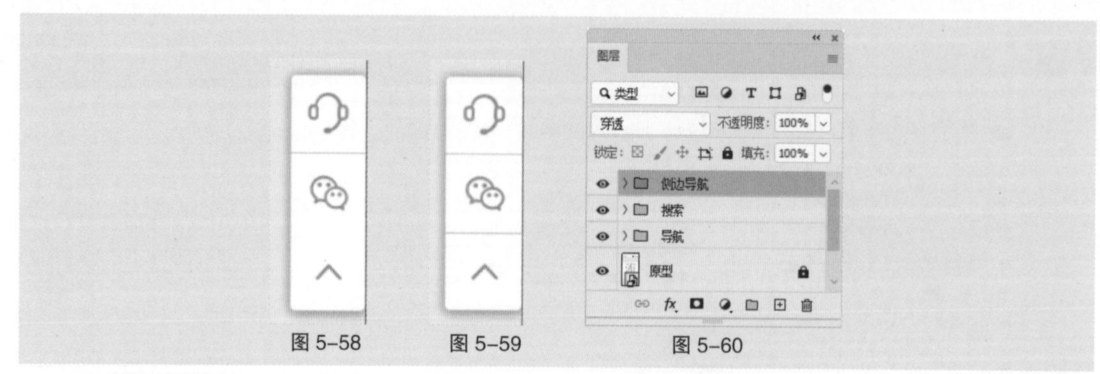

图 5-58　　图 5-59　　图 5-60

2. 制作内容区 1

（1）选择“视图 > 新建参考线”命令，弹出“新建参考线”对话框，在距离上方参考线 806 像素的位置新建一条水平参考线，对话框中的设置如图 5-61 所示。单击“确定”按钮，完成参考线的创建。

扫码观看
本案例视频 2

（2）选择“导航”图层组。按 Ctrl + O 组合键，弹出“打开文件”对话框，选择云盘中的“Ch05> 5.1.4 课堂案例——设计中式家具电商平台网站首页 > 素材 > 10”文件。单击“打开”按钮，打开文件，图像窗口中的效果如图 5-62 所示。选择“移动”工具，拖曳“轮播海报”图层组到图像窗口中的适当位置，如图 5-63 所示。

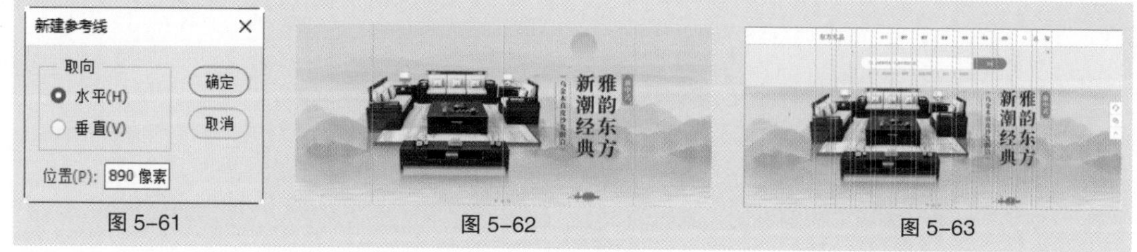

图 5-61　　图 5-62　　图 5-63

（3）选择“视图 > 新建参考线”命令，弹出“新建参考线”对话框，在距离上方页边距 2860 像素的位置新建一条水平参考线，对话框中的设置如图 5-64 所示。单击“确定”按钮，完成参考线的创建。

（4）选择“侧边导航”图层组。选择“矩形”工具，在属性栏中将“填充”颜色设置为白色，将“描边”颜色设置为无。在图像窗口中绘制一个宽为 1920 像素、高为 1970 像素的矩形，如图 5-65 所示，“图层”控制面板中生成新的形状图层“矩形 5”。

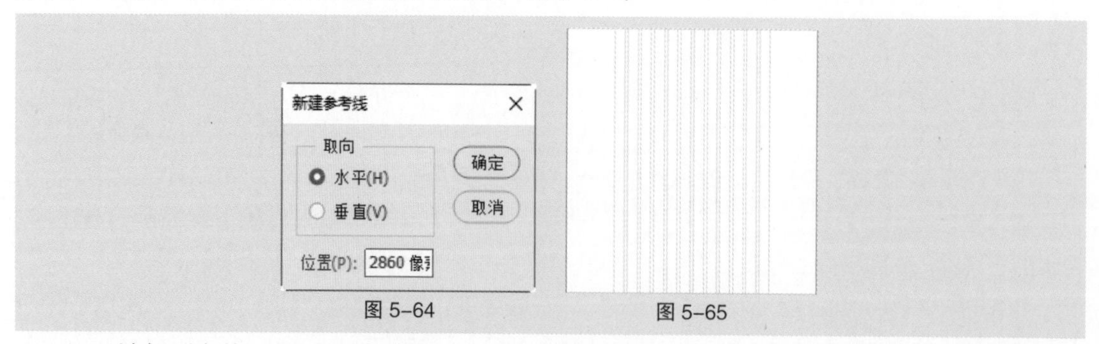

图 5-64　　图 5-65

（5）选择“文件 > 置入嵌入对象”命令，弹出“置入嵌入的对象”对话框，选择云盘中的“Ch05 > 5.1.4 课堂案例——设计中式家具电商平台网站首页 > 素材 > 11”文件。单击“置入”按钮，将图片置入图像窗口中，在属性栏中设置其大小及位置，如图 5-66 所示。按 Enter 键确定操作，“图层”控制面板中生成新的图层并将其重命名为“山”。在“图层”控制面板中将“不透明度”设置为 60%，效果如图 5-67 所示。

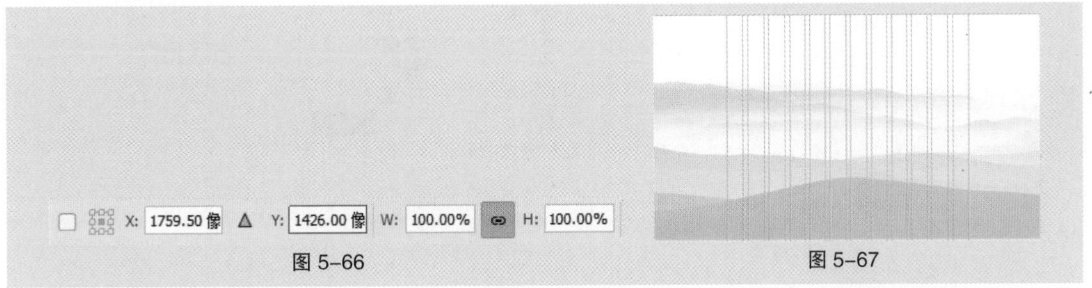

图 5-66　　图 5-67

（6）单击“图层”控制面板下方的“添加图层蒙版”按钮，为“山”图层添加图层蒙版，如图 5-68 所示。选择“矩形选框”工具，在适当的位置绘制选区，如图 5-69 所示。

（7）选择“渐变”工具，单击属性栏中的“点按可编辑渐变”按钮，弹出“渐变编辑器”对话框，将渐变色设置为从黑色到白色，单击“确定”按钮。在图像窗口中由下至上拖曳填充渐变色，按 Ctrl+D 组合键取消选择选区，效果如图 5-70 所示。

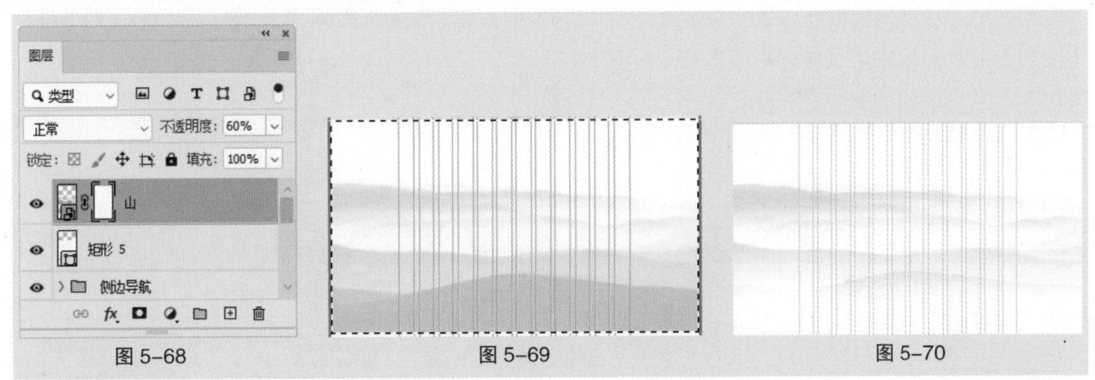

图 5-68　　图 5-69　　图 5-70

（8）按 Ctrl+J 组合键复制图层。按 Ctrl+T 组合键，图像周围出现变换框，在属性栏中设置其坐标，如图 5-71 所示。按 Enter 键确定操作，效果如图 5-72 所示。

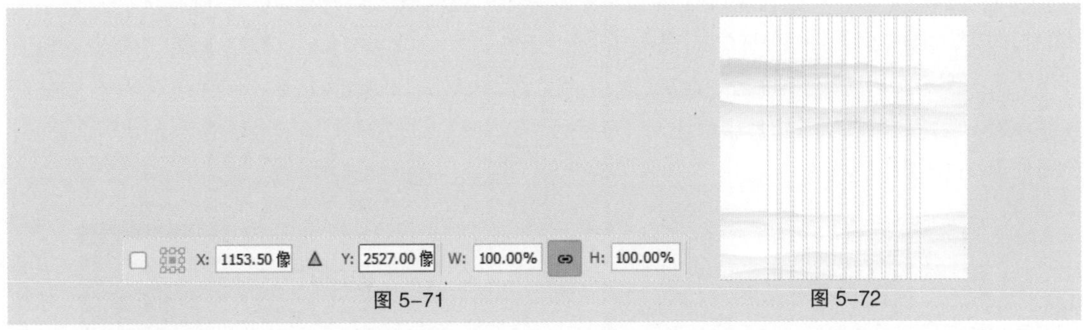

图 5-71　　图 5-72

（9）选择“矩形”工具，在属性栏中将“填充”颜色设置为浅灰色（241、245、246），将“描边”颜色设置为无。在图像窗口中距离上方参考线 80 像素的位置绘制一个宽为 204 像素、高为 226 像素的矩形，效果如图 5-73 所示，“图层”控制面板中生成新的形状图层“矩形 6”。

（10）选择“横排文字”工具，在矩形内部距离左侧 16 像素的位置输入需要的文字并选取文字。在“字符”面板中将“颜色”设置为深灰色（53、51、57），其他选项的设置如图 5-74 所示。按 Enter 键确定操作，效果如图 5-75 所示，“图层”控制面板中生成新的文字图层。

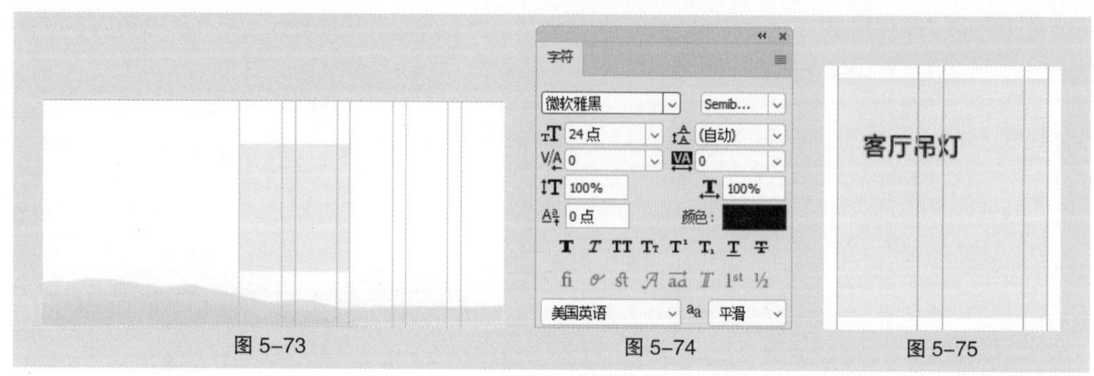

图 5-73　　图 5-74　　图 5-75

（11）在图像窗口中距离上方文字 24 像素的位置输入需要的文字并选取文字，在“字符”面板中将“颜色”设置为红棕色（141、106、94），其他选项的设置如图 5-76 所示。按 Enter 键确定操作，效果如图 5-77 所示，“图层”控制面板中生成新的文字图层。使用相同的方法输入其他文字，效果如图 5-78 所示，“图层”控制面板中生成新的文字图层。

（12）选择“矩形”工具，在属性栏中将“填充”颜色设置为浅灰色（210、210、210），将“描边”颜色设置为无。在图像窗口中绘制一个宽为 180 像素、高为 226 像素的矩形，如图 5-79 所示，“图层”控制面板中生成新的形状图层“矩形 7”。

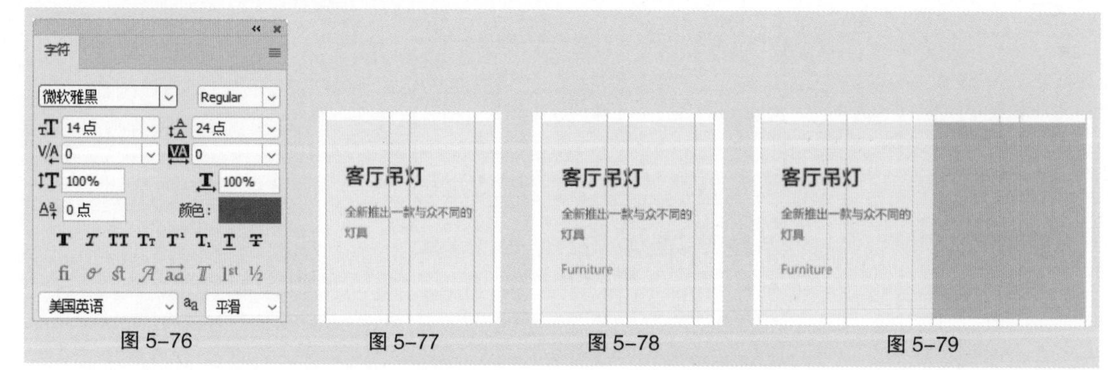

图 5-76　　图 5-77　　图 5-78　　图 5-79

（13）选择“文件 > 置入嵌入对象”命令，弹出“置入嵌入的对象”对话框，选择云盘中的“Ch05 > 5.1.4 课堂案例——设计中式家具电商平台网站首页 > 素材 > 12”文件。单击“置入”按钮，将图片置入图像窗口中，在属性栏中设置其大小及位置，如图 5-80 所示。按 Enter 键确定操作，“图层”控制面板中生成新的图层并将其重命名为“客厅吊灯”。按 Ctrl+Alt+G 组合键为图层创建剪切蒙版，效果如图 5-81 所示。

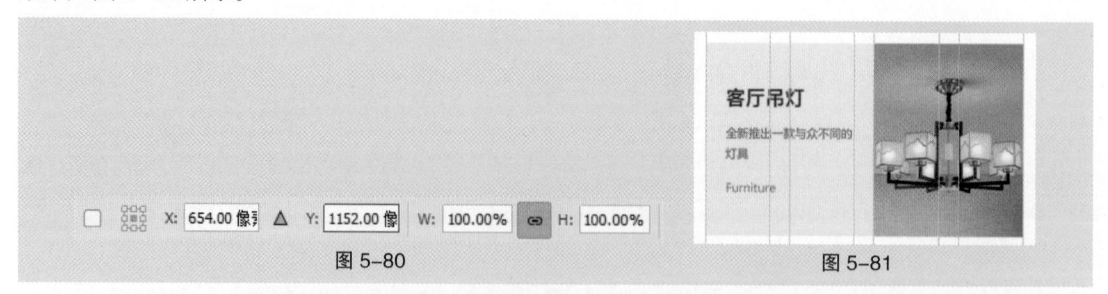

图 5-80　　图 5-81

（14）按住 Shift 键的同时在“图层”控制面板中单击“矩形 6”图层，将需要的图层同时选取。按 Ctrl+G 组合键群组图层并将其重命名为“客厅吊灯”，如图 5-82 所示。

（15）按 Ctrl+J 组合键复制图层组并将复制得到的图层重命名为“家用座椅”。按 Ctrl+T 组合键，图像周围出现变换框。在属性栏中将“X”坐标加 408 像素，按 Enter 键确定操作，效果如图 5-83 所示。

图 5-82　　图 5-83

（16）在“图层”控制面板中展开“家用座椅”图层组，选择“客厅吊灯”文字图层。选择“横排文字”工具 T，选取并修改文字，效果如图 5-84 所示。使用相同的方法修改其他文字，效果如图 5-85 所示。

图 5-84　　图 5-85

（17）选择“客厅吊灯”图层，按 Delete 键将其删除。选择“文件 > 置入嵌入对象”命令，弹出“置入嵌入的对象”对话框，选择云盘中的“Ch05 > 5.1.4 课堂案例——设计中式家具电商平台网站首页 > 素材 > 13”文件。单击“置入”按钮，将图片置入图像窗口中，在属性栏中设置其大小及位置，如图 5-86 所示。按 Enter 键确定操作，“图层”控制面板中生成新的图层并将其重命名为“家用座椅”。按 Ctrl+Alt+G 组合键为图层创建剪切蒙版，效果如图 5-87 所示。

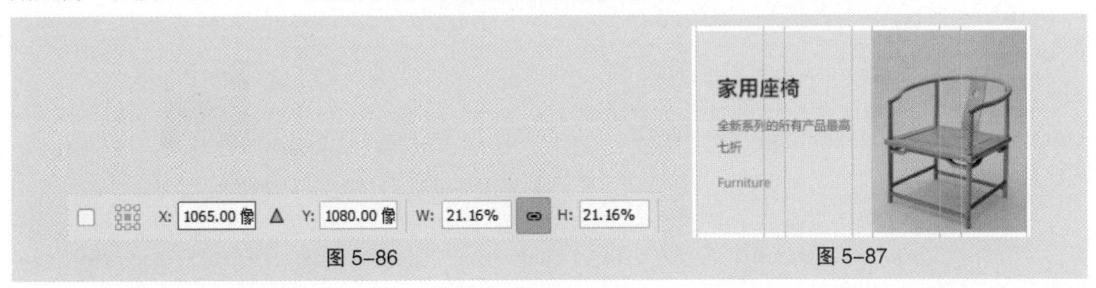

图 5-86　　图 5-87

（18）使用上述方法复制图层组、修改文字并置入图片，效果如图 5-88 所示。按住 Shift 键的同时在“图层”控制面板中单击“客厅吊灯”图层组，将需要的图层组同时选取。按 Ctrl+G 组合键群组图层组并将其重命名为“全新系列”，如图 5-89 所示。

（19）选择“横排文字”工具 T，在图像窗口中距离上方矩形 76 像素的位置输入需要的文字并选取文字。在“字符”面板中将“颜色”设置为深灰色（53、51、57），其他选项的设置如图 5-90 所示。按 Enter 键确定操作，效果如图 5-91 所示，“图层”控制面板中生成新的文字图层。使用相同的方法输入其他文字，效果如图 5-92 所示，“图层”控制面板中生成新的文字图层。

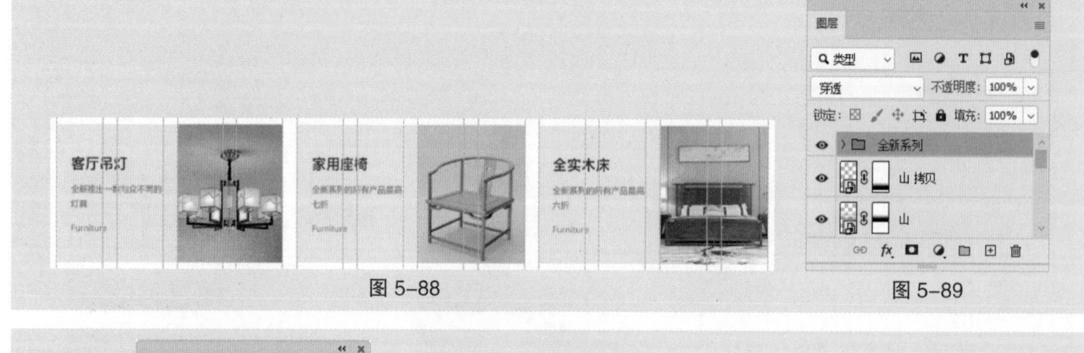

图 5-88　　图 5-89

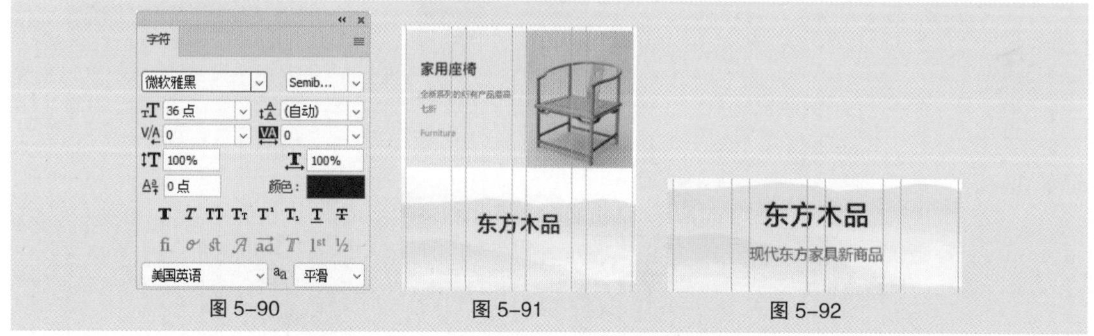

图 5-90　　图 5-91　　图 5-92

（20）选择“矩形”工具，在属性栏中将“填充”颜色设置为浅灰色（210、210、210），将“描边”颜色设置为无。在图像窗口中距离上方文字 56 像素的位置绘制一个宽为 282 像素、高为 272 像素的矩形，效果如图 5-93 所示，“图层”控制面板中生成新的形状图层“矩形 8”。

（21）选择“文件 > 置入嵌入对象”命令，弹出“置入嵌入的对象”对话框，选择云盘中的“Ch05 > 5.1.4 课堂案例——设计中式家具电商平台网站首页 > 素材 > 15”文件。单击“置入”按钮，将图片置入图像窗口中，在属性栏中设置其大小及位置，如图 5-94 所示。按 Enter 键确定操作，“图层”控制面板中生成新的图层并将其重命名为“沙发”。按 Ctrl+Alt+G 组合键为图层创建剪切蒙版，效果如图 5-95 所示。

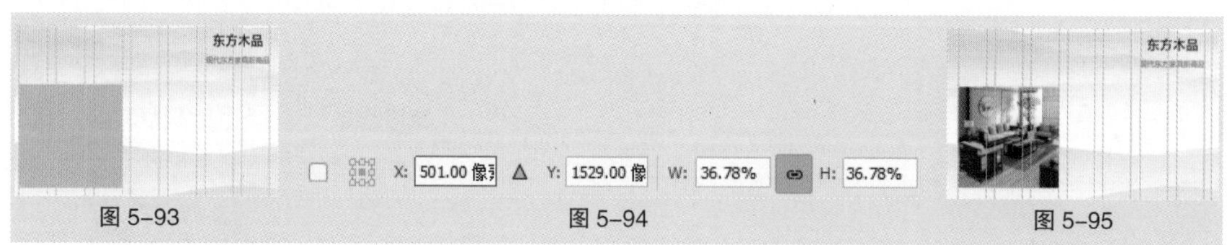

图 5-93　　图 5-94　　图 5-95

（22）选择“矩形”工具，在属性栏中将“填充”颜色设置为浅灰色（246、246、246），将“描边”颜色设置为无。在图像窗口中绘制一个宽为 282 像素、高为 150 像素的矩形，效果如图 5-96 所示，“图层”控制面板中生成新的形状图层“矩形 9”。

（23）选择“文件 > 置入嵌入对象”命令，弹出“置入嵌入的对象”对话框，选择云盘中的“Ch05 > 5.1.4 课堂案例——设计中式家具电商平台网站首页 > 素材 > 16”文件。单击“置入”按钮，将图标置入图像窗口中，在属性栏中设置其大小及位置，如图 5-97 所示。按 Enter 键确定操作，“图层”控制面板中生成新的图层并将其重命名为“评分”，效果如图 5-98 所示。

（24）按 Ctrl+J 组合键复制图层。按 Ctrl+T 组合键，图像周围出现变换框。在属性栏中将“X”坐标加 24 像素，按 Enter 键确定操作，效果如图 5-99 所示。使用相同的方法复制图标，“图层”控制面板中分别生成新的图层，如图 5-100 所示，效果如图 5-101 所示。

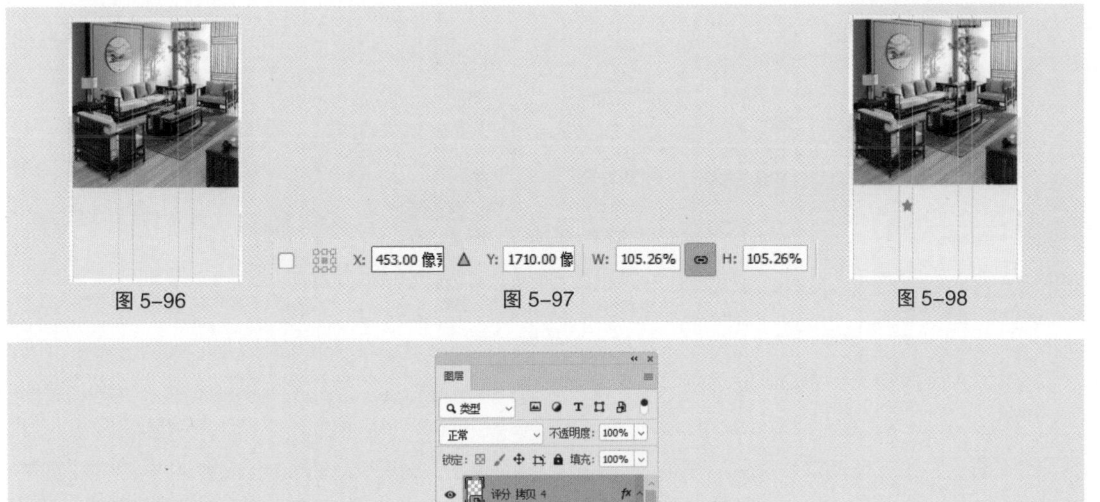

图 5-96 图 5-97 图 5-98

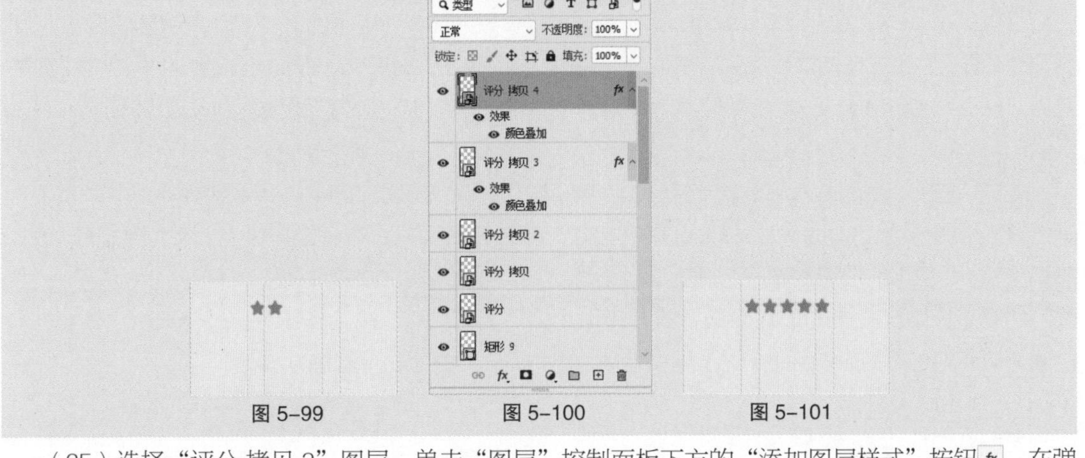

图 5-99 图 5-100 图 5-101

（25）选择“评分 拷贝 3”图层，单击“图层”控制面板下方的“添加图层样式”按钮 fx，在弹出的菜单中选择“颜色叠加”命令，弹出对话框，将“颜色”设置为浅灰色（210、210、210），其他选项的设置如图 5-102 所示。单击“确定”按钮，效果如图 5-103 所示。使用相同的方法为“评分 拷贝 4”图层添加“颜色叠加”效果，效果如图 5-104 所示。

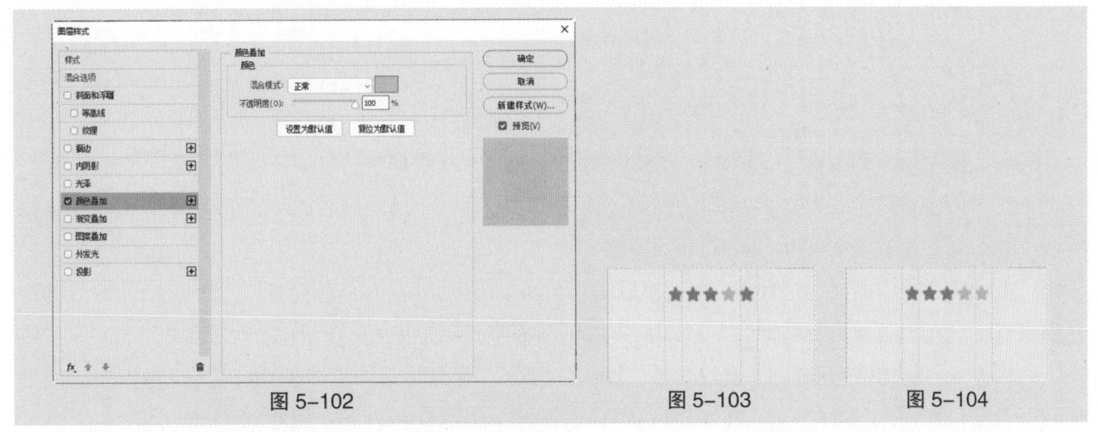

图 5-102 图 5-103 图 5-104

（26）按住 Shift 键的同时在“图层”控制面板中单击“评分”图层，将需要的图层同时选取。按 Ctrl+G 组合键群组图层并将其重命名为“评分”，如图 5-105 所示。

（27）选择“横排文字”工具 T，在图像窗口中距离上方图标 20 像素的位置输入需要的文字并选取文字。在“字符”面板中将“颜色”设置为橘黄色（204、151、86），其他选项的设置如图 5-106 所示。按 Enter 键确定操作，效果如图 5-107 所示，“图层”控制面板中生成新的文字图层。

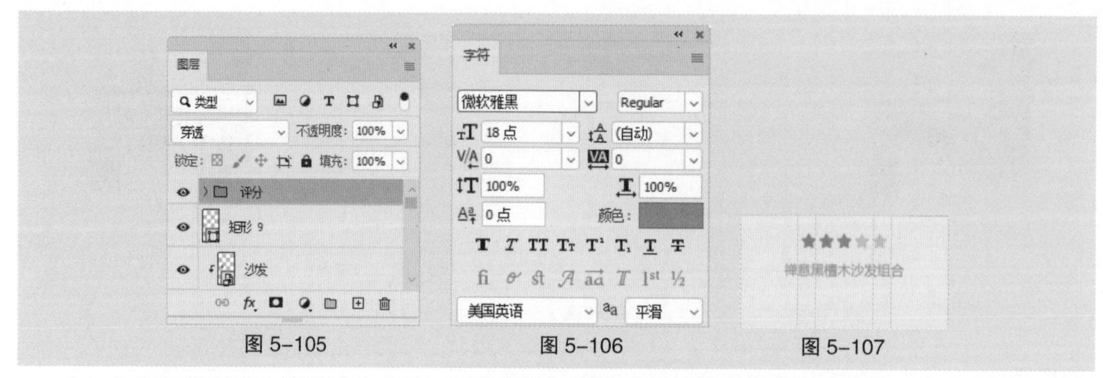

图 5-105　　图 5-106　　图 5-107

（28）在图像窗口中距离上方文字 20 像素的位置输入需要的文字并选取文字，在“字符”面板中将“颜色”设置为红色（176、19、40），其他选项的设置如图 5-108 所示。按 Enter 键确定操作，“图层”控制面板中生成新的文字图层。按住 Shift 键的同时单击“矩形 9”图层，将需要的图层同时选取。选择“移动”工具，在属性栏的“对齐方式”中单击“水平居中对齐”按钮，效果如图 5-109 所示。

（29）选择“现代东方家具新商品”文字图层。选择“矩形”工具，在属性栏中将“填充”颜色设置为灰色（185、185、185），将“描边”颜色设置为无。在图像窗口中，在距离矩形左侧 3 像素、下方 3 像素的位置绘制一个宽为 324 像素、高为 464 像素的矩形，效果如图 5-110 所示，“图层”控制面板中生成新的形状图层并将其重命名为“阴影 1”。在“属性”面板中单击“蒙版”按钮，切换到相应的面板并进行设置，如图 5-111 所示，按 Enter 键确定操作。

图 5-108　　图 5-109　　图 5-110　　图 5-111

（30）选择“¥8888.00”文字图层。选择“矩形”工具，在属性栏中将“填充”颜色设置为白色，将“描边”颜色设置为无。在图像窗口中绘制一个宽为 282 像素、高为 50 像素的矩形，效果如图 5-112 所示，“图层”控制面板中生成新的形状图层“矩形 10”。

（31）按 Ctrl+J 组合键复制图层并将复制得到的图层重命名为“阴影 2”。按键盘上的方向键分别将其向右和向下移动 3 像素，在“图层”控制面板中将其拖曳到“矩形 10”图层的下方。在“属性”面板中将“颜色”设置为灰色（185、185、185），单击“蒙版”按钮，切换到相应的面板并进行设置，如图 5-113 所示。按 Enter 键确定操作，效果如图 5-114 所示。

（32）选择“文件 > 置入嵌入对象”命令，弹出“置入嵌入的对象”对话框，选择云盘中的“Ch05 > 5.1.4 课堂案例——设计中式家具电商平台网站首页 > 素材 > 17”文件。单击“置入”按钮，将图标置入图像窗口中，在属性栏中设置其大小及位置，如图 5-115 所示。按 Enter 键确定操作，“图层”控制面板中生成新的图层并将其重命名为“购物车”，效果如图 5-116 所示。使用相同的方法置入其他图标，“图层”控制面板中分别生成新的图层，效果如图 5-117 所示。

图 5-112　图 5-113　图 5-114

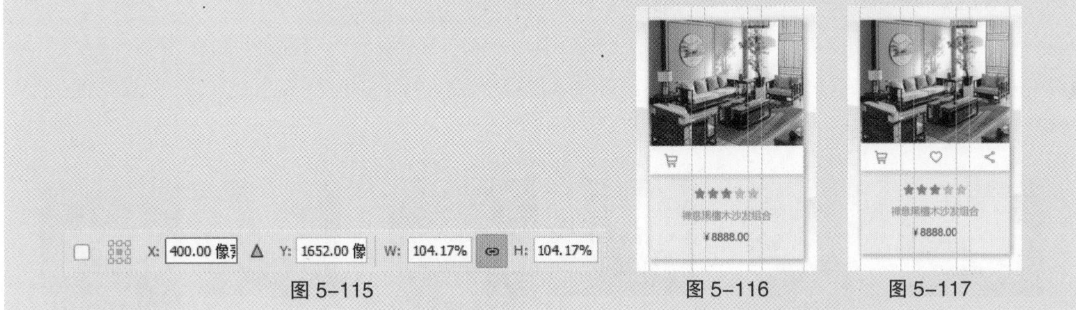

图 5-115　图 5-116　图 5-117

（33）选择“直线”工具，在属性栏中将“填充”颜色设置为橘黄色（204、151、86），将“描边”颜色设置为无，将“粗细”设置为 2 像素。按住 Shift 键，在图像窗口中绘制一个长为 28 像素的直线段，如图 5-118 所示，“图层”控制面板中生成新的形状图层“形状 5”。

（34）使用相同的方法绘制其他直线段，“图层”控制面板中生成新的形状图层，如图 5-119 所示。按住 Shift 键的同时在“图层”控制面板中单击“阴影 1”图层，将需要的图层同时选取。按 Ctrl+G 组合键群组图层并将其重命名为“禅意黑檀木沙发组合”，如图 5-120 所示。

（35）按 Ctrl+J 组合键复制图层组并将复制得到的图层组命名为“柚木大板桌”。按 Ctrl+T 组合键，图像周围出现变换框。在属性栏中将“X”坐标加 306 像素，按 Enter 键确定操作，效果如图 5-121 所示。展开“柚木大板桌”图层组，选择“沙发”图层，按 Delete 键将其删除。

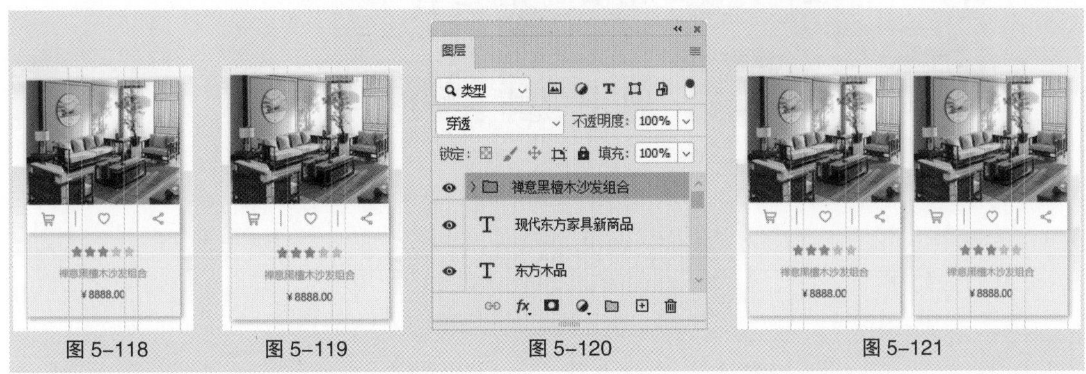

图 5-118　图 5-119　图 5-120　图 5-121

（36）选择“文件 > 置入嵌入对象”命令，弹出“置入嵌入的对象”对话框，选择云盘中的“Ch05 > 5.1.4 课堂案例——设计中式家具电商平台网站首页 > 素材 > 20”文件。单击“置入”按钮，将图片置入图像窗口中，在属性栏中设置其大小及位置，如图 5-122 所示。按 Enter 键确定操作，效果如图 5-123 所示，“图层”控制面板中生成新的图层并将其重命名为“大板桌”。

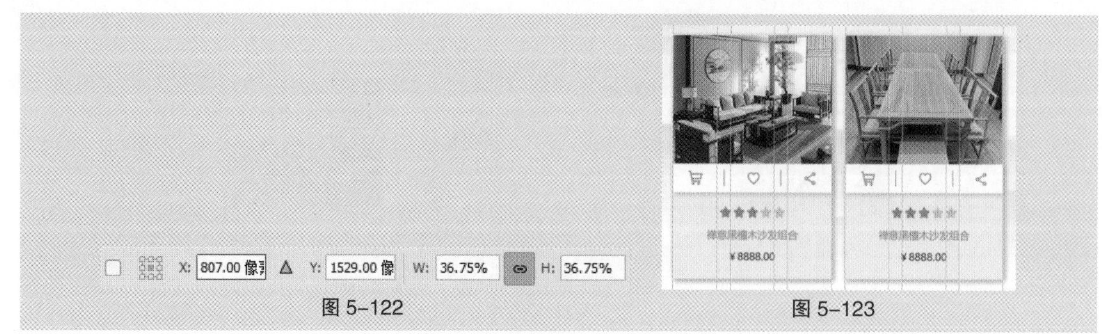

图 5-122　　图 5-123

（37）选择“矩形 10”图层，按住 Ctrl 键的同时，在“图层”控制面板中将不需要的图层同时选取。按 Delete 键，删除不需要的图层，效果如图 5-124 所示。选择“禅意黑檀木沙发组合”文字图层，选择“横排文字”工具 T，在图像窗口中选取文字，在“属性”面板中将“颜色”设置为深灰色（53、51、57），修改文字，效果如图 5-125 所示。使用相同的方法修改其他文字，效果如图 5-126 所示。

图 5-124　　图 5-125　　图 5-126

（38）折叠“柚木大板桌”图层组。使用上述方法复制图层组、置入图片并修改文字，效果如图 5-127 所示。选择“矩形”工具 ▭，在属性栏中将“填充”颜色设置为浅灰色（241、245、246），将“描边”颜色设置为无。在图像窗口中距离上方矩形 72 像素的位置绘制一个宽为 204 像素、高为 226 像素的矩形，效果如图 5-128 所示，“图层”控制面板中生成新的形状图层“矩形 11”。

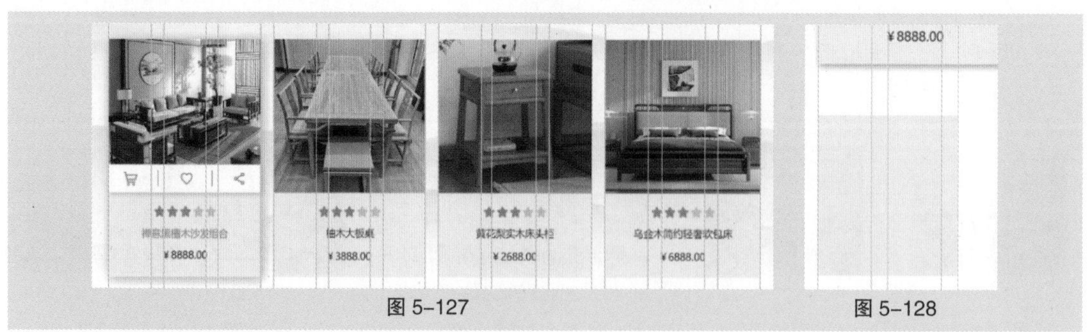

图 5-127　　图 5-128

（39）选择“横排文字”工具 T，在图像窗口中输入需要的文字并选取文字，在“字符”面板中将“颜色”设置为深灰色（53、51、57），其他选项的设置如图 5-129 所示。按 Enter 键确定操作，效果如图 5-130 所示。使用相同的方法输入其他文字，效果如图 5-131 所示，“图层”控制面板中分别生成新的文字图层。

（40）选择“矩形”工具 ▭，在属性栏中将“填充”颜色设置为浅灰色（246、246、246），将“描边”颜色设置为无。在图像窗口中绘制一个宽为 180 像素、高为 226 像素的矩形，效果如图 5-132 所示，“图层”控制面板中生成新的形状图层“矩形 12”。

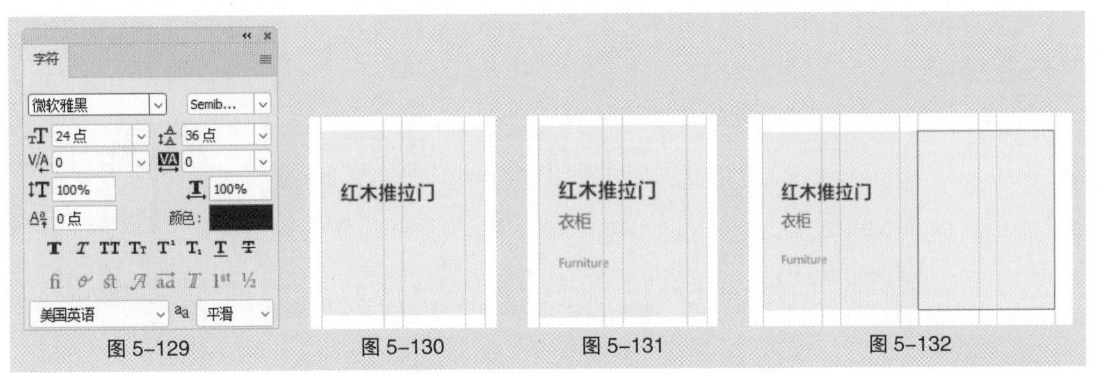

图 5-129　图 5-130　图 5-131　图 5-132

（41）选择“文件 > 置入嵌入对象”命令，弹出“置入嵌入的对象”对话框，选择云盘中的“Ch05 > 5.1.4 课堂案例——设计中式家具电商平台网站首页 > 素材 > 23”文件。单击“置入”按钮，将图片置入图像窗口中，在属性栏中设置其大小及位置，如图 5-133 所示。按 Enter 键确定操作，“图层”控制面板中生成新的图层并将其重命名为“衣柜”。按 Ctrl+Alt+G 组合键为图像创建剪切蒙版，效果如图 5-134 所示。

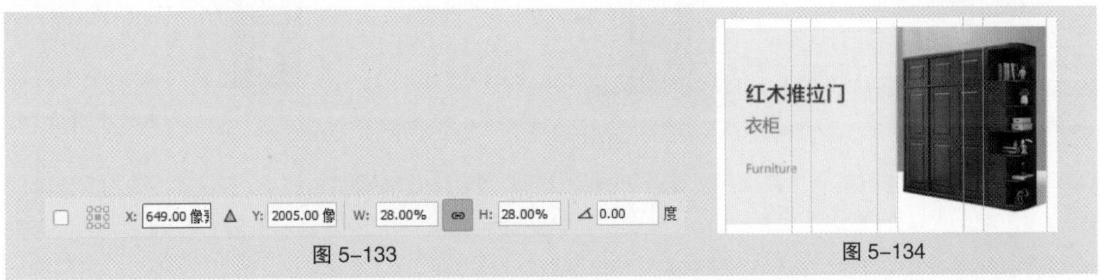

图 5-133　图 5-134

（42）按住 Shift 键的同时在“图层”控制面板中单击“矩形 11”图层，将需要的图层同时选取。按 Ctrl+G 组合键群组图层并将其重命名为“红木推拉门”，如图 5-135 所示。

（43）按 Ctrl+J 组合键复制图层组并将复制得到的图层组重命名为“中式客厅装饰”。按 Ctrl+T 组合键，图像周围出现变换框。在属性栏中将“X”坐标加 408 像素，按 Enter 键确定操作，效果如图 5-136 所示。展开“中式客厅装饰”图层组，选择“衣柜”图层，按 Delete 键将其删除。

图 5-135　图 5-136

（44）选择“文件 > 置入嵌入对象”命令，弹出“置入嵌入的对象”对话框，选择云盘中的“Ch05 > 5.1.4 课堂案例——设计中式家具电商平台网站首页 > 素材 > 24”文件。单击“置入”按钮，将图片置入图像窗口中，在属性栏中设置其大小及位置，如图 5-137 所示。按 Enter 键确定操作，“图层”控制面板中生成新的图层并将其重命名为“艺术钟表”。按 Ctrl+Alt+G 组合键为图像创建剪切蒙版，效果如图 5-138 所示。

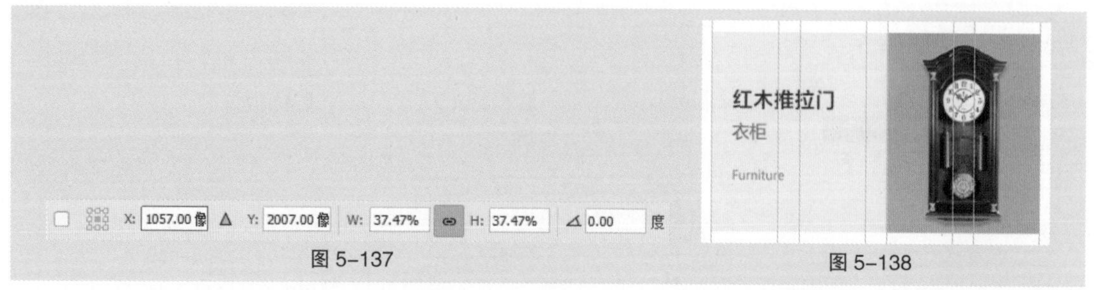

图 5-137　　图 5-138

（45）选择“红木推拉门”文字图层。选择“横排文字”工具 T，在图像窗口中选取并修改文字，效果如图 5-139 所示。使用相同的方法修改其他文字，效果如图 5-140 所示。

图 5-139　　图 5-140

（46）使用上述方法复制图层组、置入图片并修改文字，效果如图 5-141 所示。按住 Shift 键的同时在“图层”控制面板中单击“东方木品”文字图层，将需要的图层同时选取。按 Ctrl+G 组合键群组图层并将其重命名为“新品”，如图 5-142 所示。

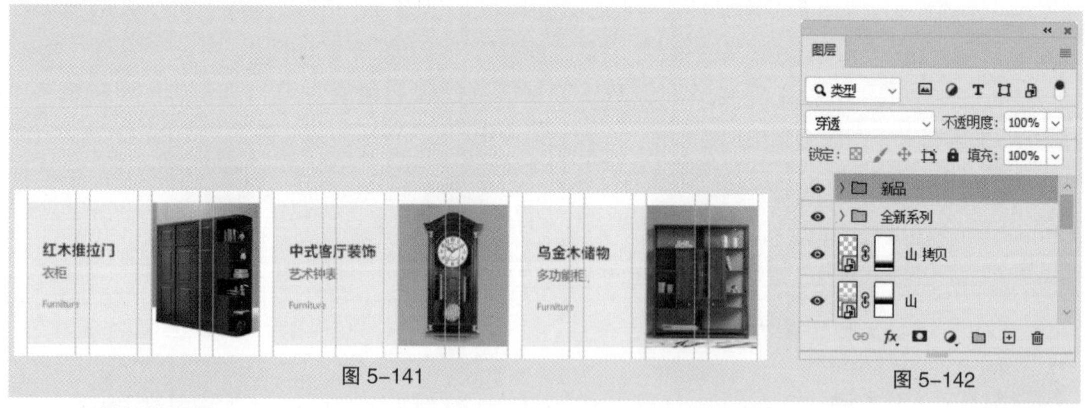

图 5-141　　图 5-142

3. 制作内容区 2

（1）选择“横排文字”工具 T，在图像窗口中输入需要的文字并选取文字，在“字符”面板中将“颜色”设置为红棕色（141、106、94），其他选项的设置如图 5-143 所示。按 Enter 键确定操作，效果如图 5-144 所示。使用相同的方法输入其他文字，效果如图 5-145 所示，“图层”控制面板中生成新的文字图层。

（2）选择“矩形”工具 □，在属性栏中将“填充”颜色设置为白色，将“描边”颜色设置为无。在图像窗口中绘制一个宽为 78 像素、高为 108 像素的矩形，效果如图 5-146 所示，“图层”控制面板中生成新的形状图层“矩形 13”。

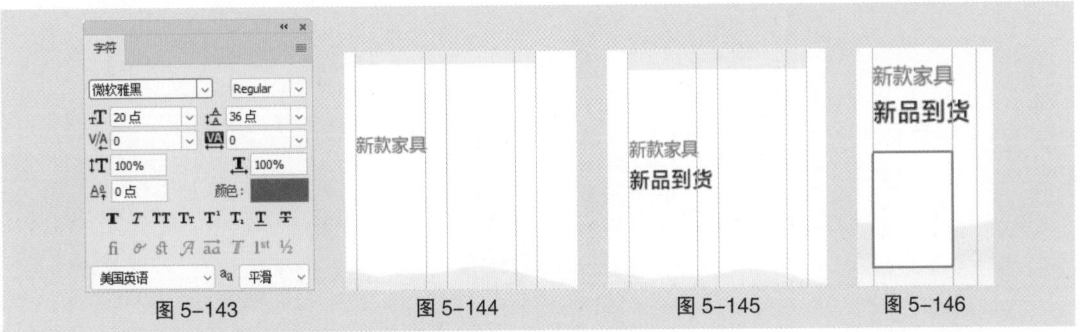

图 5-143　　图 5-144　　图 5-145　　图 5-146

（3）选择“文件 > 置入嵌入对象”命令，弹出“置入嵌入的对象”对话框，选择云盘中的“Ch05 > 5.1.4 课堂案例——设计中式家具电商平台网站首页 > 素材 > 26”文件。单击“置入”按钮，将图片置入图像窗口中，在属性栏中设置其大小及位置，如图 5-147 所示。按 Enter 键确定操作，“图层”控制面板中生成新的图层并将其重命名为“古典禅意布艺沙发”。按 Ctrl+Alt+G 组合键为图像创建剪切蒙版，效果如图 5-148 所示。

（4）选择“矩形”工具，在属性栏中将“填充”颜色设置为浅灰色（246、246、246），将“描边”颜色设置为无。在图像窗口中绘制一个宽为 204 像素、高为 108 像素的矩形，效果如图 5-149 所示，“图层”控制面板中生成新的形状图层“矩形 14”。

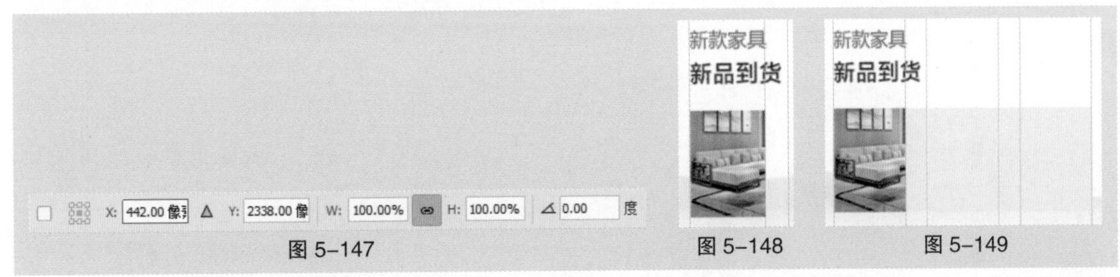

图 5-147　　图 5-148　　图 5-149

（5）展开“新品 > 禅意黑檀木沙发组合”图层组，选择“评分”图层组。按 Ctrl+J 组合键复制图层组并将复制得到的图层组拖曳到“矩形 14”图层的上方。按 Ctrl+T 组合键，图像周围出现变换框。在属性栏中设置其大小及位置，如图 5-150 所示。按 Enter 键确定操作，效果如图 5-151 所示。

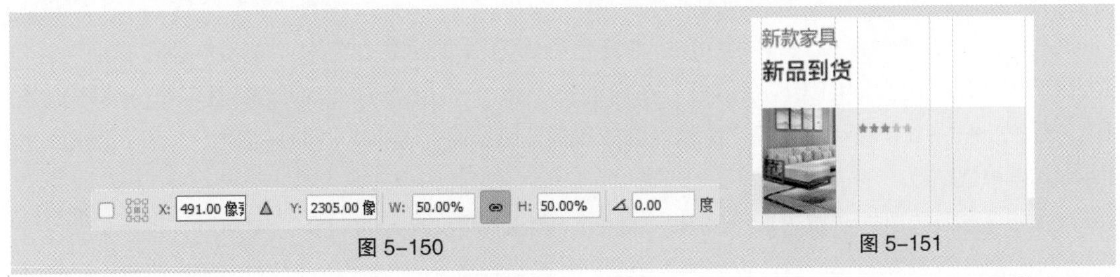

图 5-150　　图 5-151

（6）选择“横排文字”工具，在图像窗口中距离上方图标 12 像素的位置输入需要的文字并选取文字。在“字符”面板中将“颜色”设置为橘黄色（204、151、86），其他选项的设置如图 5-152 所示。按 Enter 键确定操作，效果如图 5-153 所示，“图层”控制面板中生成新的文字图层。

（7）使用相同的方法输入其他文字，效果如图 5-154 所示，“图层”控制面板中生成新的文字图层。选择“矩形”工具，在属性栏中将“填充”颜色设置为灰色（185、185、185），将“描边”颜色设置为无。在图像窗口中距离矩形内部左侧 3 像素、上方 3 像素的位置绘制一个宽为 282 像素、高为 108 像素的矩形，“图层”控制面板中生成新的形状图层并将其重命名为“阴影 3”。在“图层”控制面板中将“阴影”图层拖曳到“矩形 13”图层的下方，效果如图 5-155 所示。

图 5-152　　图 5-153

图 5-154　　图 5-155

（8）单击“蒙版”按钮，切换到相应的面板并进行设置，如图 5-156 所示。按 Enter 键确定操作，效果如图 5-157 所示。按住 Shift 键的同时在“图层”控制面板中单击“¥2988.00”文字图层，将需要的图层同时选取。按 Ctrl+G 组合键群组图层并将其重命名为“古典禅意布艺沙发”，如图 5-158 所示。

图 5-156　　图 5-157　　图 5-158

（9）按 Ctrl+J 组合键复制图层组并将复制得到的图层组重命名为“橡胶木推拉衣柜”。按 Ctrl+T 组合键，图像周围出现变换框。在属性栏中将“Y”坐标加 132 像素，按 Enter 键确定操作，效果如图 5-159 所示。展开“橡胶木推拉衣柜”图层组，选择“古典禅意布艺沙发”图层，按 Delete 键将其删除。

（10）选择“文件 > 置入嵌入对象”命令，弹出“置入嵌入的对象”对话框，选择云盘中的“Ch05 > 5.1.4 课堂案例——设计中式家具电商平台网站首页 > 素材 > 26”文件。单击“置入”按钮，将图片置入图像窗口中，在属性栏中设置其大小及位置，如图 5-160 所示。按 Enter 键确定操作，“图层”控制面板中生成新的图层并将其重命名为“橡胶木推拉衣柜”。按 Ctrl+Alt+G 组合键为图像创建剪切蒙版，效果如图 5-161 所示。

（11）选择“古典禅意布艺沙发”文字图层。选择“横排文字”工具 T，在图像窗口中选取文字，在“属性”面板中将“颜色”设置为深灰色（53、51、57），在图像窗口中修改文字，效果如图 5-162 所示。使用相同的方法修改其他文字，效果如图 5-163 所示。选择“阴影“图层，按 Delete 键将其删除，效果如图 5-164 所示。

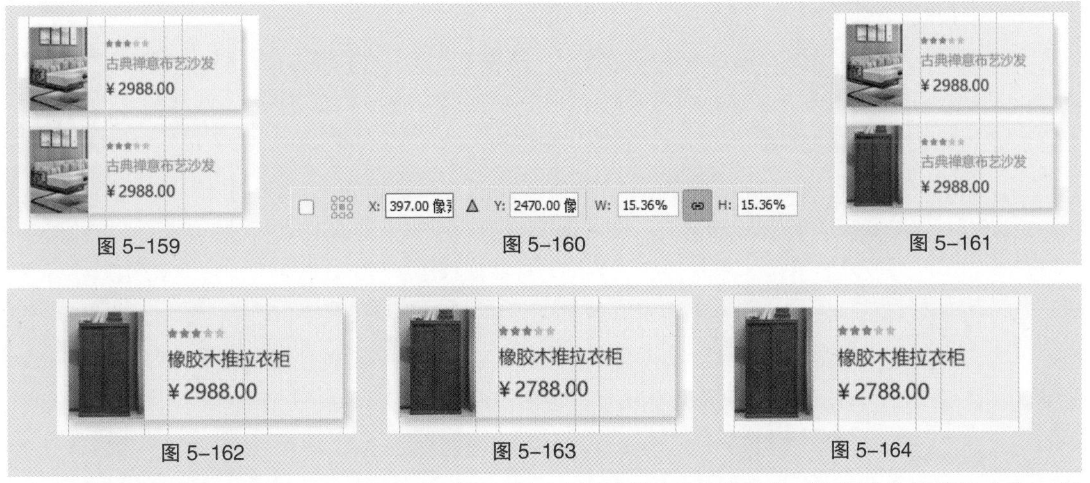

图 5-159　　图 5-160　　图 5-161

图 5-162　　图 5-163　　图 5-164

（12）折叠“橡胶木推拉衣柜”图层组。使用上述方法复制图层组、置入图片并修改文字，如图 5-165 所示，效果如图 5-166 所示。按住 Shift 键的同时在“图层”控制面板中单击“新款家具”文字图层，将需要的图层同时选取。按 Ctrl+G 组合键群组图层并将其重命名为“新款家具 新品到货”，如图 5-167 所示。

（13）按 Ctrl+J 组合键复制图层组并将复制得到的图层组重命名为“榜单家具 热卖产品”。按 Ctrl+T 组合键，图像周围出现变换框。在属性栏中将“X”坐标加 306 像素，按 Enter 键确定操作，效果如图 5-168 所示。

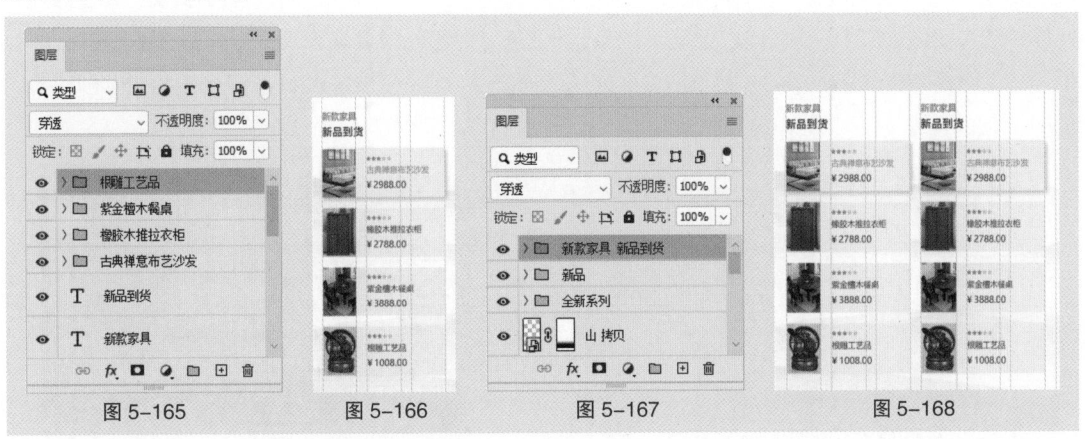

图 5-165　　图 5-166　　图 5-167　　图 5-168

（14）使用上述方法替换图片并修改文字，效果如图 5-169 所示。使用上述方法复制图层组、替换图片并修改文字，效果如图 5-170 所示。

图 5-169　　图 5-170

4. 制作页尾

（1）选择“视图 > 新建参考线”命令，弹出“新建参考线”对话框，在距离上方参考线 2670 像素的位置新建一条水平参考线，对话框中的设置如图 5-171 所示。单击“确定”按钮，完成参考线的创建。

（2）选择“矩形”工具，在属性栏中将“填充”颜色设置为浅灰色（241、245、246），将“描边”颜色设置为无。在图像窗口中绘制一个宽为 1920 像素、高为 700 像素的矩形，效果如图 5-172 所示，“图层”控制面板中生成新的形状图层“矩形 15”。

（3）在图像窗口中距离上方参考线 128 像素的位置绘制一个宽为 384 像素、高为 240 像素的矩形。在属性栏中将“填充”颜色设置为深灰色（51、51、51），将“描边”颜色设置为无，效果如图 5-173 所示，“图层”控制面板中生成新的形状图层“矩形 16”。

图 5-171　图 5-172　图 5-173

（4）选择“文件 > 置入嵌入对象”命令，弹出“置入嵌入的对象”对话框，选择云盘中的“Ch05 > 5.1.4 课堂案例——设计中式家具电商平台网站首页 > 素材 > 42”文件。单击“置入”按钮，将图片置入图像窗口中，在属性栏中设置其大小及位置，如图 5-174 所示。按 Enter 键确定操作，“图层”控制面板中生成新的图层并将其重命名为“所有产品”。按 Ctrl+Alt+G 组合键为图像创建剪切蒙版。在“图层”控制面板中将“不透明度”设置为 80%，效果如图 5-175 所示。

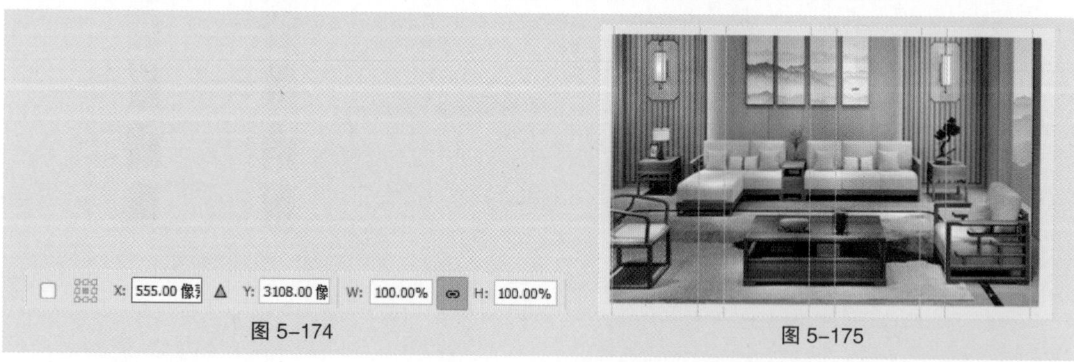

图 5-174　图 5-175

（5）选择“横排文字”工具，在图像窗口中输入需要的文字并选取文字，在“字符”面板中将“颜色”设置为白色，其他选项的设置如图 5-176 所示。按 Enter 键确定操作，“图层”控制面板中生成新的文字图层。

（6）按住 Ctrl 键的同时单击“矩形 16”图层，将需要的图层同时选取。选择“移动”工具，在属性栏的“对齐方式”中单击“垂直居中对齐”按钮和“水平居中对齐”按钮，效果如图 5-177 所示。

（7）按住 Shift 键的同时在“图层”控制面板中单击“矩形 16”图层，将需要的图层同时选取。按 Ctrl+G 组合键群组图层并将其重命名为“所有产品”，如图 5-178 所示。

图 5-176　　图 5-177　　图 5-178

（8）按 Ctrl+J 组合键复制图层组并将复制得到的图层组重命名为“东方木品”。按 Ctrl+T 组合键，图像周围出现变换框。在属性栏中将“X”坐标加 408 像素，按 Enter 键确定操作，效果如图 5-179 所示。展开“东方木品”图层组，选择“所有产品”图层，按 Delete 键将其删除。

（9）选择“文件 > 置入嵌入对象”命令，弹出“置入嵌入的对象”对话框，选择云盘中的“Ch05 > 5.1.4 课堂案例——设计中式家具电商平台网站首页 > 素材 > 43”文件。单击“置入”按钮，将图片置入图像窗口中，在属性栏中设置其大小及位置，如图 5-180 所示。按 Enter 键确定操作，“图层”控制面板中生成新的图层并将其重命名为“东方木品”。

图 5-179　　图 5-180

（10）按 Ctrl+Alt+G 组合键为图像创建剪切蒙版。在“图层”控制面板中将“不透明度”设置为 80%，效果如图 5-181 所示。选择“所有产品”文字图层，选择“横排文字”工具 T，在图像窗口中选取并修改文字，效果如图 5-182 所示。

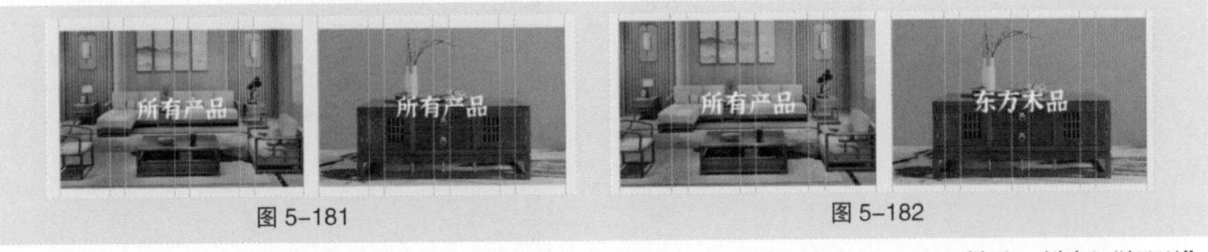

图 5-181　　图 5-182

（11）使用上述方法复制图层组、置入图片并修改文字，效果如图 5-183 所示。选择“矩形”工具 □，在图像窗口中距离上方矩形 92 像素的位置绘制一个宽为 204 像素的矩形，效果如图 5-184 所示，“图层”控制面板中生成新的形状图层“矩形 17”。

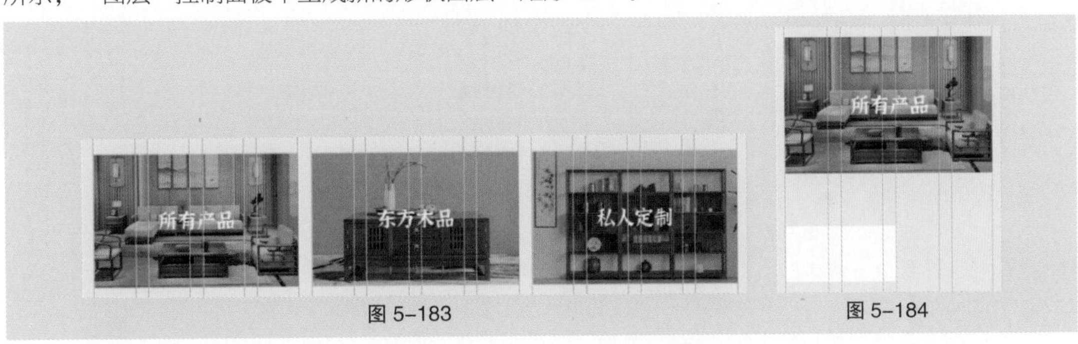

图 5-183　　图 5-184

（12）选择“横排文字”工具 T，在图像窗口中输入需要的文字并选取文字，在“字符”面板中将“颜色”设置为深灰色（53、51、57），其他选项的设置如图 5-185 所示。按 Enter 键确定操作，“图层”控制面板中生成新的文字图层。在图像窗口中选取需要的文字，在“字符”面板中进行设置，如图 5-186 所示，按 Enter 键确定操作。

（13）按住 Shift 键的同时单击“矩形 17”图层，将需要的图层同时选取。选择“移动”工具 ，在属性栏的“对齐方式”中单击“左对齐”按钮 和“顶对齐”按钮 。选择“矩形 17”图层，按 Delete 键，将其删除，效果如图 5-187 所示。

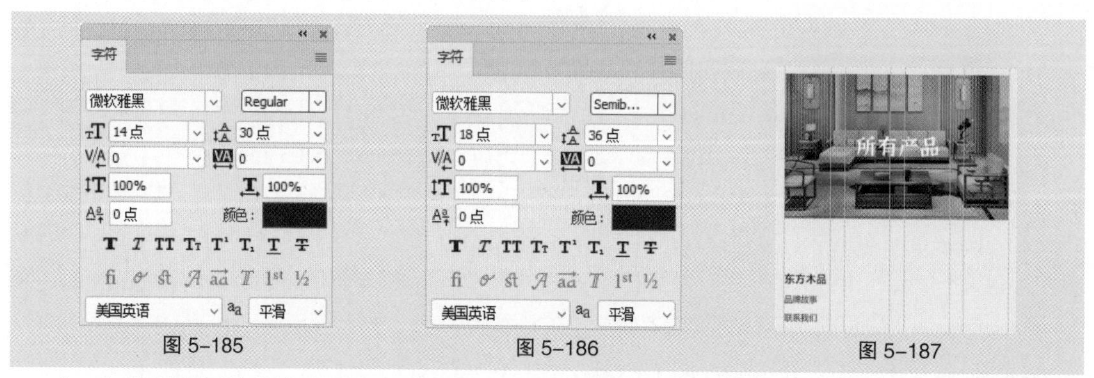

图 5-185　　图 5-186　　图 5-187

（14）使用相同的方法分别输入需要的文字并设置合适的字体和字号，效果如图 5-188 所示。选择“直线”工具 ，在属性栏中将“填充”颜色设置为灰色（139、139、139），将“描边”颜色设置为无，将“粗细”设置为 2 像素。按住 Shift 键，在图像窗口中绘制一个长为 200 像素的直线段，效果如图 5-189 所示，“图层”控制面板中生成新的形状图层“形状 6”。

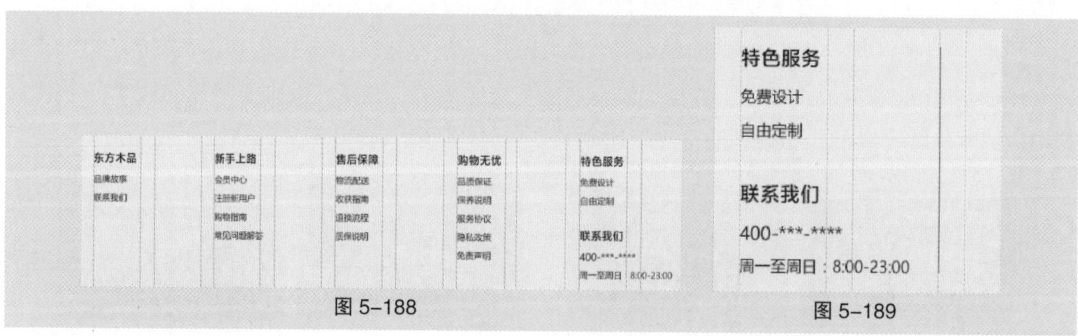

图 5-188　　图 5-189

（15）选择“横排文字”工具 T，在图像窗口中输入需要的文字并选取文字，在“字符”面板中将“颜色”设置为深灰色（53、51、57），其他选项的设置如图 5-190 所示。按 Enter 键确定操作，效果如图 5-191 所示，“图层”控制面板中生成新的文字图层。

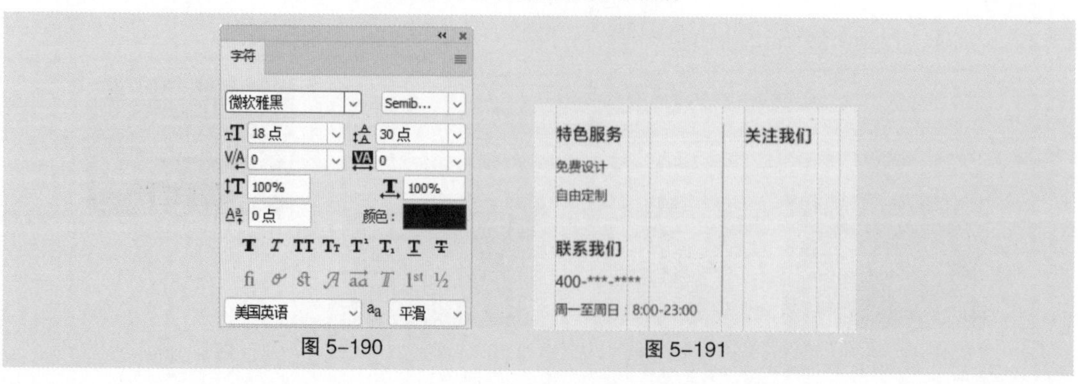

图 5-190　　图 5-191

（16）选择“文件 > 置入嵌入对象”命令，弹出“置入嵌入的对象”对话框，选择云盘中的“Ch05 > 5.1.4 课堂案例——设计中式家具电商平台网站首页 > 素材 > 45”文件。单击“置入”按钮，将图标置入图像窗口中，在属性栏中设置其大小及位置，如图 5-192 所示。按 Enter 键确定操作，效果如图 5-193 所示，“图层”控制面板中生成新的图层并将其重命名为“微信”。使用相同的方法置入其他图标，如图 5-194 所示，“图层”控制面板中分别生成新的图层。

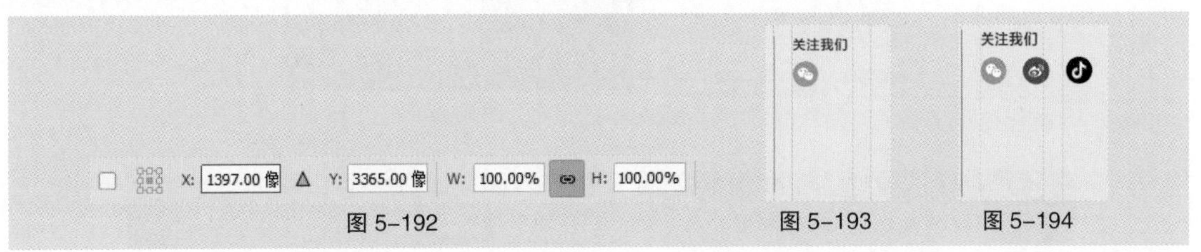

图 5-192　　图 5-193　　图 5-194

（17）按住 Shift 键的同时单击“矩形 15”图层，将需要的图层同时选取。按 Ctrl+G 组合键群组图层并将其重命名为“页尾”，如图 5-195 所示。选择“视图 > 新建参考线”命令，弹出“新建参考线”对话框，在距离上方页边距 3640 像素的位置新建一条水平参考线，对话框中的设置如图 5-196 所示。单击“确定”按钮，完成参考线的创建。

（18）选择“矩形”工具，在属性栏中将“填充”颜色设置为灰蓝色（103、119、136），将“描边”颜色设置为无。在图像窗口中绘制一个宽为 1920 像素、高为 80 像素的矩形，效果如图 5-197 所示，“图层”控制面板中生成新的形状图层“矩形 17”。

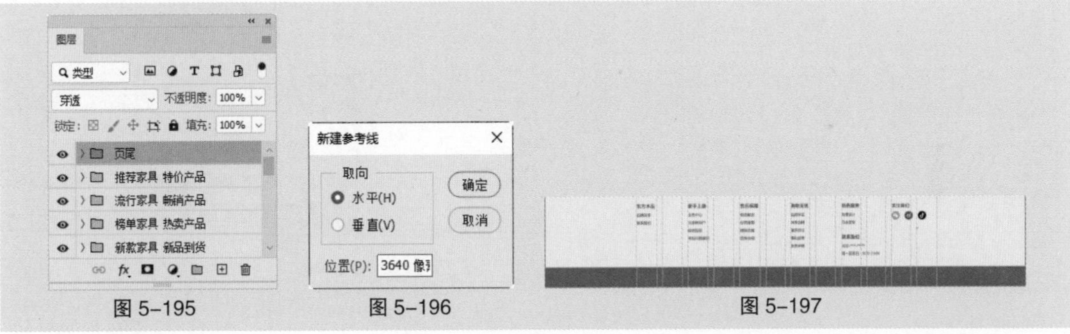

图 5-195　　图 5-196　　图 5-197

（19）选择“文件 > 置入嵌入对象”命令，弹出“置入嵌入的对象”对话框，选择云盘中的“Ch05 > 5.1.4 课堂案例——设计中式家具电商平台网站首页 > 素材 > 48”文件。单击“置入”按钮，将图标置入图像窗口中，在属性栏中设置其大小及位置，如图 5-198 所示。按 Enter 键确定操作，效果如图 5-199 所示，“图层”控制面板中生成新的图层并将其重命名为“24 小时”。

图 5-198　　图 5-199

（20）选择“横排文字”工具 T，在图像窗口中距离图标右侧 12 像素的位置输入需要的文字并选取文字。在“字符”面板中将“颜色”设置为白色，其他选项的设置如图 5-200 所示。按 Enter 键确定操作，效果如图 5-201 所示，“图层”控制面板中生成新的文字图层。

（21）使用相同的方法置入其他图标并输入文字。按住 Shift 键的同时单击“矩形 17”图层，将需要的图层同时选取。选择“移动”工具，在属性栏的“对齐方式”中单击“垂直居中对齐”按钮，效果如图 5-202 所示。

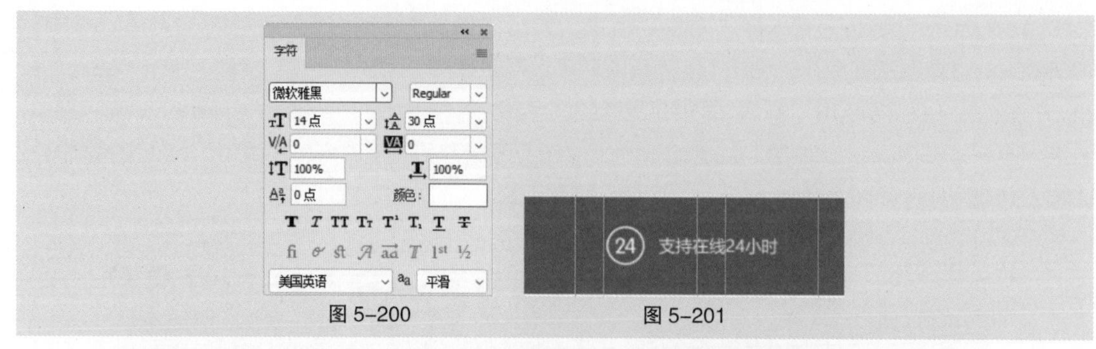
图 5-200　　图 5-201

图 5-202

（22）选择“矩形”工具，在属性栏中将“填充”颜色设置为白色，将“描边”颜色设置为无。在图像窗口中绘制一个宽为 1920 像素、高为 68 像素的矩形，效果如图 5-203 所示，“图层”控制面板中生成新的形状图层“矩形 18”。

（23）选择“横排文字”工具，在图像窗口中输入需要的文字并选取文字，在“字符”面板中将“颜色”设置为深灰色（53、51、57），其他选项的设置如图 5-204 所示。按 Enter 键确定操作，“图层”控制面板中生成新的文字图层。

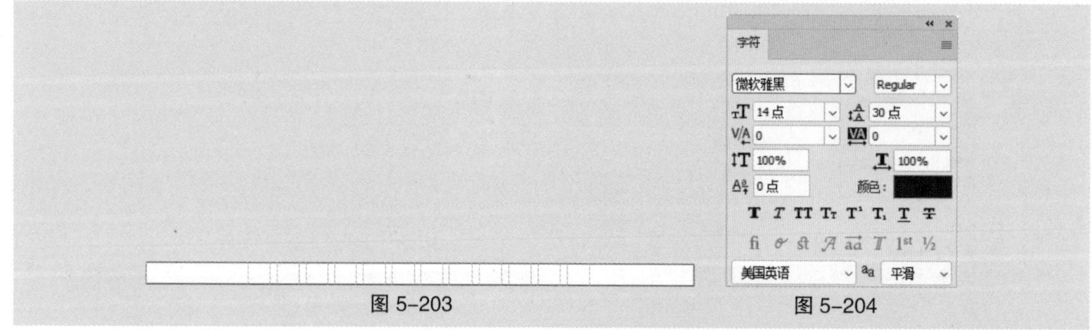
图 5-203　　图 5-204

（24）按住 Shift 键的同时单击“矩形 18”图层，将需要的图层同时选取。选择“移动”工具，在属性栏的“对齐方式”中单击“垂直居中对齐”按钮和“水平居中对齐按钮”，效果如图 5-205 所示。

（25）按住 Shift 键的同时单击“矩形 17”图层，将需要的图层同时选取。按 Ctrl+G 组合键群组图层并将其重命名为“底部”，如图 5-206 所示。中式家具电商平台网站首页就制作完成了。

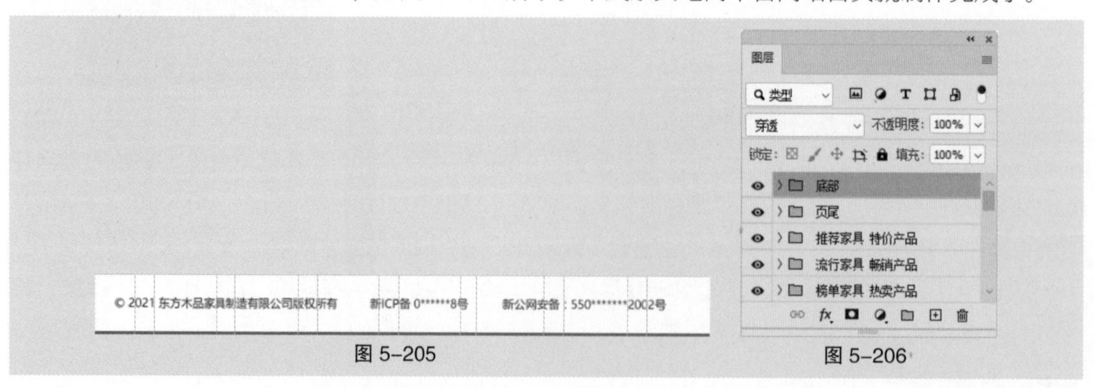
图 5-205　　图 5-206

5.2 课堂练习——设计中式家具电商平台网站其他页面

【案例设计要求】

1. 根据图 5–207 所示的原型效果，使用 Photoshop 制作中式家具电商平台网站其他页面。

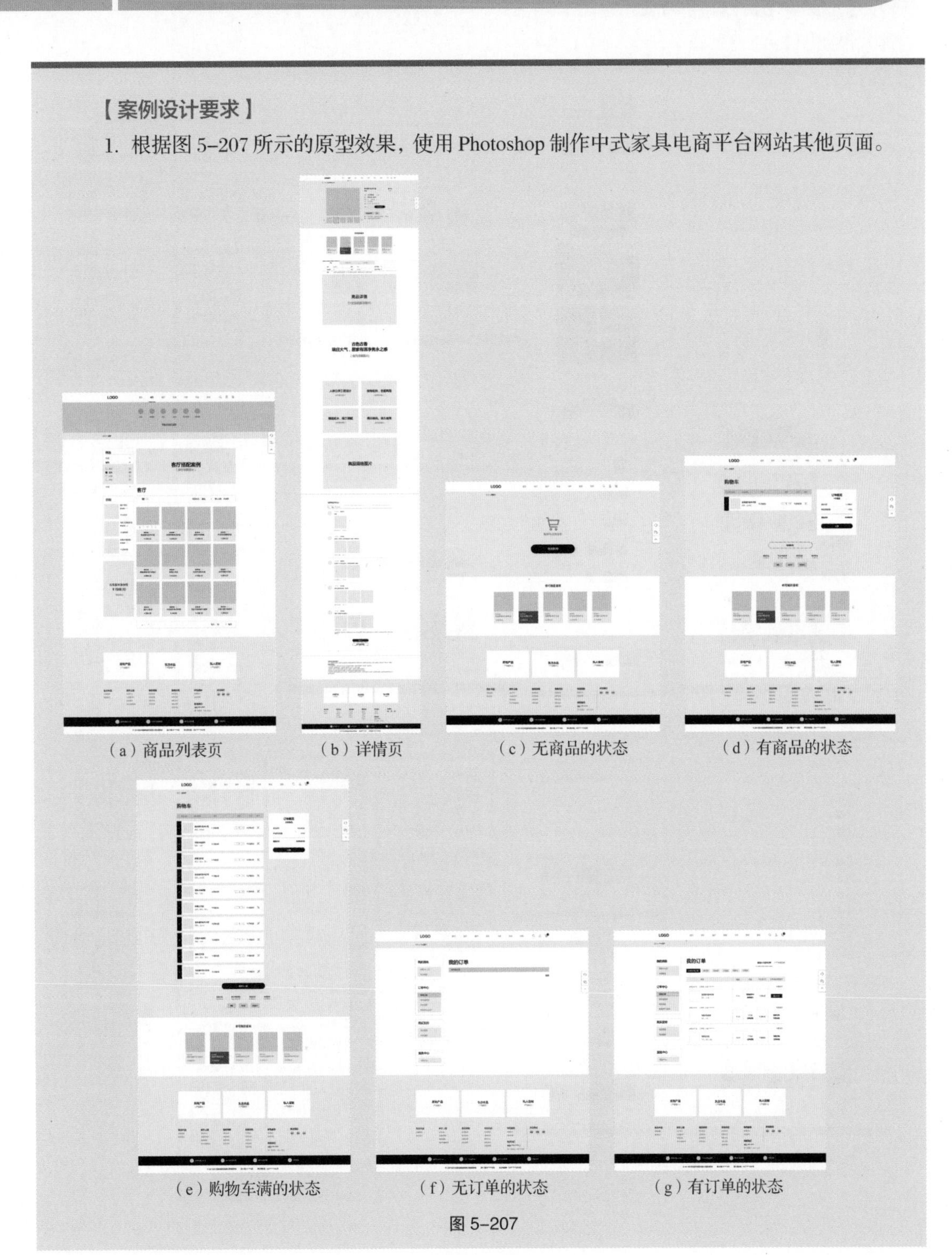

（a）商品列表页（b）详情页（c）无商品的状态（d）有商品的状态

（e）购物车满的状态（f）无订单的状态（g）有订单的状态

图 5–207

2. 设计风格应与 5.1.4 课堂案例的设计风格保持一致。

3. 设计文件应符合网页设计的制作规范与制作标准。

【案例学习目标】学习使用绘图工具、文字工具制作中式家具电商平台网站其他页面，最终效果如图 5-208 所示。

（a）商品列表页 （b）详情页 （c）无商品的状态 （d）有商品的状态 （e）购物车满的状态 （f）无订单的状态 （g）有订单的状态

图 5-208

5.3 课后习题——设计有机果蔬电商平台网站

【案例设计要求】

1. 根据图 5–209 所示的原型效果，使用 Photoshop 制作有机果蔬电商平台网站。

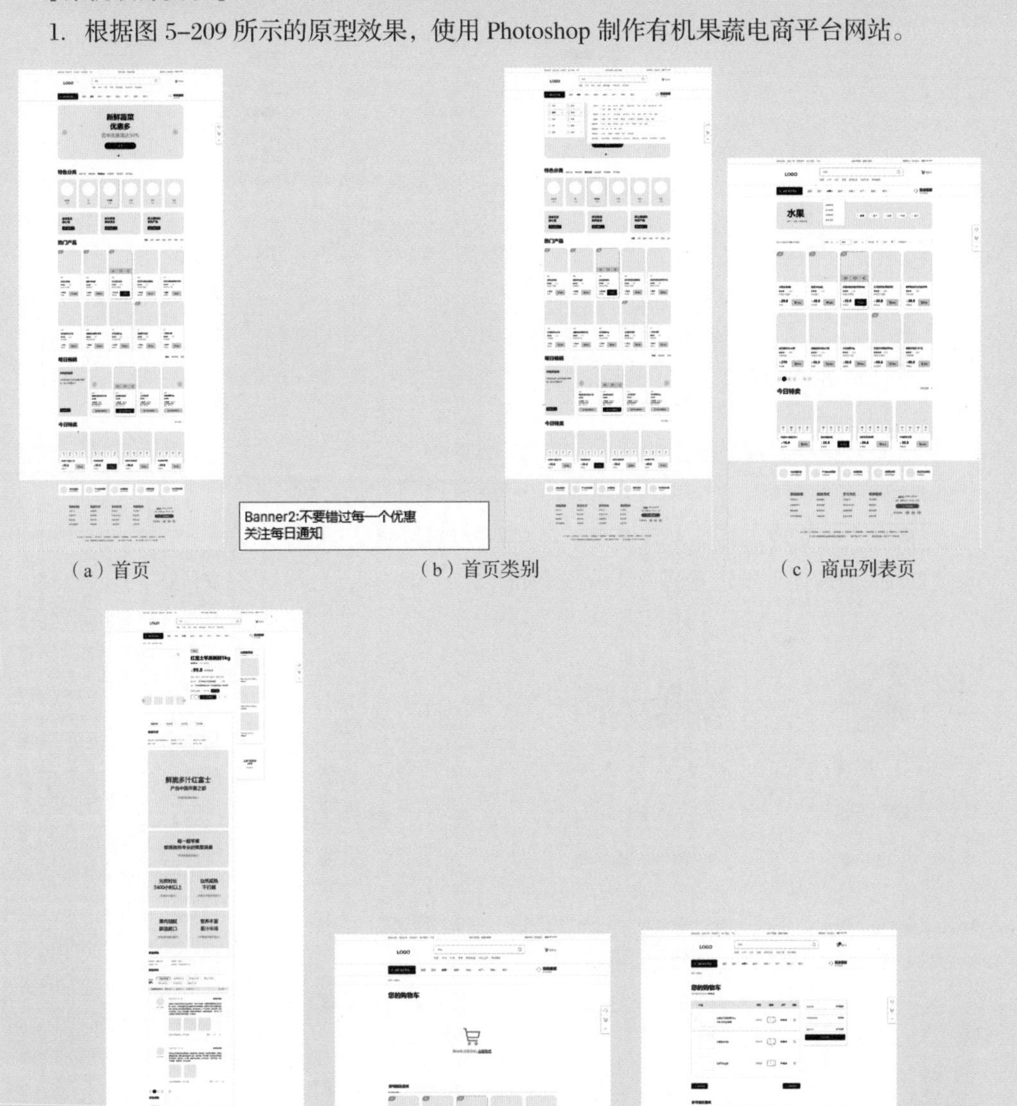

（a）首页 （b）首页类别 （c）商品列表页

（d）详情页 （e）无商品的状态 （f）有商品的状态

图 5–209

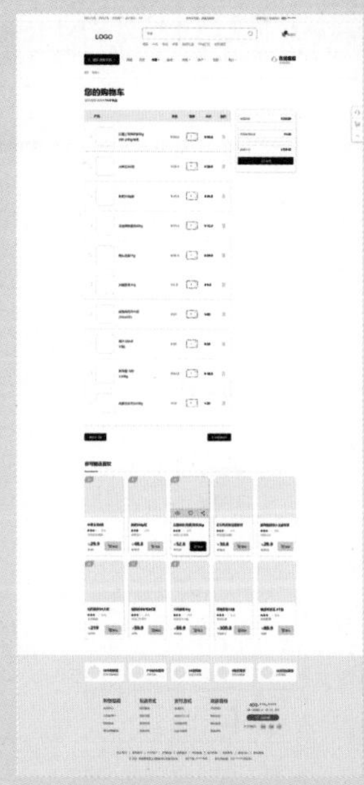

（g）购物车满的状态

（h）无订单的状态

（i）有订单的状态

图 5–209（续）

2. 视觉上应体现出有机果蔬电商平台网站的设计风格，契合有机果蔬电商平台网站的设计主题，具体参考如图 5–210 所示。

扫码观看
本案例视频 1

扫码观看
本案例视频 2

扫码观看
本案例视频 3

扫码观看
本案例视频 4

扫码观看
本案例视频 5

扫码观看
本案例视频 6

扫码观看
本案例视频 7

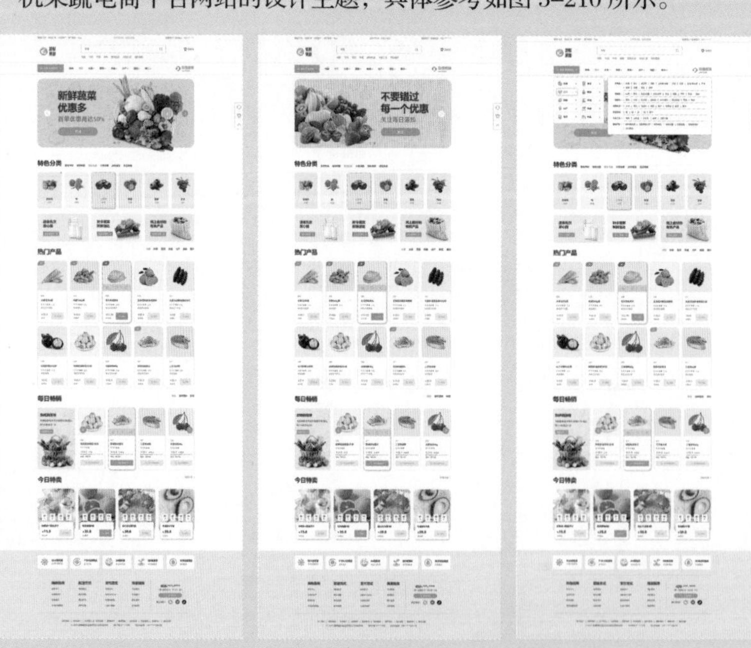

图 5–210

3. 设计文件应符合网页设计的制作规范与制作标准。

【案例学习目标】学习使用绘图工具、文字工具制作有机果蔬电商平台网站。

06

第6章 管理系统网页设计

近几年，管理系统网站的建设和发展呈井喷之势，同时管理系统网页的设计要求也越来越高。本章对管理系统网站的内容规划、设计风格及页面类型等进行系统的讲解。通过对本章的学习，读者可以对管理系统网页的设计有一个基本的认识，并快速掌握管理系统网页的设计思路和制作方法。

学习引导

学习目标		
知识目标	能力目标	素质目标
1. 熟悉管理系统网站的内容规划 2. 了解管理系统网站的设计风格 3. 认识管理系统网站的页面类型	1. 掌握管理系统网页的设计思路 2. 掌握管理系统网页的制作方法	1. 培养对管理系统网页的设计创新能力 2. 培养规范设计管理系统网页的良好习惯 3. 培养对管理系统网页设计的锐意进取、精益求精的工匠精神

慕课视频

第6章

6.1 管理系统网站页面设计

管理系统网站是 B 端产品，是用来为商业公司、政府单位、非营利机构等组织解决办公或经营过程中的问题的网站。下面将全面讲解管理系统网站的内容规划、设计风格及页面类型，帮助大家深入理解管理系统网页的设计思路和制作方法。

6.1.1 管理系统网站的内容规划

管理系统网站的业务逻辑复杂、功能多而强大。根据服务对象和业务方向，管理系统网站可以分为业务支撑类产品、办公协作类产品、商家管理类产品和云产品。规划这些网站的具体内容需要根据业务方向进行，因此没有固定的内容。但通过业务的沉淀和验证，可以总结出常用的内容场景，以作为规划管理系统网站内容的参考，如图 6-1 所示。

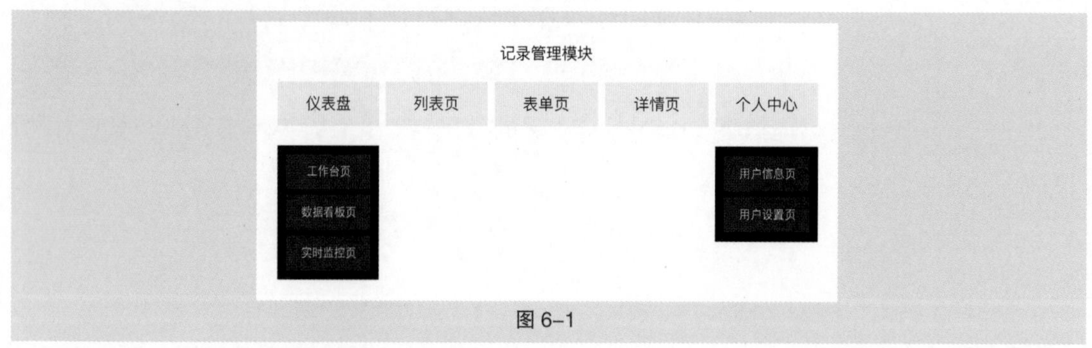

图 6-1

仪表盘：网站内各种重要的数据和信息都会展示在仪表盘中。仪表盘通常作为网站的首页出现，包括工作台页、数据看板页和实时监控页。工作台页包含待办任务、核心数据、快捷入口、通知公告等核心功能，数据看板页包括各类关键指标的明细分析数据，实时监控页包括各类关键指标的实时统计数据。

记录管理模块：该模块主要用于对人员、设备、资产等内容进行增删改查。该模块的文本信息量大，需要进行频繁的操作，典型的页面有列表页、表单页和详情页。其中，列表页由筛选器、操作区、表格区、分页器等内容组成，表单页由表单项、填写说明、操作区等内容组成，详情页包括业务的详细信息。

个人中心：个人中心是以操作为主的配置模块，包括用户信息页和用户设置页。用户信息页包括个人信息、总览信息、项目信息和团队信息等内容，用户设置页包括基本设置、安全设置、账号绑定等核心功能。此外，个人中心可以作为系统中心，对系统的信息进行展示和设置。

6.1.2 管理系统网站的设计风格

管理系统网站普遍有理性、稳重的特征，可以分为浅色模式和深色模式。浅色模式适用范围广，适合文字信息内容多的管理系统网站。深色模式则适合多图少文的管理系统网站。这两种模式可以细分为经典商务、清新明亮、蓝色科技、暗黑酷炫这 4 种设计风格。

1. 经典商务

经典商务风格的管理系统网站层次分明，导航区域的颜色为深色、内容区域的颜色为浅色，如图 6-2 所示。该风格会给用户带来专业高效、成熟可信的感受，适用范围较广，但视觉上不容易给用户留下深刻印象。

图 6-2

2. 清新明亮

清新明亮风格的管理系统网站对展示内容的包容性较高，导航区域和内容区域的颜色皆为浅色，如图 6-3 所示。该风格会给用户带来简洁明快、轻量年轻的感受，适用范围同样较广，但视觉上容易出现层次不明确的情况。

图 6-3

3. 蓝色科技

蓝色科技风格的管理系统网站大面积使用蓝色，如图 6-4 所示。该风格会给用户带来智能、精致的感受，适用于科技属性强的管理系统网站，但对其他颜色的信息有一定的干扰性，长时间地观看容易造成视觉疲劳。

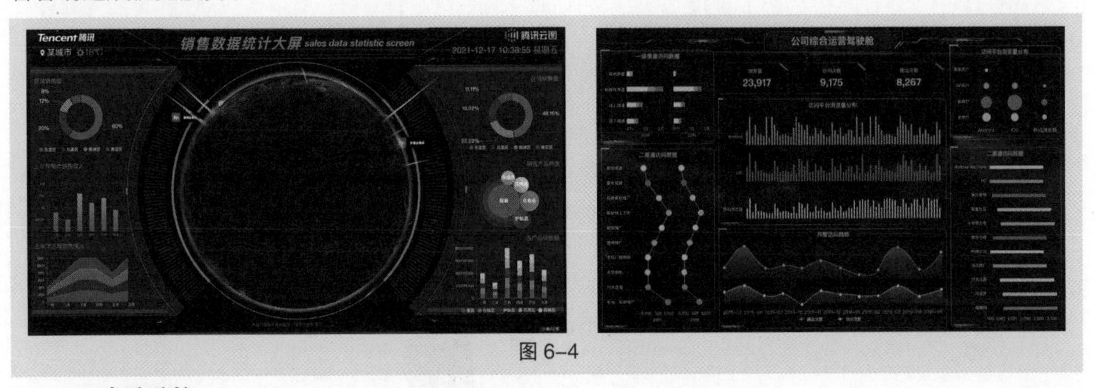

图 6-4

4. 暗黑酷炫

暗黑酷炫风格的管理系统网站的导航区域和内容区域的颜色皆为深色，如图 6-5 所示。该风格会给用户带来沉稳、有质感的感受，但长时间观看会使获取密集文本信息的速度下降。该风格适用于数据图形较多、文本信息较少的管理系统网站。

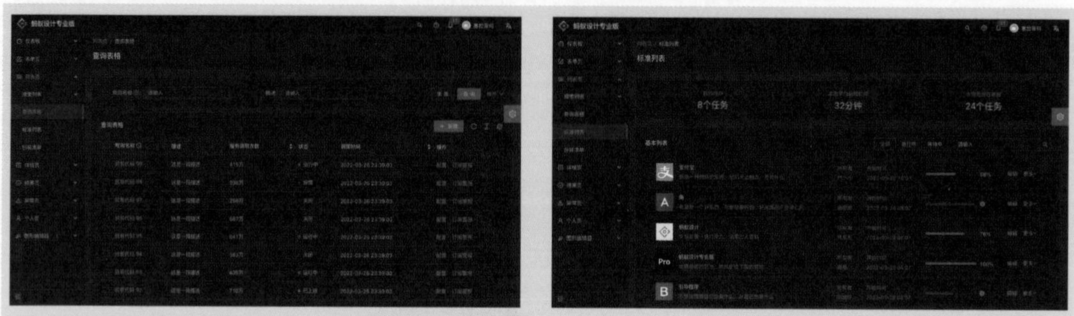

图 6-5

6.1.3 管理系统网站的页面类型

1. 登录注册页

登录注册页是管理系统网站的必要页面。在设计登录注册页时，要注意操作清晰顺畅、页面直观简洁。为了降低登录时的使用摩擦感，可以提供手机号登录方式和第三方账号登录方式，如图 6-6 所示。

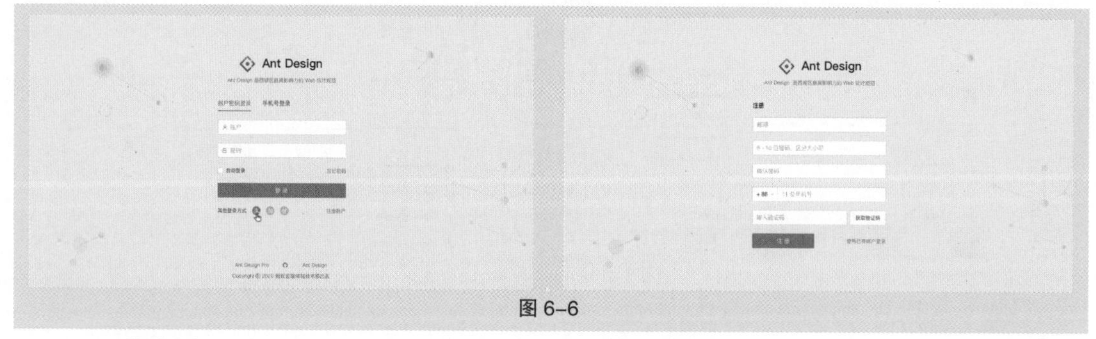

图 6-6

2. 工作台页

工作台页是整个管理系统网站的首页，是用户登录后看到的第一个页面。工作台页主要用于让用户快速了解整个系统的核心任务、待办事项和重要数据，因此页面内容不宜太多，建议在 1.5 屏内。信息需要按照业务优先级和重要程度进行排列。图表的颜色不宜过多，可以进行适当的视觉降噪，如图 6-7 所示。

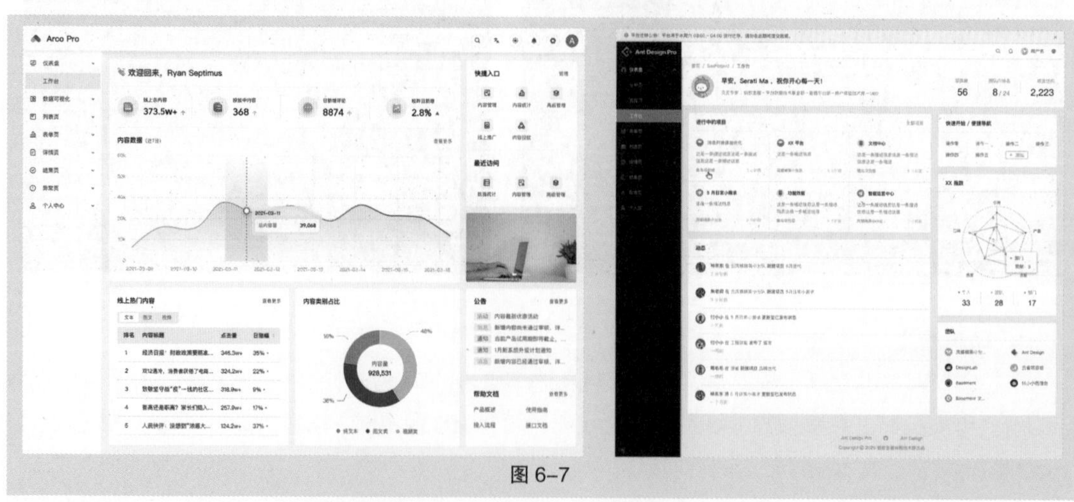

图 6-7

3. 数据看板页

数据看板页是管理系统网站为用户提供数据分析、统计功能的页面。该页面通过各类统计图形展示数据。数据需要通过合适的统计图形进行呈现，例如展示同一组数据不同时间的变化趋势，用柱状图最为合适。页面的颜色建议不超过 5 种，过多的颜色会给用户识别信息带来阻碍，如图 6–8 所示。

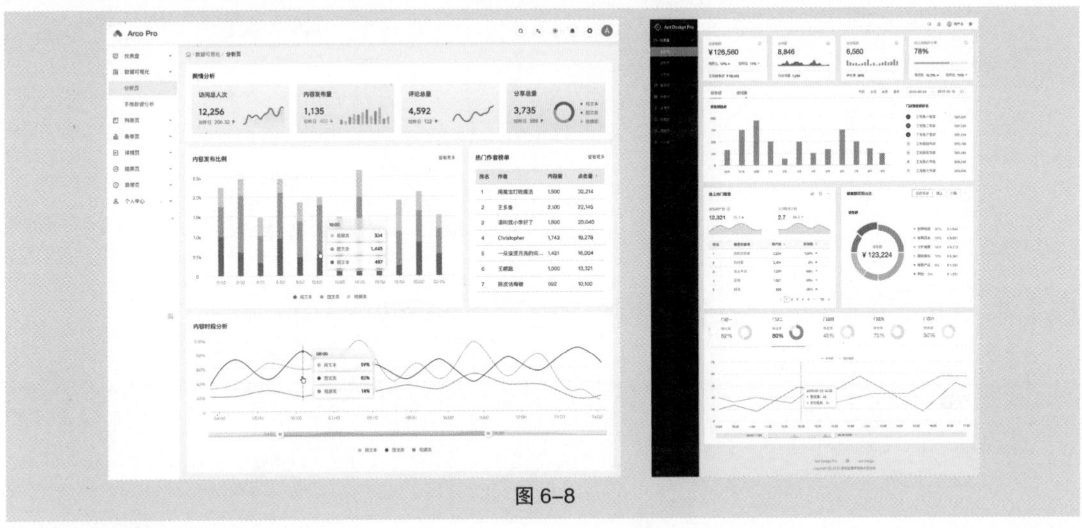

图 6–8

4. 表单页

表单页主要负责数据采集功能，是用户需要填写较多相关信息的页面，如图 6–9 所示。表单页的设计可以查看本书“3.4.2 表单”小节的内容。

图 6–9

5. 列表页

列表页是陈列数据及操作数据页面，如图 6–10 所示。在列表页中设计表格时，日期数据选择居中对齐，年龄数据选择居中对齐或左对齐，价格数据选择右对齐。如果价格的位数固定，则也可以选择左对齐。表格的其他详细设计可以查看本书“3.3.3 表格”小节的内容。

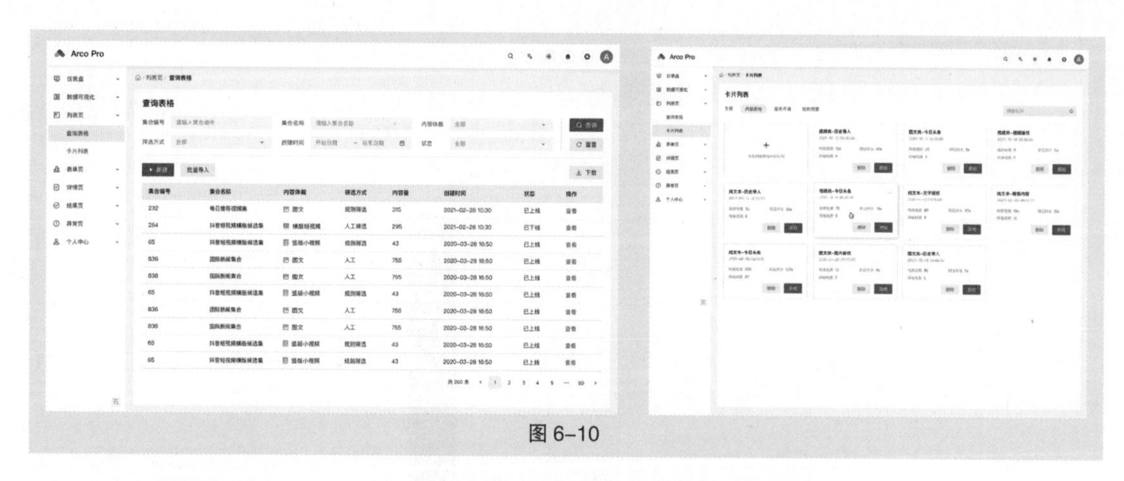

图 6-10

6.1.4 课堂案例——设计职业教育管理系统网站首页

【案例设计要求】

1. 根据图 6–11 所示的原型效果，使用 Photoshop 制作职业教育管理系统网站首页。

图 6–11

2. 视觉上应体现出职业教育管理系统网站的设计风格，契合职业教育管理系统网站的设计主题。

3. 设计文件应符合网页设计的制作规范与制作标准。

【案例设计理念】在设计过程中，围绕职业教育管理系统网站首页进行创作。背景颜色为白色，简洁明了。在设计中，使用卡片式管理系统网站，使复杂的信息更加便于阅读。标题文字的颜色选用蓝紫色，给人静谧庄重的感觉。字体选用黑体，以符合设计规范。最终效果参看“云盘 /Ch06/6.1.4 课堂案例——设计职业教育管理系统网站首页 / 工程文件 .psd”，如图 6–12 所示。

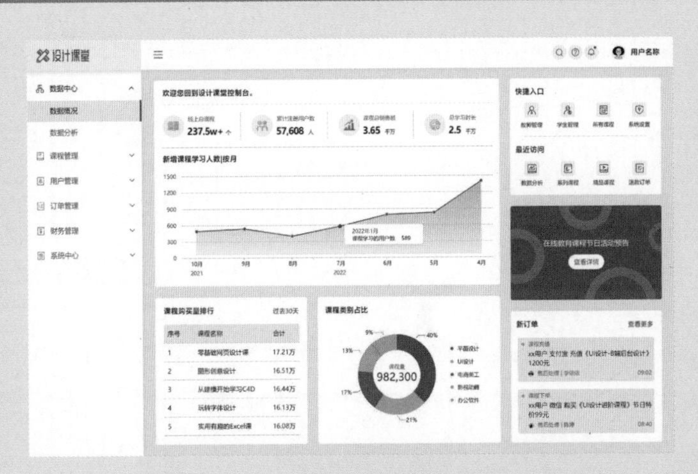

图 6-12

【案例学习目标】学习使用绘图工具、文字工具制作职业教育管理系统网站首页。

【案例知识要点】使用“新建参考线”命令建立参考线，使用“置入嵌入对象”命令置入图标，使用“横排文字”工具添加文字，使用“矩形”工具、“圆角矩形”工具、“椭圆”工具、“直线”工具、“钢笔”工具绘制基本形状。

1．制作顶部导航及左侧导航

（1）按Ctrl+N组合键，弹出“新建文档”对话框，设置“宽度”为1440像素、“高度”为900像素、“分辨率”为72像素/英寸、“背景内容”为白色，如图6–13所示。单击“创建”按钮，新建一个文件。

扫码观看
本案例视频1

（2）选择“视图 > 新建参考线版面”命令，弹出“新建参考线版面”对话框。勾选“列”复选框，设置“数字”为24、“宽度”为24像素、“装订线”为24像素，勾选“边距”复选框，设置“左”为284像素，如图6–14所示。单击“确定”按钮，完成参考线版面的创建。

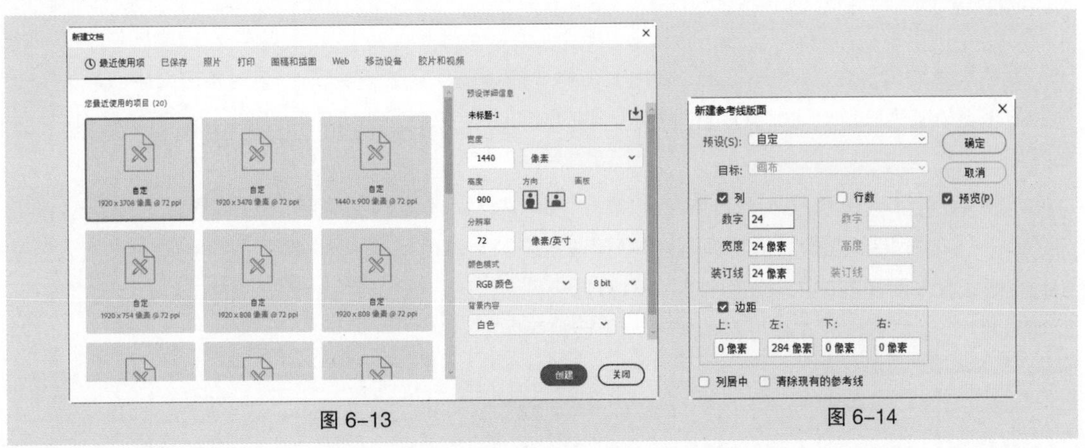

图 6–13　　　　图 6–14

（3）选择“文件 > 置入嵌入对象”命令，弹出“置入嵌入的对象”对话框，选择云盘中的“Ch06 > 6.1.4 课堂案例——设计职业教育管理系统网站首页 > 素材 > 01”文件。单击“置入”按钮，将图片置入图像窗口中，按Enter键确定操作，效果如图6–15所示，“图层”控制面板中生成新的图层并将其重命名为“原型”。单击“锁定全部”按钮🔒，锁定图层，如图6–16所示。

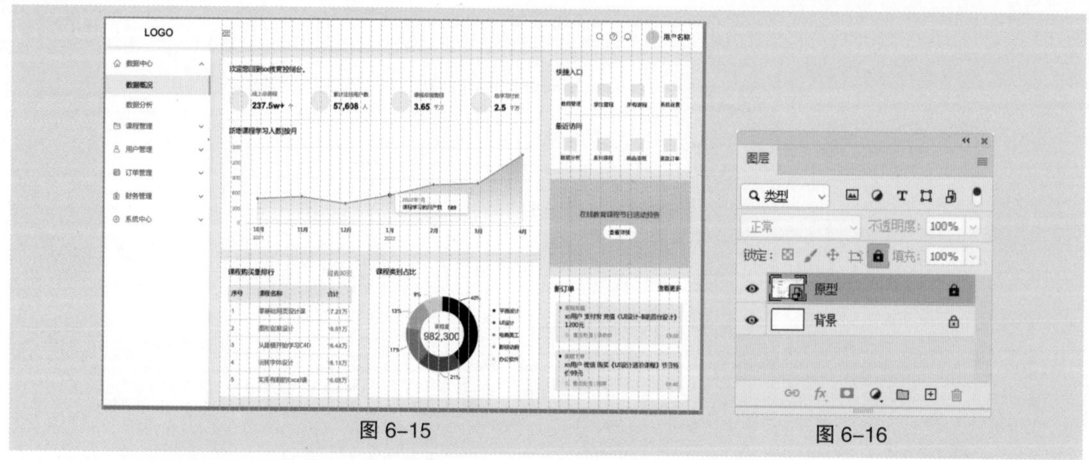

图 6-15　　图 6-16

（4）选择“矩形”工具▭，在属性栏的“选择工具模式”中选择“形状”，将“填充”颜色设置为白色，将“描边”颜色设置为无。在图像窗口中绘制一个宽为 1440 像素、高为 64 像素的矩形，效果如图 6-17 所示，“图层”控制面板中生成新的形状图层“矩形 1”。

（5）按 Ctrl+J 组合键复制图层，“图层”控制面板中生成“矩形 1 拷贝”图层，将其拖曳到“矩形 1”图层的下方。在“属性”面板中将“填充”颜色设置为灰色（185、185、185），单击“蒙版”按钮，切换到相应的面板并进行设置，如图 6-18 所示。

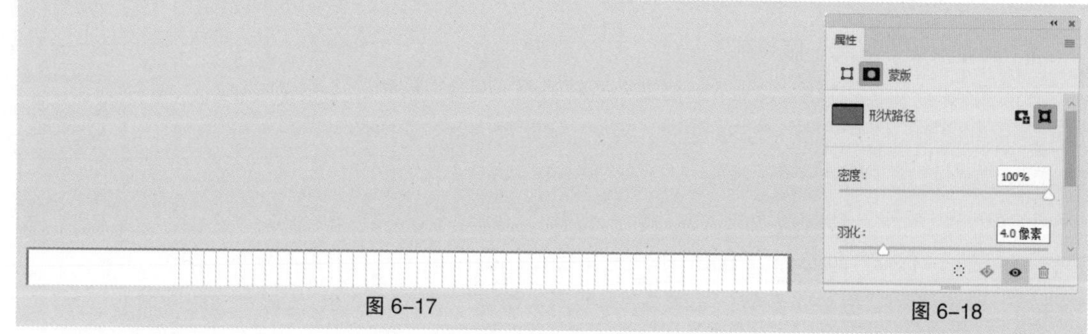

图 6-17　　图 6-18

（6）在“图层”控制面板中，选中“矩形 1”图层。选择“矩形”工具▭，在属性栏中将“填充”颜色设置为浅灰色（245、244、248），将“描边”颜色设置为无。在图像窗口中绘制一个宽为 256 像素、高为 64 像素的矩形，效果如图 6-19 所示，“图层”控制面板中生成新的形状图层“矩形 2”。

（7）选择“文件 > 置入嵌入对象”命令，弹出“置入嵌入的对象”对话框，选择云盘中的“Ch06 > 6.1.4 课堂案例——设计职业教育管理系统网站首页 > 素材 > 02”文件。单击“置入”按钮，将图标置入图像窗口中，在属性栏中设置其大小及位置，如图 6-20 所示。按 Enter 键确定操作，效果如图 6-21 所示，“图层”控制面板中生成新的图层并将其重命名为“LOGO”。

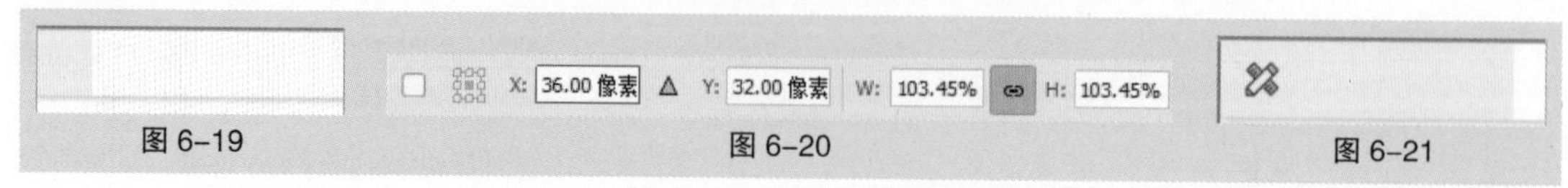

图 6-19　　图 6-20　　图 6-21

（8）选择“横排文字”工具T，在图像窗口中输入需要的文字并选取文字。选择“窗口 > 字符”命令，打开“字符”面板，在该面板中将“颜色”设置为蓝紫色（117、79、254），其他选项的设置如图 6-22 所示。按 Enter 键确定操作，“图层”控制面板中生成新的文字图层。按住 Shift 键的同时单击“矩形 2”图层，将需要的图层同时选取。选择“移动”工具，在属性栏的“对齐方式”中单击“垂直居中对齐”按钮，效果如图 6-23 所示。

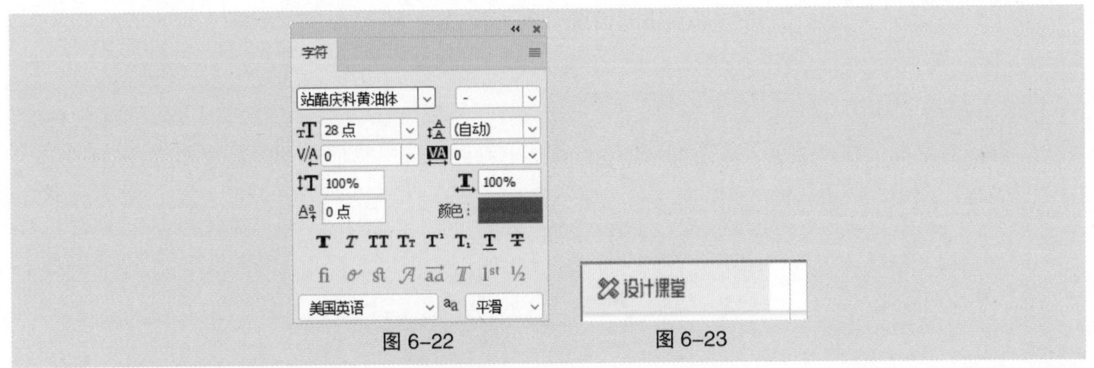

图 6-22　　图 6-23

（9）选择“文件 > 置入嵌入对象”命令，弹出“置入嵌入的对象”对话框，选择云盘中的“Ch06 > 6.1.4 课堂案例——设计职业教育管理系统网站首页 > 素材 > 03”文件。单击“置入”按钮，将图标置入图像窗口中，在属性栏中设置其大小及位置，如图 6-24 所示。按 Enter 键确定操作，效果如图 6-25 所示，“图层”控制面板中生成新的图层并将其重命名为“导航”。

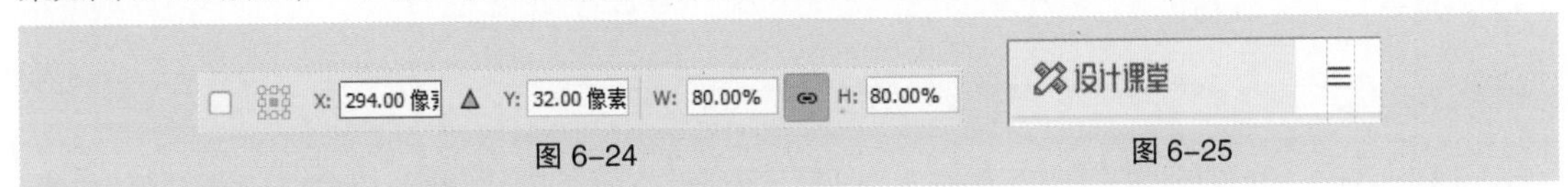

图 6-24　　图 6-25

（10）单击“图层”控制面板下方的“添加图层样式”按钮，在弹出的菜单中选择“颜色叠加”命令，弹出对话框，将“颜色”设置为灰蓝色（92、87、118），其他选项的设置如图 6-26 所示。单击“确定”按钮，效果如图 6-27 所示。

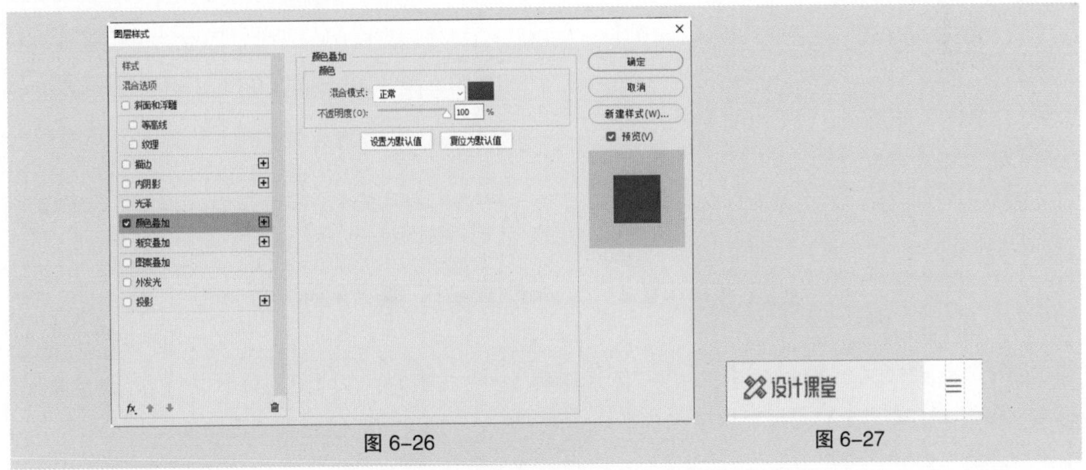

图 6-26　　图 6-27

（11）选择“椭圆”工具，在属性栏中将“填充”颜色设置为浅灰色（245、244、248），将“描边”颜色设置为无。按住 Shift 键，在图像窗口中绘制一个直径为 32 像素的圆形，效果如图 6-28 所示，“图层”控制面板中生成新的形状图层“椭圆 1”。

（12）选择“文件 > 置入嵌入对象”命令，弹出“置入嵌入的对象”对话框，选择云盘中的“Ch06 > 6.1.4 课堂案例——设计职业教育管理系统网站首页 > 素材 > 04”文件。单击“置入”按钮，将图标置入图像窗口中，在属性栏中设置其大小及位置，如图 6-29 所示。按 Enter 键确定操作，效果如图 6-30 所示，“图层”控制面板中生成新的图层并将其重命名为“搜索”。

图 6-28 　　图 6-29 　　图 6-30

（13）单击“图层”控制面板下方的“添加图层样式”按钮，在弹出的菜单中选择“颜色叠加”命令，弹出对话框，将“颜色”设置为灰蓝色（92、87、118），其他选项的设置如图 6-31 所示。单击“确定”按钮，效果如图 6-32 所示。

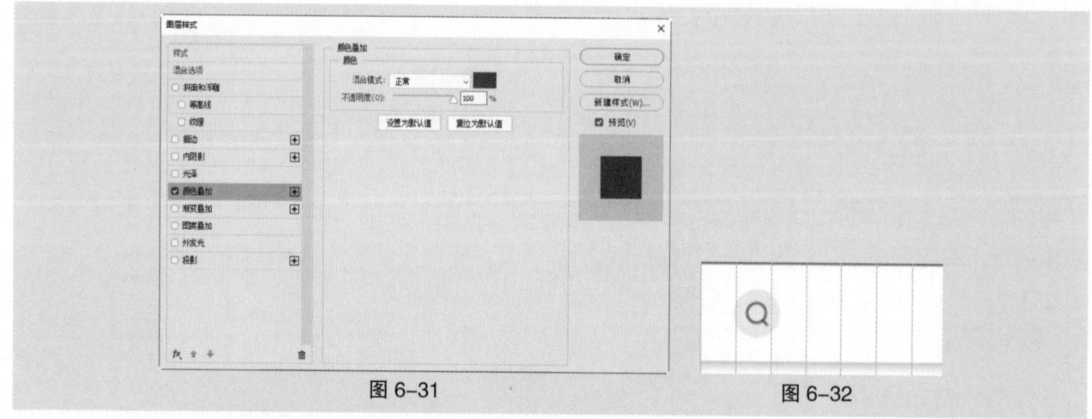

图 6-31　　图 6-32

（14）按住 Shift 键的同时单击“椭圆 1”图层，将需要的图层同时选取。按 Ctrl+J 组合键复制图层。按 Ctrl+T 组合键，图像周围出现变换框。在属性栏中将“X”坐标加 36 像素，按 Enter 键确定操作，效果如图 6-33 所示。

（15）选择“搜索 拷贝”图层，按 Delete 键将其删除。选择“文件 > 置入嵌入对象”命令，弹出“置入嵌入的对象”对话框，选择云盘中的“Ch06 > 6.1.4 课堂案例——设计职业教育管理系统网站首页 > 素材 > 05”文件。单击“置入”按钮，将图标置入图像窗口中，在属性栏中设置其大小及位置，如图 6-34 所示。按 Enter 键确定操作，效果如图 6-35 所示，“图层”控制面板中生成新的图层并将其重命名为“常见问题”。

图 6-33　　图 6-34　　图 6-35

（16）单击“图层”控制面板下方的“添加图层样式”按钮，在弹出的菜单中选择“颜色叠加”命令，弹出对话框，将“颜色”设置为灰蓝色（92、87、118），其他选项的设置如图 6-36 所示。单击“确定”按钮，效果如图 6-37 所示。

（17）使用上述方法复制图层并置入图标，效果如图 6-38 所示。选择“椭圆”工具，在属性栏中将“填充”颜色设置为蓝紫色（117、79、254），将“描边”颜色设置为白色（255、255、255），将“描边”粗细设置为 1 像素。按住 Shift 键，在图像窗口中绘制一个直径为 8 像素的圆形，效果如图 6-39 所示，“图层”控制面板中生成新的形状图层“椭圆 2”。

（18）选择“椭圆”工具，按住 Shift 键，在图像窗口中绘制一个直径为 32 像素的圆形。在属性栏中将“填充”颜色设置为浅灰色（245、244、248），将“描边”颜色设置为无，效果如图 6-40 所示，“图层”控制面板中生成新的形状图层“椭圆 3”。

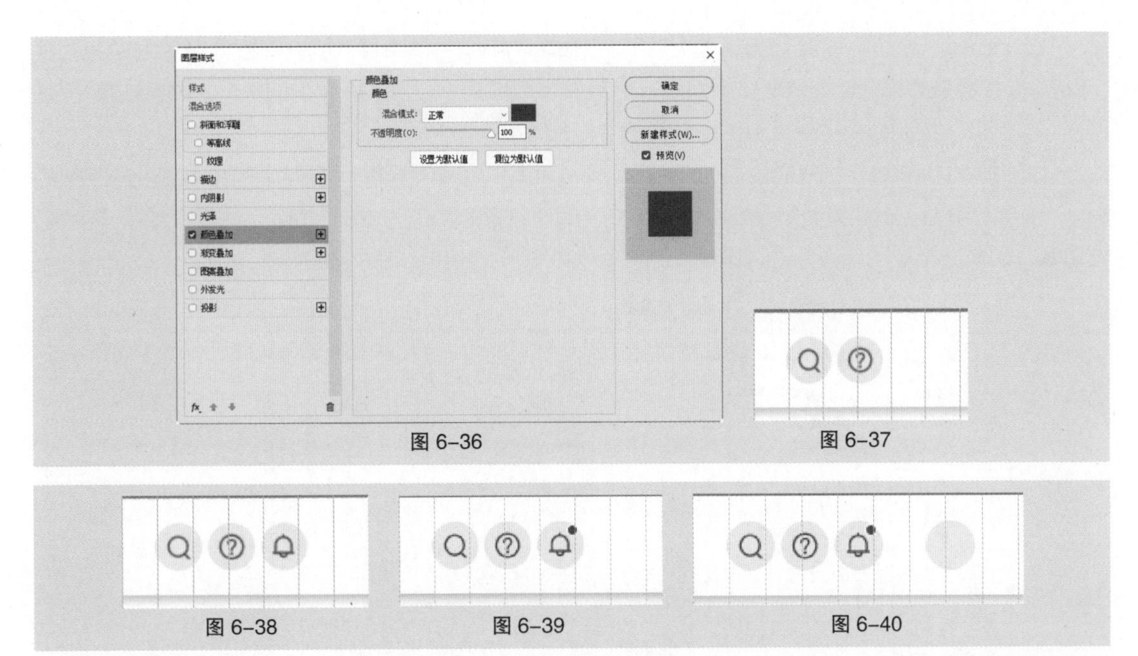

图 6-36

图 6-37

图 6-38

图 6-39

图 6-40

（19）选择“文件 > 置入嵌入对象”命令，弹出“置入嵌入的对象”对话框，选择云盘中的“Ch06 > 6.1.4 课堂案例——设计职业教育管理系统网站首页 > 素材 > 07”文件。单击“置入”按钮，将图标置入图像窗口中，在属性栏中设置其大小及位置，如图 6-41 所示。按 Enter 键确定操作，“图层”控制面板中生成新的图层并将其重命名为“头像”。按 Ctrl+Alt+G 组合键为图层创建剪切蒙版，效果如图 6-42 所示。

图 6-41

图 6-42

（20）选择“横排文字”工具 T，在图像窗口中输入需要的文字并选取文字。在“字符”面板中将“颜色”设置为深蓝色（24、17、60），其他选项的设置如图 6-43 所示。按 Enter 键确定操作，效果如图 6-44 所示，“图层”控制面板中生成新的文字图层。

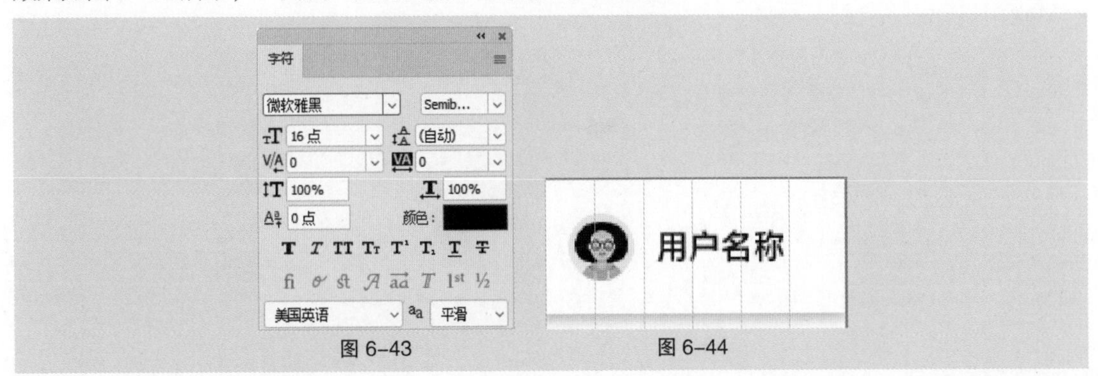

图 6-43

图 6-44

（21）按住 Shift 键的同时在“图层”控制面板中单击“矩形 1 拷贝”图层，将需要的图层同时选取。按 Ctrl+G 组合键群组图层并将其重命名为“顶部导航”，如图 6-45 所示。

（22）选择“原型”图层。选择“矩形”工具▭，在属性栏中将“填充”颜色设置为白色，将“描边”颜色设置为无。在图像窗口中绘制一个宽为 256 像素、高为 836 像素的矩形，效果如图 6–46 所示，“图层”控制面板中生成新的形状图层“矩形 3”。

（23）按 Ctrl+J 组合键复制图层，“图层”控制面板中生成“矩形 3 拷贝”图层，将其拖曳到“矩形 3”图层的下方。在“属性”面板中将“填充”颜色设置为灰色（185、185、185），单击“蒙版”按钮◘，切换到相应的面板并进行设置，如图 6–47 所示，效果如图 6–48 所示。

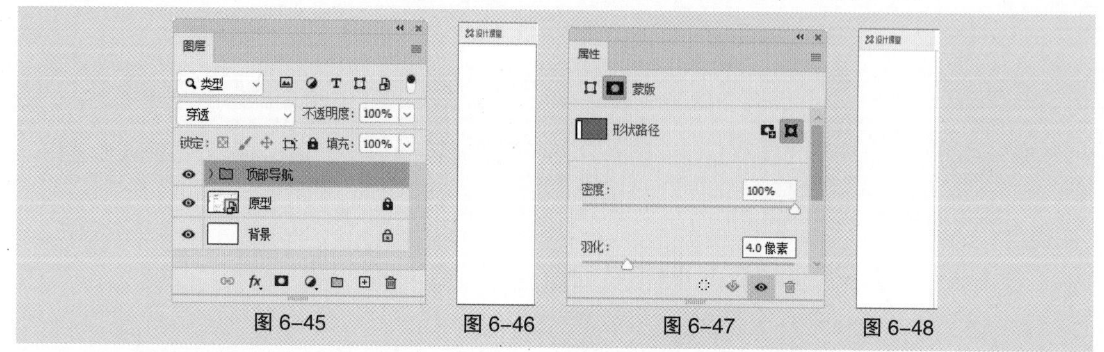

图 6–45　图 6–46　图 6–47　图 6–48

（24）选择“矩形 3”图层。选择“矩形”工具▭，在图像窗口中距离上方矩形 12 像素的位置绘制一个宽为 256 像素、高为 54 像素的矩形。在属性栏中将“填充”颜色设置为白色，将“描边”颜色设置为无，效果如图 6–49 所示，“图层”控制面板中生成新的形状图层“矩形 4”。

（25）选择“文件 > 置入嵌入对象”命令，弹出“置入嵌入的对象”对话框，选择云盘中的“Ch06 > 6.1.4 课堂案例——设计职业教育管理系统网站首页 > 素材 > 08”文件。单击“置入”按钮，将图标置入图像窗口中，在属性栏中设置其大小及位置，如图 6–50 所示。按 Enter 键确定操作，效果如图 6–51 所示，“图层”控制面板中生成新的图层并将其重命名为“数据中心”。

图 6–49　图 6–50　图 6–51

（26）单击“图层”控制面板下方的“添加图层样式”按钮 fx，在弹出的菜单中选择“颜色叠加”命令，弹出对话框，将“颜色”设置为深蓝色（24、17、60），其他选项的设置如图 6–52 所示。单击“确定”按钮，效果如图 6–53 所示。

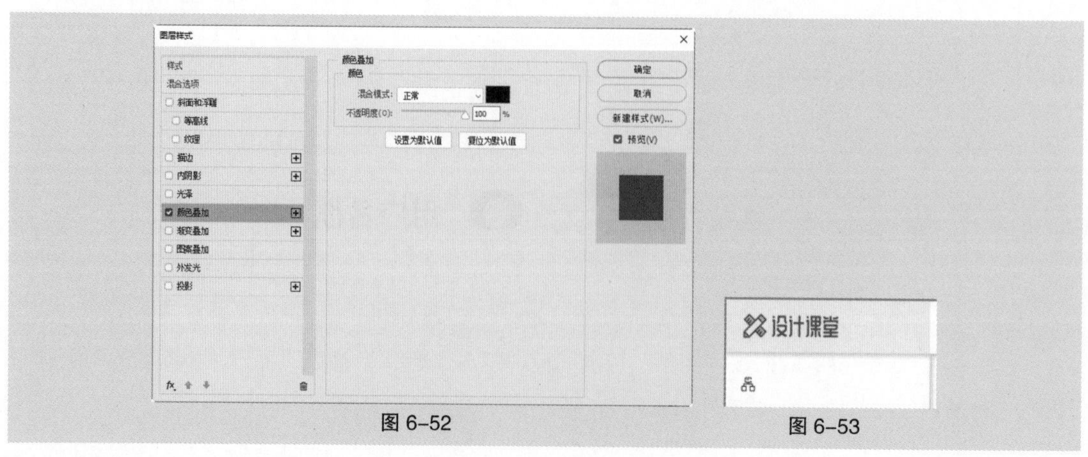

图 6–52　图 6–53

（27）选择“横排文字”工具 T，在图像窗口中输入需要的文字并选取文字。在“字符”面板中将“颜色”设置为深蓝色（24、17、60），其他选项的设置如图 6–54 所示。按 Enter 键确定操作，效果如图 6–55 所示，“图层”控制面板中生成新的文字图层。

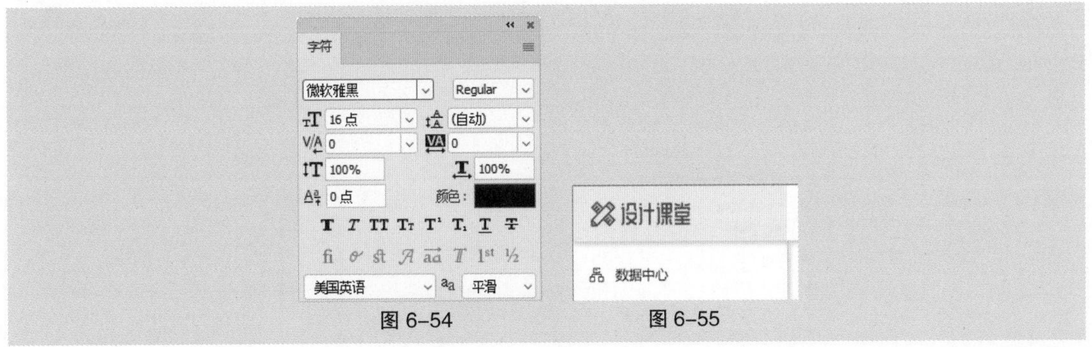

图 6–54　图 6–55

（28）选择“文件 > 置入嵌入对象”命令，弹出“置入嵌入的对象”对话框，选择云盘中的“Ch06 > 6.1.4 课堂案例——设计职业教育管理系统网站首页 > 素材 > 09”文件。单击“置入”按钮，将图标置入图像窗口中，在属性栏中设置其大小及位置，如图 6–56 所示。按 Enter 键确定操作，效果如图 6–57 所示，“图层”控制面板中生成新的图层并将其重命名为“向上”。

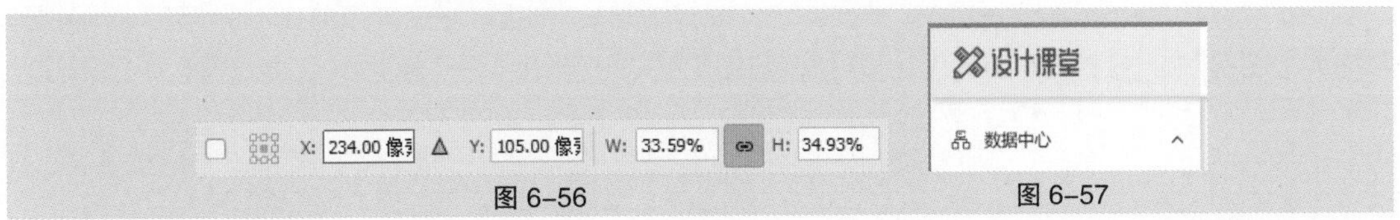

图 6–56　图 6–57

（29）选择“矩形”工具 □，在图像窗口中绘制一个宽为 256 像素、高为 46 像素的矩形。在属性栏中将“填充”颜色设置为蓝紫色（117、79、254），将“描边”颜色设置为无，效果如图 6–58 所示，“图层”控制面板中生成新的形状图层“矩形 5”。

（30）在“图层”控制面板中将“不透明度”设置为 10%，效果如图 6–59 所示。选择“数据中心”文字图层，按 Ctrl+J 组合键复制图层，“图层”控制面板中生成“数据中心 拷贝”图层，将其拖曳到“矩形 5”图层的上方。按 Ctrl+T 组合键，图像周围出现变换框，在属性栏中将“Y”坐标加 50 像素，按 Enter 键确定操作，效果如图 6–60 所示。

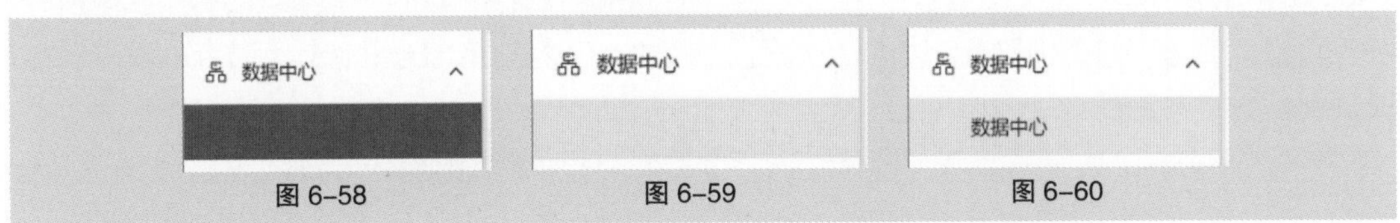

图 6–58　图 6–59　图 6–60

（31）选择“横排文字”工具 T，在图像窗口中选取并修改文字，效果如图 6–61 所示。选择“矩形”工具 □，在图像窗口中绘制一个宽为 4 像素、高为 46 像素的矩形。在属性栏中将“填充”颜色设置为蓝紫色（117、79、254），将“描边”颜色设置为无，效果如图 6–62 所示，“图层”控制面板中生成新的形状图层“矩形 6”。

（32）按住 Shift 键的同时在“图层”控制面板中单击“矩形 5”图层，将需要的图层同时选取。按 Ctrl+G 组合键群组图层并将其重命名为“数据概况”，如图 6–63 所示。

（33）按 Ctrl+J 组合键复制图层组并将复制得到的图层组重命名为“数据分析”。按 Ctrl+T 组合键，图像周围出现变换框。在属性栏中将“Y”坐标加 46 像素，按 Enter 键确定操作，效果如图 6–64 所示。

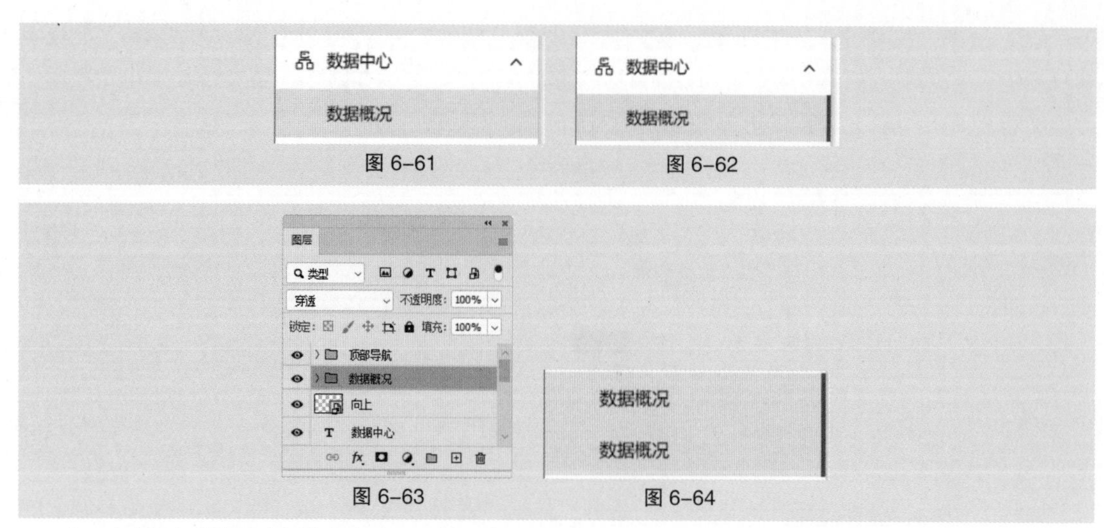

图 6-61　图 6-62

图 6-63　图 6-64

（34）展开“数据分析”图层组，选择“矩形 6”图层，按 Delete 键将其删除。选择“矩形 5”图层，选择“矩形”工具，在属性栏中将“填充”颜色设置为白色，效果如图 6-65 所示。选择“数据概况”文字图层，选择“横排文字”工具，选取并修改文字，效果如图 6-66 所示。

（35）折叠“数据分析”图层组。按住 Shift 键的同时在“图层”控制面板中单击“矩形 4”图层，将需要的图层同时选取。按 Ctrl+G 组合键群组图层并将其重命名为“数据中心”，如图 6-67 所示。

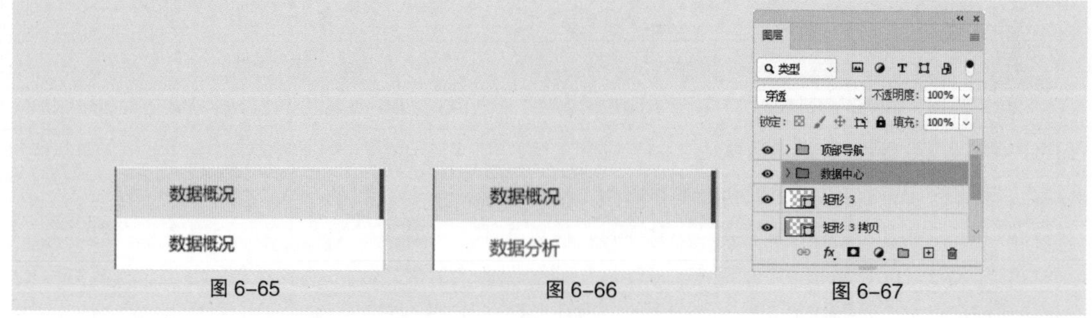

图 6-65　图 6-66　图 6-67

（36）按 Ctrl+J 组合键复制图层组并将复制得到的图层组重命名为“课程管理”。按 Ctrl+T 组合键，图像周围出现变换框。在属性栏中将“Y”坐标加 146 像素，按 Enter 键确定操作，效果如图 6-68 所示。展开“课程管理”图层组，按住 Ctrl 键的同时选择不需要的图层组和图层，如图 6-69 所示，按 Delete 键将其删除。

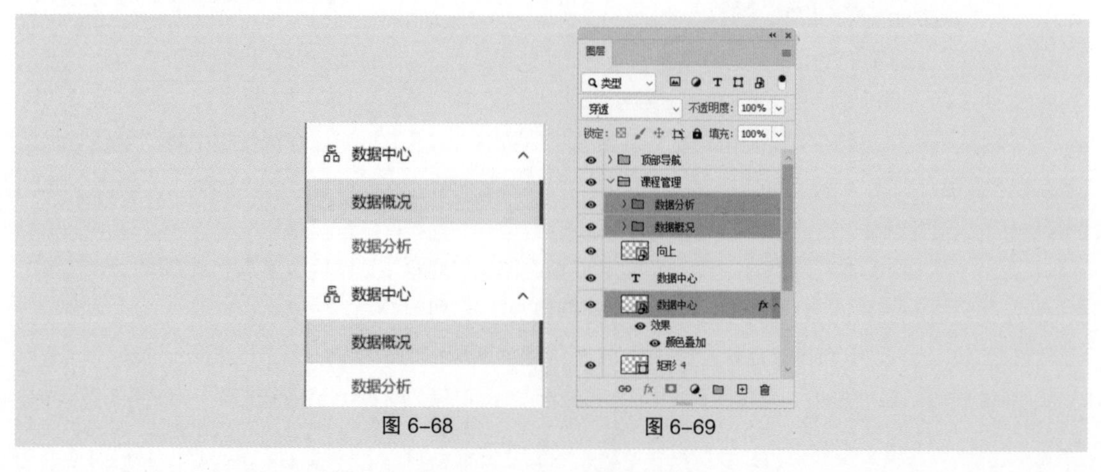

图 6-68　图 6-69

（37）选择“文件 > 置入嵌入对象”命令，弹出“置入嵌入的对象”对话框，选择云盘中的“Ch06 > 6.1.4 课堂案例——设计职业教育管理系统网站首页 > 素材 > 10”文件。单击“置入”按钮，将图标置入图像窗口中，在属性栏中设置其大小及位置，如图 6–70 所示。按 Enter 键确定操作，效果如图 6–71 所示，“图层”控制面板中生成新的图层并将其重命名为“课程管理”。

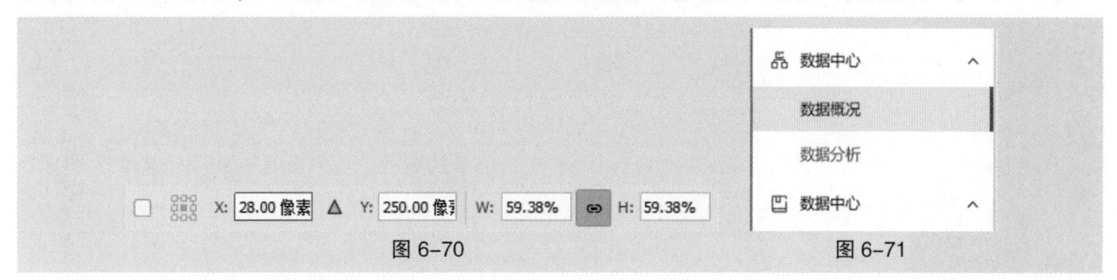

图 6–70　　图 6–71

（38）单击“图层”控制面板下方的“添加图层样式”按钮 fx，在弹出的菜单中选择“颜色叠加”命令，弹出对话框，将“颜色”设置为灰蓝色（92、87、118），其他选项的设置如图 6–72 所示。单击“确定”按钮，效果如图 6–73 所示。

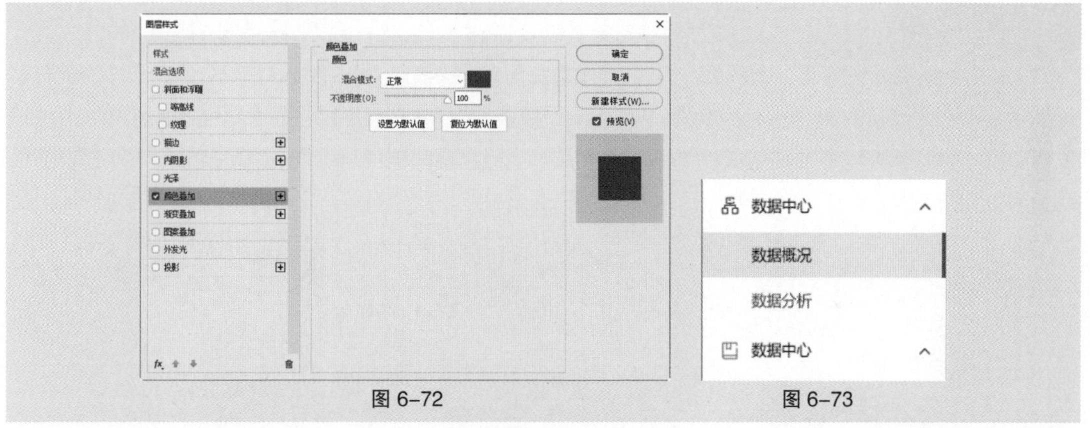

图 6–72　　图 6–73

（39）选择“横排文字”工具 T，选取需要的文字并修改文字。在“图层”控制面板中将“颜色”设置为灰蓝色（92、87、118），效果如图 6–74 所示。

（40）选择“向上”图层，按 Ctrl+T 组合键，图像周围出现变换框。单击鼠标右键，在弹出的菜单中选择“垂直翻转”命令，按 Enter 键确定操作。在“图层”控制面板中将图层重命名为“向下”。

（41）按住 Shift 键的同时单击“矩形 4”图层，将需要的图层同时选取，如图 6–75 所示。选择“移动”工具 ✥，在属性栏的“对齐方式”中单击“垂直居中对齐”按钮，效果如图 6–76 所示。

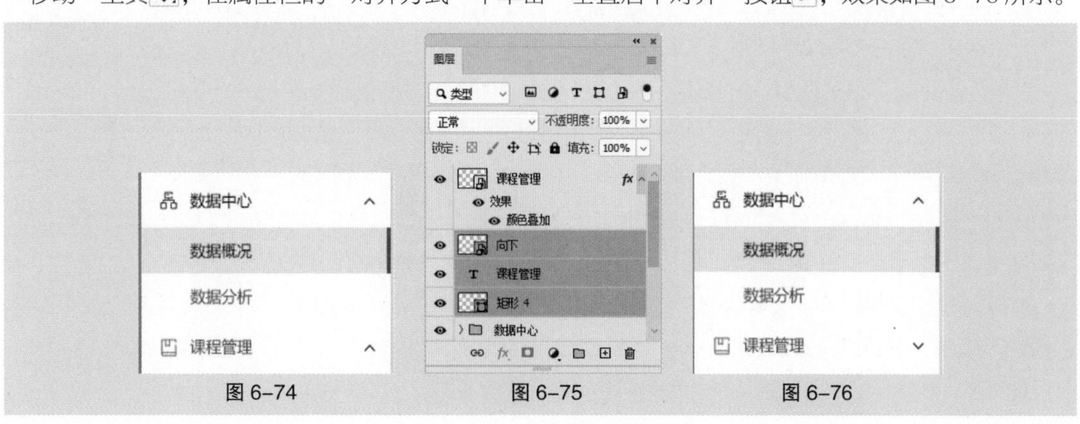

图 6–74　　图 6–75　　图 6–76

（42）选择“向下”图层，单击“图层”控制面板下方的“添加图层样式”按钮 fx，在弹出的菜单中选择“颜色叠加”命令，弹出对话框，将“颜色”设置为灰蓝色（92、87、118），其他选项的设置如图 6-77 所示。单击“确定”按钮，效果如图 6-78 所示。

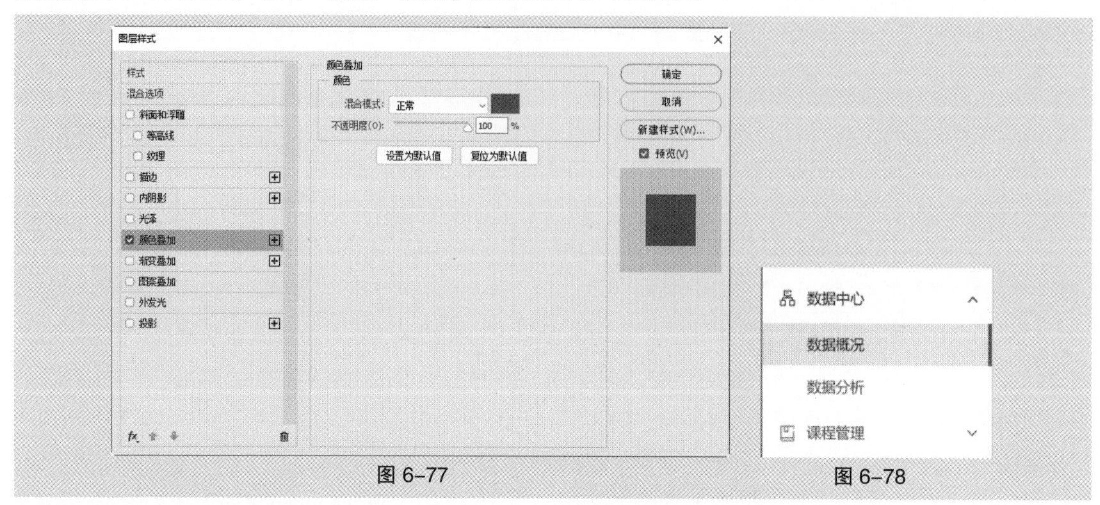

图 6-77　　图 6-78

（43）折叠“课程管理”图层组。使用上述方法复制图层组、置入图标并修改文字，“图层”控制面板中分别生成新的图层，效果如图 6-79 所示。按住 Shift 键的同时在“图层”控制面板中单击“矩形 3 拷贝”图层，将需要的图层同时选取。按 Ctrl+G 组合键群组图层并将其重命名为“左侧导航”，如图 6-80 所示。

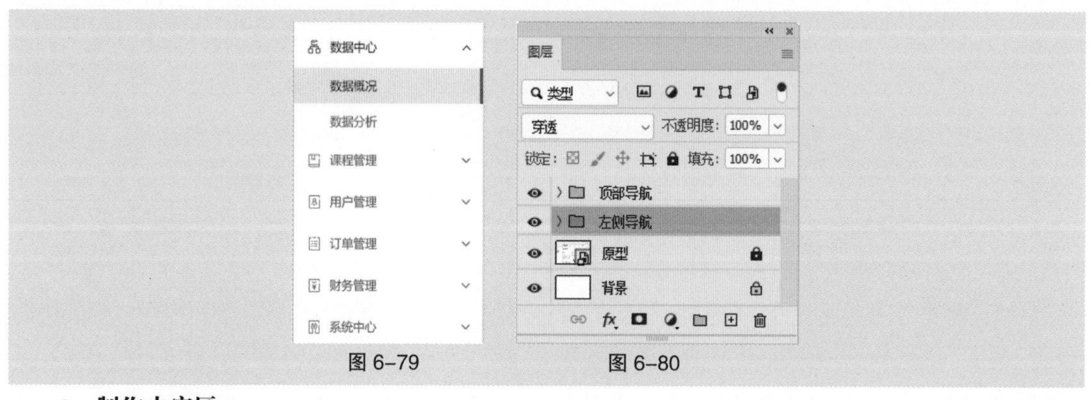

图 6-79　　图 6-80

2. 制作内容区 1

（1）选择“原型”图层，选择“矩形”工具，在图像窗口中绘制一个宽为 1184 像素、高为 836 像素的矩形。在属性栏中将“填充”颜色设置为浅紫色（237、233、246），将“描边”颜色设置为无，效果如图 6-81 所示，“图层”控制面板中生成新的形状图层“矩形 6”。

扫码观看
本案例视频 2

（2）选择“顶部导航”图层组，选择“圆角矩形”工具，在图像窗口中距离上方参考线 24 像素的位置绘制一个宽为 768 像素、高为 446 像素的圆角矩形。在“属性”面板中将“填充”颜色设置为白色，将“描边”颜色设置为无，其他选项的设置如图 6-82 所示，效果如图 6-83 所示，“图层”控制面板中生成新的形状图层“圆角矩形 1”。

（3）选择“横排文字”工具 T，在图像窗口中输入需要的文字并选取文字。在“字符”面板中将“颜色”设置为深蓝色（24、17、60），其他选项的设置如图 6-84 所示。按 Enter 键确定操作，效果如图 6-85 所示，“图层”控制面板中生成新的文字图层。

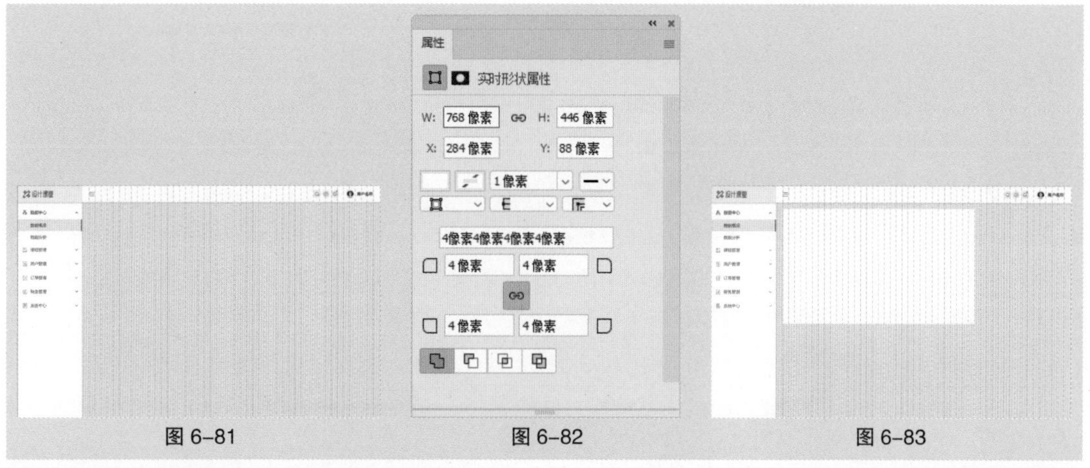

图 6-81　　图 6-82　　图 6-83

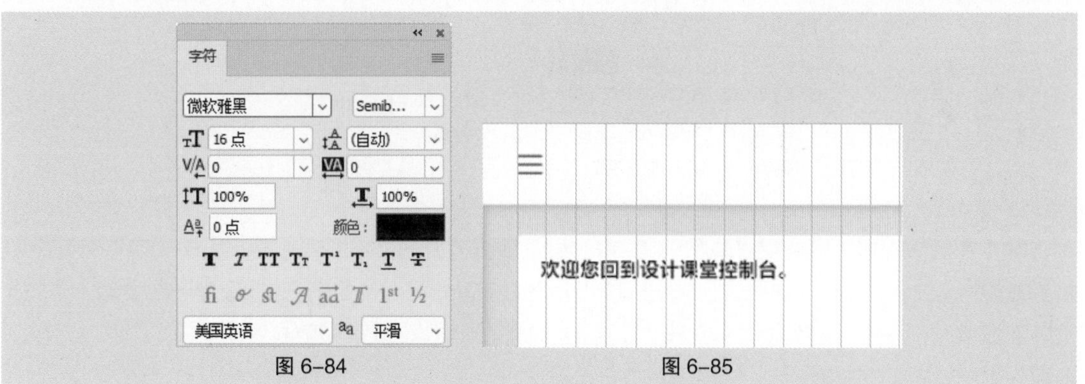

图 6-84　　图 6-85

（4）选择“直线”工具，在属性栏中将“填充”颜色设置为浅灰色（210、210、210），将“描边”颜色设置为无，将“粗细”设置为 2 像素。按住 Shift 键，在图像窗口中绘制一个长为 736 像素的直线段，如图 6-86 所示，“图层”控制面板中生成新的形状图层“形状 1”。

（5）选择“椭圆”工具，按住 Shift 键，在图像窗口中绘制一个直径为 48 像素的圆形。在属性栏中将“填充”颜色设置为浅灰色（245、244、248），将“描边”颜色设置为无，效果如图 6-87 所示，“图层”控制面板中生成新的形状图层“椭圆 4”。

图 6-86　　图 6-87

（6）选择“文件 > 置入嵌入对象”命令，弹出“置入嵌入的对象”对话框，选择云盘中的“Ch06 > 6.1.4 课堂案例——设计职业教育管理系统网站首页 > 素材 > 15”文件。单击“置入”按钮，将图标置入图像窗口中，在属性栏中设置其大小及位置，如图 6-88 所示。按 Enter 键确定操作，效果如图 6-89 所示，“图层”控制面板中生成新的图层并将其重命名为“课程”。

X: 327 像素 Y: 187.00 像素 W: 60.00% H: 60.00%

图 6-88

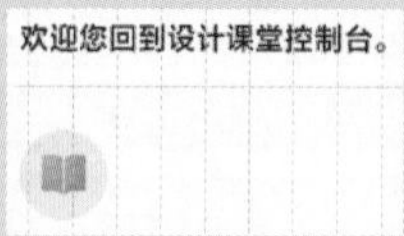

欢迎您回到设计课堂控制台。

图 6-89

（7）选择“横排文字”工具 T.，在图像窗口中距离左侧圆形 8 像素的位置输入需要的文字并选取文字。在“字符”面板中将“颜色”设置为灰蓝色（92、87、118），其他选项的设置如图 6-90 所示。按 Enter 键确定操作，效果如图 6-91 所示，“图层”控制面板中生成新的文字图层。

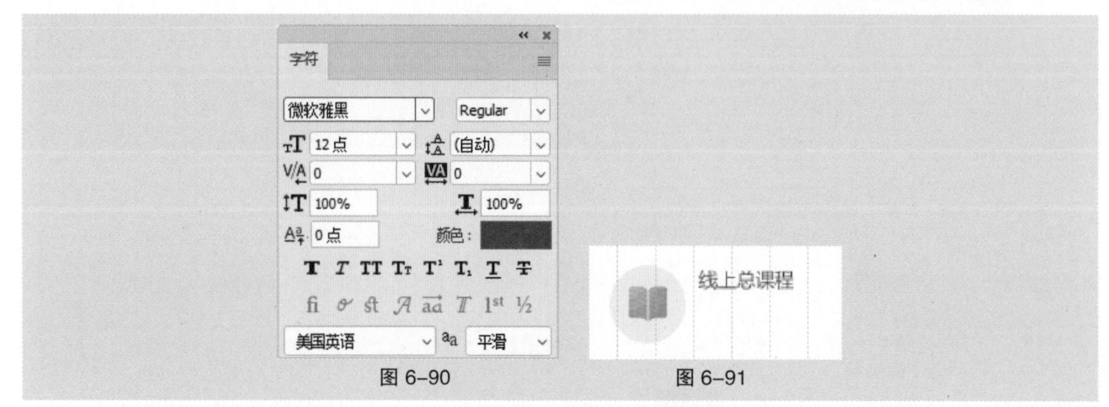

图 6-90 图 6-91

（8）在图像窗口中距离上方文字 12 像素的位置输入需要的文字并选取文字，在“字符”面板中将“颜色”设置为深蓝色（24、17、60），其他选项的设置如图 6-92 所示。选取需要的文字，在“字符”面板中进行设置，如图 6-93 所示。按 Enter 键确定操作，效果如图 6-94 所示，“图层”控制面板中生成新的文字图层。

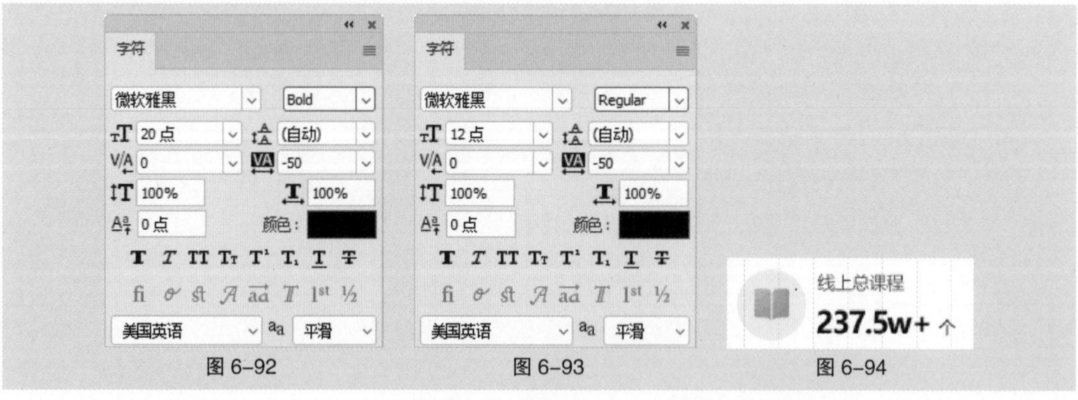

图 6-92 图 6-93 图 6-94

（9）选择“直线”工具 ⁄，在属性栏中将“填充”颜色设置为浅灰色（210、210、210），将“描边”颜色设置为无，将“粗细”设置为 2 像素。按住 Shift 键，在图像窗口中绘制一个长为 60 像素的直线段，如图 6-95 所示，“图层”控制面板中生成新的形状图层“形状 2”。

（10）按住 Shift 键的同时在“图层”控制面板中单击“椭圆 4”图层，将需要的图层同时选取。按 Ctrl+G 组合键群组图层并将其重命名为“线上总课程”，如图 6-96 所示。

（11）按 Ctrl+J 组合键复制“线上总课程”图层组并将复制得到的图层组重命名为“累计注册用户数”。按 Ctrl+T 组合键，图像周围出现变换框。在属性栏中将“X”坐标加 192 像素，按 Enter 键确定操作，效果如图 6-97 所示。展开“累计注册用户数”图层组，选择“横排文字”工具 T.，分别选取并修改文字，效果如图 6-98 所示。

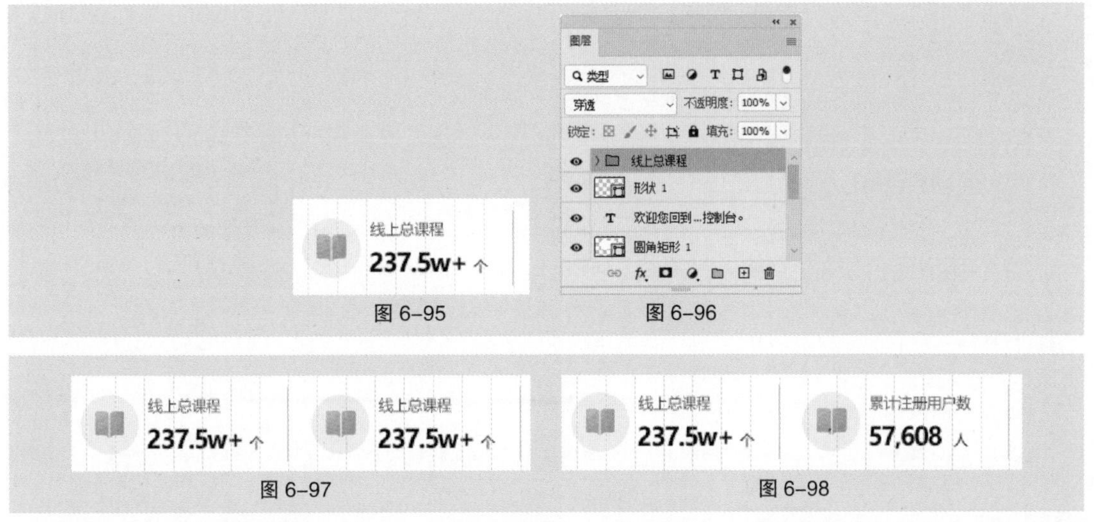

图 6-95　　图 6-96

图 6-97　　图 6-98

（12）选择“课程”图层，按 Delete 键将其删除。选择“文件 > 置入嵌入对象”命令，弹出“置入嵌入的对象”对话框，选择云盘中的“Ch06 > 6.1.4 课堂案例——设计职业教育管理系统网站首页 > 素材 > 16”文件。单击“置入”按钮，将图标置入图像窗口中，在属性栏中设置其大小及位置，如图 6-99 所示。按 Enter 键确定操作，效果如图 6-100 所示，“图层”控制面板中生成新的图层并将其重命名为“用户”。

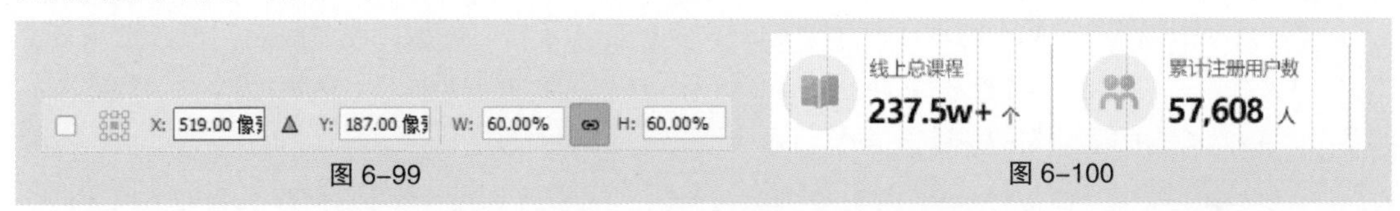

图 6-99　　图 6-100

（13）折叠“累计注册用户数”图层组。使用上述方法复制图层组、置入图标并修改文字，如图 6-101 所示，效果如图 6-102 所示。

图 6-101　　图 6-102

（14）选择“形状 1”图层，按 Ctrl+J 组合键复制图层并将复制得到的图层拖曳到“总学习时长”图层组的上方。按 Ctrl+T 组合键，图像周围出现变换框。在属性栏中将“Y”坐标加 93 像素，按 Enter 键确定操作，效果如图 6-103 所示。

（15）按住 Shift 键的同时在“图层”控制面板中单击“形状 1”图层，将需要的图层同时选取。按 Ctrl+G 组合键群组图层并将其重命名为“概况”，如图 6-104 所示。

（16）选择“横排文字”工具 T，在图像窗口中距离上方直线段 16 像素的位置输入需要的文字并选取文字。在“字符”面板中将“颜色”设置为深蓝色（24、17、60），其他选项的设置如图 6-105 所示。按 Enter 键确定操作，效果如图 6-106 所示，“图层”控制面板中生成新的文字图层。

图 6-103 　　图 6-104

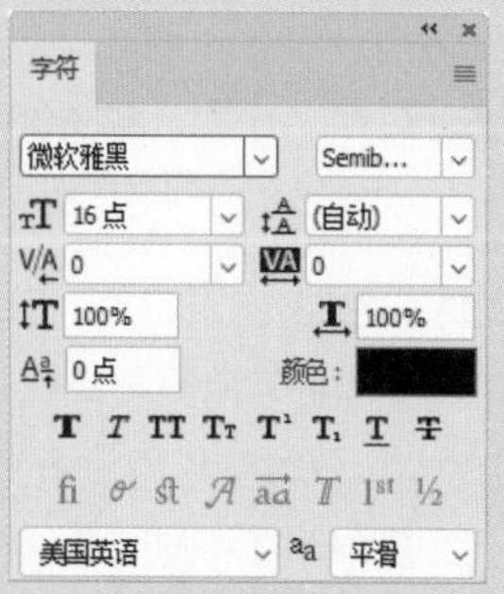

图 6-105 　　图 6-106

（17）在图像窗口中输入需要的文字并选取文字。在“字符”面板中将“颜色”设置为灰蓝色（92、87、118），其他选项的设置如图 6-107 所示。按 Enter 键确定操作，效果如图 6-108 所示，“图层”控制面板中生成新的文字图层。

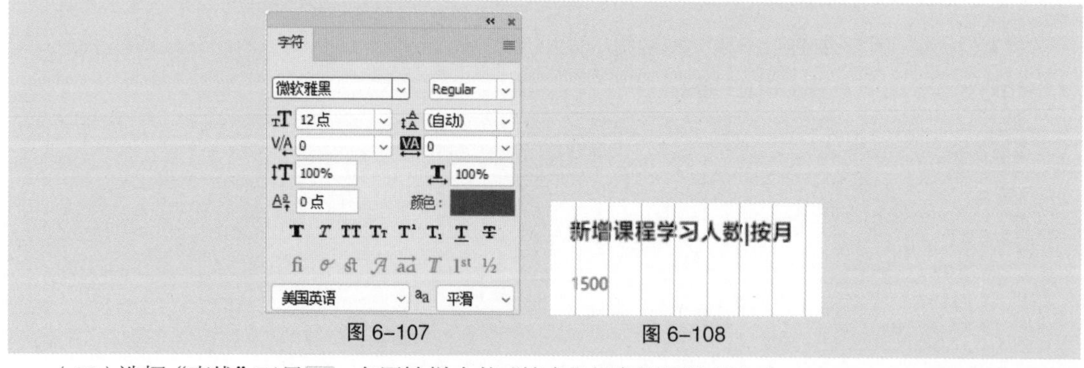

图 6-107　　图 6-108

（18）选择“直线”工具，在属性栏中将“填充”颜色设置为浅灰色（210、210、210），将“描边”颜色设置为无，将“粗细”设置为 2 像素。按住 Shift 键，在图像窗口中距离左侧文字 12 像素的位置绘制一个长为 692 像素的直线段，如图 6-109 所示，“图层”控制面板中生成新的形状图层“形状 3”。

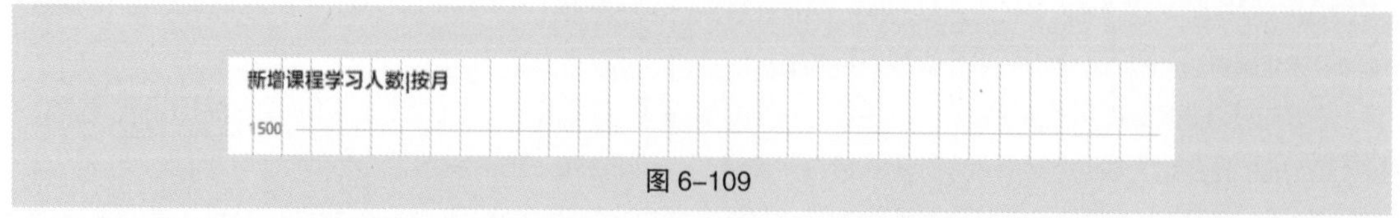

图 6-109

（19）按住 Shift 键的同时单击“1500”文字图层，将需要的图层同时选取。按 Ctrl+J 组合键复制图层。按 Ctrl+T 组合键，图像周围出现变换框。在属性栏中将“Y”坐标加 35 像素，按 Enter

键确定操作，效果如图 6-110 所示。选择“横排文字”工具T.，在图像窗口中选取并修改文字，效果如图 6-111 所示。

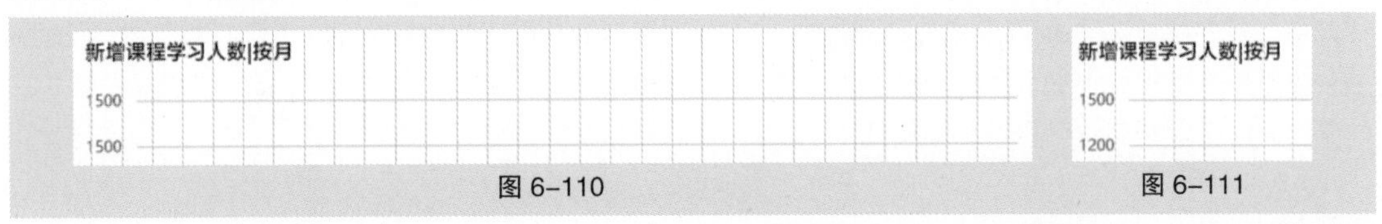

图 6-110　　图 6-111

（20）使用相同的方法复制图层并修改文字，制作出图 6-112 所示的效果，“图层”控制面板中分别生成新的图层。选择“直线”工具⁄.，在属性栏中将“填充”颜色设置为浅灰色（210、210、210），将“描边”颜色设置为无，将“粗细”设置为 2 像素。按住 Shift 键，在图像窗口中绘制一个长为 4 像素的直线段，如图 6-113 所示，“图层”控制面板中生成新的形状图层“形状 4”。

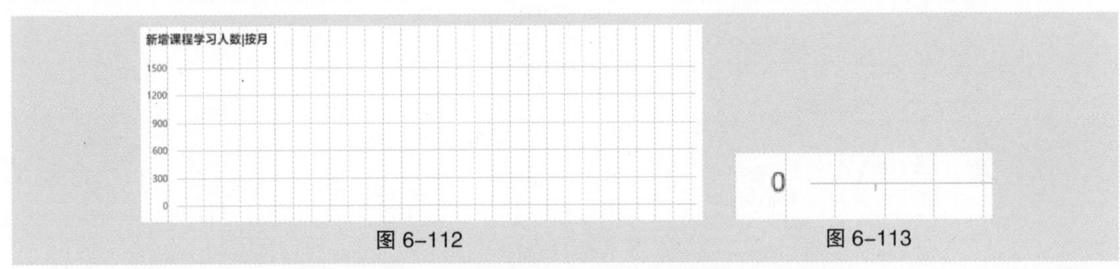

图 6-112　　图 6-113

（21）选择“横排文字”工具T.，在图像窗口中输入需要的文字并选取文字。在“字符”面板中将“颜色”设置为深蓝色（24、17、60），其他选项的设置如图 6-114 所示。按 Enter 键确定操作，效果如图 6-115 所示，“图层”控制面板中生成新的文字图层。

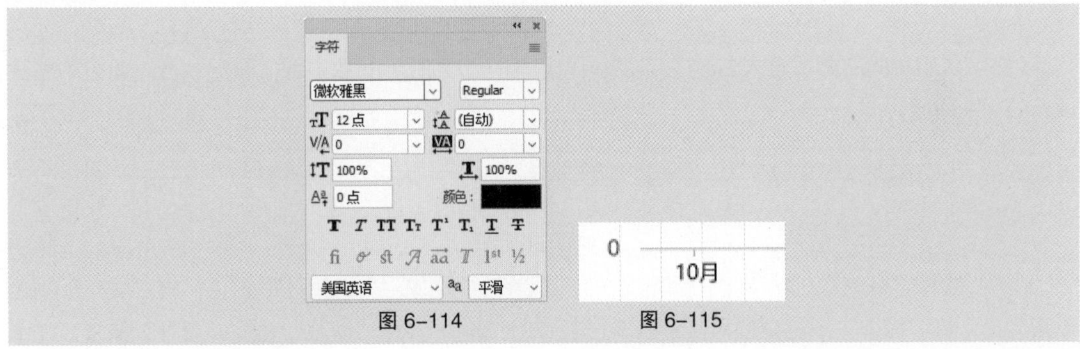

图 6-114　　图 6-115

（22）按住 Shift 键的同时单击“形状 4”图层，将需要的图层同时选取。按 Ctrl+J 组合键复制图层。按 Ctrl+T 组合键，图像周围出现变换框。在属性栏中将“X”坐标加 109 像素，按 Enter 键确定操作，效果如图 6-116 所示。选择“横排文字”工具T.，在图像窗口中选取并修改文字，效果如图 6-117 所示。

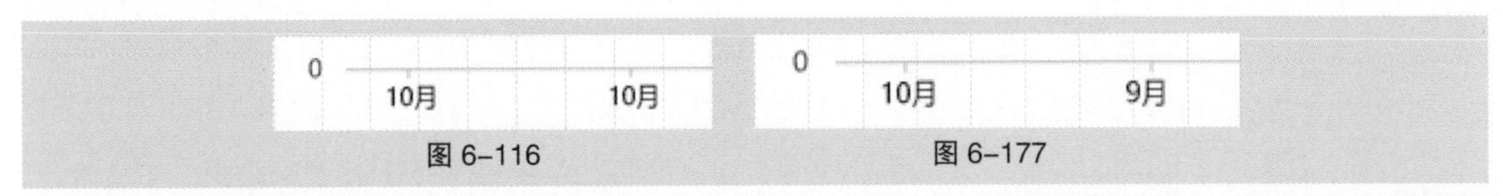

图 6-116　　图 6-177

（23）使用相同的方法复制图层并修改文字，制作出图 6-118 所示的效果，“图层”控制面板中分别生成新的图层。

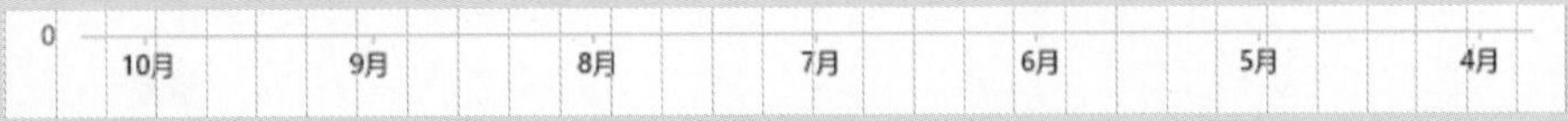

图 6-118

（24）选择“横排文字”工具T.，在图像窗口中输入需要的文字并选取文字。在“字符”面板中将“颜色”设置为灰蓝色（92、87、118），其他选项的设置如图 6-119 所示。按 Enter 键确定操作，“图层”控制面板中生成新的文字图层。按住 Ctrl 键的同时将需要的图层同时选取，如图 6-120 所示。选择“移动”工具，在属性栏的“对齐方式”中单击“水平居中对齐”按钮，效果如图 6-121 所示。

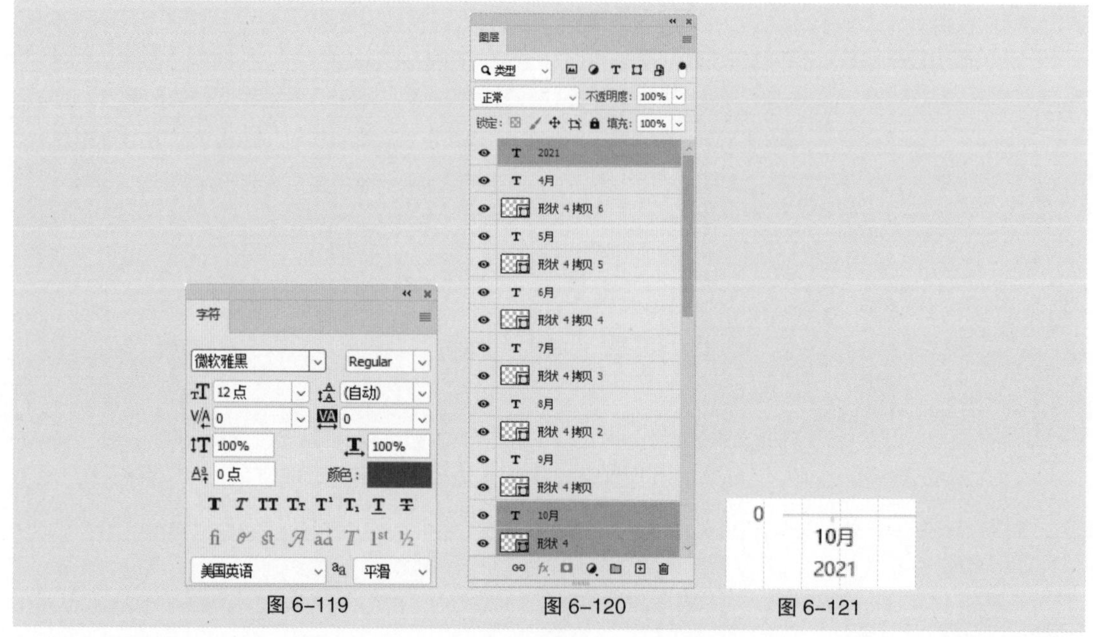

图 6-119　　图 6-120　　图 6-121

（25）使用相同的方法输入其他文字，制作出图 6-122 所示的效果，“图层”控制面板中将生成新的文字图层。

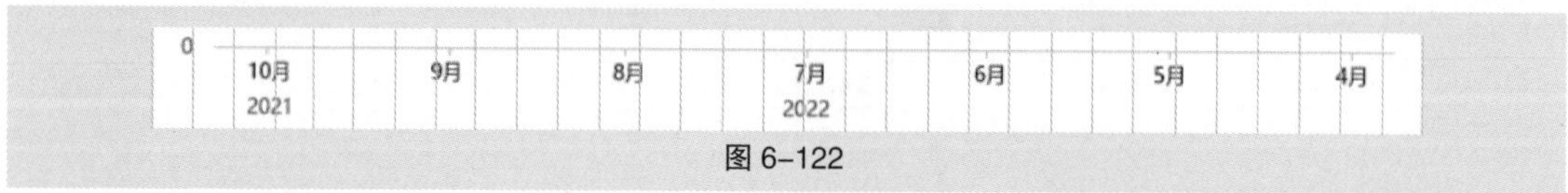

图 6-122

（26）选择“钢笔”工具，在属性栏的“选择工具模式”中选择“形状”，将“填充”颜色设置为无，将“描边”颜色设置为蓝紫色（117、79、254），将“描边”粗细设置为 2 像素。在图像窗口中绘制形状，如图 6-123 所示，“图层”控制面板中生成新的形状图层“形状 5”。

（27）按 Ctrl+J 组合键复制图层，“图层”控制面板中生成“形状 5 拷贝”图层，将其拖曳到“形状 5”图层的下方。继续绘制形状，效果如图 6-124 所示。

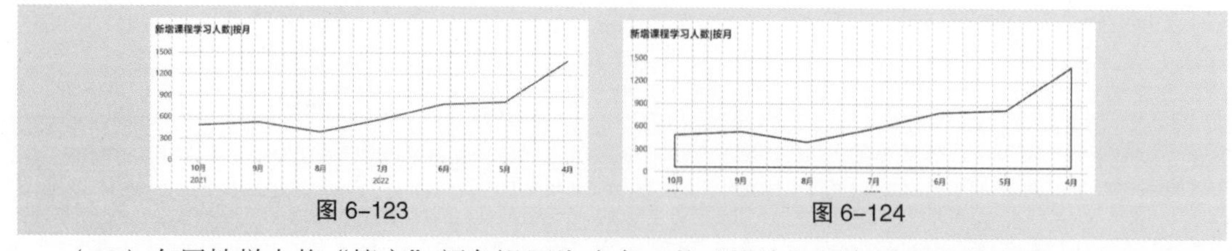

图 6-123　　图 6-124

（28）在属性栏中将“填充”颜色设置为白色，将“描边”颜色设置为浅灰色（210、210、210），将“描边”粗细设置为 1 像素。单击“图层”控制面板下方的“添加图层样式”按钮，在弹出的菜单中选择“渐变叠加”命令，弹出对话框。单击“点按可编辑渐变”按钮，弹出“渐变编辑器”对话框，设置 0、100 这两个位置色标的 RGB 值分别为（248、248、246）、（177、

79、254），单击“确定”按钮，返回到“图层样式”对话框，其他选项的设置如图 6-125 所示。单击“确定”按钮，效果如图 6-126 所示。

（29）选择“椭圆”工具，在属性栏中将“填充”颜色设置为蓝紫色（117、79、254），将“描边”颜色设置为浅灰色（210、210、210），将“描边”粗细设置为 1 像素。按住 Shift 键，在图像窗口中绘制一个直径为 8 像素的圆形，效果如图 6-127 所示，“图层”控制面板中生成新的形状图层“椭圆 5”。

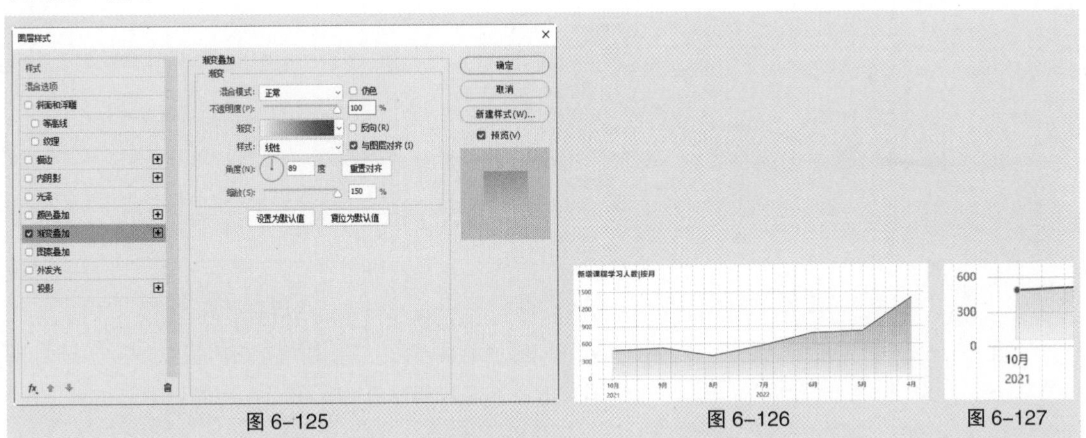

图 6-125　　图 6-126　　图 6-127

（30）按 Ctrl+J 组合键复制图层，“图层”控制面板中生成“椭圆 5 拷贝”图层。按 Ctrl+T 组合键，图像周围出现变换框。在属性栏中设置其坐标，如图 6-128 所示。按 Enter 键确定操作，效果如图 6-129 所示。

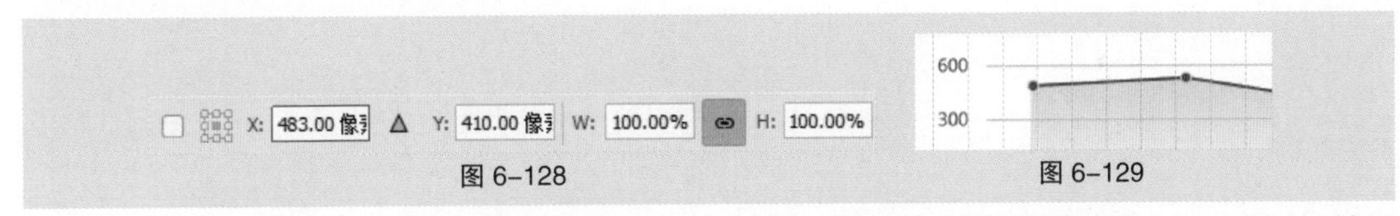

图 6-128　　图 6-129

（31）使用相同的方法复制圆形并调整它们的位置，“图层”控制面板如图 6-130 所示，效果如图 6-131 所示。

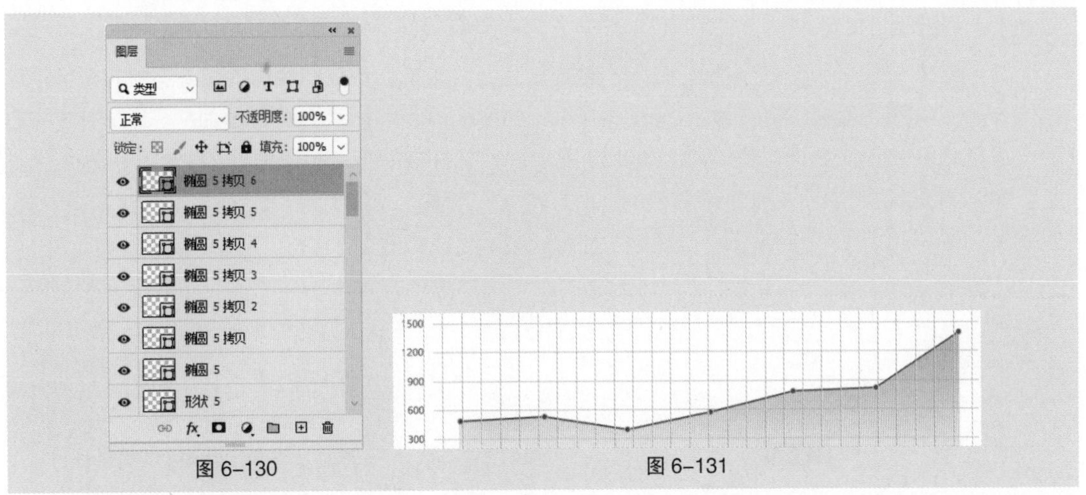

图 6-130　　图 6-131

（32）选择“椭圆 5 拷贝 3”图层。选择“椭圆”工具，在属性栏中将“描边”颜色设置为深蓝色（24、17、60），效果如图 6-132 所示。

（33）选择“椭圆 5 拷贝 6”图层。选择“圆角矩形”工具，在图像窗口中绘制一个宽为 176 像素、高为 44 像素的圆角矩形。在“属性”面板中将“填充”颜色设置为白色，将“描边”颜色设置为无，其他选项的设置如图 6-133 所示，效果如图 6-134 所示，“图层”控制面板中生成新的形状图层“圆角矩形 2”。

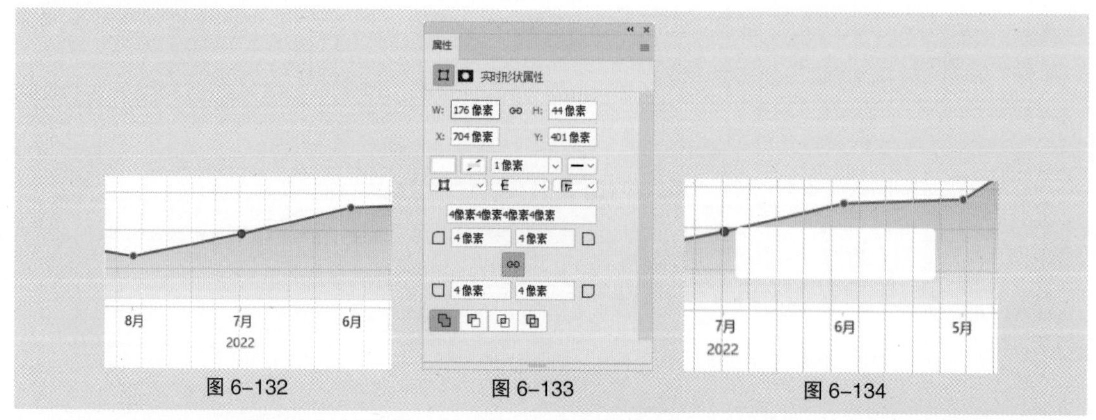

图 6-132　　图 6-133　　图 6-134

（34）按 Ctrl+J 组合键复制图层，“图层”控制面板中生成“圆角矩形 2 拷贝”图层，将其拖曳到“圆角矩形 2”图层的下方。按 Ctrl+T 组合键，图像周围出现变换框，在属性栏中设置其坐标，如图 6-135 所示，按 Enter 键确定操作。在“属性”面板中将“填充”颜色设置为浅灰色（210、210、210），单击“蒙版”按钮，切换到相应的面板并进行设置，如图 6-136 所示。按 Enter 键确定操作，效果如图 6-137 所示。

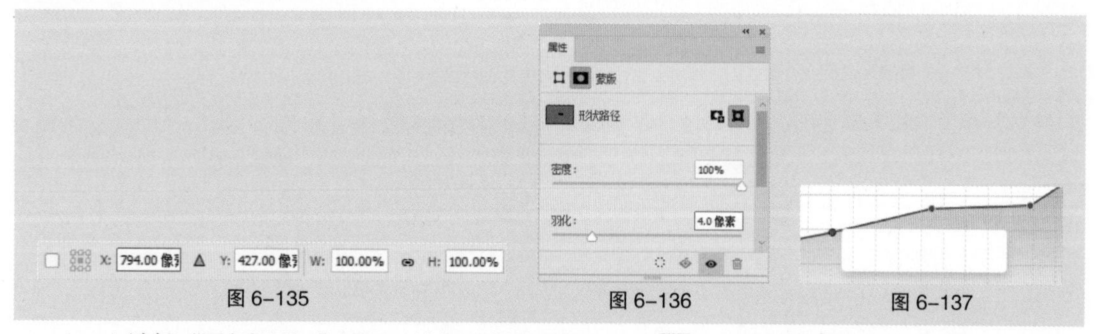

图 6-135　　图 6-136　　图 6-137

（35）选择“圆角矩形 2”图层。选择“横排文字”工具，在图像窗口中输入需要的文字并选取文字。在“字符”面板中将“颜色”设置为灰蓝色（92、87、118），其他选项的设置如图 6-138 所示。按 Enter 键确定操作，效果如图 6-139 所示，“图层”控制面板中生成新的文字图层。

（36）在图像窗口中输入需要的文字并选取文字。在“字符”面板中将“颜色”设置为深蓝色（24、17、60），效果如图 6-140 所示，“图层”控制面板中生成新的文字图层。

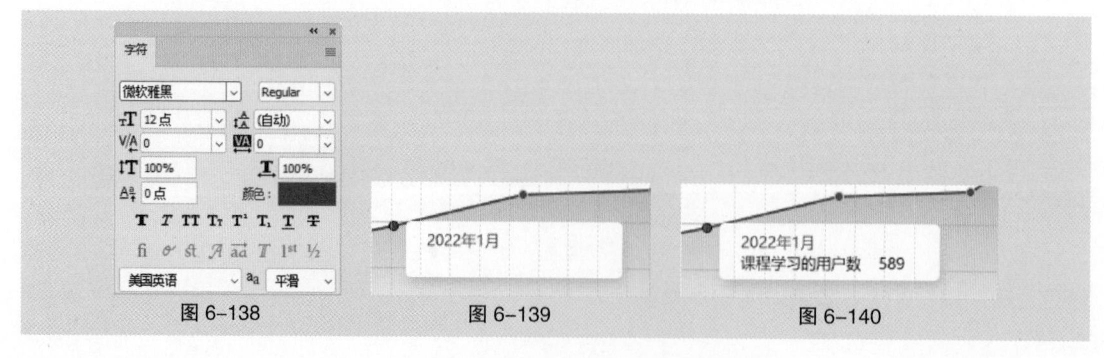

图 6-138　　图 6-139　　图 6-140

（37）按住 Shift 键的同时单击“新增课程学习人数 | 按月”文字图层，将需要的图层同时选取，按 Ctrl+G 组合键群组图层并将其重命名为“新增课程学习人数 | 按月”，如图 6-141 所示。按住 Shift 键的同时单击“圆角矩形 1”图层，将需要的图层同时选取，按 Ctrl+G 组合键群组图层并将其重命名为“数据概况”，如图 6-142 所示。

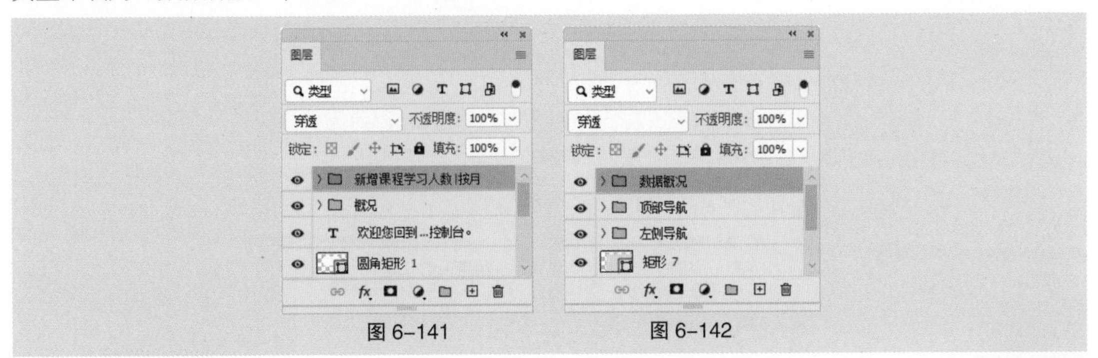

图 6-141　　图 6-142

3．制作内容区 2

扫码观看
本案例视频 3

（1）选择“圆角矩形”工具，在图像窗口中距离上方矩形和左侧圆角矩形各 24 像素的位置，绘制一个宽为 336 像素、高为 252 像素的圆角矩形。在“属性”面板中将“填充”颜色设置为白色，将“描边”颜色设为无，其他选项的设置如图 6-143 所示，效果如图 6-144 所示，“图层”控制面板中生成新的形状图层“圆角矩形 3”。

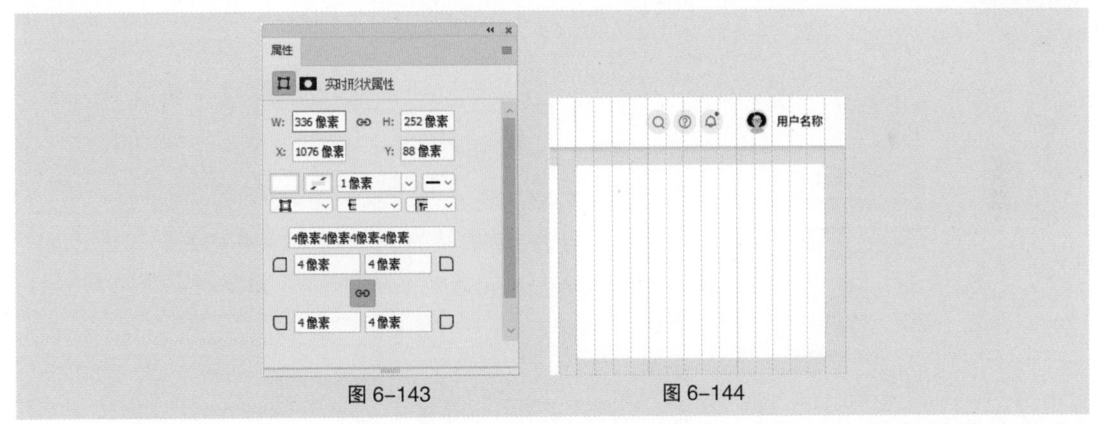

图 6-143　　图 6-144

（2）选择“横排文字”工具，在图像窗口中距离圆角矩形内侧上方 20 像素的位置输入需要的文字并选取文字。在“字符”面板中将“颜色”设置为深蓝色（24、17、60），其他选项的设置如图 6-145 所示。按 Enter 键确定操作，效果如图 6-146 所示，“图层”控制面板中生成新的文字图层。

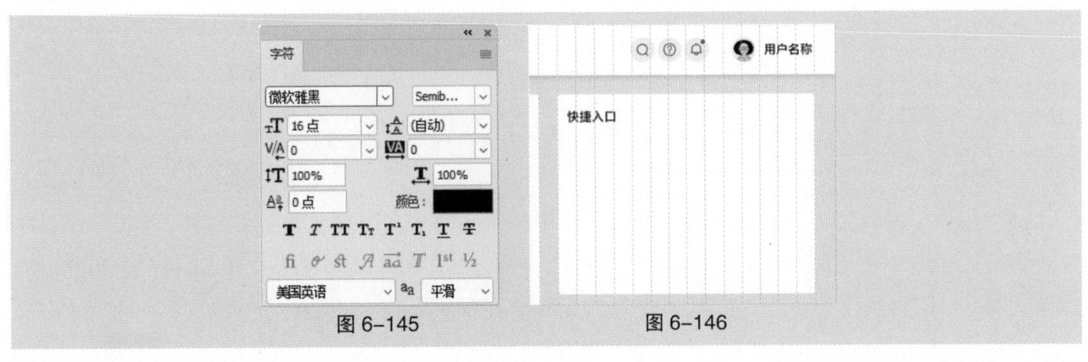

图 6-145　　图 6-146

（3）选择“圆角矩形”工具，在图像窗口中按住 Shift 键，绘制一个宽为 32 像素、高为 32 像素的圆角矩形。在“属性”面板中将“填充”颜色设置为浅灰色（245、244、248），将“描边”颜色设置为无，其他选项的设置如图 6-147 所示，效果如图 6-148 所示，“图层”控制面板中生成新的形状图层“圆角矩形 4”。

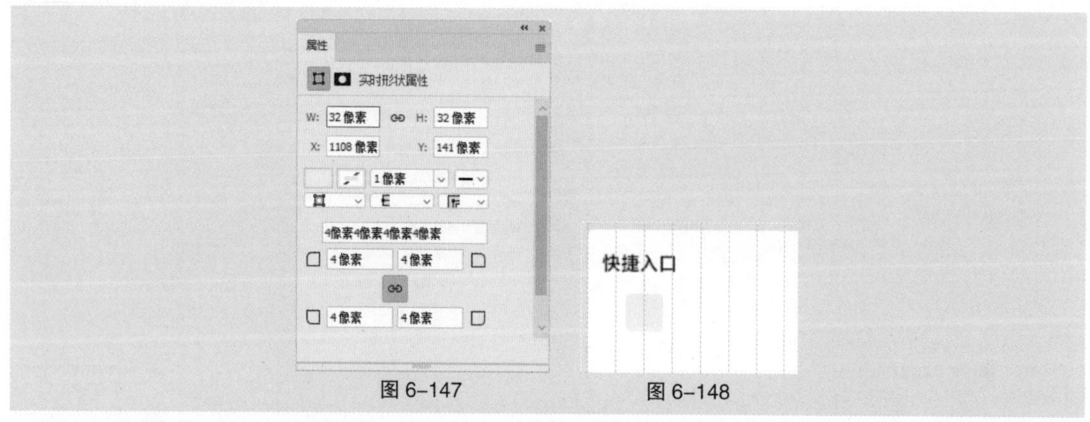

图 6-147　　图 6-148

（4）选择“文件 > 置入嵌入对象”命令，弹出“置入嵌入的对象”对话框，选择云盘中的“Ch06 > 6.1.4 课堂案例——设计职业教育管理系统网站首页 > 素材 > 19”文件。单击“置入”按钮，将图标置入图像窗口中，在属性栏中设置其大小及位置，如图 6-149 所示。按 Enter 键确定操作，效果如图 6-150 所示，“图层”控制面板中生成新的图层并将其重命名为“教师管理”。

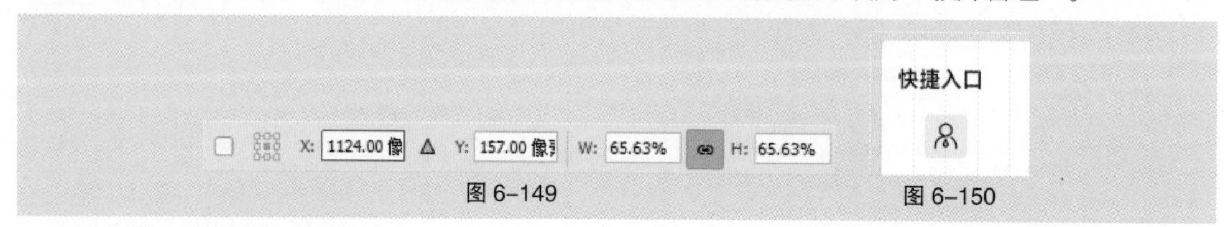

图 6-149　　图 6-150

（5）单击“图层”控制面板下方的“添加图层样式”按钮，在弹出的菜单中选择“颜色叠加”命令，弹出对话框，将“颜色”设置为深蓝色（24、17、60），其他选项的设置如图 6-151 所示。单击“确定”按钮，效果如图 6-152 所示。

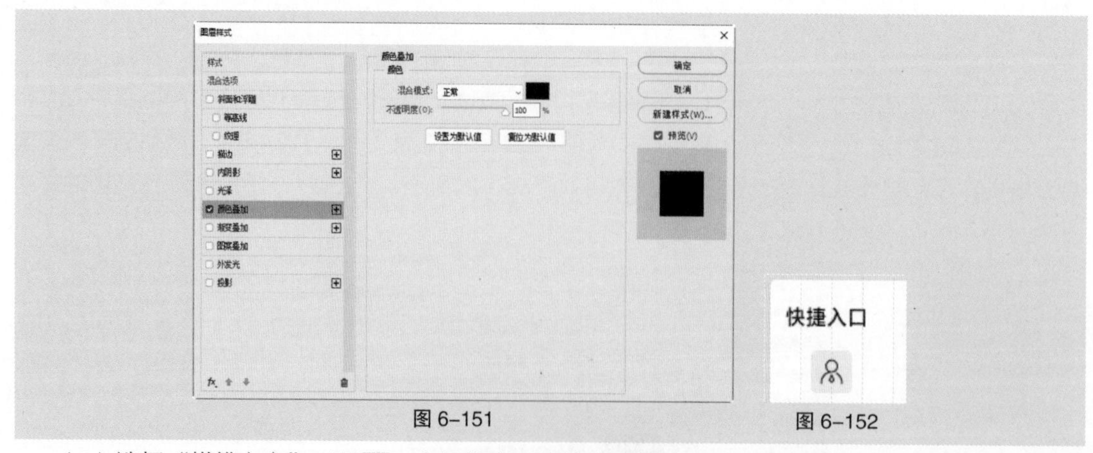

图 6-151　　图 6-152

（6）选择“横排文字”工具，在图像窗口中输入需要的文字并选取文字。在“字符”面板中将“颜色”设置为深蓝色（24、17、60），其他选项的设置如图 6-153 所示。按 Enter 键确定操作，效果如图 6-154 所示，“图层”控制面板中生成新的文字图层。

（7）按住 Shift 键的同时单击“圆角矩形 4”图层，将需要的图层同时选取，按 Ctrl+G 组合键群组图层并将其重命名为“教师管理”，如图 6-155 所示。

（8）按 Ctrl+J 组合键复制图层组并将复制得到的图层组重命名为“学生管理”。按 Ctrl+T 组合键，图像周围出现变换框。在属性栏中将“X”坐标加 80 像素，按 Enter 键确定操作，效果如图 6-156 所示。

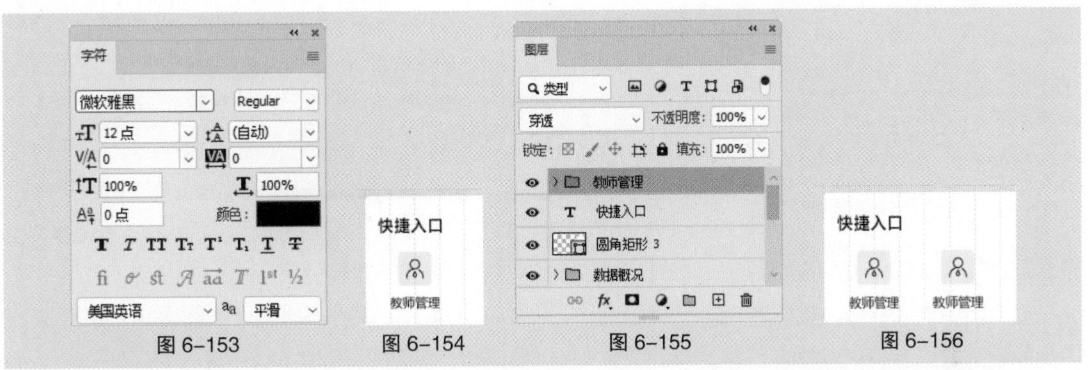

图 6-153　图 6-154　图 6-155　图 6-156

（9）展开“学生管理”图层组，选择“教师管理”图层。按 Delete 键将其删除。选择“文件 > 置入嵌入对象”命令，弹出“置入嵌入的对象”对话框，选择云盘中的“Ch06 > 6.1.4 课堂案例——设计职业教育管理系统网站首页 > 素材 > 20”文件。单击“置入”按钮，将图标置入图像窗口中，在属性栏中设置其大小及位置，如图 6-157 所示。按 Enter 键确定操作，效果如图 6-158 所示，“图层”控制面板中生成新的图层并将其重命名为“学生管理”。

图 6-157　图 6-158

（10）单击“图层”控制面板下方的“添加图层样式”按钮 fx，在弹出的菜单中选择“颜色叠加”命令，弹出对话框，将“颜色”设置为深蓝色（24、17、60），其他选项的设置如图 6-159 所示。单击“确定”按钮，效果如图 6-160 所示。

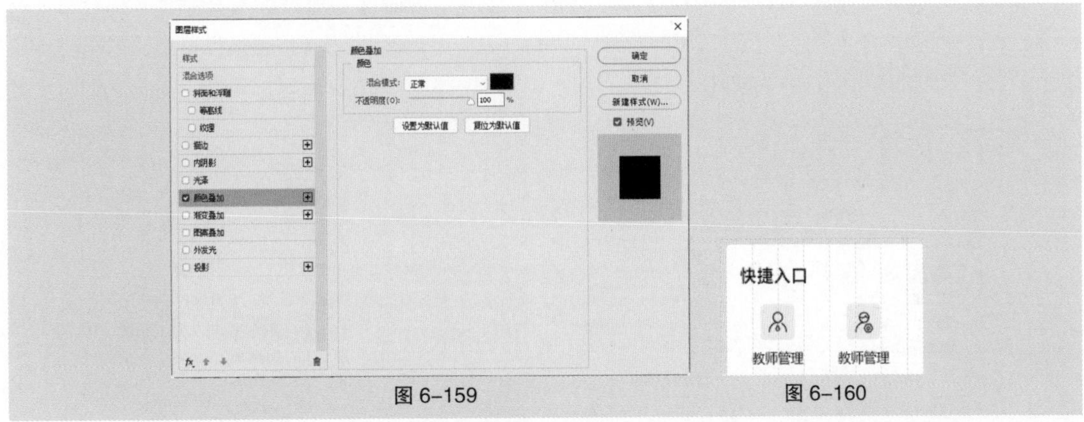

图 6-159　图 6-160

（11）选择“横排文字”工具 T，在图像窗口中选取并修改文字，效果如图 6-161 所示。折叠“学生管理”图层组，使用相同的方法复制图层组、置入图标并修改文字，效果如图 6-162 所示，“图层”控制面板中分别生成新的图层组，如图 6-163 所示。

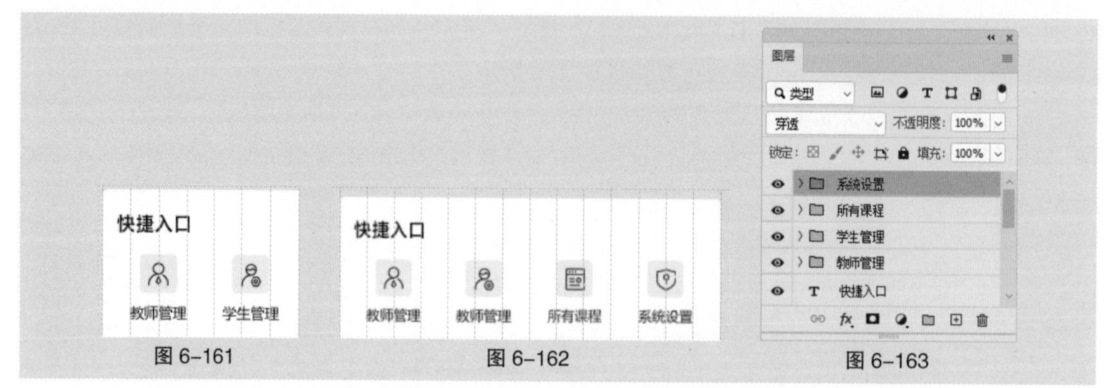

图 6-161　　图 6-162　　图 6-163

（12）选择“直线”工具，在属性栏中将“填充”颜色设置为浅灰色（210、210、210），将“描边”颜色设置为无，将“粗细”设置为 2 像素。按住 Shift 键，在图像窗口中绘制一个长为 272 像素的直线段，如图 6-164 所示，“图层”控制面板中生成新的形状图层“形状 6”。

（13）选择“系统设置”图层组，按住 Shift 键的同时单击“快捷入口”文字图层，将需要的图层组和图层同时选取，如图 6-165 所示。按 Ctrl+J 组合键复制图层组和图层并将复制得到的图层组和图层拖曳到“形状 6”图层的上方。按 Ctrl+T 组合键，图像周围出现变换框。在属性栏中将“Y”坐标加 125 像素，按 Enter 键确定操作，效果如图 6-166 所示。

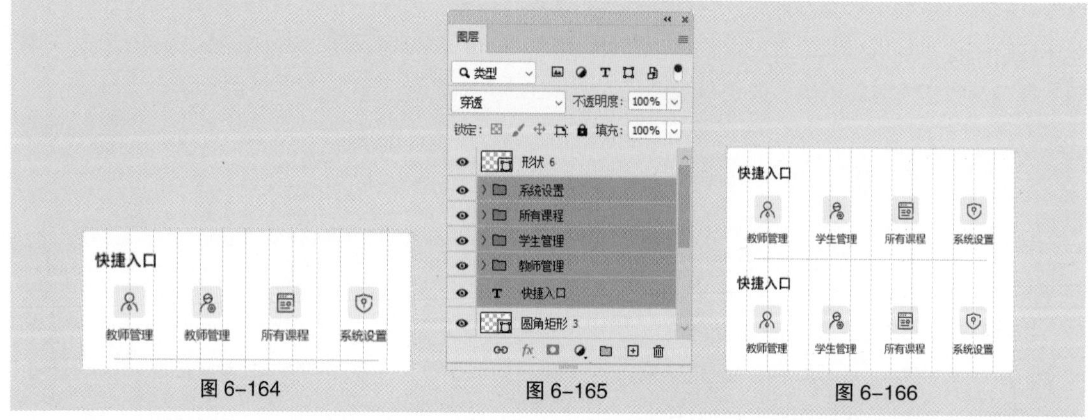

图 6-164　　图 6-165　　图 6-166

（14）使用上述方法置入图标、添加“颜色叠加”效果、修改文字并重命名图层组，如图 6-167 所示，效果如图 6-168 所示。按住 Shift 键的同时单击“圆角矩形 3”图层，将需要的图层同时选取。按 Ctrl+G 组合键群组图层并将其重命名为“快捷入口”，如图 6-169 所示。

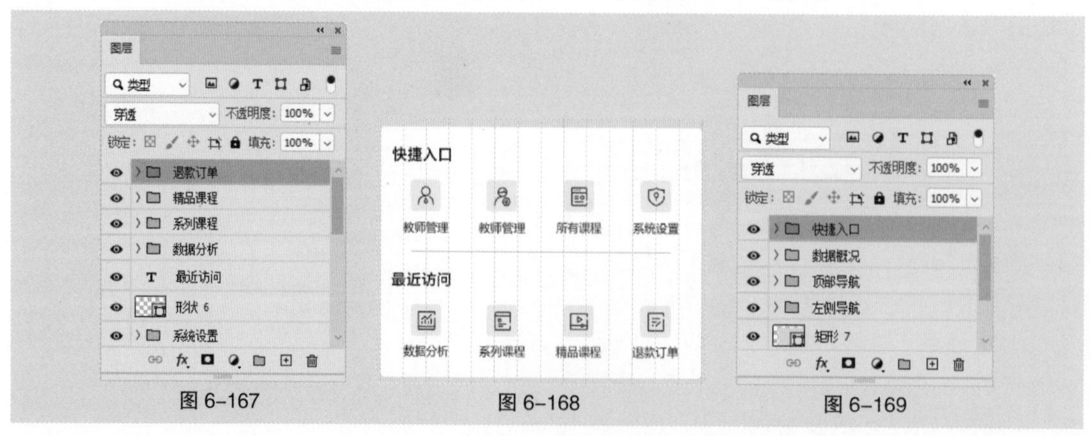

图 6-167　　图 6-168　　图 6-169

（15）选择“圆角矩形”工具，在图像窗口中距离上方圆角矩形及左侧圆角矩形各 24 像素的位置绘制一个宽为 336 像素、高为 204 像素的圆角矩形。在“属性”面板中将“填充”颜色设置为蓝紫色（117、79、254），将“描边”颜色设置为无，其他选项的设置如图 6-170 所示，效果如图 6-171 所示，“图层”控制面板中生成新的形状图层“圆角矩形 5”。

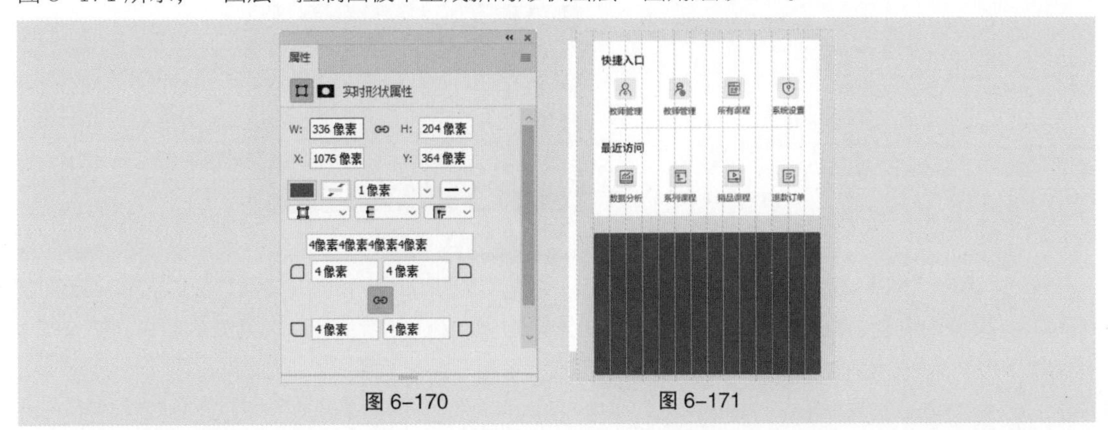

图 6-170　　图 6-171

（16）选择“椭圆”工具，按住 Shift 键，在图像窗口中绘制一个直径为 80 像素的圆形。在“属性”面板中将“填充”颜色设置为无，将“描边”颜色设置为白色，将“描边”粗细设置为 20 像素，其他选项的设置如图 6-172 所示。

（17）在“图层”控制面板中将“不透明度”设置为 20%，如图 6-173 所示。按 Ctrl+Alt+G 组合键为图层创建剪切蒙版，效果如图 6-174 所示，“图层”控制面板中生成新的形状图层“椭圆 6”。

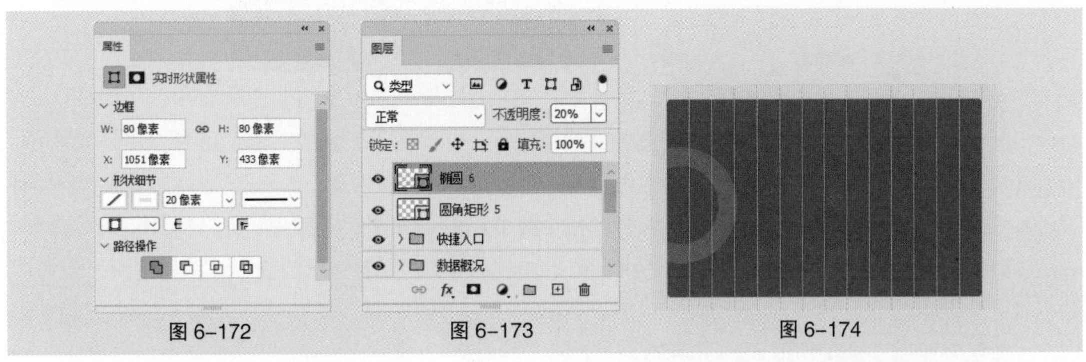

图 6-172　　图 6-173　　图 6-174

（18）按 Ctrl+J 组合键复制图层，“图层”控制面板中生成新的形状图层“椭圆 6 拷贝”。按 Ctrl+T 组合键，图像周围出现变换框。在属性栏中设置其坐标及大小，如图 6-175 所示。按 Enter 键确定操作，按 Ctrl+Alt+G 组合键为图层创建剪切蒙版，效果如图 6-176 所示。

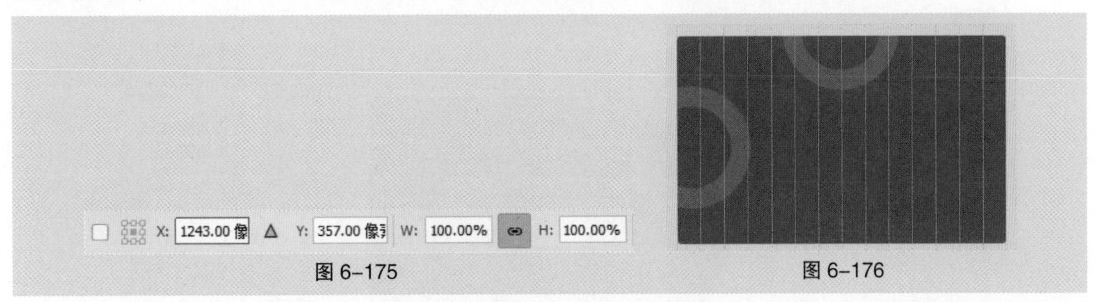

图 6-175　　图 6-176

（19）使用上述方法复制圆形，并为图层创建剪切蒙版，如图 6-177 所示，效果如图 6-178 所示，“图层”控制面板中分别生成新的形状图层。

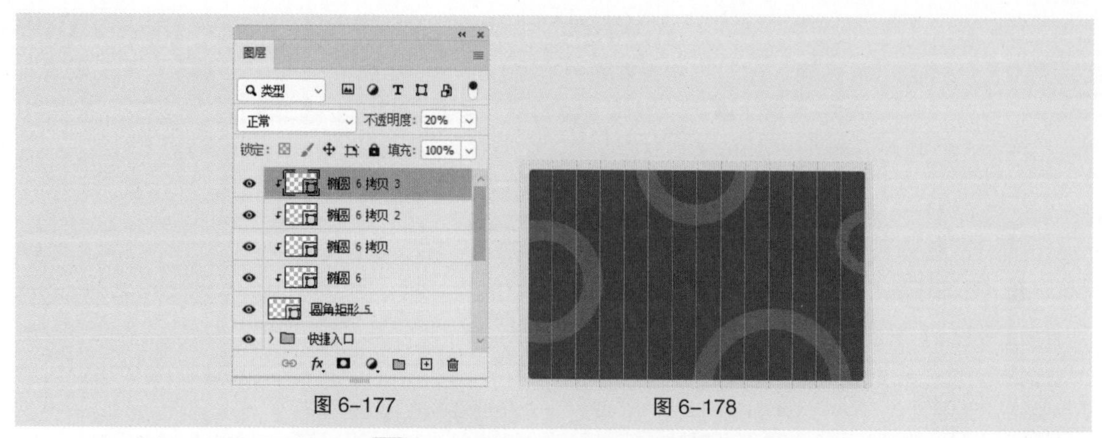

图 6-177　　图 6-178

（20）选择“横排文字”工具T.，在图像窗口中输入需要的文字并选取文字。在“字符”面板中将“颜色”设置为白色，其他选项的设置如图 6-179 所示。按 Enter 键确定操作，效果如图 6-180 所示，“图层”控制面板中生成新的文字图层。

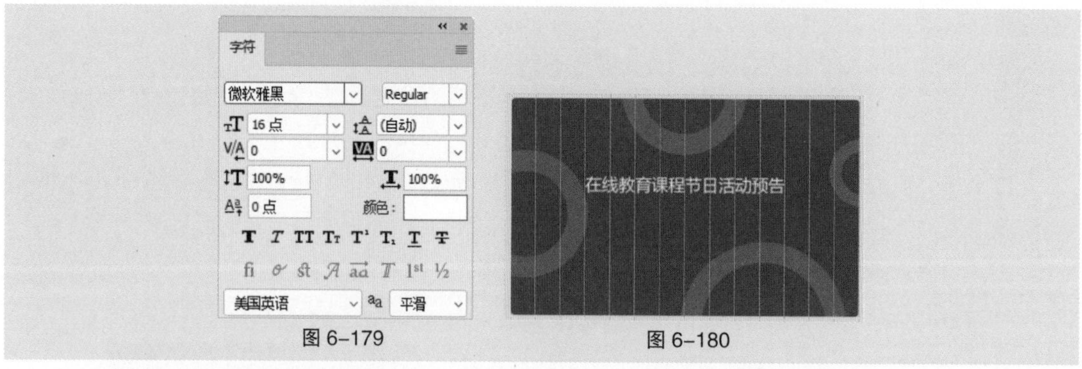

图 6-179　　图 6-180

（21）选择“圆角矩形”工具□.，在图像窗口中绘制一个宽为 80 像素、高为 32 像素的圆角矩形。在“属性”面板中将“填充”颜色设置为白色，将“描边”颜色设置为无，其他选项的设置如图 6-181 所示，效果如图 6-182 所示，“图层”控制面板中生成新的形状图层“圆角矩形 6”。

（22）选择“横排文字”工具T.，在图像窗口中输入需要的文字并选取文字。在“字符”面板中将“颜色”设置为蓝紫色（117、79、254），其他选项的设置如图 6-183 所示。按 Enter 键确定操作，“图层”控制面板中生成新的文字图层。

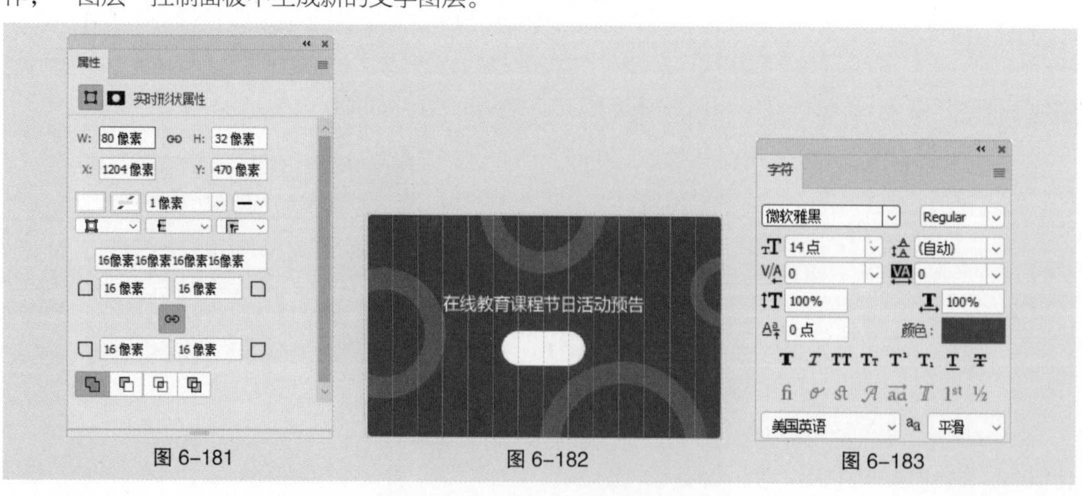

图 6-181　　图 6-182　　图 6-183

（23）按住 Shift 键的同时单击“圆角矩形 6”图层，将需要的图层同时选取。选择“移动”工具，在属性栏的“对齐方式”中单击“垂直居中对齐”按钮。按住 Ctrl 键，将需要的图层同时选取，如图 6–184 所示。在属性栏的“对齐方式”中单击“水平居中对齐”按钮，效果如图 6–185 所示。

（24）选择“查看详情”文字图层，按住 Shift 键的同时单击“圆角矩形 5”图层，将需要的图层同时选取。按 Ctrl+G 组合键群组图层并将其重命名为“活动预告”，如图 6–186 所示。

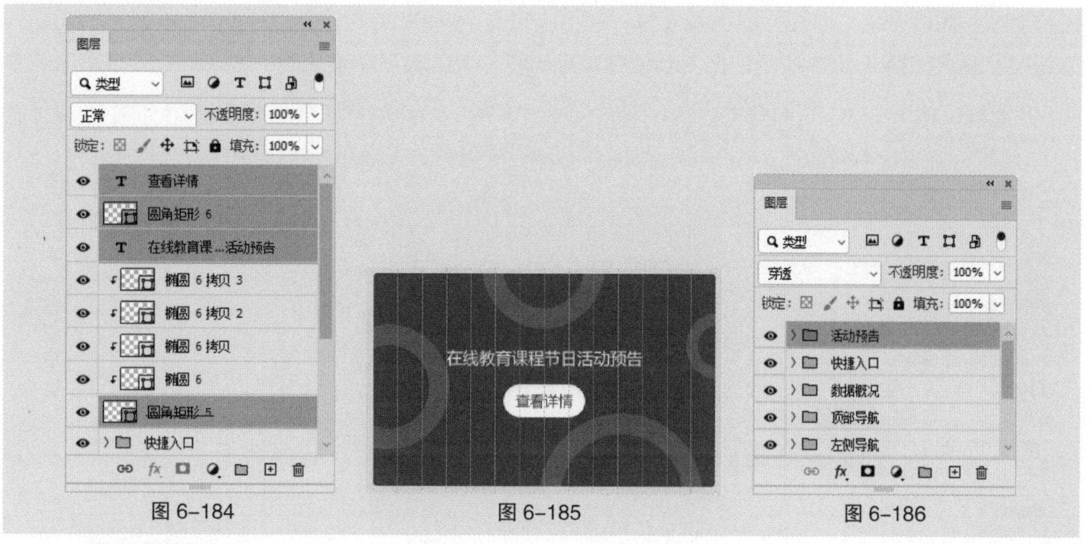

图 6–184　图 6–185　图 6–186

4．制作内容区 3

（1）选择“圆角矩形”工具，在图像窗口中距离上方圆角矩形和左侧矩形各 24 像素的位置绘制一个宽为 336 像素、高为 318 像素的圆角矩形。在“属性”面板中将“填充”颜色设置为白色，将“描边”颜色设置为无，其他选项的设置如图 6–187 所示，效果如图 6–188 所示，“图层”控制面板中生成新的形状图层“圆角矩形 7”。

（2）选择“横排文字”工具，在图像窗口中距离圆角矩形内部上方 20 像素的位置输入需要的文字并选取文字。在“字符”面板中将“颜色”设置为深蓝色（24、17、60），其他选项的设置如图 6–189 所示。按 Enter 键确定操作，效果如图 6–190 所示，“图层”控制面板中生成新的文字图层。

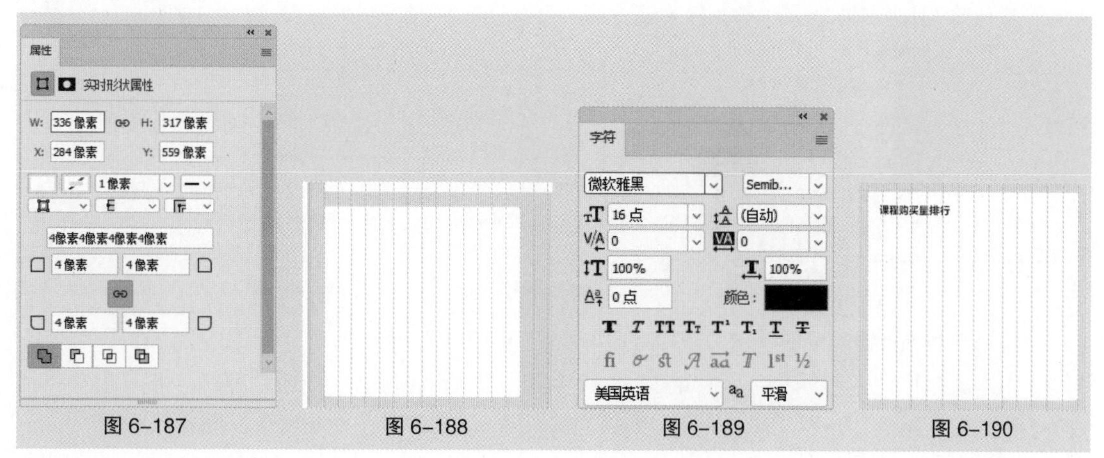

图 6–187　图 6–188　图 6–189　图 6–190

（3）在图像窗口中输入需要的文字并选取文字。在“字符”面板中将“颜色”设置为灰蓝色（92、87、118），其他选项的设置如图 6-191 所示。按 Enter 键确定操作，“图层”控制面板中生成新的文字图层。

（4）按住 Shift 键的同时单击“课程购买量排行”文字图层，将需要的图层同时选取。选择“移动”工具，在属性栏的“对齐方式”中单击“底对齐”按钮，效果如图 6-192 所示。

（5）选择“圆角矩形”工具，在图像窗口中绘制一个宽为 300 像素、高为 40 像素的圆角矩形。在“属性”面板中将“填充”颜色设置为蓝紫色（117、79、254），将“描边”颜色设置为无，其他选项的设置如图 6-193 所示。按 Enter 键确定操作，“图层”控制面板中生成新的形状图层“圆角矩形 8”。在“图层”控制面板中将“不透明度”设置为 10%，效果如图 6-194 所示。

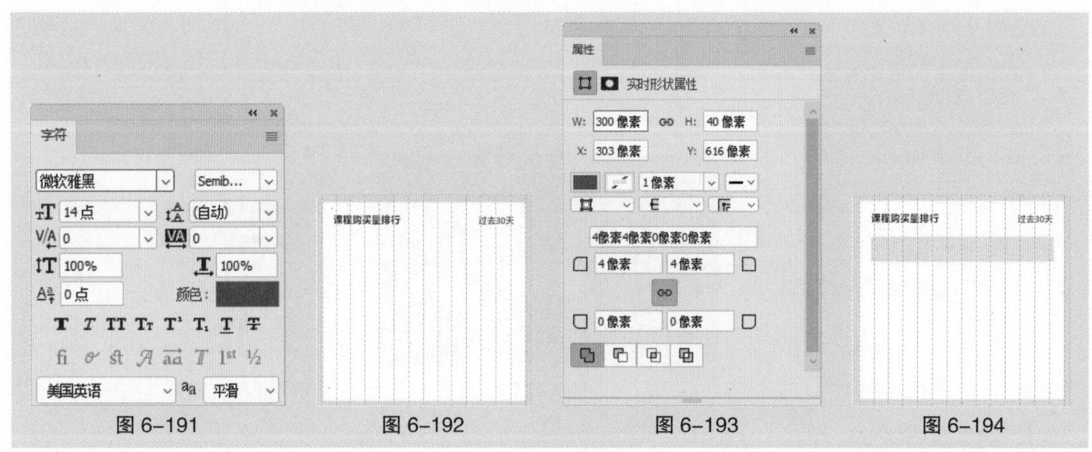

图 6-191　图 6-192　图 6-193　图 6-194

（6）选择“横排文字”工具，在图像窗口中距离圆角矩形内部左侧 8 像素的位置输入需要的文字并选取文字。在“字符”面板中将“颜色”设置为深灰色（25、25、25），其他选项的设置如图 6-195 所示。按 Enter 键确定操作，效果如图 6-196 所示，“图层”控制面板中生成新的文字图层。使用相同的方法输入其他文字，“图层”控制面板中分别生成新的文字图层。

（7）选择“直线”工具，在属性栏中将“填充”颜色设置为浅灰色（210、210、210），将“描边”颜色设置为无，将“粗细”设置为 2 像素。按住 Shift 键，在图像窗口中绘制一个长为 300 像素的直线段，如图 6-197 所示，“图层”控制面板中生成新的形状图层“形状 7”。

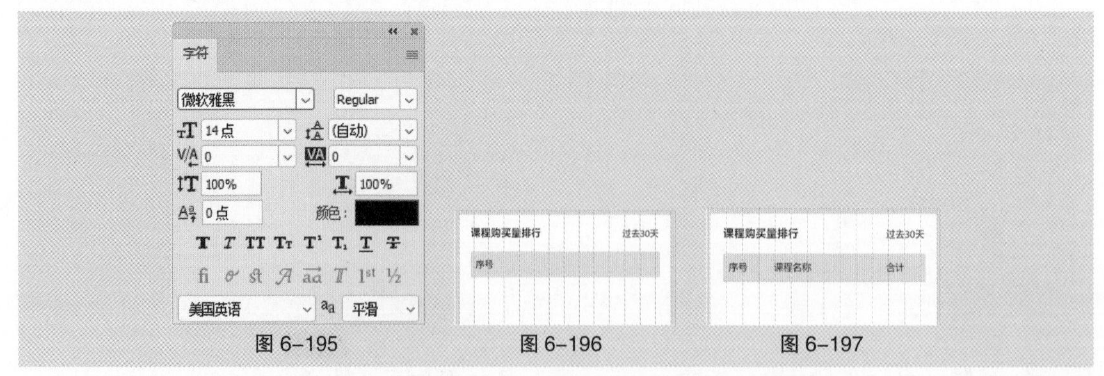

图 6-195　图 6-196　图 6-197

（8）按住 Shift 键的同时单击“圆角矩形 8”图层，将需要的图层同时选取。按 Ctrl+G 组合键群组图层并将其重命名为“表头”，如图 6-198 所示。按 Ctrl+J 组合键复制“表头”图层组并将其复制得到的图层组重命名为“组 1”。按 Ctrl+T 组合键，图像周围出现变换框。在属性栏中将“Y”坐标加 40 像素，按 Enter 键确定操作，效果如图 6-199 所示。

（9）展开“组 1”图层组，选择“圆角矩形 8”图层，按 Delete 键将其删除。选择“横排文字”工具 T.，在图像窗口中选取文字。在“字符”面板中将“颜色”设置为深蓝色（24、17、60），在图像窗口中修改文字。使用相同的方法修改其他文字，效果如图 6-200 所示。

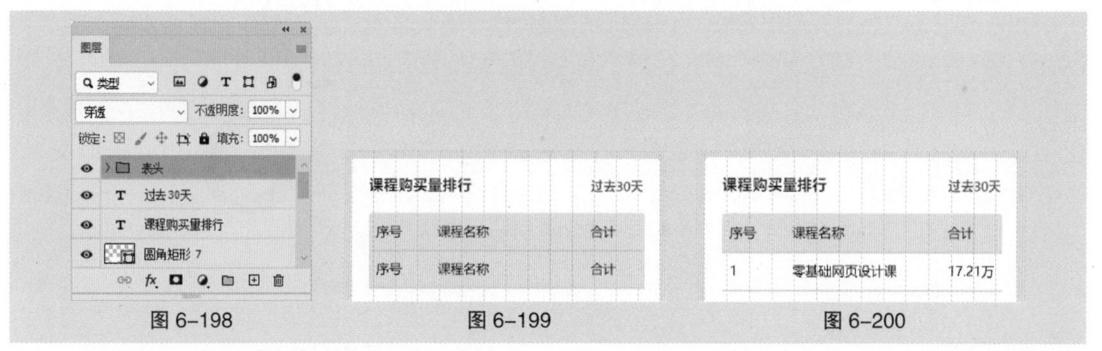

图 6-198　　图 6-199　　图 6-200

（10）使用上述方法复制图层组并修改文字，“图层”控制面板如图 6-201 所示，效果如图 6-202 所示。按住 Shift 键的同时单击“圆角矩形 7”图层，将需要的图层同时选取。按 Ctrl+G 组合键群组图层并将其重命名为“课程购买量排行”，如图 6-203 所示。

图 6-201　　图 6-202　　图 6-203

（11）选择“圆角矩形”工具 ▢.，在图像窗口中距离上方圆角矩形和左侧圆角矩形各 24 像素的位置绘制一个宽为 408 像素、高为 318 像素的圆角矩形。在“属性”面板中将“填充”颜色设置为白色，将“描边”颜色设置为无，其他选项的设置如图 6-204 所示。按 Enter 键确定操作，效果如图 6-205 所示，“图层”控制面板中生成新的形状图层“圆角矩形 9”。

（12）选择“横排文字”工具 T.，在图像窗口中距离圆角矩形内部上方 20 像素的位置输入需要的文字并选取文字。在“字符”面板中将“颜色”设置为深蓝色（24、17、60），其他选项的设置如图 6-206 所示。按 Enter 键确定操作，效果如图 6-207 所示，“图层”控制面板中生成新的文字图层。

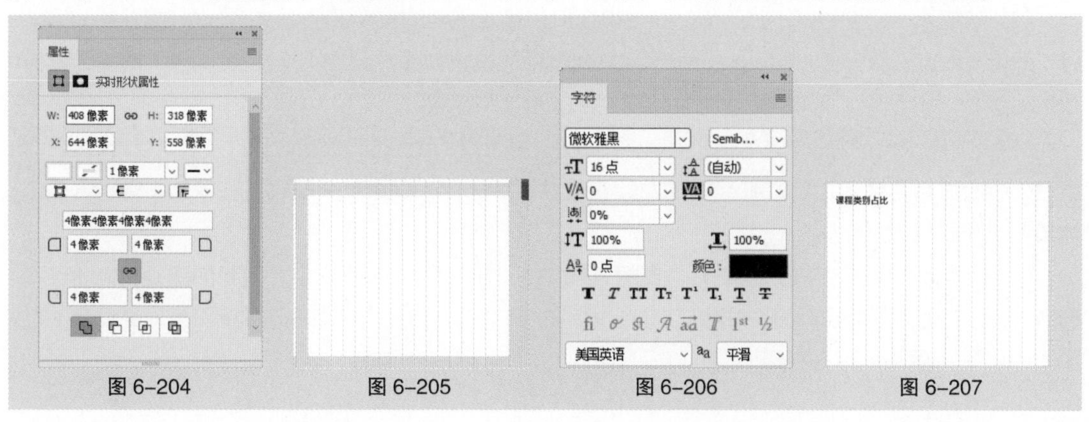

图 6-204　　图 6-205　　图 6-206　　图 6-207

（13）选择“文件 > 置入嵌入对象”命令，弹出“置入嵌入的对象”对话框，选择云盘中的“Ch06 > 6.1.4 课堂案例——设计职业教育管理系统网站首页 > 素材 > 27”文件。单击“置入”按钮，将图片置入图像窗口中，在属性栏中设置其坐标，如图 6-208 所示。按 Enter 键确定操作，效果如图 6-209 所示，“图层”控制面板中生成新的图层并将其重命名为“课程类别占比”。

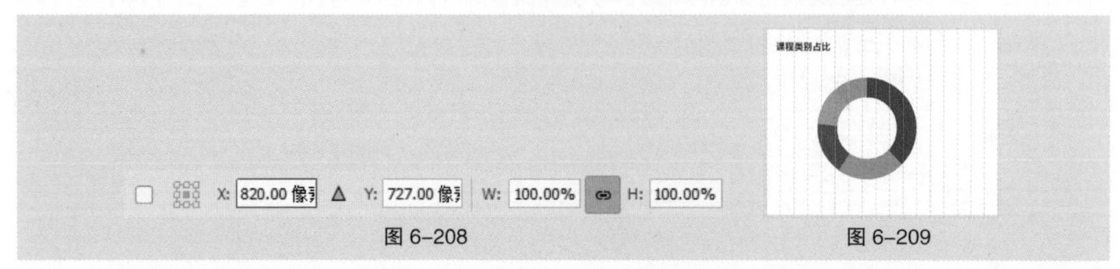

图 6-208　　图 6-209

（14）选择“横排文字”工具 T，在图像窗口中输入需要的文字并选取文字。在“字符”面板中将“颜色”设置为灰蓝色（92、87、118），其他选项的设置如图 6-210 所示。按 Enter 键确定操作，“图层”控制面板中生成新的文字图层。

（15）在图像窗口中输入需要的文字并选取文字。在“字符”面板中将“颜色”设置为深蓝色（24、17、60），其他选项的设置如图 6-211 所示。按 Enter 键确定操作，“图层”控制面板中生成新的文字图层。按住 Shift 键的同时单击“课程类别占比”图层，将需要的图层同时选取。选择“移动”工具，在属性栏的“对齐方式”中单击“水平居中对齐”按钮，效果如图 6-212 所示。

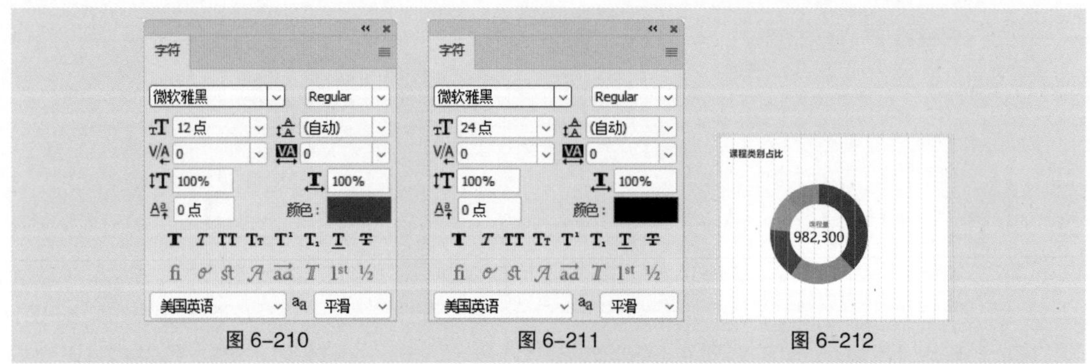

图 6-210　　图 6-211　　图 6-212

（16）选择“椭圆”工具，按住 Shift 键，在图像窗口中绘制一个直径为 7 像素的圆形。在“属性”面板中将“填充”颜色设置为蓝紫色（117、79、254），将“描边”颜色设置为无，其他选项的设置如图 6-213 所示。按 Enter 键确定操作，效果如图 6-214 所示，“图层”控制面板中生成新的形状图层“椭圆 7”。

（17）选择“横排文字”工具 T，在图像窗口中输入需要的文字并选取文字。在“字符”面板中将“颜色”设置为深蓝色（24、17、60），其他选项的设置如图 6-215 所示。按 Enter 键确定操作，效果如图 6-216 所示，“图层”控制面板中生成新的文字图层。

（18）按住 Shift 键的同时单击“椭圆 7”图层，将需要的图层同时选取，按 Ctrl+J 组合键复制图层。按 Ctrl+T 组合键，图像周围出现变换框。在属性栏中将“Y”坐标加 28 像素，按 Enter 键确定操作，效果如图 6-217 所示。

（19）选择“横排文字”工具 T，在图像窗口中选取文字并修改文字，效果如图 6-218 所示。选择“椭圆 7 拷贝”图层，选择“椭圆”工具，在“属性”面板中将“填充”颜色设置为亮绿色（25、203、152），效果如图 6-219 所示。

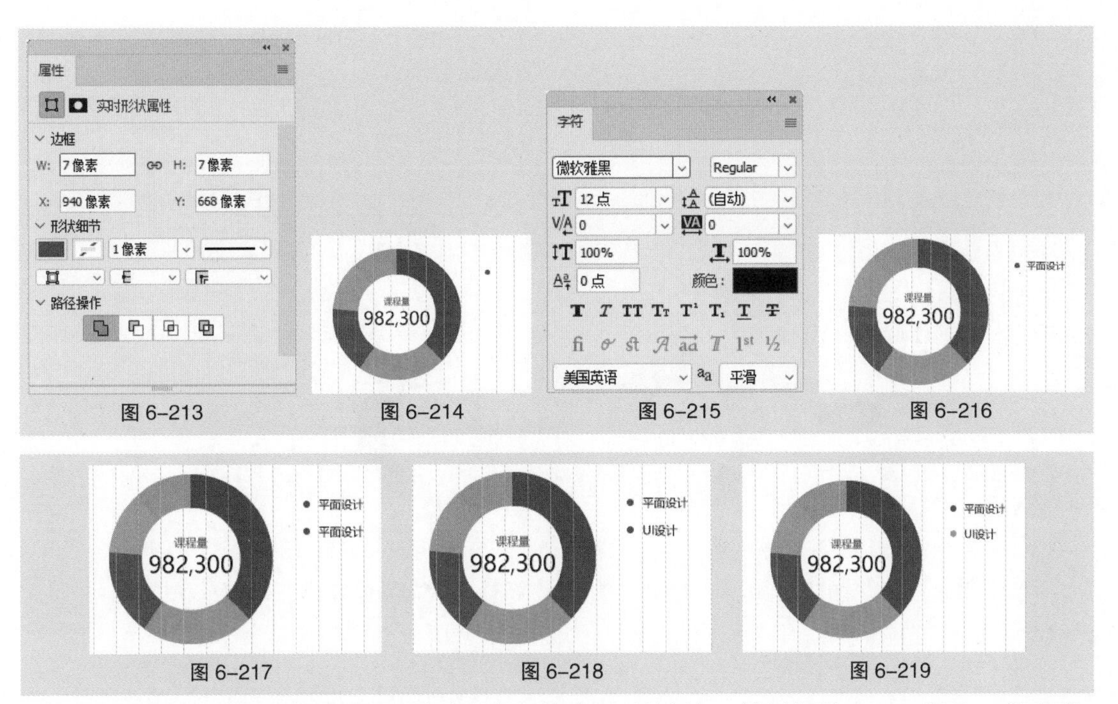

图 6-213　图 6-214　图 6-215　图 6-216

图 6-217　图 6-218　图 6-219

（20）使用上述方法复制图层、修改文字与修改圆形的颜色，效果如图 6-220 所示，“图层”控制面板中分别生成新的图层，如图 6-221 所示。

（21）选择“钢笔”工具，在属性栏的“选择工具模式”中选择“形状”，将“填充”颜色设置为无，将“描边”颜色设置为蓝紫色（117、79、254），将“描边”粗细设置为 1 像素。在图像窗口中绘制形状，如图 6-222 所示，“图层”控制面板中生成新的形状图层“形状 8”。

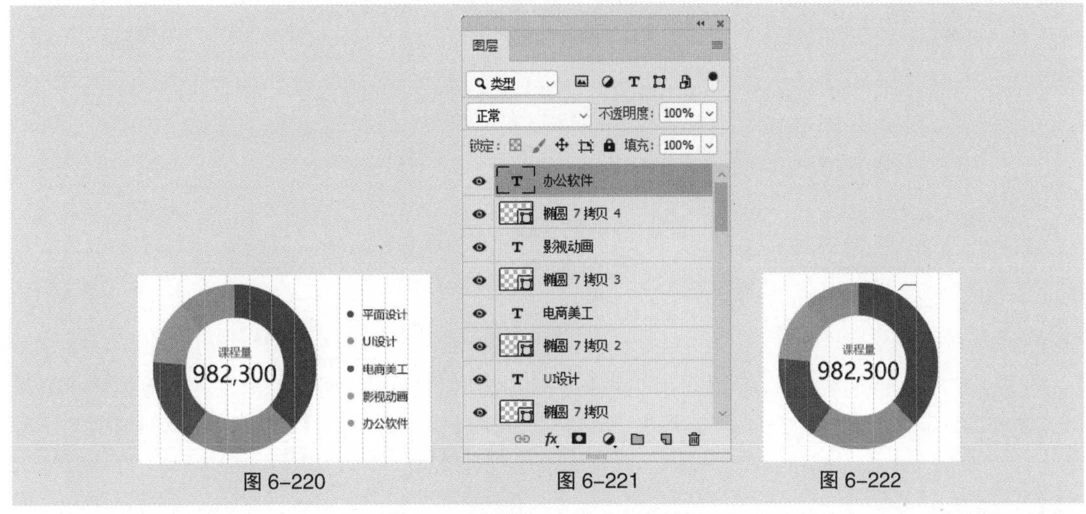

图 6-220　图 6-221　图 6-222

（22）选择“横排文字”工具，在图像窗口中输入需要的文字并选取文字。在“字符”面板中将“颜色”设置为深蓝色（24、17、60），其他选项的设置如图 6-223 所示。按 Enter 键确定操作，效果如图 6-224 所示，“图层”控制面板中生成新的文字图层。

（23）使用上述方法分别绘制形状并输入文字，效果如图 6-225 所示，“图层”控制面板中分别生成新的图层，如图 6-226 所示。

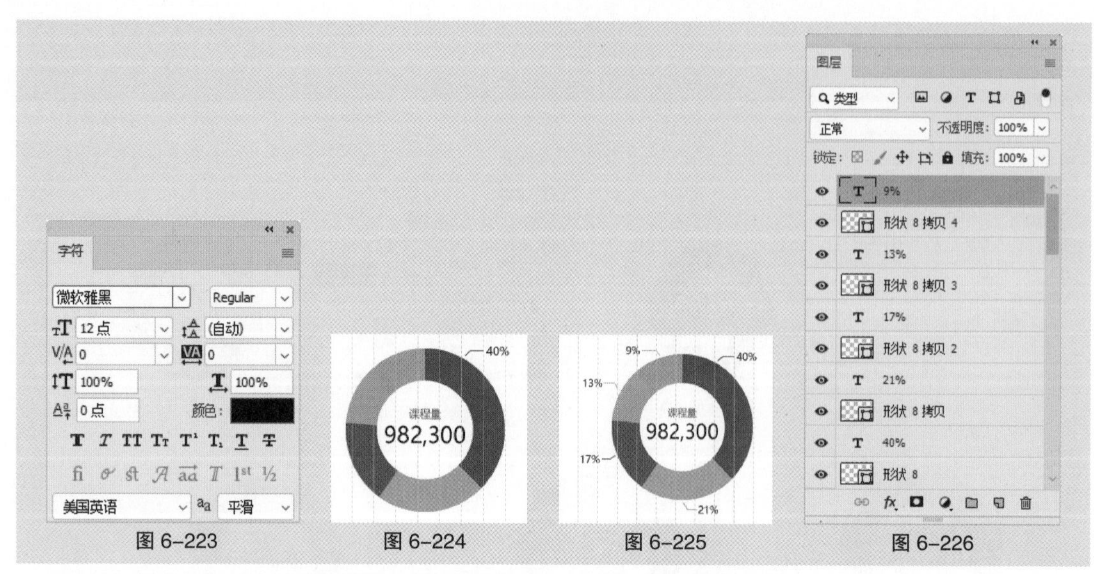

图 6-223　图 6-224　图 6-225　图 6-226

（24）按住 Shift 键的同时单击“圆角矩形 9”图层，将需要的图层同时选取。按 Ctrl+G 组合键群组图层并将其重命名为“课程类别占比”，如图 6-227 所示。

（25）选择“圆角矩形”工具▢，在图像窗口中距离上方圆角矩形和左侧圆角矩形各 24 像素的位置绘制一个宽为 336 像素、高为 284 像素的圆角矩形。在“属性”面板中将“填充”颜色设置为白色，将“描边”颜色设置为无，其他选项的设置如图 6-228 所示。按 Enter 键确定操作，效果如图 6-229 所示，“图层”控制面板中生成新的形状图层“圆角矩形 10”。

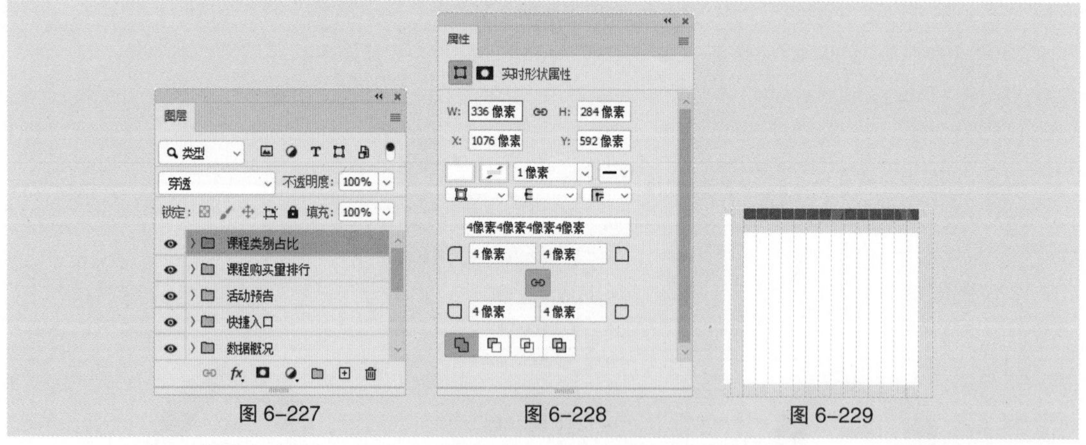

图 6-227　图 6-228　图 6-229

（26）选择“横排文字”工具T，在图像窗口中距离圆角矩形内部上方 20 像素的位置输入需要的文字并选取文字。在“字符”面板中将“颜色”设置为深蓝色（24、17、60），其他选项的设置如图 6-230 所示。按 Enter 键确定操作，效果如图 6-231 所示，“图层”控制面板中生成新的文字图层。

（27）在图像窗口中距离圆角矩形内部右侧 20 像素的位置输入需要的文字并选取文字。在“字符”面板中将“颜色”设置为蓝紫色（117、79、254），其他选项的设置如图 6-232 所示。按 Enter 键确定操作，“图层”控制面板中生成新的文字图层。

（28）按住 Shift 键的同时单击“新订单”文字图层，将需要的图层同时选取。选择“移动”工具✥，在属性栏的“对齐方式”中单击“底对齐”按钮▙，效果如图 6-233 所示。

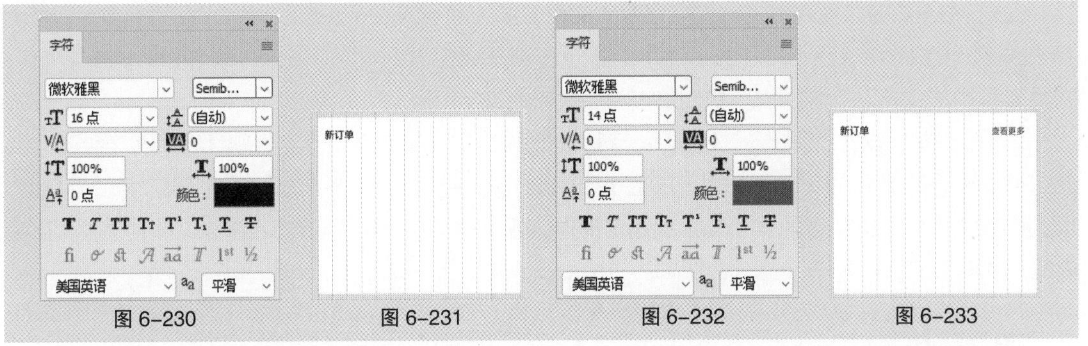

图 6-230　图 6-231　图 6-232　图 6-233

（29）选择“圆角矩形”工具，在图像窗口中距离圆角矩形内部左侧 16 像素的位置绘制一个宽为 304 像素、高为 96 像素的圆角矩形。在“属性”面板中将“填充”颜色设置为蓝紫色（117、79、254），将“描边”颜色设置为无，其他选项的设置如图 6-234 所示。按 Enter 键确定操作，“图层”控制面板中生成新的形状图层“圆角矩形 11”。在“图层”控制面板中将“不透明度”设置为 10%，如图 6-235 所示，效果如图 6-236 所示。

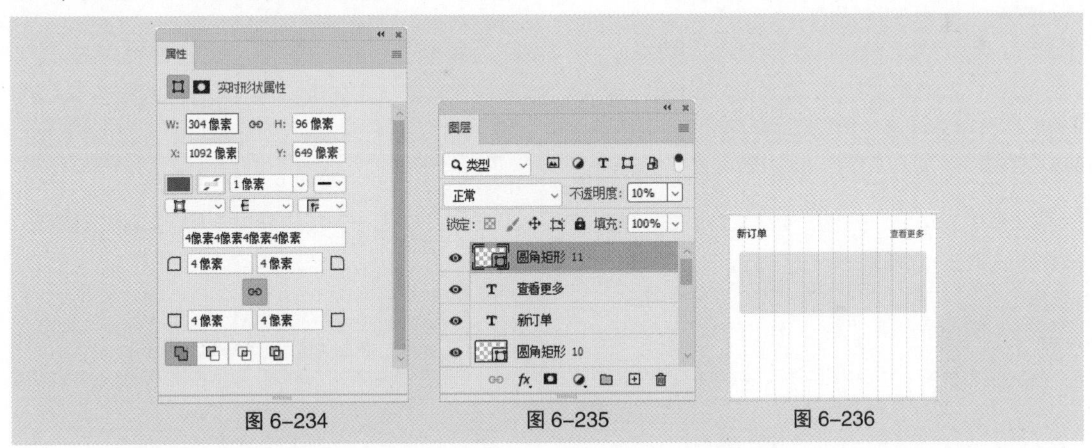

图 6-234　图 6-235　图 6-236

（30）选择“椭圆”工具，按住 Shift 键，在图像窗口中距离圆角矩形内部左侧 8 像素的位置绘制一个直径为 7 像素的圆形。在“属性”面板中将“填充”颜色设置为橙色（255、171、71），将“描边”颜色设置为无，其他选项的设置如图 6-237 所示。按 Enter 键确定操作，效果如图 6-238 所示，“图层”控制面板中生成新的形状图层“椭圆 8”。

（31）选择“横排文字”工具，在图像窗口中距离圆形右侧 8 像素的位置输入需要的文字并选取文字。在“字符”面板中将“颜色”设置为灰蓝色（92、87、118），其他选项的设置如图 6-239 所示。按 Enter 键确定操作，效果如图 6-240 所示，“图层”控制面板中生成新的文字图层。

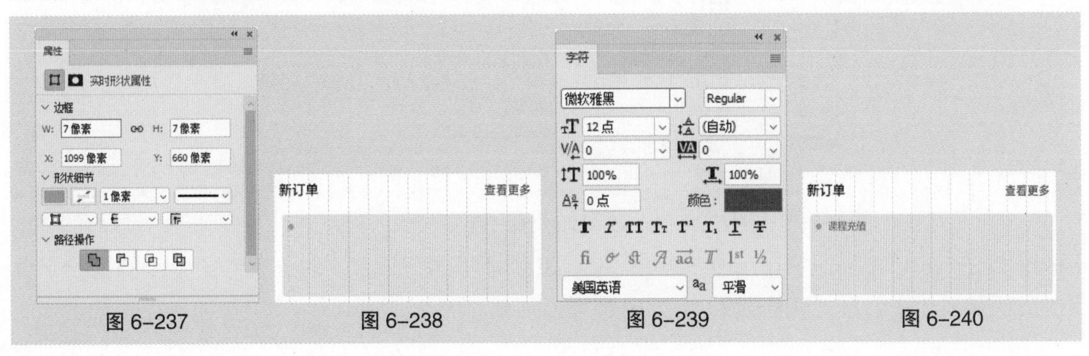

图 6-237　图 6-238　图 6-239　图 6-240

（32）在图像窗口中距离上方文字 8 像素的位置输入需要的文字并选取文字，在“字符”面板中将“颜色”设置为深灰色（25、25、25），其他选项的设置如图 6-241 所示。按 Enter 键确定操作，效果如图 6-242 所示，“图层”控制面板中生成新的文字图层。

（33）选择“椭圆”工具，按住 Shift 键，在图像窗口中绘制一个直径为 12 像素的圆形。在“属性”面板中将“填充”颜色设置为浅灰色（210、210、210），将“描边”颜色设置为无，其他选项的设置如图 6-243 所示。按 Enter 键确定操作，效果如图 6-244 所示，“图层”控制面板中生成新的形状图层“椭圆 9”。

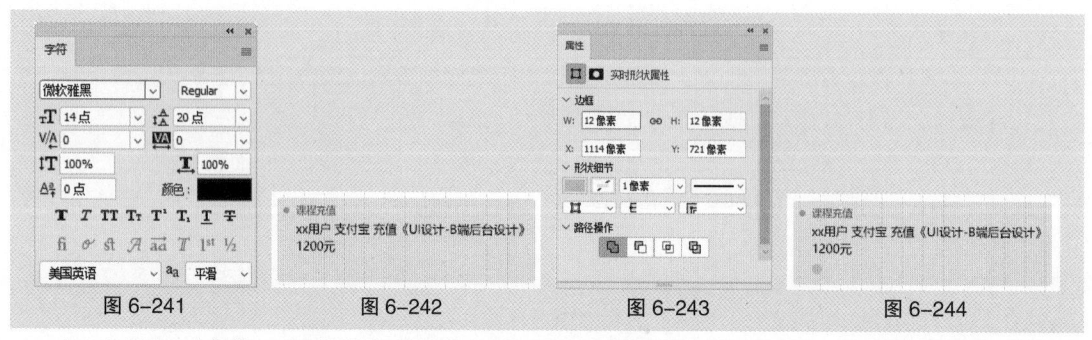

图 6-241　图 6-242　图 6-243　图 6-244

（34）选择“文件 > 置入嵌入对象”命令，弹出“置入嵌入的对象”对话框，选择云盘中的“Ch06 > 6.1.4 课堂案例——设计职业教育管理系统网站首页 > 素材 > 28”文件。单击“置入”按钮，将图片置入图像窗口中，在属性栏中设置其坐标，如图 6-245 所示。按 Enter 键确定操作，“图层”控制面板中生成新的图层并将其重命名为“头像 1”。按 Ctrl+Alt+G 组合键为图层创建剪切蒙版，效果如图 6-246 所示。

图 6-245　图 6-246

（35）选择“横排文字”工具，在图像窗口中距离圆形右侧 8 像素的位置输入需要的文字并选取文字。在“字符”面板中将“颜色”设置为灰蓝色（92、87、118），其他选项的设置如图 6-247 所示。按 Enter 键确定操作，效果如图 6-248 所示，“图层”控制面板中生成新的文字图层。

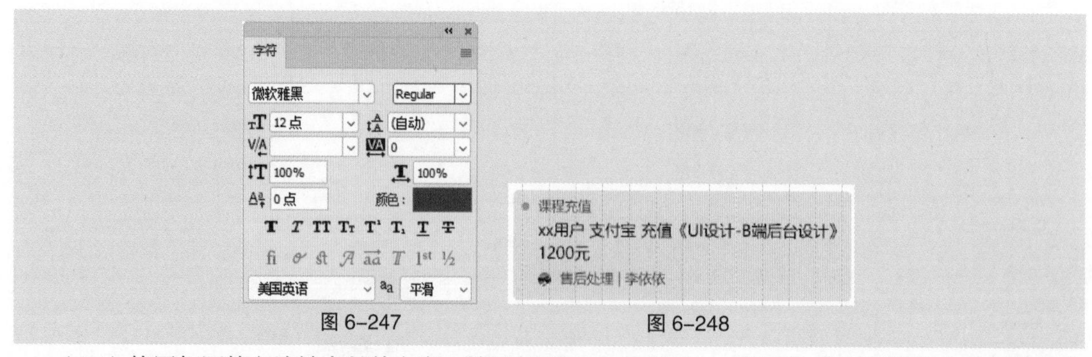

图 6-247　图 6-248

（36）使用相同的方法输入其他文字，效果如图 6-249 所示，“图层”控制面板中生成新的文字图层。按住 Shift 键的同时单击“圆角矩形 11”图层，将需要的图层同时选取。按 Ctrl+G 组合键群组图层并将其重命名为“课程充值”，如图 6-250 所示。

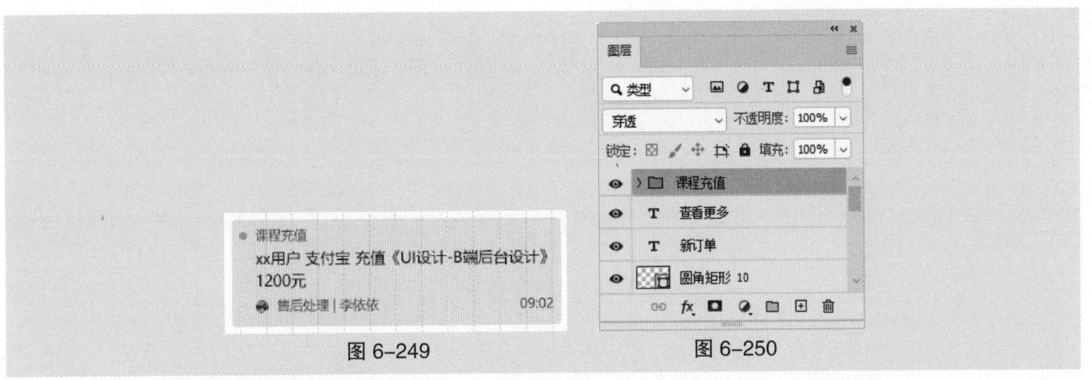

图 6-249　　图 6-250

（37）按 Ctrl+J 组合键复制图层组并将复制得到的图层组重命名为“课程下单”。按 Ctrl+T 组合键，图像周围出现变换框。在属性栏中将“Y”坐标加 112 像素，按 Enter 键确定操作，效果如图 6-251 所示。

（38）展开“课程下单”图层组，选择“椭圆 8”图层。选择“椭圆”工具，在“属性”面板中将“填充”颜色设置为亮绿色（25、203、152），效果如图 6-252 所示。选择“横排文字”工具，在图像窗口中分别选取并修改文字，效果如图 6-253 所示。

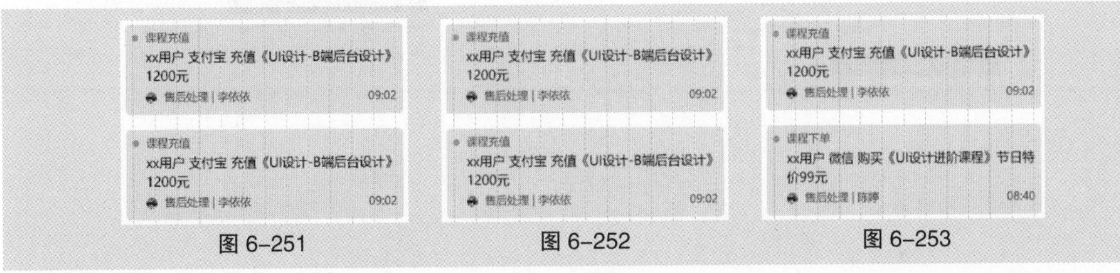

图 6-251　　图 6-252　　图 6-253

（39）选择“头像 1”图层，按 Delete 键将其删除。选择“文件 > 置入嵌入对象”命令，弹出“置入嵌入的对象”对话框，选择云盘中的“Ch06 > 6.1.4 课堂案例——设计职业教育管理系统网站首页 > 素材 > 29”文件。单击“置入”按钮，将图片置入图像窗口中，在属性栏中设置其坐标，如图 6-254 所示。按 Enter 键确定操作，“图层”控制面板中生成新的图层并将其重命名为“头像 2”。按 Ctrl+Alt+G 组合键为图层创建剪切蒙版，效果如图 6-255 所示。

（40）折叠“课程下单”图层组。按住 Shift 键的同时单击“圆角矩形 10”图层，将需要的图层同时选取。按 Ctrl+G 组合键群组图层并将其重命名为“新订单”，如图 6-256 所示。职业教育管理系统网站首页就制作完成了。

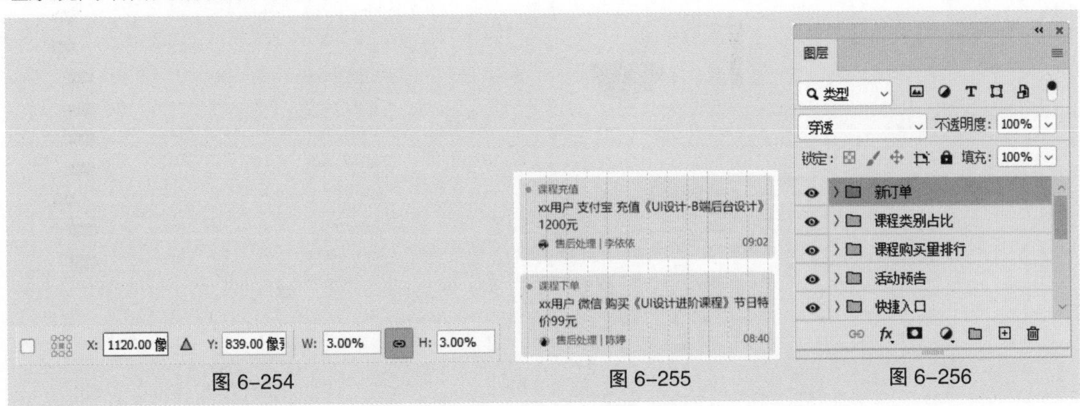

图 6-254　　图 6-255　　图 6-256

6.2 课堂练习——设计职业教育管理系统网站其他页面

【案例设计要求】

1. 根据图 6–257 所示的原型效果，使用 Photoshop 制作职业教育管理系统网站的其他页面。
2. 设计风格应与 6.1.4 课堂案例的设计风格保持一致。
3. 设计文件应符合网页设计的制作规范与制作标准。

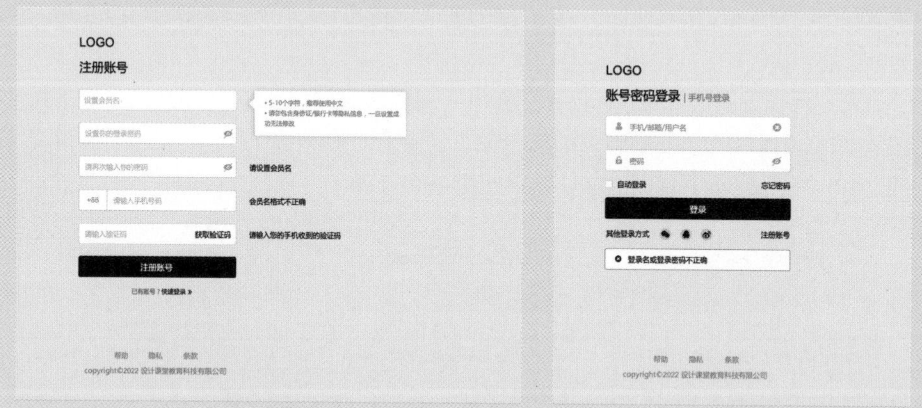

（a）注册页　　（b）登录页

（c）数据分析页

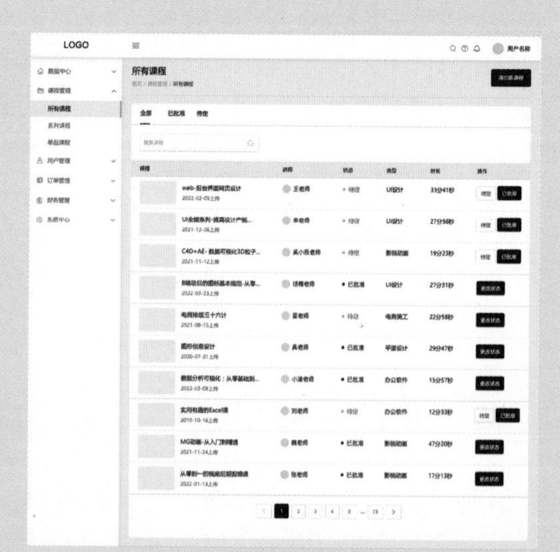

（d）所有课程页

图 6–257

（e）添加新课程页

图 6–257（续）

【案例学习目标】学习使用绘图工具、文字工具制作职业教育管理系统网站的其他页面，最终效果如图 6–258 所示。

（a）注册页

（b）登录页

（c）数据分析页

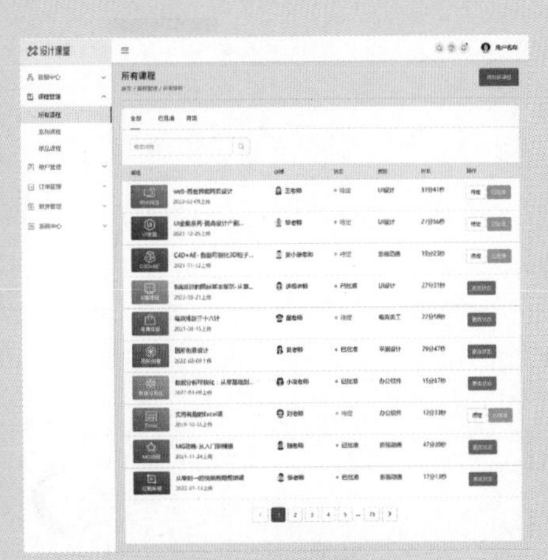

（d）所有课程页

图 6–258

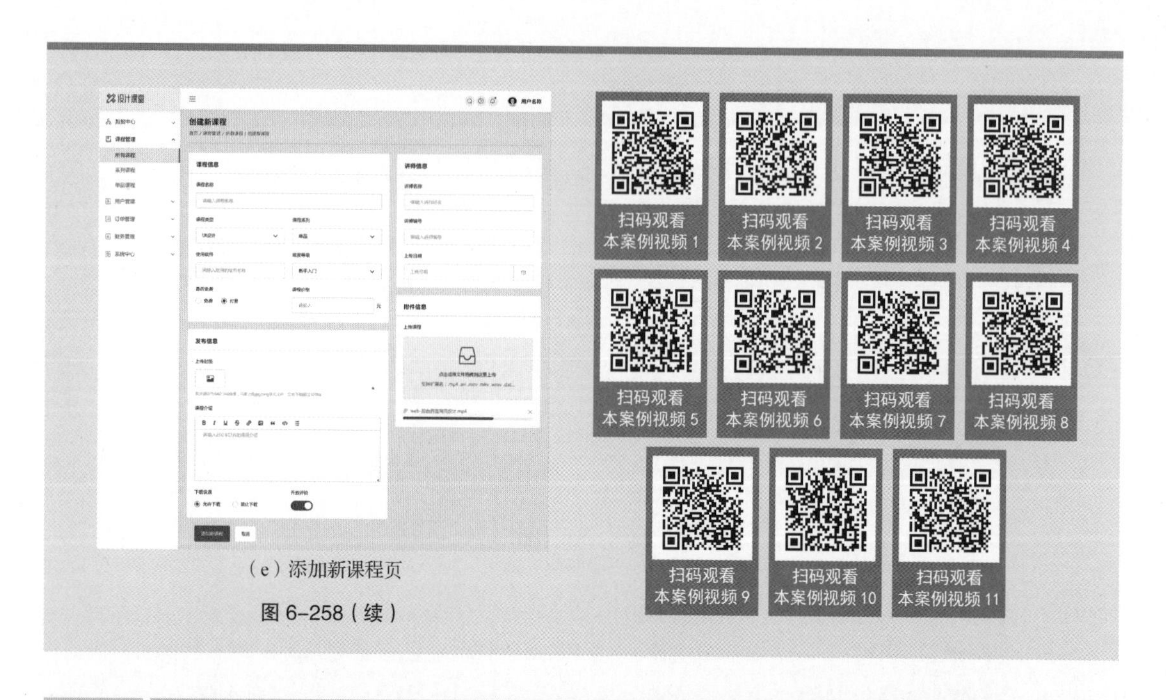

（e）添加新课程页

图 6–258（续）

6.3 课后习题——设计网店内容管理系统网站

【案例设计要求】

1. 根据图 6–259 所示的原型效果，使用 Photoshop 制作网店内容管理系统网站。

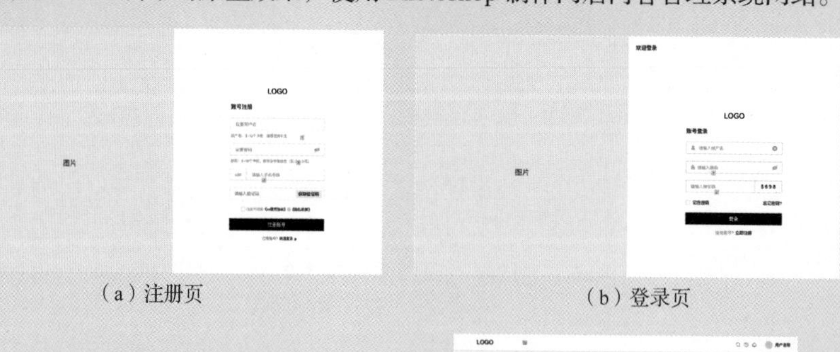

（a）注册页　（b）登录页

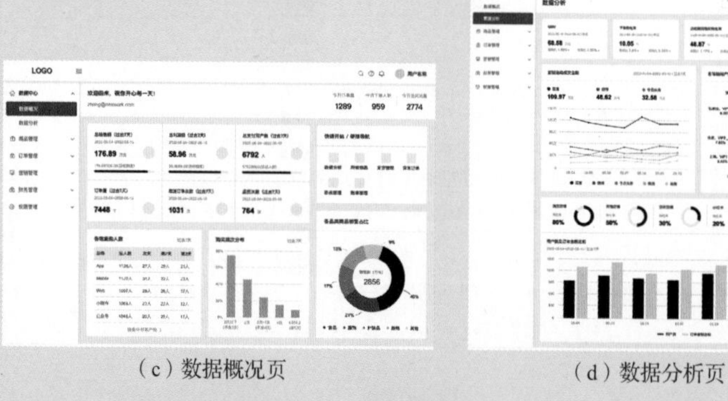

（c）数据概况页　（d）数据分析页

图 6–259

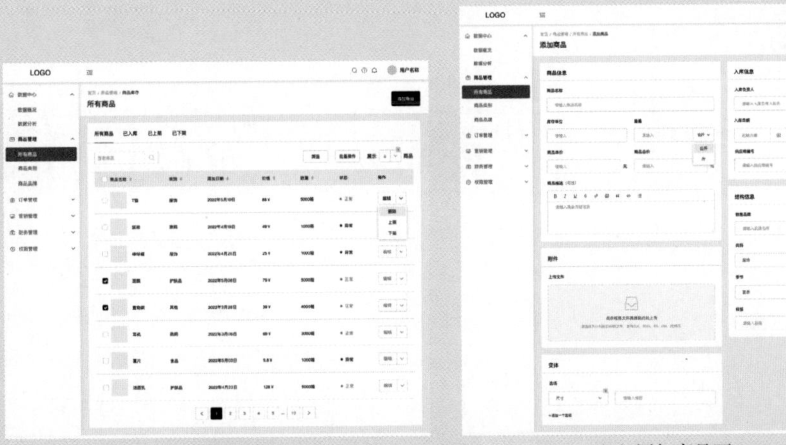

（e）所有商品页　　　　　　（f）添加商品页

图 6-259（续）

2. 视觉上应体现出管理系统的设计风格，契合网店内容管理系统网站的设计主题，具体参考如图 6-260 所示。

图 6-260

3. 设计文件应符合网页设计的制作规范与制作标准。

【案例学习目标】学习使用绘图工具、文字工具制作网店内容管理系统网站。

07

第7章 移动端网页设计

随着智能手机和平板电脑的普及，设计移动端网页已经成为网页设计的关键任务。本章对移动端网站的设计方法、响应式网页的设计模式、网页触摸式设计的优化等进行系统的讲解。通过对本章的学习，读者可以对移动端网页设计有一个基本的认识，并快速掌握移动端网页的设计思路和制作方法，确保能制作出适合用户浏览的移动端网页。

学习引导

学习目标		
知识目标	能力目标	素质目标
1. 了解移动端网站的设计方法 2. 掌握响应式网页的设计模式 3. 熟悉网页触摸式设计的优化	1. 掌握移动端网页的设计思路 2. 掌握移动端网页的制作方法	1. 培养读者对移动端网页的设计创新能力 2. 培养读者规范设计移动端网页的良好习惯 3. 培养读者对移动端网页设计的锐意进取、精益求精的工匠精神

慕课视频

第7章

7.1 移动端网站页面设计

移动端网页即专门用于手机、平板电脑等移动设备的网站页面。随着移动终端及移动网络环境的升级，用户使用移动设备查看网页和上网的时间已经超过了使用桌面设备的时间，因此要保证设计的网页在移动设备上能正常浏览。

7.1.1 移动端网站的设计方法

移动端网站通常运用自适应设计和响应式设计两种方法实现，如图 7-1 所示。

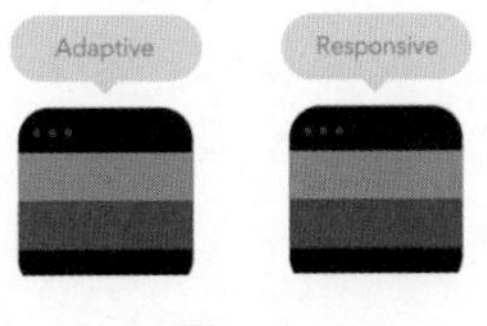

图 7-1

1. 自适应网页设计

自适应网页设计（Adaptive Web Design，AWD）是会根据不同设备进行布局变化的一种设计方法。自适应布局只能在指定的断点处更改，断点范围内则保持不变，如图 7-2 所示。通过自适应设计，PC 端和移动端的网页的布局和内容都发生了明显的变化，如图 7-3 所示，因此实现自适应网页设计需要多套设计稿与代码。

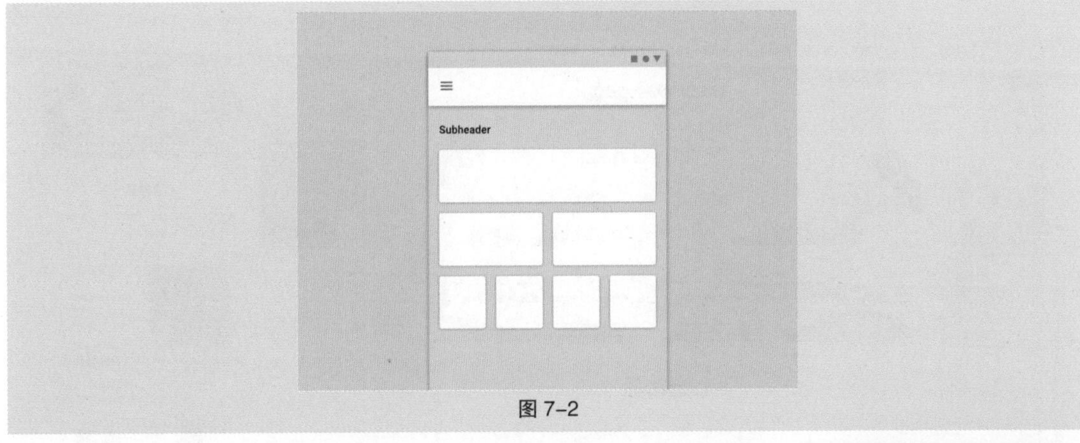

图 7-2

（a）PC 端　　（b）移动端

图 7-3

2. 响应式网页设计

响应式网页设计（Responsive Web design，RWD）是会智能地根据不同的尺寸进行布局变化的一种设计方法。和自适应网页设计相比不同的是，响应式网页设计会根据尺寸实时改变布局，如图 7-4 所示。通过响应式设计，PC 端和移动端的网页的内容基本一致，只是布局发生了变化，如图 7-5 所示，因此实现响应式网页设计只需要一套设计稿与代码。

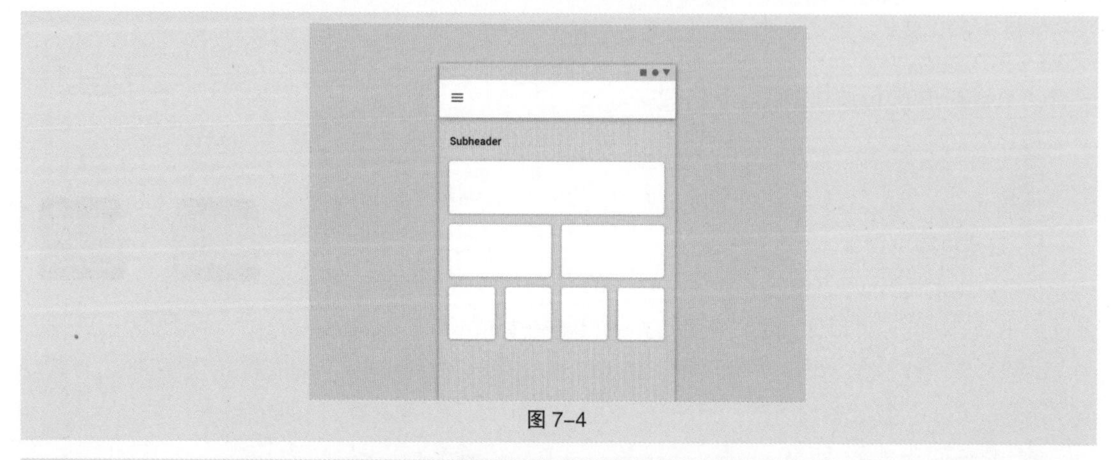

图 7-4

（a）PC 端

（b）移动端

图 7-5

7.1.2 响应式网页的设计模式

1. 导航栏

导航栏是网页中重要的交互元素。在响应式网页中，导航栏可以分为菜单列表导航栏、锚链接页脚导航栏、下拉菜单导航栏、触发式导航栏、优先级式导航栏及取消导航栏等。其中触发式导航栏是响应式导航栏最常见的表现方式，其会在移动设备中浓缩成一个按钮，点击该按钮便可以呈现出完整的导航栏目，如图 7-6 所示。触发式导航栏既能有效地利用空间，又能突出内容的优先级。

2. 文本

在移动设备上，在不影响用户获取关键信息的情况下，可以有选择地隐藏附加信息，如图 7-7 所示。但要注意区分关键信息和附加信息。

图 7-6

图 7-7

3. 轮播广告

在设计移动端轮播广告时，需要注意尺寸不同而带来的设计变化。PC 端网页中左右布局的横版轮播广告在移动端网页中需要设计成上下布局的竖版海报，此外图片可以更换为能吸引用户浏览的细节图片，如图 7-8 所示。

图 7-8

4. 表格

表格是网页中形式和内容有着紧密联系的重要元素，要实现其响应式设计并非易事。在响应式网页中，表格分为优先级式表格、行列翻转式表格、横向滑动式表格等，可以将它们改为列表或图表。其中横向滑动式表格是响应式表格最常见的表现方式，其在移动设备中展示部分表格，横向滑动表格可以查看隐藏的表格，如图 7-9 所示。该方式能最大限度地保证用户对表格的识别度。

图 7-9

7.1.3 网页触摸式设计的优化

1. 拇指法则

手机的持握方式非常有限，其中单手持握并操作是最流行的持握方式，也是限制最多的持握方式。这种持握方式流行的原因是另外一只手可以同时处理其他事物，但限制在于必须使用拇指才可以进行操作，而拇指的可操控范围不到整个屏幕的三分之一，如图 7-10 所示。

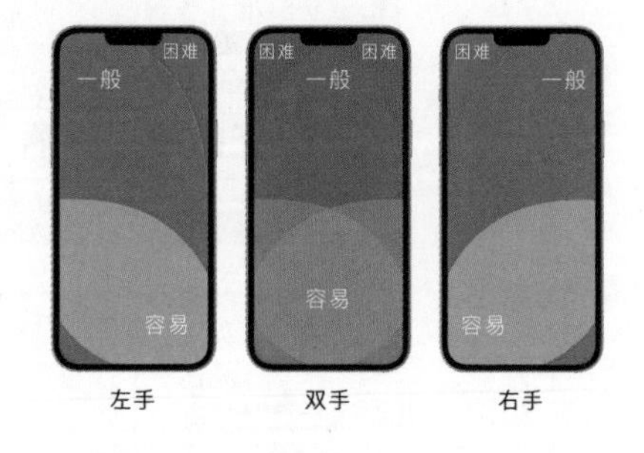

图 7-10

在设计移动端网页时，应将主要的操作功能放置到拇指的热点区域。例如将经常使用的按钮控件放到热点区域中，便于用户点击；不经常用的按钮控件无须删减，将其放置到热点区域之外即可。

2. 触摸空间

手指的最佳触摸空间是 7mm × 7mm，换算成像素约为 40 像素 ×40 像素，将 40 像素 ×40 像素扩大为 44 像素 ×44 像素，这是覆盖触控区域和避免用户出错的理想空间。因此小屏触摸交互界面必须设置合理的界面元素及流畅的间距才能满足用户的操作需求。

3. 手势设计

我们通过在触摸屏上执行手势来与移动设备进行交互。这些手势建立了个人与内容之间的密切联系，并增强了操纵屏幕对象的感觉。我们通常期望用以下手势来与移动设备进行交互。

轻敲：相当于“单击”，是万能的手势，用该手势能够和屏幕上的任何元素进行交互。

拖：在屏幕上移动元素的手势。

轻弹：快速滚动或平移图片的手势，可以实现翻页等操作。

滑动：与“轻敲”一样，是用户非常熟悉的手势。在表格中，用滑动手势可以实现显示删除按钮等操作。

双击：放大并居中显示内容或图片。当内容或图片已经放大时，运用该手势则会缩小内容或图片。

捏合：最形象的手势，两指向外展开时可以放大图片、地图及页面，向内捏合时可以缩小图片、地图及页面。

三指捏合：三指向内捏合时可以复制选定的文本，三指向外展开时可以粘贴复制的文本。

三指轻扫：三指向左滑动时启动撤销操作，三指向右滑动时启动重做操作。

长按：相当于“单击鼠标右键”，长按可编辑或可选择的文本时，会突出显示选择的文本并显示编辑菜单。

旋转：用于旋转图片或视图的手势。

摇：启动撤销或重做操作。

7.1.4 课堂案例——设计移动端中式茶叶官方网站首页

【案例设计要求】

1. 设计风格应与 4.1.4 课堂案例的设计风格保持一致。
2. 设计文件应符合网页设计的制作规范与制作标准。

【案例设计理念】在设计过程中，根据 4.1.4 小节中的 PC 端中式茶叶官方网站首页进行移动端中式茶叶官方网站首页的设计。最终效果参看“云盘 /Ch07/7.1.4 课堂案例——设计移动端中式茶叶官方网站首页 / 工程文件 .psd”，如图 7–11 所示。

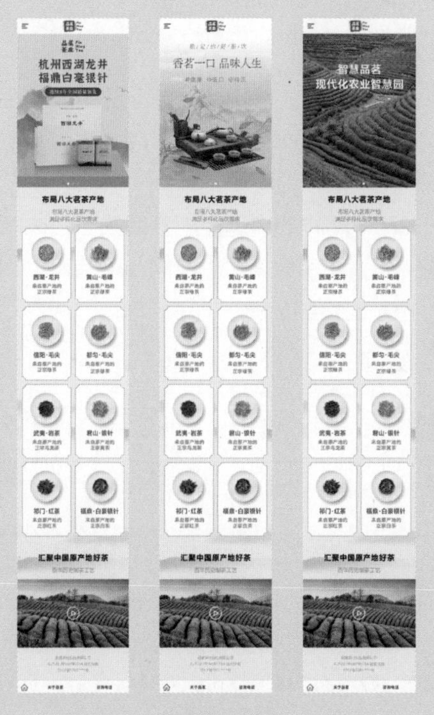

图 7–11

【案例学习目标】学习使用绘图工具、文字工具制作移动端中式茶叶官方网站首页。

【案例知识要点】使用“新建参考线”命令建立参考线，使用“置入嵌入对象”命令置入图片，使用“横排文字”工具添加文字，使用“矩形”工具、“圆角矩形”工具、“椭圆”工具绘制基本形状。

1. 制作导航栏

（1）按 Ctrl+N 组合键，弹出“新建文档”对话框，设置“宽度”为 750 像素、“高度”为 4400 像素、“分辨率”为 72 像素 / 英寸、“背景内容”为白色，如图 7-12 所示。单击“创建”按钮，新建一个文件。

（2）选择“视图 > 新建参考线版面”命令，弹出“新建参考线版面”对话框。勾选“列”复选框，设置“数字”为 6、“宽度”为 95 像素、“装订线”为 24 像素，勾选“边距”复选框，设置“左”为 30 像素、“右”为 30 像素，如图 7-13 所示。单击“确定”按钮，完成参考线版面的创建。

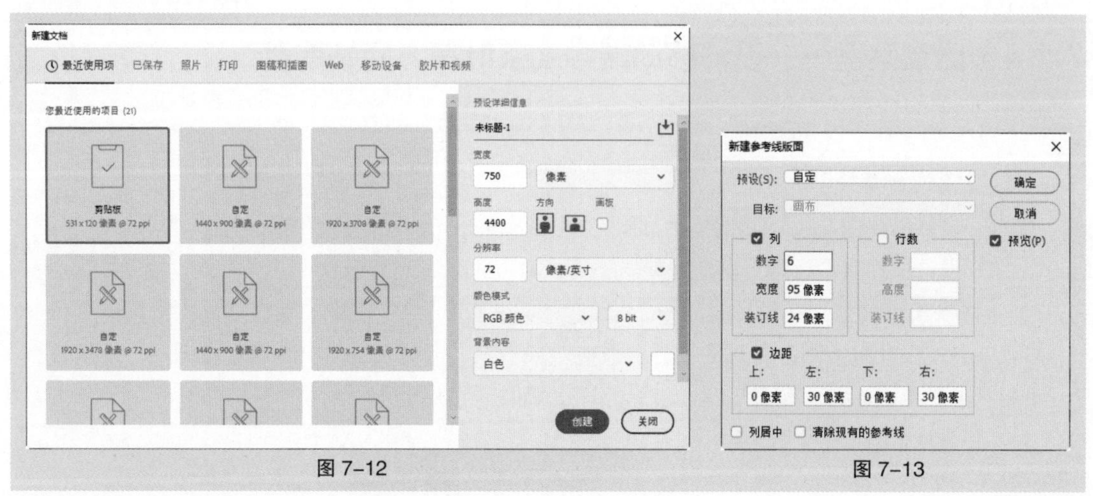

图 7-12　　图 7-13

（3）选择“视图 > 新建参考线”命令，弹出“新建参考线”对话框，在距离上方页边距 100 像素的位置新建一条水平参考线，对话框中的设置如图 7-14 所示。单击“确定”按钮，完成参考线的创建。

（4）选择“矩形”工具▭，在属性栏的“选择工具模式”中选择“形状”，将“填充”颜色设置为白色，将“描边”颜色设置为无。在图像窗口中绘制一个宽为 750 像素、高为 100 像素的矩形，效果如图 7-15 所示，“图层”控制面板中生成新的形状图层“矩形 1”。

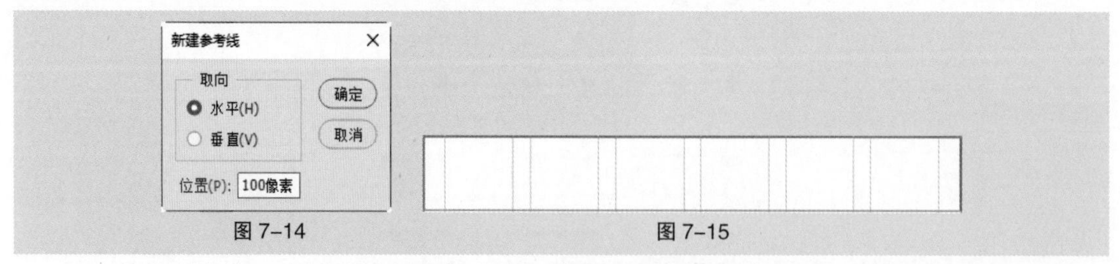

图 7-14　　图 7-15

（5）选择“文件 > 置入嵌入对象”命令，弹出“置入嵌入的对象”对话框，选择云盘中的“Ch07 > 7.1.4 课堂案例——设计移动端中式茶叶官方网站首页 > 素材 > 01”文件。单击“置入”按钮，将图标置入图像窗口中，在属性栏中设置其大小及位置，如图 7-16 所示。按 Enter 键确定操作，效果如图 7-17 所示，“图层”控制面板中生成新的图层并将其重命名为“导航”。

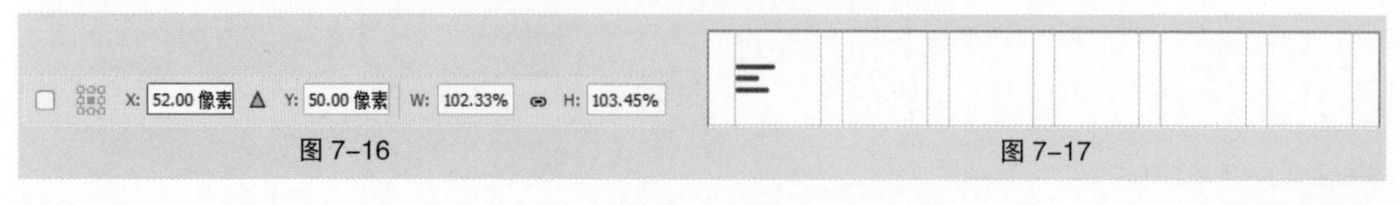

图 7-16　　图 7-17

（6）选择“文件 > 置入嵌入对象”命令，弹出“置入嵌入的对象”对话框，选择云盘中的“Ch07 > 7.1.4 课堂案例——设计移动端中式茶叶官方网站首页 > 素材 > 02”文件。单击“置入”按钮，将图片置入图像窗口中，在属性栏中设置其大小及位置，如图 7-18 所示。按 Enter 键确定操作，效果如图 7-19 所示，“图层”控制面板中生成新的图层并将其重命名为“LOGO”。

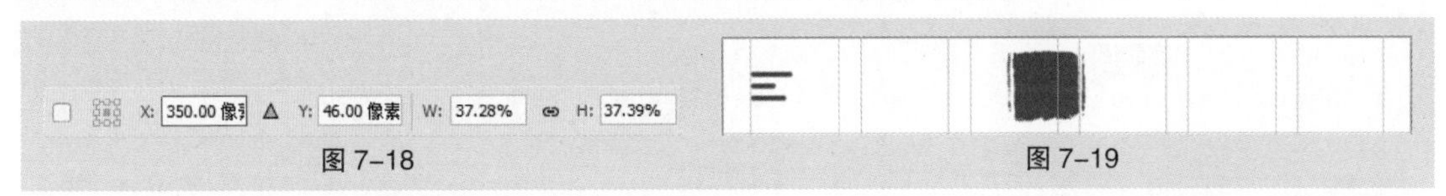

图 7-18　　图 7-19

（7）单击“图层”控制面板下方的“添加图层样式”按钮 fx，在弹出的菜单中选择“颜色叠加”命令，弹出对话框，将“颜色”设置为蓝绿色（14、99、110），其他选项的设置如图 7-20 所示。单击“确定”按钮，效果如图 7-21 所示。

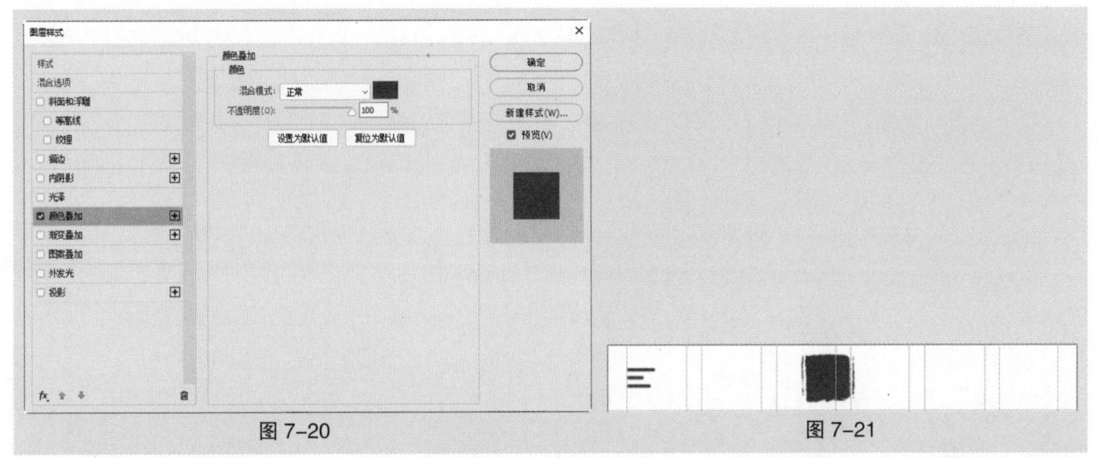

图 7-20　　图 7-21

（8）选择“横排文字”工具 T，在图像窗口中输入需要的文字并选取文字。选择“窗口 > 字符”命令，打开“字符”面板，在“字符”面板中将“颜色”设置为白色，其他选项的设置如图 7-22 所示。按 Enter 键确定操作，效果如图 7-23 所示，“图层”控制面板中生成新的文字图层。

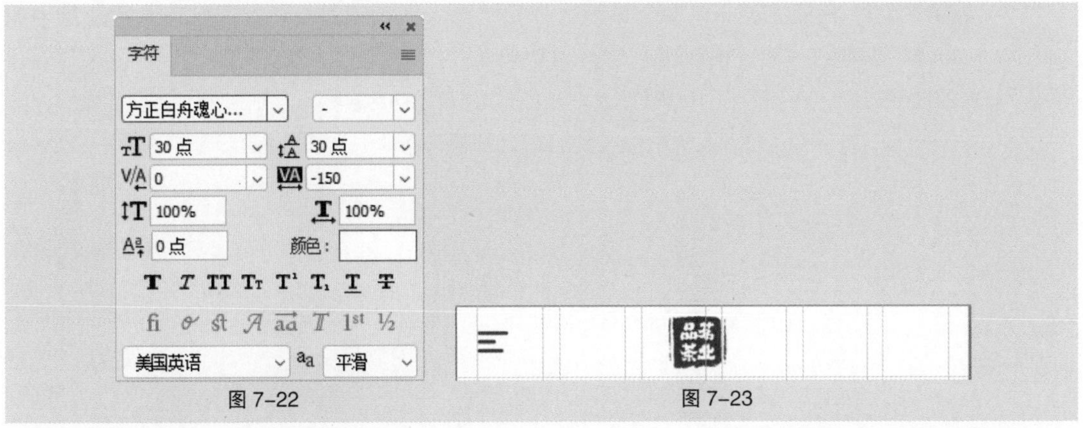

图 7-22　　图 7-23

（9）在图像窗口中输入需要的文字并选取文字。在“字符”面板中将“颜色”设置为蓝绿色（14、99、110），其他选项的设置如图 7-24 所示。按 Enter 键确定操作，效果如图 7-25 所示，“图层”控制面板中生成新的文字图层。

（10）按住 Shift 键的同时在“图层”控制面板中单击“矩形 1”图层，将需要的图层同时选取。按 Ctrl+G 组合键群组图层并将其重命名为“导航”，如图 7-26 所示。

图 7-24　　图 7-25　　图 7-26

2. 制作轮播海报

（1）选择“视图 > 新建参考线”命令，弹出“新建参考线”对话框，在距离上方参考线 1000 像素的位置新建一条水平参考线，对话框中的设置如图 7-27 所示。单击“确定”按钮，完成参考线的创建。

（2）选择“矩形”工具，在属性栏中将“填充”颜色设置为淡蓝色（223、233、237），将“描边”颜色设置为无。在图像窗口中绘制一个宽为 750 像素、高为 1000 像素的矩形，效果如图 7-28 所示，“图层”控制面板中生成新的形状图层“矩形 2”。

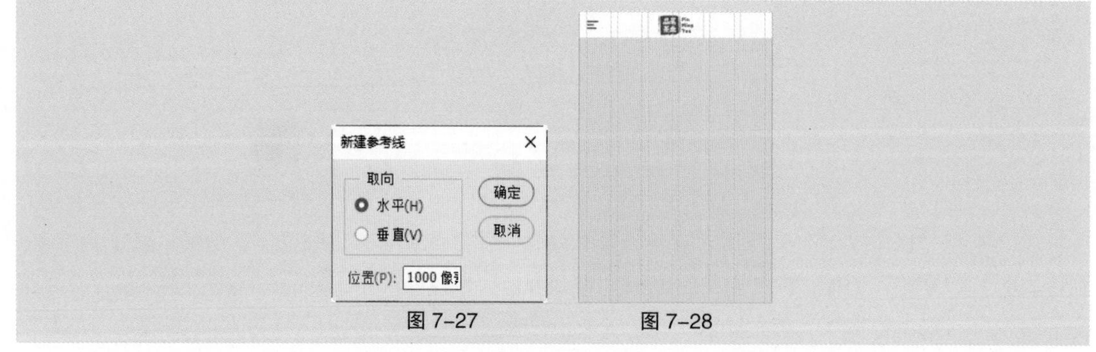

图 7-27　　图 7-28

（3）选择“文件 > 置入嵌入对象”命令，弹出“置入嵌入的对象”对话框，选择云盘中的“Ch07 > 7.1.4 课堂案例——设计移动端中式茶叶官方网站首页 > 素材 > 03”文件。单击“置入”按钮，将图片置入图像窗口中，在属性栏中设置其大小及位置，如图 7-29 所示。按 Enter 键确定操作，效果如图 7-30 所示，“图层”控制面板中生成新的图层并将其重命名为“山水画”。

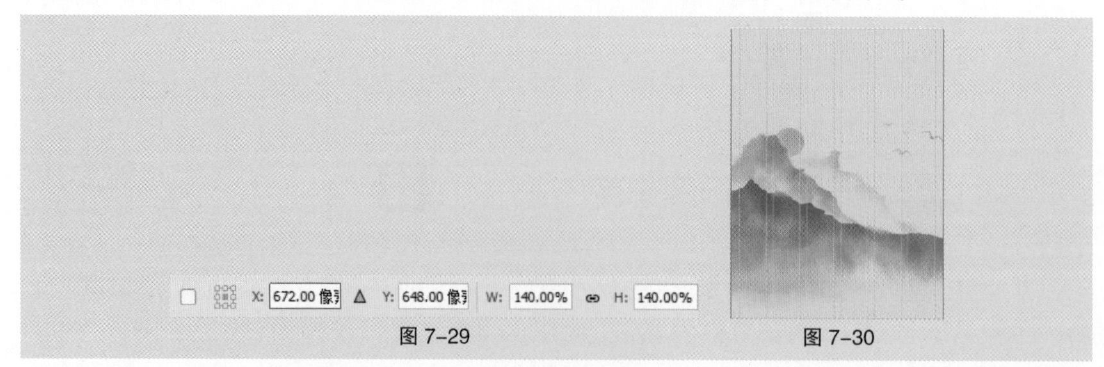

图 7-29　　图 7-30

（4）单击“图层”控制面板下方的“创建新的填充或调整图层”按钮，在弹出的菜单中选择“色彩平衡”命令，“图层”控制面板中生成“色彩平衡 1”图层。在弹出的面板中进行设置，如图 7-31 所示，按 Enter 键确定操作，效果如图 7-32 所示。

（5）选择“横排文字”工具T，在图像窗口中距离上方参考线40像素的位置输入需要的文字并选取文字。在“字符”面板中将“颜色”设置为蓝绿色（14、99、110），其他选项的设置如图7-33所示。按Enter键确定操作，效果如图7-34所示，“图层”控制面板中生成新的文字图层。

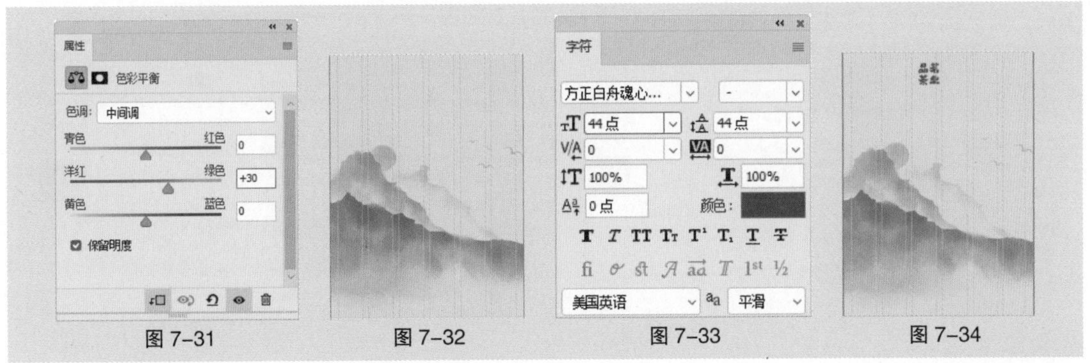

图7-31　图7-32　图7-33　图7-34

（6）选择“文件 > 置入嵌入对象”命令，弹出“置入嵌入的对象”对话框，选择云盘中的“Ch07 > 7.1.4课堂案例——设计移动端中式茶叶官方网站首页 > 素材 > 04”文件。单击“置入”按钮，将图片置入图像窗口中，在属性栏中设置其大小及位置，如图7-35所示。按Enter键确定操作，“图层”控制面板中生成新的图层并将其重命名为“山”。按Ctrl+Alt+G组合键为图层创建剪切蒙版，效果如图7-36所示。

（7）按Ctrl+J组合键复制图层，“图层”控制面板中生成“山 拷贝”图层。按Ctrl+T组合键，图像周围出现变换框。在属性栏中将“Y”坐标加84像素，按Enter键确定操作。按Ctrl+Alt+G组合键为图层创建剪切蒙版，效果如图7-37所示。

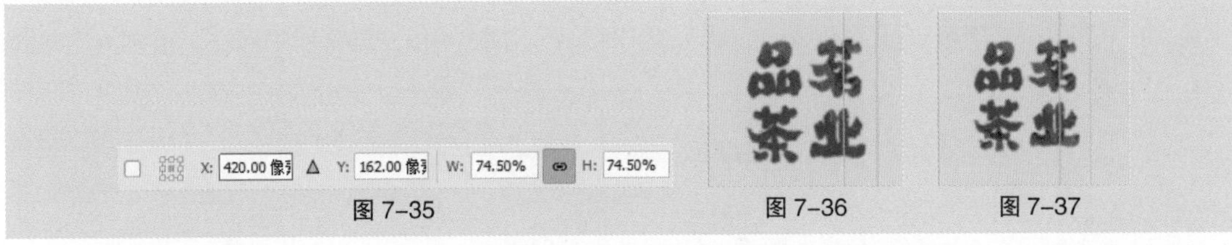

图7-35　图7-36　图7-37

（8）选择“横排文字”工具T，在图像窗口中输入需要的文字并选取文字。在“字符”面板中将“颜色”设置为蓝绿色（14、99、110），其他选项的设置如图7-38所示。按Enter键确定操作，效果如图7-39所示，“图层”控制面板中生成新的文字图层。

（9）在图像窗口中输入需要的文字并选取文字。在“字符”面板中将“颜色”设置为蓝绿色（14、99、110），其他选项的设置如图7-40所示。按Enter键确定操作，效果如图7-41所示，“图层”控制面板中生成新的文字图层。

图7-38　图7-39　图7-40　图7-41

（10）单击“图层”控制面板下方的“添加图层样式”按钮 fx，在弹出的菜单中选择“描边”命令，弹出对话框，将“颜色”设置为暗黄色（234、198、168），其他选项的设置如图 7–42 所示。选择“内阴影”选项，切换到相应的界面并进行设置，如图 7–43 所示，单击“确定”按钮，关闭对话框。

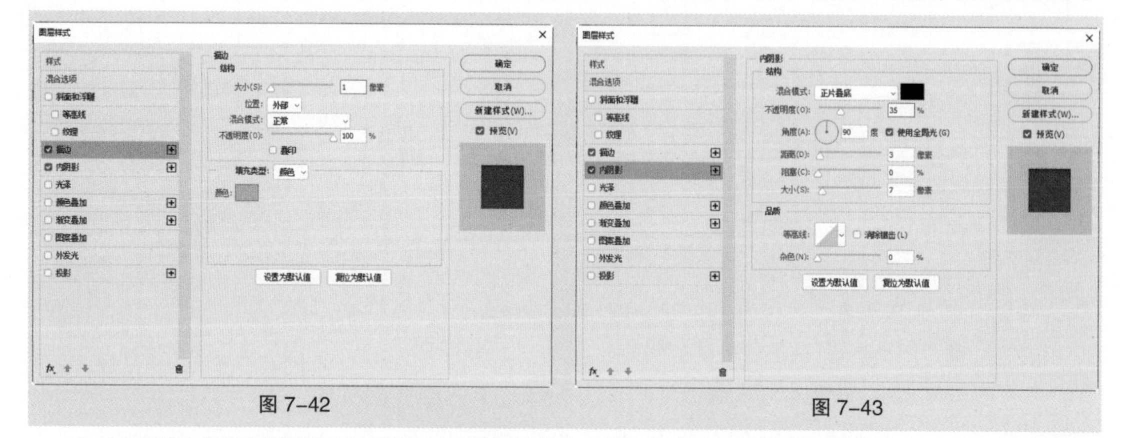

图 7–42　　图 7–43

（11）选择“圆角矩形”工具，在属性栏中将“填充”颜色设置为大红色（197、24、30），将“描边”颜色设置为无，将“半径”设置为 28 像素。在图像窗口中适当的位置绘制一个宽为 380 像素、高为 56 像素的圆角矩形，效果如图 7–44 所示，“图层”控制面板中生成新的形状图层“圆角矩形 1”。

（12）选择“横排文字”工具 T，在适当的位置输入需要的文字并选取文字。在“字符”面板中，将“颜色”设置为白色，其他选项的设置如图 7–45 所示。按 Enter 键确定操作，“图层”控制面板中生成新的文字图层。

（13）按住 Shift 键的同时单击“圆角矩形 1”图层，将需要的图层同时选取。选择“移动”工具，在属性栏的“对齐方式”中单击“水平居中对齐”按钮和“垂直居中对齐”按钮，效果如图 7–46 所示。

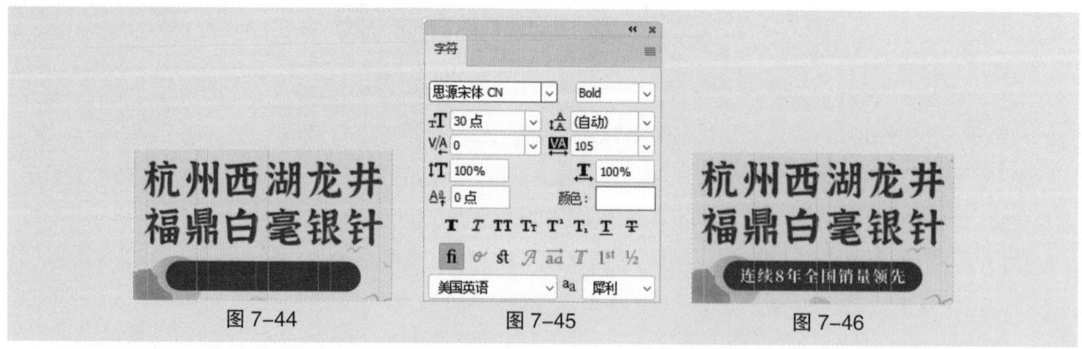

图 7–44　　图 7–45　　图 7–46

（14）选择“矩形”工具，在属性栏中将“填充”颜色设置为淡绿色（174、203、194），将“描边”颜色设置为无。在图像窗口中适当的位置绘制一个宽为 750 像素、高为 170 像素的矩形，效果如图 7–47 所示，“图层”控制面板中生成新的形状图层“矩形 3”。

（15）按 Ctrl+T 组合键，图像周围出现变换框。单击鼠标右键，在弹出的菜单中选择“透视”命令。向左侧拖曳右上角的控制点到 25° 的位置，效果如图 7–48 所示。按 Enter 键确定操作，在弹出的“转变为常规路径”对话框中单击“是”按钮。

（16）选择“矩形”工具，在图像窗口中适当的位置绘制一个宽为 750 像素、高为 72 像素的矩形。在“属性”面板中将“填充”颜色设置为灰绿色（139、169、160），将“描边”颜色设置为无，如图 7–49 所示，“图层”控制面板中生成新的形状图层“矩形 4”，效果如图 7–50 所示。

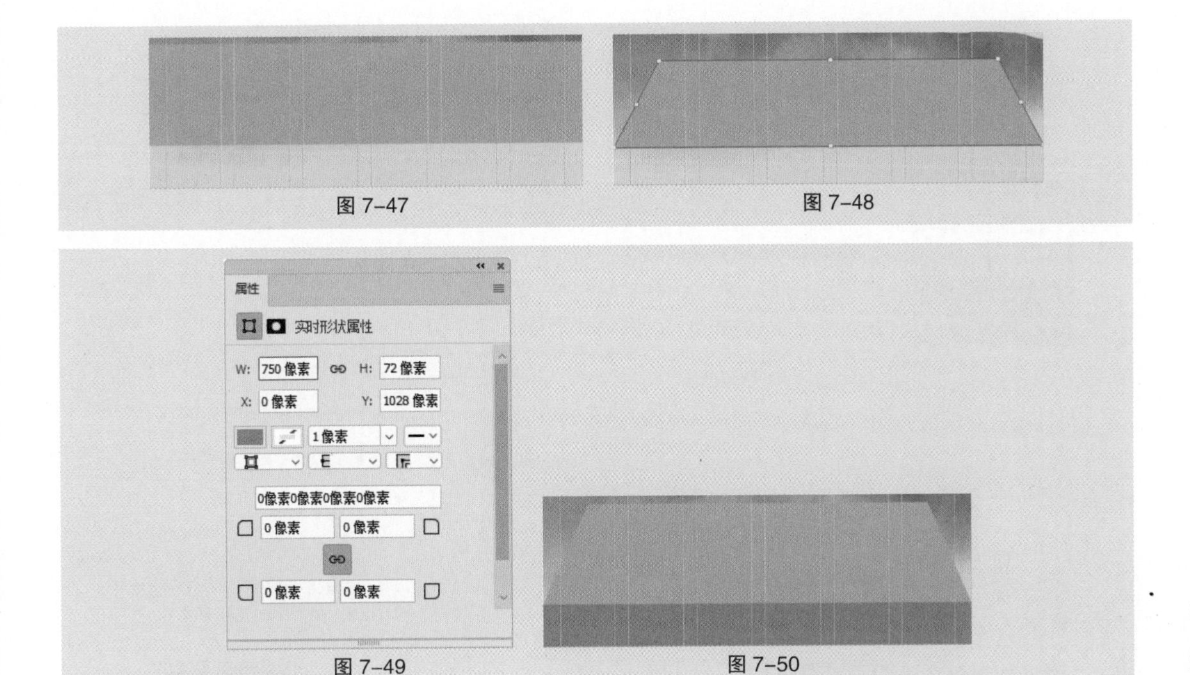

图 7-47

图 7-48

图 7-49

图 7-50

（17）选择“文件 > 置入嵌入对象”命令，弹出“置入嵌入的对象”对话框，选择云盘中的“Ch07 > 7.1.4 课堂案例——设计移动端中式茶叶官方网站首页 > 素材 > 05”文件。单击“置入”按钮，将图片置入图像窗口中，在属性栏中设置其大小及位置，如图 7-51 所示。按 Enter 键确定操作，“图层”控制面板中生成新的图层并将其重命名为“西湖龙井”，效果如图 7-52 所示。

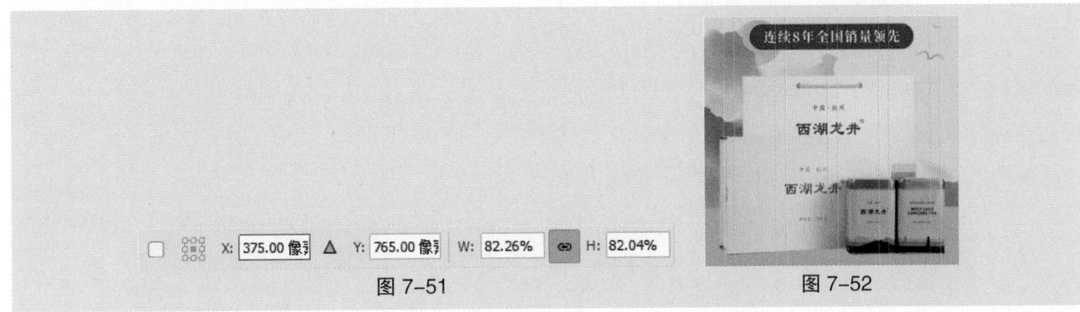

图 7-51

图 7-52

（18）选择“矩形”工具，在属性栏中将“填充”颜色设置为灰蓝色（108、134、135），将“描边”颜色设置为无。在图像窗口中适当的位置绘制一个宽为 230 像素、高为 77 像素的矩形，效果如图 7-53 所示，“图层”控制面板中生成新的形状图层“矩形 5”。

（19）在“图层”控制面板中，单击“图层”控制面板下方的“添加图层样式”按钮，在弹出的菜单中选择“渐变叠加”命令，弹出对话框。单击“点按可编辑渐变”按钮，弹出“渐变编辑器”对话框，设置 0、100 这两个位置色标的 RGB 值分别为（108、134、135）、（174、203、194），如图 7-54 所示。单击“确定”按钮，返回到“图层样式”对话框，其他选项的设置如图 7-55 所示。单击“确定”按钮，关闭对话框。

（20）使用相同的方法，在适当的位置绘制矩形并添加“渐变叠加”效果，效果如图 7-56 所示。在“图层”控制面板中选择“西湖龙井”图层，将其拖曳到“矩形 5 拷贝”图层的上方，如图 7-57 所示，效果如图 7-58 所示。

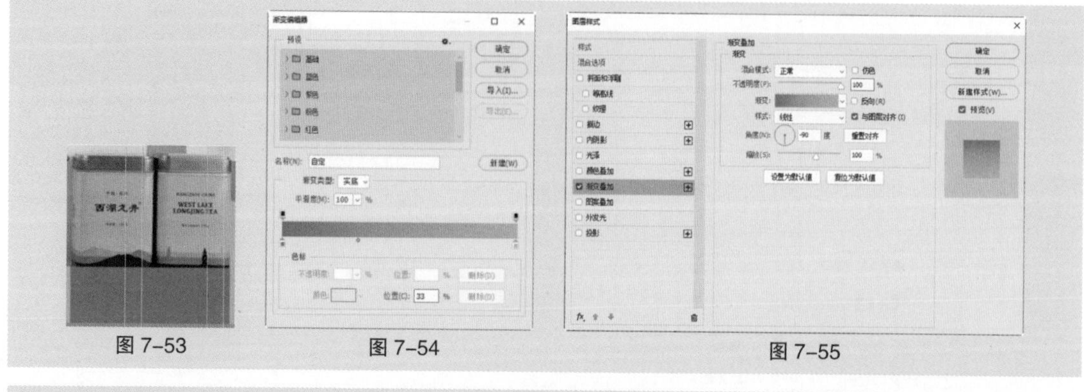
图 7-53　　图 7-54　　图 7-55

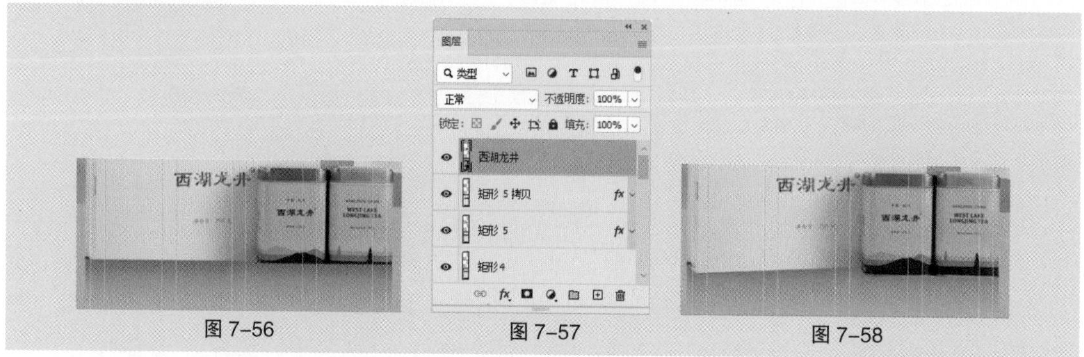

图 7-56　　图 7-57　　图 7-58

（21）选择“椭圆”工具，在属性栏中将“填充”颜色设置为白色，将“描边”颜色设置为无。按住 Shift 键，在图像窗口中距离下方参考线 16 像素的位置绘制一个直径为 16 像素的圆形，效果如图 7-59 所示，“图层”控制面板中生成新的形状图层“椭圆 1”。

（22）按 Ctrl+J 组合键复制图层，“图层”控制面板中生成“椭圆 1 拷贝”图层。按 Ctrl+T 组合键，图像周围出现变换框。在属性栏中将“X”坐标加 32 像素，按 Enter 键确定操作，在“图层”控制面板中将“不透明度”设置为 30%，效果如图 7-60 所示。使用相同的方法复制图形并修改不透明度，“图层”控制面板中生成新的形状图层，效果如图 7-61 所示。

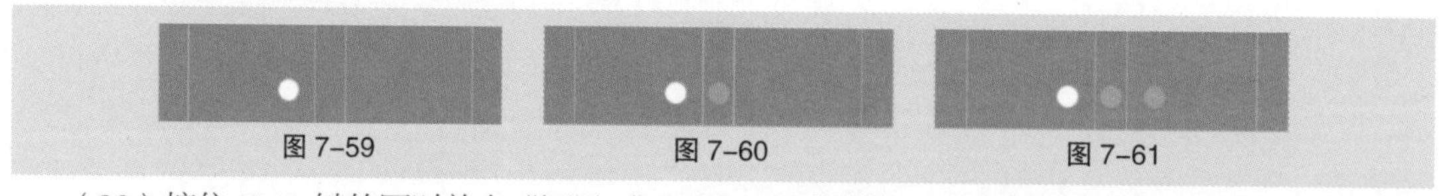
图 7-59　　图 7-60　　图 7-61

（23）按住 Shift 键的同时单击“矩形 2”图层，将需要的图层同时选取。按 Ctrl+G 组合键群组图层并将其重命名为“轮播海报 1”，如图 7-62 所示。使用上述方法分别制作“轮播海报 2”和“轮播海报 3”图层组，效果如图 7-63 和图 7-64 所示。

图 7-62　　图 7-63　　图 7-64

3. 制作内容区

（1）选择“视图 > 新建参考线”命令，弹出“新建参考线”对话框，在距离上方页边距 3430 像素的位置新建一条水平参考线，对话框中的设置如图 7-65 所示。使用相同的方法，在距离上方页边距 4096 像素新建一条水平参考线，对话框中的设置如图 7-66 所示。完成参考线的创建。

扫码观看
本案例视频 2

（2）选择“矩形”工具▭，在属性栏中将“填充”颜色设置为浅灰色（246、246、246），将“描边”颜色设置为无。在图像窗口中绘制一个宽为 750 像素、高为 2996 像素的矩形，效果如图 7-67 所示，“图层”控制面板中生成新的形状图层“矩形 8”。

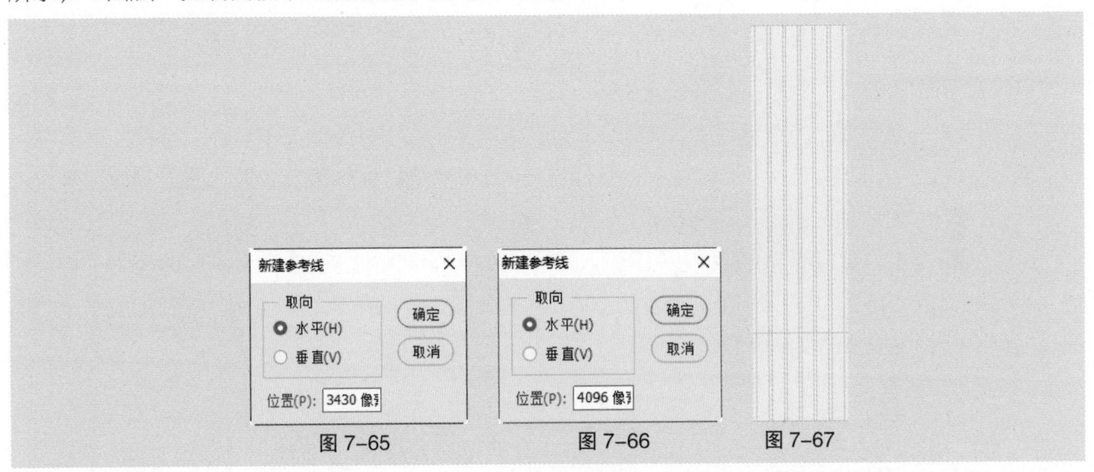

图 7-65　　图 7-66　　图 7-67

（3）选择“文件 > 置入嵌入对象”命令，弹出“置入嵌入的对象”对话框，选择云盘中的“Ch07>7.1.4 课堂案例——设计移动端中式茶叶官方网站首页 > 素材 > 15”文件。单击“置入”按钮，将图片置入图像窗口中，在属性栏中设置其大小及位置，如图 7-68 所示。按 Enter 键确定操作，“图层”控制面板中生成新的图层并将其重命名为“山”，将图层的“不透明度”设置为 80%，如图 7-69 所示，效果如图 7-70 所示。

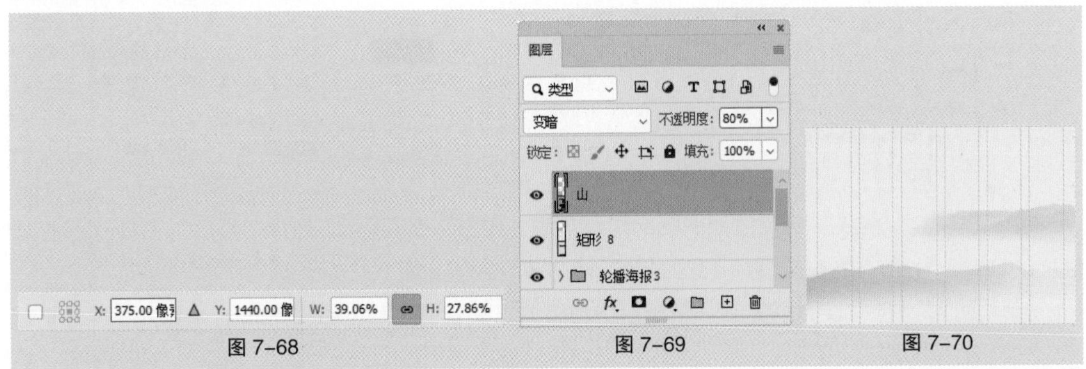

图 7-68　　图 7-69　　图 7-70

（4）单击“图层”控制面板下方的“创建新的填充或调整图层”按钮◐，在弹出的菜单中选择“色彩平衡”命令，“图层”控制面板中生成“色彩平衡 2”图层。在弹出的面板中进行设置，如图 7-71 所示，按 Enter 键确定操作，效果如图 7-72 所示。

（5）按住 Shift 键的同时单击“山”图层，将需要的图层同时选取。按 Ctrl+J 组合键复制图层，“图层”控制面板中生成“山 拷贝”图层和“色彩平衡 2 拷贝”图层。按 Ctrl+T 组合键，图像周围出现变换框。在属性栏中将“Y”坐标加 1173 像素，单击鼠标右键，在弹出的菜单中选择“水平翻转”命令，按 Enter 键确定操作，效果如图 7-73 所示。

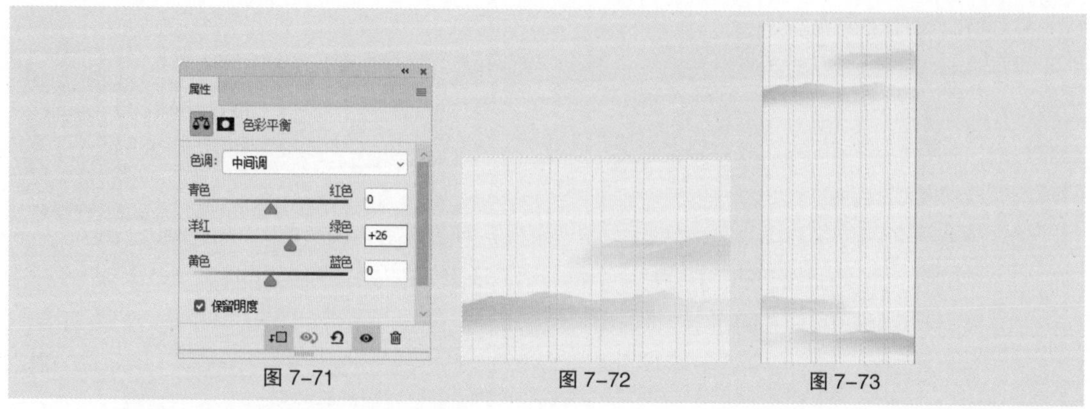

图 7-71　　图 7-72　　图 7-73

（6）使用相同的方法复制图层并设置坐标，如图 7-74 所示，效果如图 7-75 所示。选择“横排文字”工具 T，在距离上方参考线 56 像素的位置输入需要的文字并选取文字。在“字符”面板中，将“颜色”设置为深灰色（21、20、22），其他选项的设置如图 7-76 所示。按 Enter 键确定操作，“图层”控制面板中生成新的文字图层。

（7）在距离上方参考线 40 像素的位置输入需要的文字并选取文字。在“字符”面板中，将“颜色”设置为灰色（154、155、156），其他选项的设置如图 7-77 所示。按 Enter 键确定操作，“图层”控制面板中生成新的文字图层。

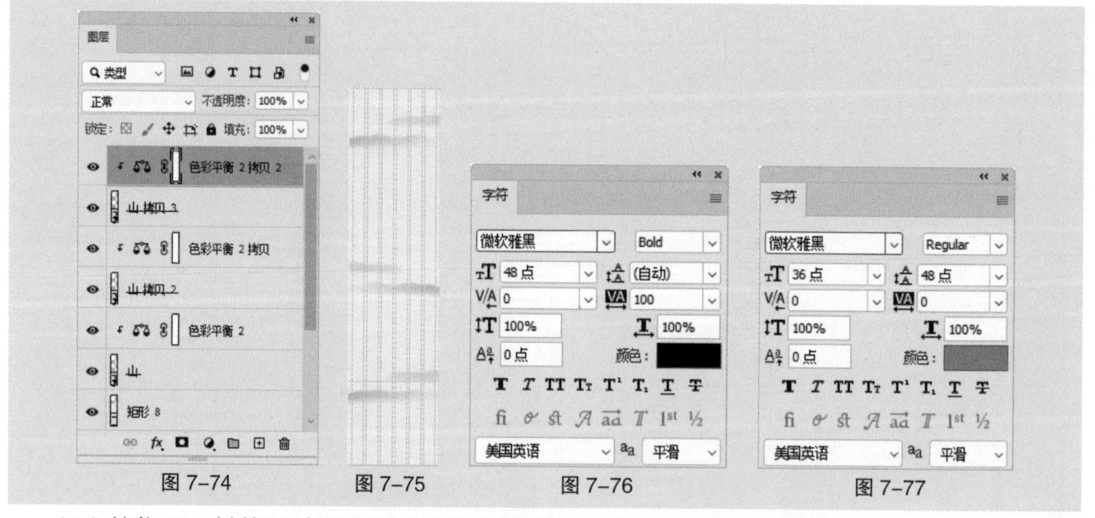

图 7-74　　图 7-75　　图 7-76　　图 7-77

（8）按住 Ctrl 键的同时将需要的图层同时选取，如图 7-78 所示。选择“移动”工具 ，在属性栏的“对齐方式”中单击“水平居中对齐”按钮 ，效果如图 7-79 所示。

（9）选择“矩形”工具 ，在图像窗口中距离上方文字 40 像素的位置绘制一个宽为 333 像素、高为 482 像素的矩形，“图层”控制面板中生成新的形状图层“矩形 9”。在“属性”面板中将“填充”颜色设置为白色，将“描边”颜色设置为中黄色（234、198、168），将“描边”粗细设置为 4 像素，如图 7-80 所示。按 Enter 键确定操作，效果如图 7-81 所示。

（10）选择“椭圆”工具 ，按住 Shift 键的同时绘制一个圆形。在“属性”面板中设置其大小及位置，如图 7-82 所示，效果如图 7-83 所示。

（11）选择“路径选择”工具 ，按住 Alt+Shift 组合键，在图像窗口中向右 285 像素的位置复制圆形，效果如图 7-84 所示。使用相同的方法复制圆形并进行减去顶层形状操作，效果如图 7-85 所示。

图 7-78　图 7-79　图 7-80　图 7-81

图 7-82　图 7-83　图 7-84　图 7-85

（12）选择“文件 > 置入嵌入对象”命令，弹出“置入嵌入的对象”对话框，选择云盘中的“Ch07 > 7.1.4 课堂案例——设计移动端中式茶叶官方网站首页 > 素材 > 16”文件。单击“置入”按钮，将图片置入图像窗口中，在属性栏中设置其大小及位置，如图 7-86 所示。按 Enter 键确定操作，效果如图 7-87 所示，“图层”控制面板中生成新的图层并将其重命名为“盘子”。

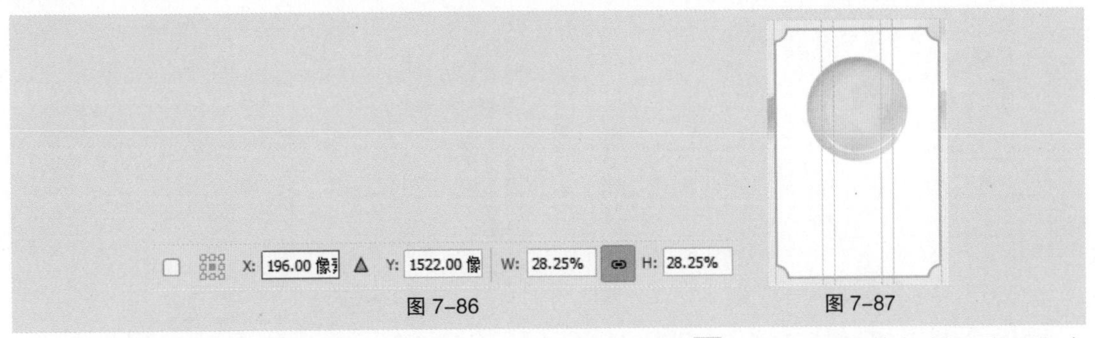

图 7-86　图 7-87

（13）单击“图层”控制面板下方的“添加图层样式”按钮 fx，在弹出的菜单中选择“投影”命令，在弹出的对话框中进行设置，如图 7-88 所示，单击“确定”按钮，效果如图 7-89 所示。

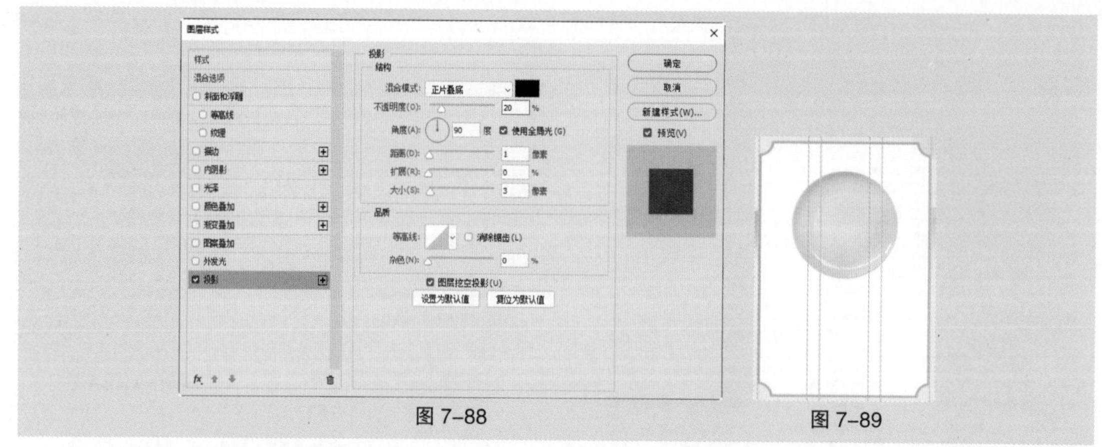
图 7-88　　图 7-89

（14）选择“椭圆”工具，在属性栏中将“填充”颜色设置为灰色（153、153、153），将“描边”颜色设置为无。按住 Shift 键，在图像窗口中绘制一个与盘子大小相等的圆形。“图层”控制面板中生成新的形状图层并将其重命名为“投影”。按 Ctrl+T 组合键，图像周围出现变换框，在属性栏中设置其大小及位置，如图 7-90 所示，按 Enter 键确定操作，效果如图 7-91 所示。

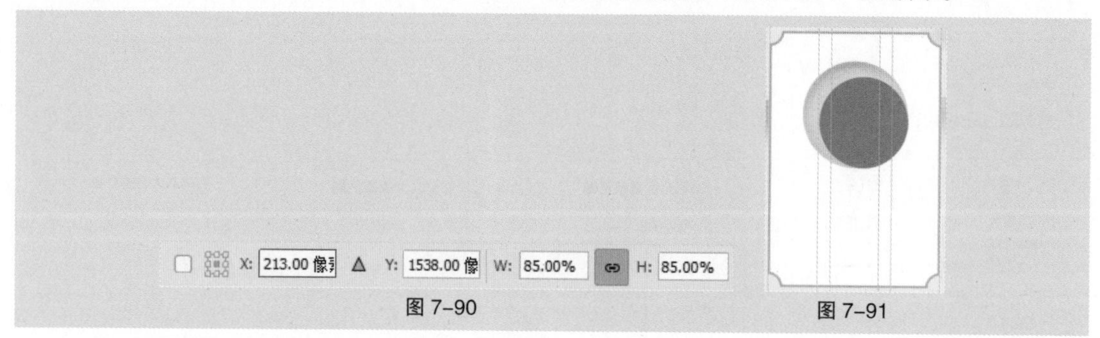

图 7-90　　图 7-91

（15）在“属性”面板中单击“蒙版”按钮，切换到相应的面板并进行设置，如图 7-92 所示，按 Enter 键确定操作。在“图层”控制面板中将“盘子”图层拖曳到“投影”图层的上方，效果如图 7-93 所示。

（16）单击“图层”控制面板下方的“创建新的填充或调整图层”按钮，在弹出的菜单中选择“亮度 / 对比度”命令，“图层”控制面板中生成“亮度 / 对比度 1”图层。在弹出的面板中进行设置，如图 7-94 所示，按 Enter 键确定操作，效果如图 7-95 所示。

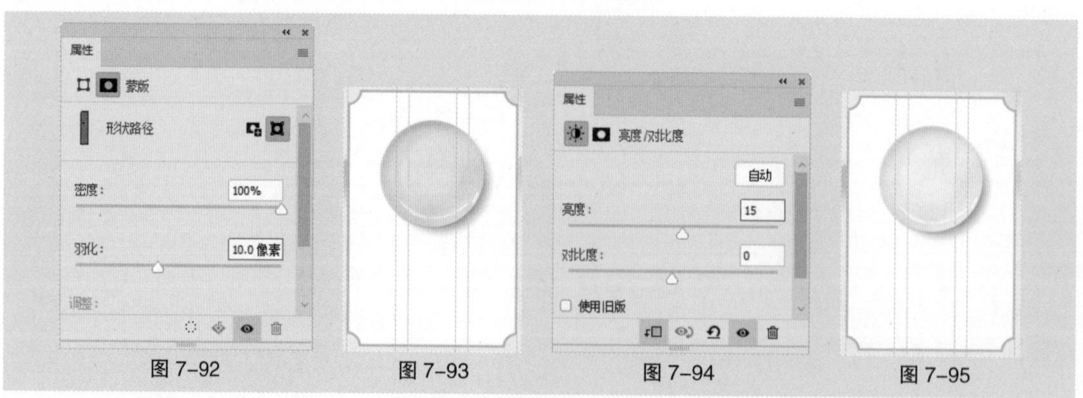

图 7-92　　图 7-93　　图 7-94　　图 7-95

（17）按 Ctrl + O 组合键打开云盘中的“Ch07 > 7.1.4 课堂案例——设计移动端中式茶叶官方网站首页 > 素材 > 17”文件。在“图层”控制面板中双击“背景”图层，在弹出的对话框中单击“确定”按钮，如图 7–96 所示，将背景图层转换为普通图层。选择“快速选择”工具，在图像窗口中拖曳鼠标绘制选区，如图 7–97 所示。

图 7–96　　图 7–97

（18）按 Alt+Ctrl+R 组合键，弹出“属性”面板，将“羽化”设置为 0.8 像素，其他选项的设置如图 7–98 所示。单击“确定”按钮，图像窗口中生成选区。按 Ctrl+Shift+I 组合键反选选区，效果如图 7–99 所示。按 Delete 键将不需要的部分删除，按 Ctrl+D 组合键取消选择选区，效果如图 7–100 所示。

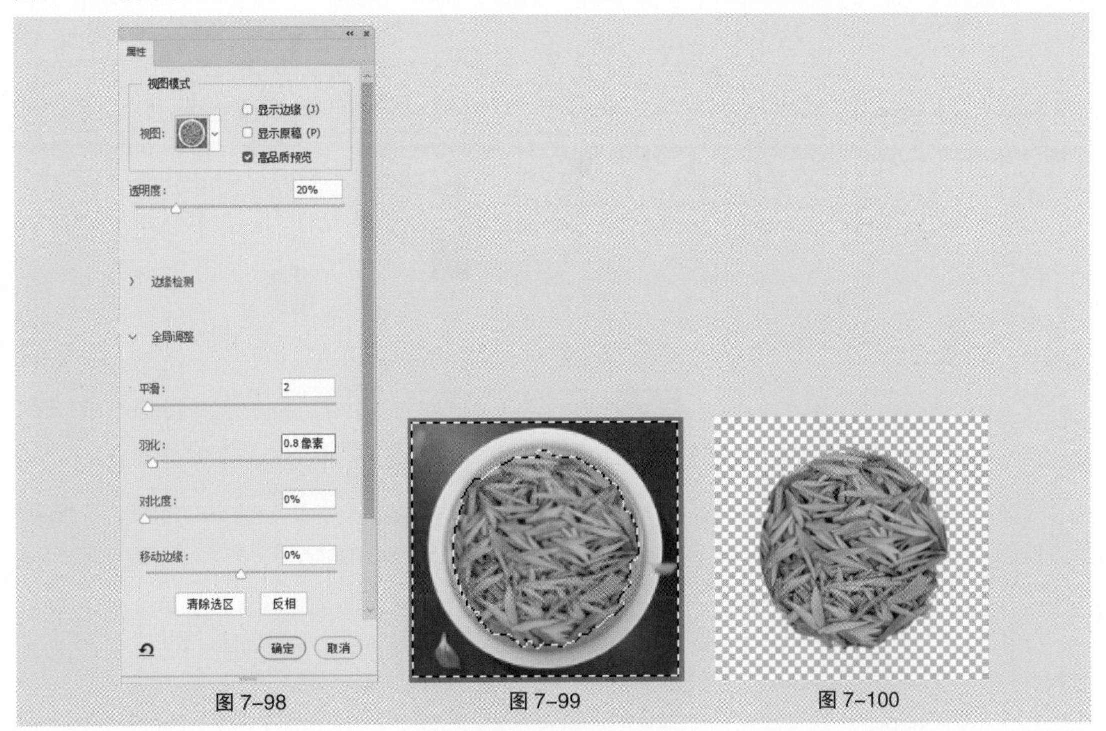

图 7–98　　图 7–99　　图 7–100

（19）选择“图像 > 裁切”命令，在弹出的对话框中进行设置，如图 7–101 所示。单击“确定”按钮，效果如图 7–102 所示。按 Ctrl+S 组合键，弹出“存储为”对话框，将图像命名为“18”，保存为 PNG 格式。单击“保存”按钮，弹出“PNG 格式选项”对话框，如图 7–103 所示。单击“确定”按钮，保存图像。

（20）返回到图像窗口中。选择“文件 > 置入嵌入对象”命令，弹出“置入嵌入的对象”对话框，选择云盘中的“Ch07 > 7.1.4 课堂案例——设计移动端中式茶叶官方网站首页 > 素材 > 18”文件。单击“置入”按钮，将图片置入图像窗口中，在属性栏中设置其大小及位置，如图 7–104 所示。按 Enter 键确定操作，效果如图 7–105 所示，“图层”控制面板中生成新的图层并将其重命名为“西湖龙井”。

图 7-101　　图 7-102　　图 7-103

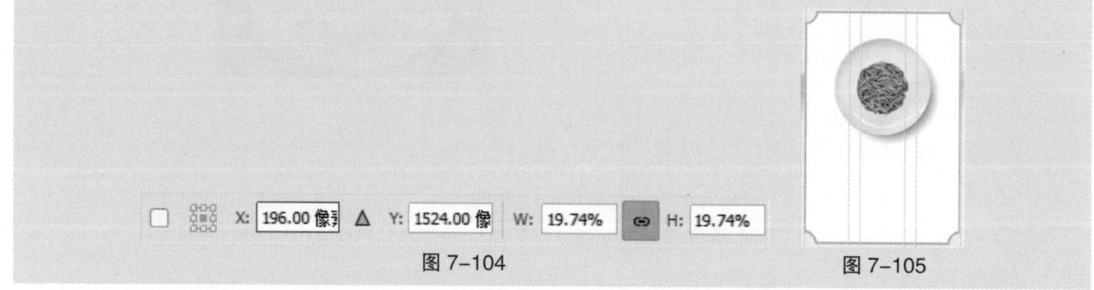

图 7-104　　图 7-105

（21）单击“图层”控制面板下方的“添加图层样式”按钮fx，在弹出的菜单中选择“投影”命令，在弹出的对话框中进行设置，如图 7-106 所示。单击“确定”按钮，效果如图 7-107 所示。

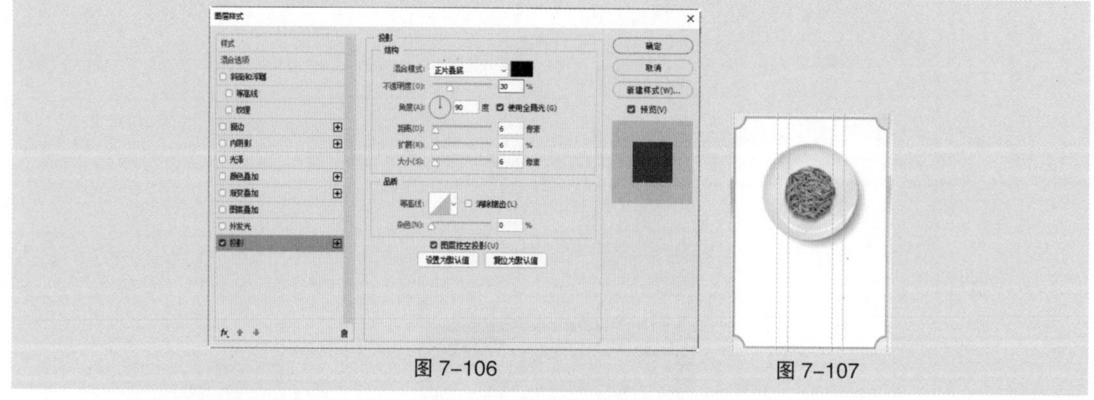

图 7-106　　图 7-107

（22）选择“横排文字”工具T，在适当的位置输入需要的文字并选取文字。在“字符”面板中，将“颜色”设置为蓝绿色（21、99、109），其他选项的设置如图 7-108 所示。按 Enter 键确定操作，“图层”控制面板中生成新的文字图层。

（23）按住 Ctrl 键的同时单击“矩形 9”图层，将需要的图层同时选取。选择“移动”工具，在属性栏的“对齐方式”中单击“水平居中对齐”按钮，效果如图 7-109 所示。

（24）使用相同的方法输入其他文字并设置对齐方式，效果如图 7-110 所示。按住 Shift 键的同时单击“矩形 9”图层，将需要的图层同时选取。按 Ctrl+G 组合键群组图层并将其重命名为“西湖·龙井”，如图 7-111 所示。

（25）按 Ctrl+J 组合键复制图层组并将复制得到的图层组重命名为“黄山·毛峰”。按 Ctrl+T 组合键，图像周围出现变换框。在属性栏中将“X”坐标加 357 像素，按 Enter 键确定操作，效果如图 7-112 所示。

（26）在“图层”控制面板中展开“黄山·毛峰”图层组，选中“西湖龙井”图层，按 Delete 键将其删除。使用上述方法抠图、置入图片并添加“投影”效果，效果如图 7-113 所示。选择“横排文字”工具T，在图像窗口中分别选中并修改文字，效果如图 7-114 所示。

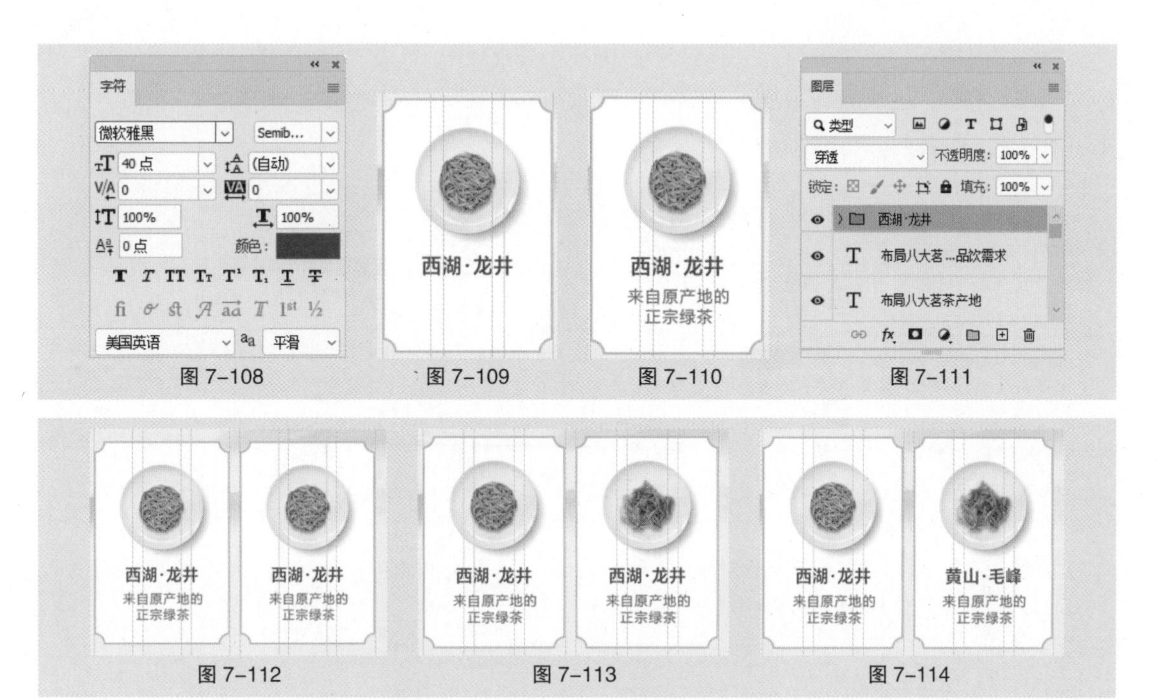

图 7-108　图 7-109　图 7-110　图 7-111

图 7-112　图 7-113　图 7-114

（27）折叠“黄山・毛峰”图层组，使用上述方法复制图层组、置入图片并修改文字，“图层”控制面板如图 7-115 所示，效果如图 7-116 所示。按住 Shift 键的同时在“图层”控制面板中单击“矩形 9”图层，将需要的图层同时选取。按 Ctrl+G 组合键群组图层并将其重命名为“八大茗茶”，如图 7-117 所示。

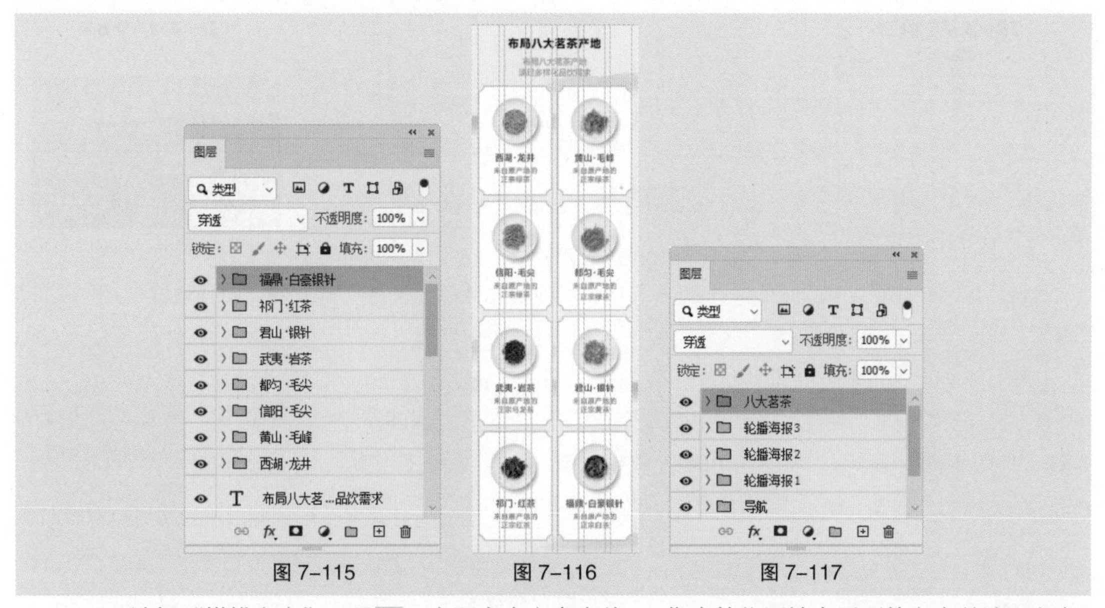

图 7-115　图 7-116　图 7-117

（28）选择“横排文字”工具 T，在距离上方参考线 56 像素的位置输入需要的文字并选取文字。在“字符”面板中将“颜色”设置为深灰色（21、20、22），其他选项的设置如图 7-118 所示。按 Enter 键确定操作，“图层”控制面板中生成新的文字图层。

（29）在距离上方文字 40 像素的位置输入需要的文字并选取文字。在“字符”面板中将“颜色”设置为灰色（154、155、156），其他选项的设置如图 7-119 所示。按 Enter 键确定操作，“图层”控制面板中生成新的文字图层。

（30）按住 Ctrl 键的同时在“图层”控制面板中分别单击“汇聚中国原产地好茶”图层、“矩形 9”图层，将需要的图层同时选取，选择“移动”工具，在属性栏的“对齐方式”中单击“水平居中对齐”按钮，效果如图 7–120 所示。

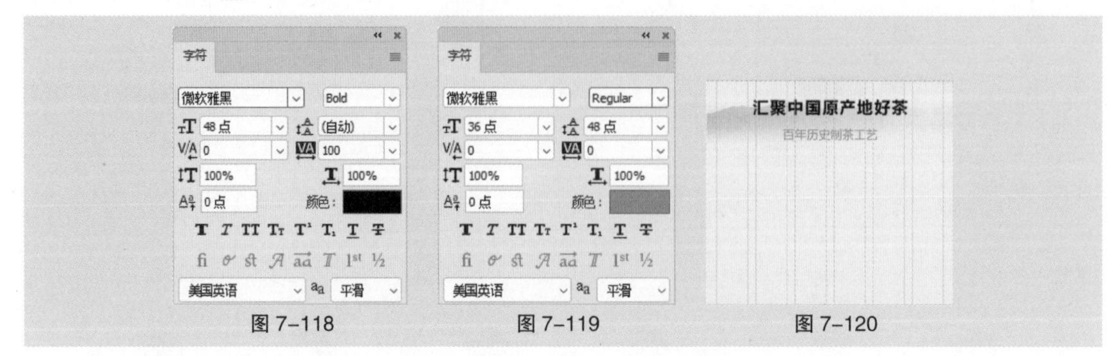

图 7–118　图 7–119　图 7–120

（31）选择“矩形”工具，在属性栏中将“填充”颜色设置为灰色（246、246、246），将“描边”颜色设置为无。在图像窗口中绘制一个宽为 750 像素、高为 446 像素的矩形，效果如图 7–121 所示，“图层”控制面板中生成新的形状图层“矩形 10”。

（32）选择“文件 > 置入嵌入对象”命令，弹出“置入嵌入的对象”对话框，选择云盘中的“Ch07 > 7.1.4 课堂案例——设计移动端中式茶叶官方网站首页 > 素材 > 33”文件。单击“置入”按钮，将图片置入图像窗口中，在属性栏中设置其大小及位置，如图 7–122 所示。按 Enter 键确定操作，“图层”控制面板中生成新的图层并将其重命名为“茶园”。按 Ctrl+Alt+G 组合键为图层创建剪切蒙版，效果如图 7–123 所示。

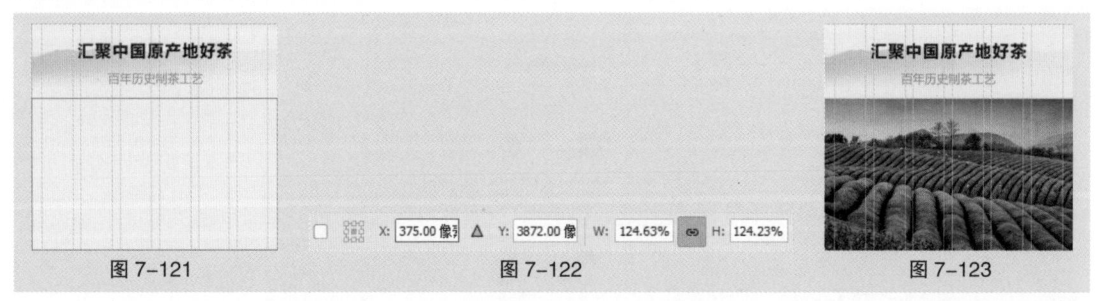

图 7–121　图 7–122　图 7–123

（33）单击“图层”控制面板下方的“创建新的填充或调整图层”按钮，在弹出的菜单中选择“亮度 / 对比度”命令。“图层”控制面板中生成“亮度 / 对比度 3”图层，在弹出的面板中进行设置，如图 7–124 所示。按 Enter 键确定操作，效果如图 7–125 所示。

（34）再次单击“图层”控制面板下方的“创建新的填充或调整图层”按钮，在弹出的菜单中选择“色彩平衡”命令。“图层”控制面板中生成“色彩平衡 3”图层，在弹出的面板中进行设置，如图 7–126 所示。按 Enter 键确定操作，效果如图 7–127 所示。

图 7–124　图 7–125　图 7–126　图 7–127

（35）选择“文件 > 置入嵌入对象”命令，弹出“置入嵌入的对象”对话框，选择云盘中的“Ch07 > 7.1.4 课堂案例——设计移动端中式茶叶官方网站首页 > 素材 > 34”文件。单击“置入”按钮，将图标置入图像窗口中，在属性栏中设置其大小及位置，如图 7–128 所示。按 Enter 键确定操作，“图层”控制面板中生成新的图层并将其重命名为“播放”。

（36）按住 Ctrl 键的同时单击“矩形 10”图层，将需要的图层同时选取。选择“移动”工具，在属性栏的“对齐方式”中单击“水平居中对齐”按钮和“垂直居中对齐”按钮，效果如图 7–129 所示。

（37）按住 Shift 键的同时单击“汇聚中国原产地好茶”文字图层，将需要的图层同时选取。按 Ctrl+G 组合键群组图层并将其重命名为“企业视频”，如图 7–130 所示。

图 7–128　　图 7–129　　图 7–130

4. 制作页尾

（1）选择“视图 > 新建参考线”命令，弹出“新建参考线”对话框，在距离上方参考线 214 像素的位置新建一条水平参考线，对话框中的设置如图 7–131 所示。单击“确定”按钮，完成参考线的创建。

（2）选择“矩形”工具，在属性栏中将“填充”颜色设置为浅灰色（246、246、246），将“描边”颜色设置为无。在图像窗口中绘制一个宽为 750 像素、高为 214 像素的矩形，效果如图 7–132 所示，“图层”控制面板中生成新的形状图层“矩形 11”。

图 7–131　　图 7–132

（3）选择“横排文字”工具，在图像窗口中输入需要的文字并选取文字。在“字符”面板中将“颜色”设置为灰绿色（172、183、172），其他选项的设置如图 7–133 所示。按 Enter 键确定操作，“图层”控制面板中生成新的文字图层。

（4）按住 Shift 键的同时单击“矩形 11”图层，将需要的图层同时选取。选择“移动”工具，在属性栏的“对齐方式”中单击“水平居中对齐”按钮和“垂直居中对齐”按钮，效果如图 7–134 所示。按 Ctrl+G 组合键群组图层并将其重命名为“底部信息”，如图 7–135 所示。

图 7-133　　图 7-134　　图 7-135

（5）选择“矩形”工具，在属性栏中将“填充”颜色设置为白色，将“描边”颜色设置为浅灰色（226、226、226），将“描边”粗细设置为 1 像素。在图像窗口中绘制一个宽为 750 像素、高为 90 像素的矩形，效果如图 7-136 所示，“图层”控制面板中生成新的形状图层“矩形 12”。

（6）按 Ctrl+J 组合键复制图层，“图层”控制面板中生成新的形状图层，将其重命名为“投影”。拖曳图层到“矩形 12”图层的下方，在“属性”面板中将“颜色”设置为浅灰色（210、210、210），将“描边”颜色设置为无。单击“蒙版”按钮，切换到相应的面板并进行设置，如图 7-137 所示，效果如图 7-138 所示。

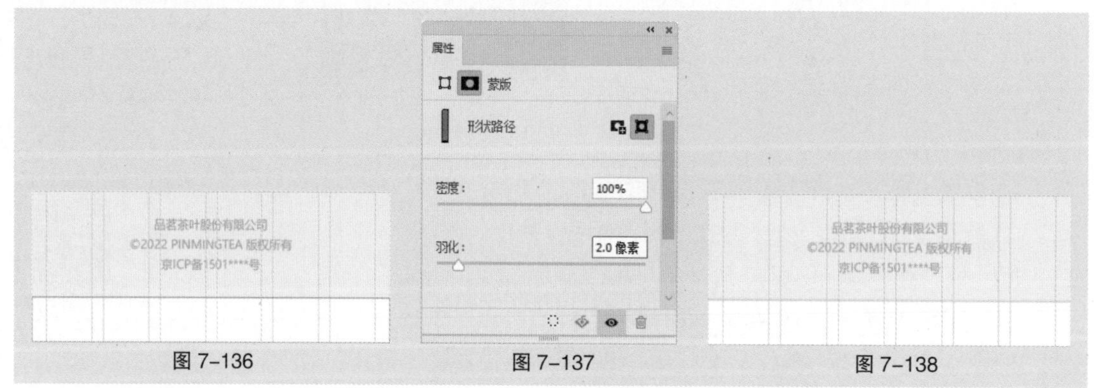

图 7-136　　图 7-137　　图 7-138

（7）在图像窗口中绘制一个宽为 90 像素、高为 90 像素的矩形，效果如图 7-139 所示，“图层”控制面板中生成新的形状图层“矩形 13”。

（8）选择“文件 > 置入嵌入对象”命令，弹出“置入嵌入的对象”对话框，选择云盘中的“Ch07 > 7.1.4 课堂案例——设计移动端中式茶叶官方网站首页 > 素材 > 35”文件。单击“置入”按钮，将图标置入图像窗口中，在属性栏中设置其大小及位置，如图 7-140 所示。按 Enter 键确定操作，效果如图 7-141 所示，“图层”控制面板中生成新的图层并将其重命名为“首页”。

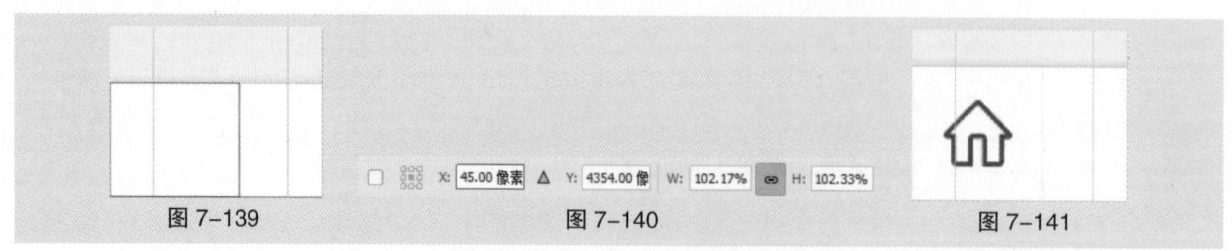

图 7-139　　图 7-140　　图 7-141

（9）选择“矩形”工具，在属性栏中将“填充”颜色设置为白色，将“描边”颜色设置为浅灰色（246、246、246），将“描边”粗细设置为 1 像素。在图像窗口中绘制一个宽为 330 像素、高为 90 像素的矩形，效果如图 7-142 所示，“图层”控制面板中生成新的形状图层“矩形 14”。

（10）选择“横排文字”工具T，在图像窗口中输入需要的文字并选取文字。在“字符”面板中将“颜色”设置为深灰色（21、20、22），其他选项的设置如图 7-143 所示。按 Enter 键确定操作，“图层”控制面板中生成新的文字图层。

（11）按住 Shift 键的同时单击“矩形 14”图层，将需要的图层同时选取。选择“移动”工具，在属性栏的“对齐方式”中单击“水平居中对齐”按钮和“垂直居中对齐”按钮，效果如图 7-144 所示。

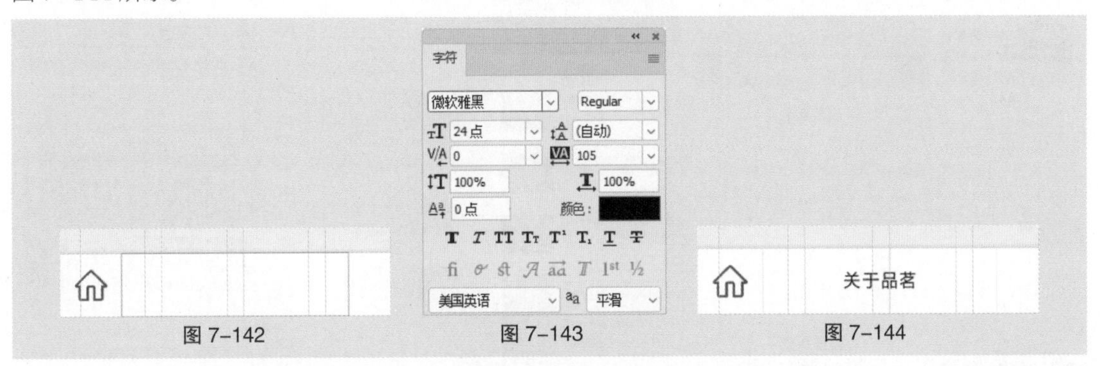

图 7-142　图 7-143　图 7-144

（12）按 Ctrl+J 组合键复制图层，“图层”控制面板中生成“关于品茗 拷贝”文字图层和“矩形 14 拷贝”形状图层。按 Ctrl+T 组合键，图像周围出现变换框。在属性栏中将“X”坐标加 330 像素，按 Enter 键确定操作，效果如图 7-145 所示。

（13）选择“横排文字”工具T，在图像窗口中选取并修改文字，效果如图 7-146 所示。按住 Shift 键的同时单击“投影”图层，将需要的图层同时选取。按 Ctrl+G 组合键群组图层并将其重命名为“底部导航”，如图 7-147 所示。移动端中式茶叶官方网站首页就制作完成了。

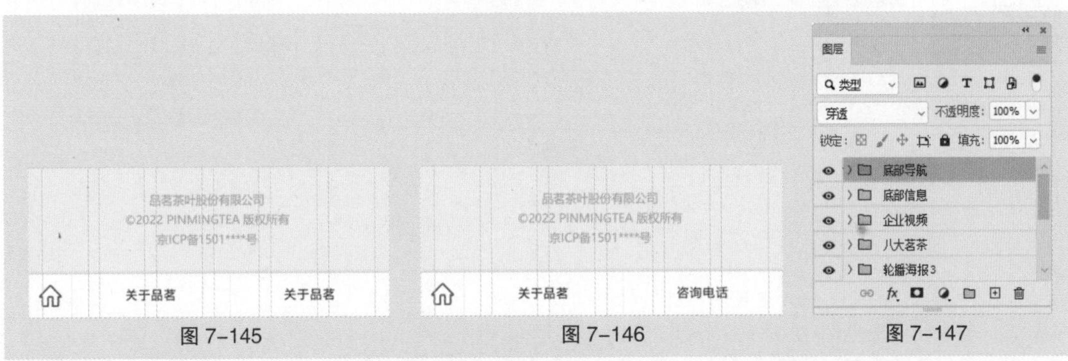

图 7-145　图 7-146　图 7-147

7.2 课堂练习——设计移动端中式茶叶官方网站其他页面

【案例设计要求】

1. 设计风格应与 7.1.4 课堂案例的设计风格保持一致。
2. 设计文件应符合网页设计的制作规范与制作标准。

【案例学习目标】学习使用绘图工具、文字工具制作移动端中式茶叶官方网站其他页面，最终效果如图 7-148 所示。

（a）关于品茗　（b）联系我们　（c）品茗动态　（d）西湖龙井　（e）招聘信息

图 7-148

7.3 课后习题——设计移动端科技公司官方网站

【案例设计要求】

1. 设计风格应与 4.3 课后习题的设计风格保持一致。
2. 设计文件应符合网页设计的制作规范与制作标准，具体参考如图 7-149 所示。

【案例学习目标】学习使用绘图工具、文字工具制作移动端科技公司官方网站。

图 7-149

扫码观看
本案例视频 1

扫码观看
本案例视频 2

扫码观看
本案例视频 3

第8章

08 网页的标注、输出与命名

清晰有效的设计方案是网页设计师制作的重要输出物之一，会直接影响设计效果的还原度。本章对网页页面标注、输出网页元素以及网页的命名等进行系统的讲解。通过对本章的学习，读者可以对网页设计输出有一个基本的认识，并快速掌握相关网页元素的输出方法。

学习引导

学习目标		
知识目标	能力目标	素质目标
1. 熟悉网页的页面标注知识 2. 掌握网页的元素输出知识 3. 掌握网页的命名	1. 熟练标注网页的页面 2. 熟练输出网页中的元素 3. 熟练命名交付给工程师的网页图片和文件	1. 培养学习网页设计新知识与技术的能力 2. 培养在网页设计工作中的协调能力和组织管理能力 3. 培养对网页设计的高度责任心和良好的团队精神

8.1 网页页面标注

网页页面的标注在网页诞生初期是一件非常困扰设计师的事情，经过技术的发展，并且由于网页的实现比 App 的实现更简单，目前网页页面的标注已经彻底摆脱了手动标注，大量自动化标注工具的诞生使这一工作不再烦琐。下面将现代比较流行的几个标注网页页面的方法介绍给大家，以帮助大家更好地与前端工程师进行对接。

8.1.1 直接导出为 HTML 文件

使用 Sketch 设计的网页不需要标注，直接将其导出为 HTML 文件就可以清晰地看到标注。导出为 HTML 文件的具体实现方法是：首先在 Sketch 中下载并安装 Sketch MeaXure 插件；然后选择“插件 >Sketch MeaXure> 导出 HTML”命令，在弹出的面板中选择需要导出的网页页面，单击“导出”按钮，如图 8-1 和图 8-2 所示；在弹出的“导出规范”对话框中进行设置，单击“导出”按钮，完成操作，如图 8-3 所示。

图 8-1　　图 8-2　　图 8-3

打开生成的 HTML 文件，即可在浏览器中看到所有的标注内容，如图 8-4 和图 8-5 所示。该实现方法简单、方便，能够帮助新手设计师们快速上手，但是该方法只能在苹果计算机上使用。

图 8-4　　图 8-5

8.1.2 使用插件自动化标注

使用相关插件可以进行自动化标注，同样十分便捷。自动化标注网页页面的具体实现方法是：首先在 Photoshop 中下载并安装蓝湖插件；然后选择“窗口 > 扩展（旧版）> 蓝湖”命令，在弹出的面板中单击“Web”按钮，选择合适的画板宽度，如图 8-6 和图 8-7 所示；选择需要上传的网页页面所在的画板，单击“上传选中的 1 个画板”按钮，如图 8-8 所示；上传成功后，单击“去 Web 端查看”按钮，系统直接跳转到平台后台，如图 8-9 和图 8-10 所示。

图 8-6　　图 8-7

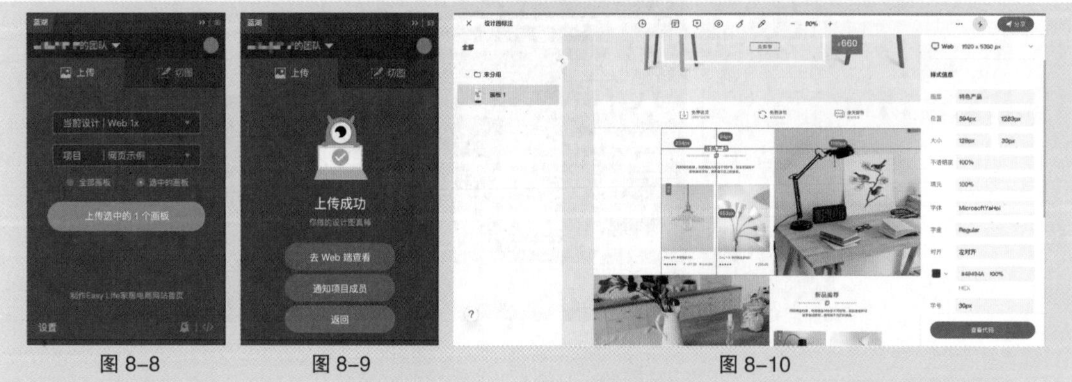

图 8-8　　图 8-9　　图 8-10

8.1.3 课堂案例——标注中式茶叶官方网站首页

【案例设计要求】为中式茶叶官方网站首页进行尺寸标注。

【案例设计理念】在制作过程中，运用蓝湖插件为中式茶叶官方网站首页标注尺寸，使其符合网页设计中图片的尺寸要求。

【案例学习目标】学习使用蓝湖插件自动标注尺寸。

【案例知识要点】下载蓝湖插件，将画板上传至蓝湖插件，实现为中式茶叶官方网站首页自动标注尺寸，如图 8-11 所示。

图 8-11

1. 安装软件

（1）使用浏览器打开蓝湖官方网站，单击页面中的“下载”按钮，在弹出的面板中选择Photoshop插件，跳转到新的页面，如图8-12所示。单击“下载”按钮，在弹出的对话框中设置下载路径，设置完毕后单击“下载”按钮，下载应用程序安装文件，下载完成的应用程序安装文件如图8-13所示。

图 8-12　　图 8-13

（2）双击应用程序安装文件，弹出图8-14所示的“安装”对话框，单击“前进”按钮，进入图8-15所示的安装界面。再次单击“前进”按钮，进入图8-16所示的安装界面。当出现图8-17所示的界面后，单击“完成”按钮，完成软件的安装。

图 8-14　　图 8-15

图 8-16　　图 8-17

2．自动标注

（1）启动 Photoshop，按 Ctrl ＋ O 组合键打开云盘中的“Ch08> 8.1.3 课堂案例——标注中式茶叶官方网站首页 > 工程文件 .psd”文件，如图 8-18 所示。

（2）选择“窗口 > 扩展功能 > 蓝湖”命令，弹出“蓝湖”面板，如图 8-19 所示。在面板中注册并登录账户，进入图 8-20 所示的面板。

图 8-18　　图 8-19　　图 8-20

（3）单击“请选择设计尺寸”按钮，设置需要的尺寸，如图 8-21 所示。单击“确定”按钮，返回上一级面板中。在“图层”控制面板中选择需要上传的网页页面所在的画板，如图 8-22 所示。在“蓝湖”面板中选择“选中的画板”选项，设置如图 8-23 所示。

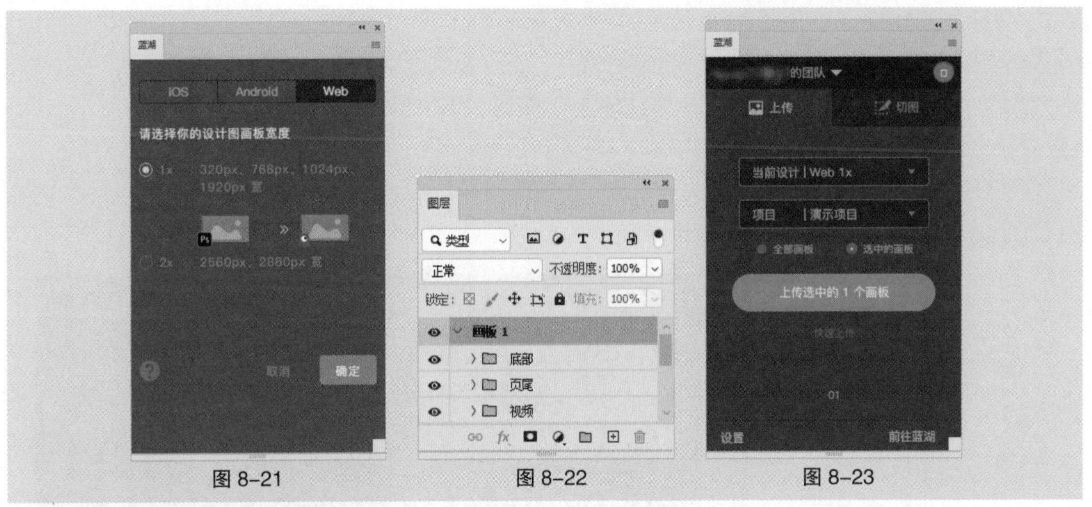

图 8-21　　图 8-22　　图 8-23

（4）单击“上传选中的 1 个画板”按钮，上传成功后的面板如图 8-24 所示。单击“去 Web 端查看”按钮，查看标注文件，效果如图 8-25 所示。中式茶叶官方网站首页就标注完成了。

图 8-24　　图 8-25

8.2 输出网页元素

当设计稿制作完成后，设计师需要进行网页元素的输出工作。网页元素的输出需要符合网页开发的资源规范。下面将详细讲解图标元素、图片元素以及多媒体元素的输出方法。

8.2.1 输出图标元素

在“2.6.4 使用原则”小节中，已经阐述了输出图标元素的规范，这里不赘述。下面直接讲解输出 SVG 矢量格式图标的具体方法。

以 Photoshop 为例，选择“文件 > 新建”命令，在弹出的“新建文档”对话框中，将宽度和高度的像素设置为包含图标出血位的空白像素，方便工程师进行代码的实现。单击“创建”按钮，完成文件的新建，如图8-26和图8-27所示。切换到网页页面文件，在图像窗口中单击需要导出的图标，选中对应的图层，单击鼠标右键，在弹出的菜单中选择“复制图层”命令，打开“复制图层”对话框，将“文档”设置为刚才新建的文件，单击“确定”按钮，完成图标的复制，如图8-28和图8-29所示。切换到新建的文件，选择“文件 > 导出 > 导出首选项”命令，在弹出的“首选项”对话框中将“快速导出格式”设置为“SVG”，单击“确定”按钮，如图8-30所示。选择“文件 > 导出 > 快速导出为SVG”命令，在弹出的“存储为”对话框中单击“存储”按钮，完成操作，如图8-31所示。

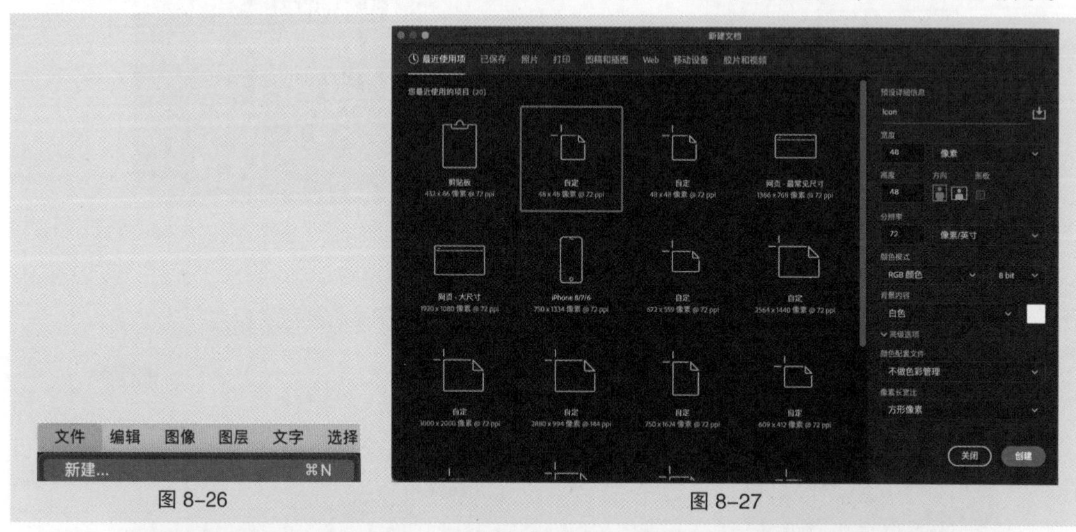

图8-26　　图8-27

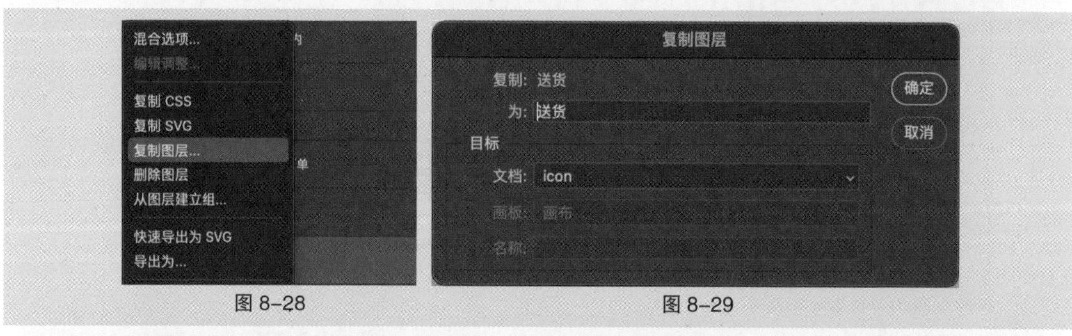

图8-28　　图8-29

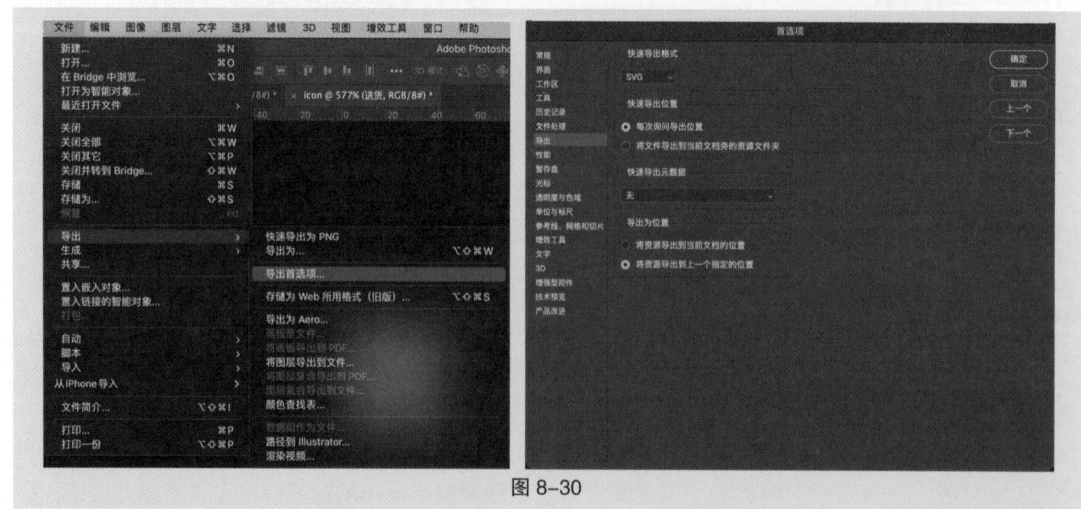

图8-30

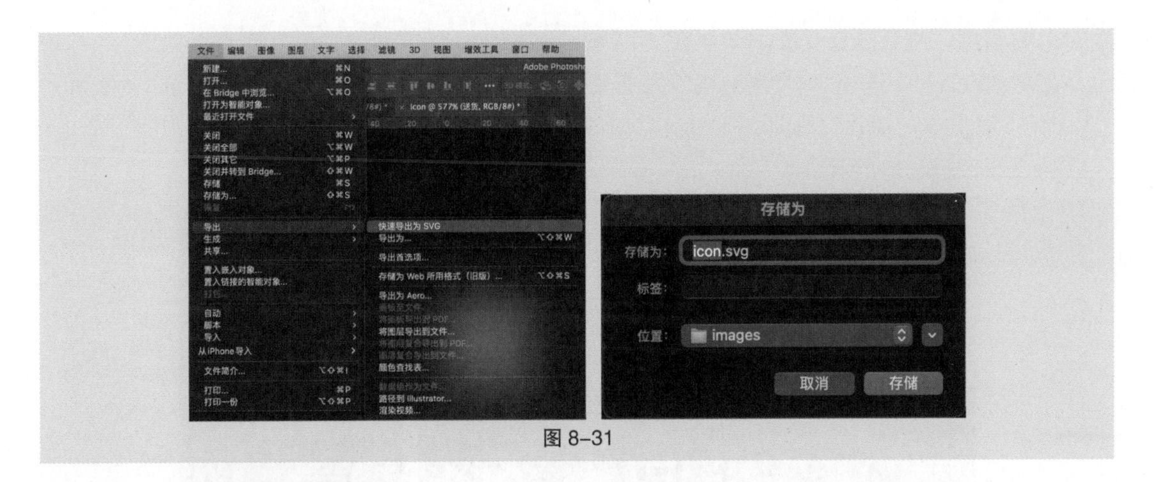

图 8-31

8.2.2 输出图片元素

网页中图片的常用格式为 JPEG、GIF 和 PNG。为了提升网页的加载速度，在保证图片质量的前提下图片内存越小越好。图片内存建议以 100KB 为准，如果超出 100KB，则可考虑将图片分成多张显示。

目前，导出图片元素的方法有两种，分别是使用软件自带的功能导出和使用插件导出，具体实现方法如下。

1. 使用软件自带的功能导出

以 Photoshop 为例，在图像窗口中单击需要导出的图片，选中对应的图层。单击鼠标右键，在弹出的菜单中选择“快速导出为 PNG”命令，如图 8-32 所示。在弹出的“存储为”对话框中进行设置，单击“存储”按钮，完成操作，如图 8-33 所示。

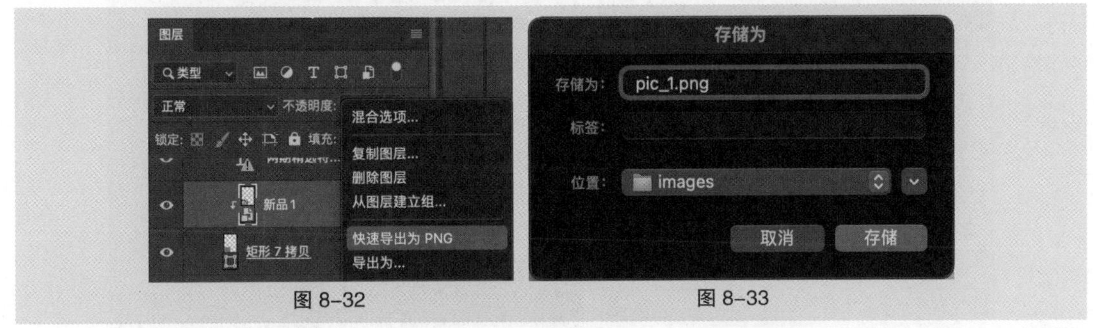

图 8-32　　图 8-33

如果导出后的图片内存过大，则可以通过浏览器访问 TinyPNG 官网，如图 8-34 所示，运用智能 PNG 和 JPEG 在线压缩工具，在不影响图片质量的情况下压缩图片。

图 8-34

2. 使用插件导出

先在 Photoshop 中下载并安装 Cutterman 插件。在图像窗口中单击需要导出的图片，选中对应的图层。然后选择“窗口 > 扩展（旧版）>Cutterman- 切图神器”命令，如图 8-35 所示。在弹出的面板中选择“iOS”选项。为适配 iOS 的 Retina 屏幕和移动端设备，可以依次选择“@1X”“@2X”“@3X”选项。在“输出”中进行导出位置的设置，单击“导出选中图层”按钮，完成操作，如图 8-36 所示。

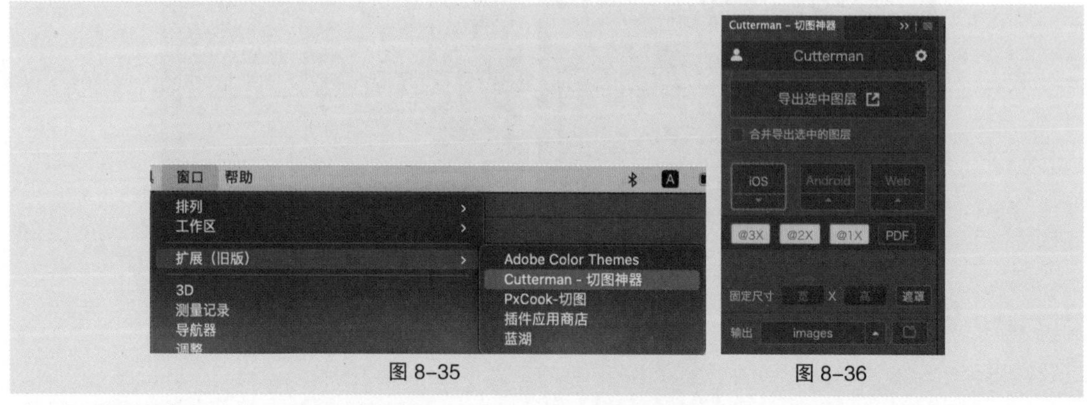

图 8-35　　图 8-36

如果图片内存过大，则可以参考前面“使用软件自带的功能导出”中压缩图片的方法。

重要提示

以 Photoshop 为例，输出整个网页的设计效果图的具体实现方法是：选择“文件 > 导出 > 存储为 Web 所用格式（旧版）”命令，如图 8-37 所示；在弹出的“存储为 Web 所用格式（100%）”对话框中进行设置，单击“存储”按钮，如图 8-38 所示；在弹出的“将优化结果存储为”对话框中进行设置，单击“存储”按钮，完成操作，如图 8-39 所示。

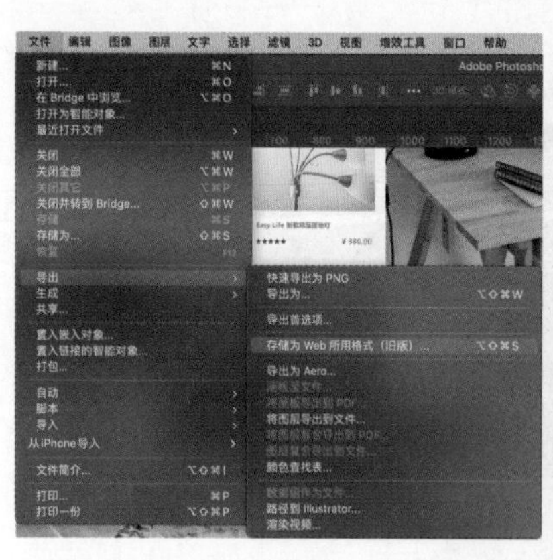

图 8-37

图 8-38

将优化结果存储为
存储为：制作Easy-Life家居电商网站首页.png
位置：桌面
格式：仅限图像
设置：默认设置
切片：
取消　存储

图 8-39

8.2.3 输出多媒体元素

网页中的多媒体元素包含音频和视频两种类型，通常不需要像图标和图片那样用软件进行输出，可以直接通过对接得到这些元素。网页中视频的常用格式为 OGV、WEBM、MP4，音频的常用格式为 OGG、MP3、WAV。

8.2.4 课堂案例——输出中式茶叶官方网站首页元素

【案例设计要求】为中式茶叶官方网站首页输出元素。

【案例设计理念】在 Photoshop 中安装 Cutterman 插件，运用 Cutterman 插件为中式茶叶官方网站首页切图。最终效果参看“云盘 /Ch08/8.2.4 课堂案例——输出中式茶叶官方网站首页元素 / 效果”文件夹，如图 8-40 所示。

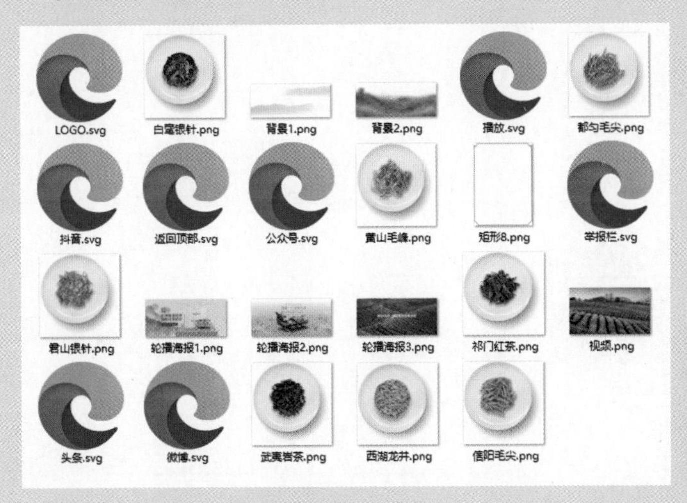

图 8-40

【案例学习目标】学习安装 Cutterman 插件的方法，学习使用 Cutterman 插件进行切图的方法。

【案例知识要点】学习下载并使用 Cutterman 插件。

1. 输出图标元素

（1）启动 Potoshop，按 Ctrl+O 组合键打开云盘中的“Ch08 > 8.2.4 课堂案例——输出中式茶叶官方网站首页元素 > 素材 > 01”文件，如图 8-41 所示。

（2）按 Ctrl+N 组合键，弹出“新建文档”对话框，设置“宽度”为 96 像素、“高度”为 56 像素、“分辨率”为 72 像素 / 英寸、“背景内容”为白色，如图 8-42 所示。单击“创建”按钮，新建一个文件。

（3）切换到“01”文件的图像窗口。在“图层”控制面板中展开“导航栏”图层组，选择“LOGO”图层，按住 Shift 键的同时单击“Pin Ming Tea”文字图层，将需要的图层同时选取，如图 8-43 所示。

（4）在“图层”控制面板中单击鼠标右键，在弹出的菜单中选择“复制图层”命令。在弹出的对话框中将“文档”设置为“未标题 -1”，如图 8-44 所示。单击“确定”按钮，复制图层到新建的图像窗口中。

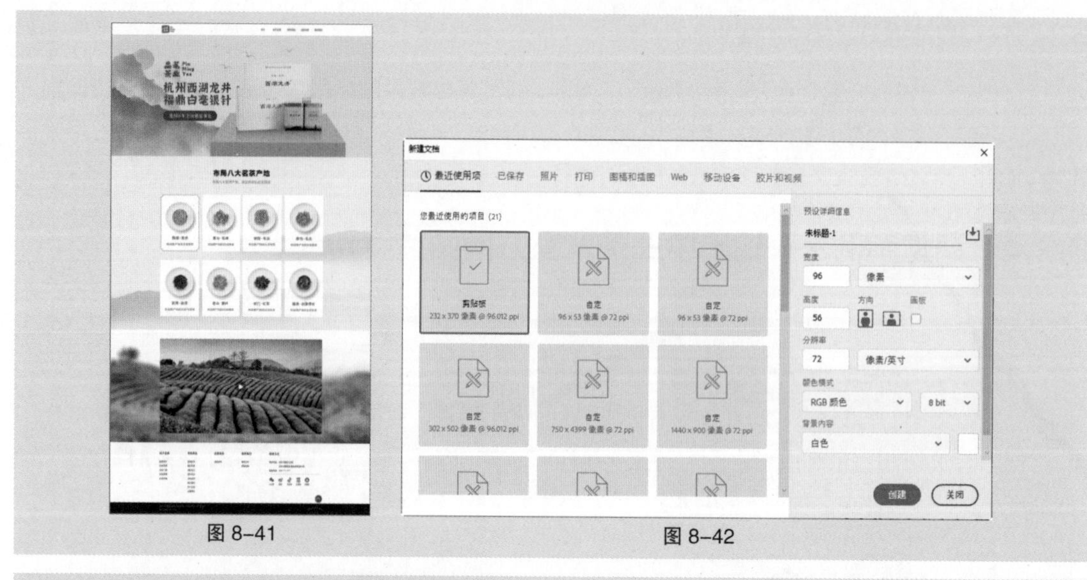

图 8-41　　图 8-42

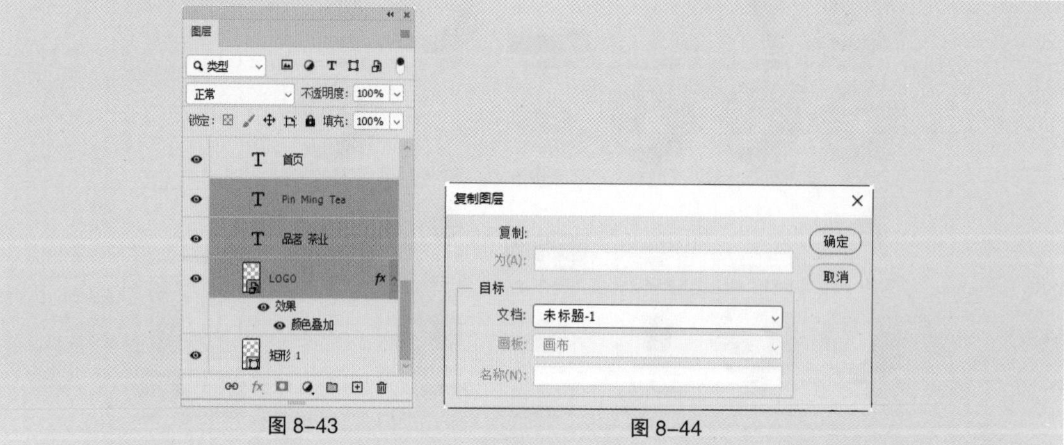

图 8-43　　图 8-44

（5）返回到新建的图像窗口。选择“编辑 > 首选项 > 导出”命令，弹出“首选项”对话框。在对话框中设置“快速导出格式”为“SVG”，如图 8-45 所示。单击“确定”按钮，调整快速导出格式。

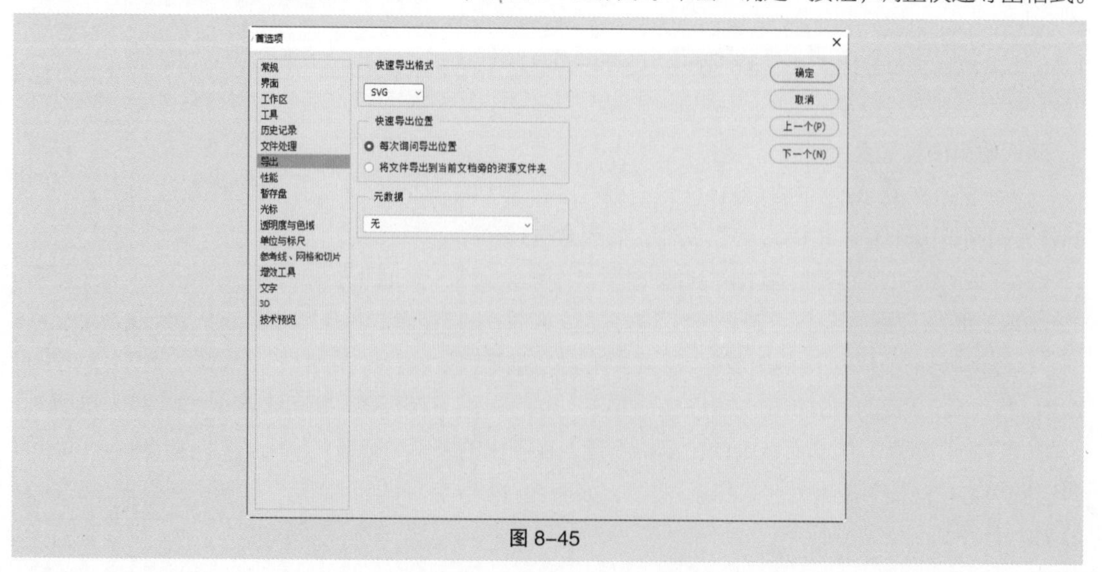

图 8-45

（6）选择“文件 > 导出 > 快速导出为 SVG”命令，弹出“存储为”对话框，将其命名为“LOGO”，单击“保存”按钮，保存图像。使用上述方法输出其他图标元素。

2. 输出图片元素

（1）使用浏览器打开 Cutterman 官方网站，单击页面中的“下载”按钮，如图 8-46 所示。在弹出的对话框中设置保存路径，单击“下载”按钮，下载插件并解压压缩包，解压后应用程序的图标如图 8-47 所示。

图 8-46　　图 8-47

（2）双击应用程序，弹出对话框，按照安装指引安装插件。返回到 Potoshop，选择“窗口 > 扩展功能 > Cutterman- 切图神器”命令，弹出“Cutterman- 切图神器”面板。在面板中设置输出文件的路径为“Ch08 > 8.2.4 课堂案例——输出中式茶叶官方网站首页元素 > 效果”，其他选项的设置如图 8-48 所示。

（3）在“图层”控制面板中选择“轮播海报 1”图层组，按住 Shift 键的同时单击“轮播海报 3”图层组，将需要的图层组同时选取，如图 8-49 所示。

图 8-48　　图 8-49

（4）在“Cutterman- 切图神器”面板中设置“固定尺寸”为 1920 像素 ×860 像素，如图 8-50 所示。单击“导出选中图层”按钮，输出切图文件，效果如图 8-51 所示。

图 8-50 　　图 8-51

（5）在“图层”控制面板中展开“八大茗茶 > 西湖 · 龙井”图层组，选择“矩形 8”图层，在“Cutterman- 切图神器”面板中取消设置“固定尺寸”，如图 8-52 所示。单击“导出选中图层”按钮，输出切图文件，效果如图 8-53 所示。使用上述方法输出其他图片元素。中式茶叶官方网站首页元素就输出完成了。

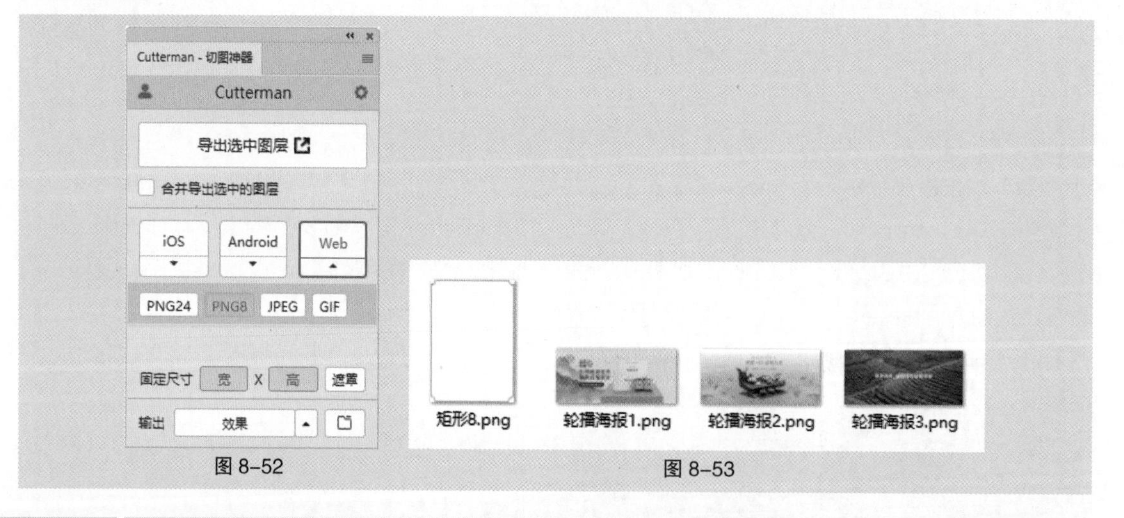

图 8-52　　图 8-53

8.3 网页的命名

在进行网页开发时需要使用英文，以便维护和理解网页。因此在设计网页时，也需要对导出的网页元素和交付给工程师的文件进行规范命名。下面将详细讲解图片命名和文件夹命名，帮助大家养成良好的命名习惯。

8.3.1 图片的命名

为了方便大家学习，我们将常见的网页图片的名字整理成表格，如图 8-54 所示。图片的名字建议使用小写英文字母和阿拉伯数字，不建议使用中文。还可以使用下划线“_”或中划线“-”连接单词。命名需要遵守“名称 _ 编号 _ 作用 _ 状态 @ 倍数”的格式，如图 8-55 所示。在网页中，大部分图片只使用名称和序号进行命名，大部分的状态可以用代码实现，因此作用、状态和倍数应根据实际情况而添加，而不是生搬硬套。

页面结构	导航	功能	状态：
页头：header	导航：nav	标志：logo	正常：normal
内容：content/container	主导航：mainnav	广告：banner	聚焦：focus
页面主体：main	子导航：subnav	登录：login	悬停：hover
页尾：footer	顶导航：topnav	登录条：loginbar	激活：active
侧栏：sidebar	边导航：sidebar	注册：regsiter	加载：loading
栏目：column	左导航：leftsidebar	搜索：search	禁用：disabled
外围控制：wrapper	右导航：rightsidebar	功能区：shop	
左、右、中：left、right、center	菜单：menu	标题：title	
	子菜单：submenu	加入：joinus	
	下拉菜单：dropmenu	按钮：btn	
	摘要：summary	滚动：scroll	
	面包屑：breadcrumb	文章列表：list	
	标签：tab	提示信息：msg	
		小技巧：tips	
		图片：pic	
		图标：icon	
		指南：guild	
		注释：note	
		服务：service	
		热点：hot	
		新闻：news	
		下载：download	
		投票：vote	
		合作伙伴：partner	
		友情链接：link	
		版权：copyright	

图 8-54

图 8-55

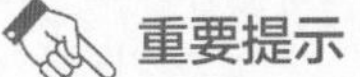
重要提示

PSD 文件和及其中的图层可以使用中文命名，但导出的图片和文件夹必须使用英文命名。

8.3.2 文件的命名

前端工程师开发的一套网页中通常包含 HTML 文件和 assets（资源）文件夹，如图 8-56 所示。

其中首页文件统一使用 index.html 文件名，其他文件的名称做到易于理解即可。assets 文件夹中通常包含 images（图片）文件夹、css（层叠样式表）文件夹、js（脚本）文件夹和 fonts（字体）文件夹，如图 8-57 所示。设计师在对接时主要交付 images 文件夹，因此需要将图片放到该文件夹中。

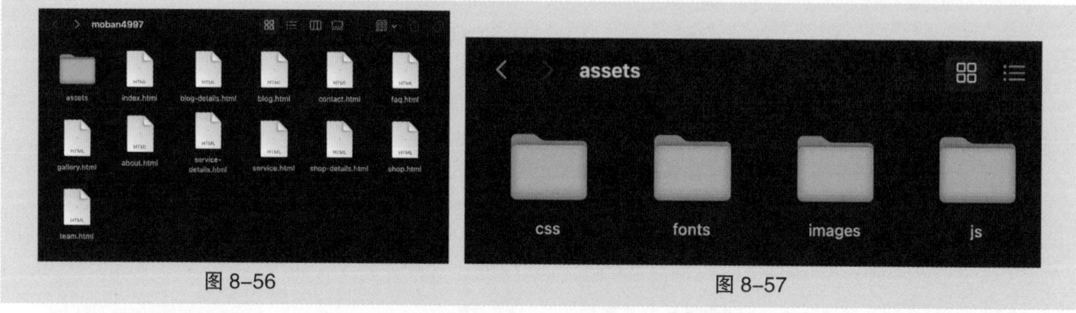

图 8-56　　图 8-57

其他常见的文件命名方式，大家可以通过搜索引擎进行搜索并学习，这里就不再展开讲述了。

8.3.3　课堂案例——命名中式茶叶官方网站首页图片

【案例设计要求】对中式茶叶官方网站首页的图片进行命名。

【案例设计理念】对中式茶叶官方网站首页的图片进行命名，使其符合网页命名规则。最终效果参看“云盘 /Ch08/8.3.3 课堂案例——命名中式茶叶官方网站首页图片 /image”文件夹，如图 8-58 所示。

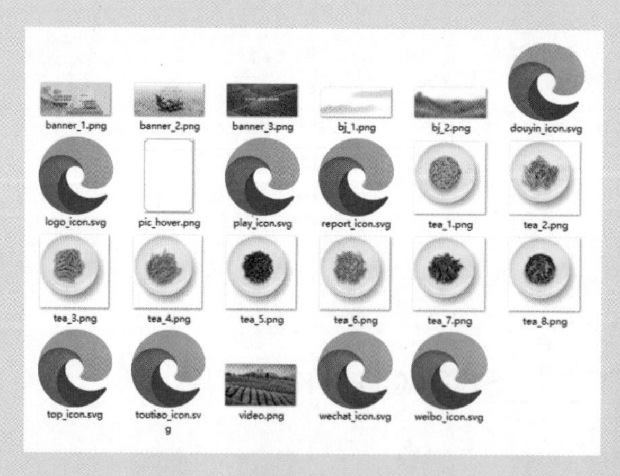

图 8-58

【案例学习目标】学习对图片进行命名。

【案例知识要点】按照网页命名规范对图片进行命名。

（1）打开“8.3.3 课堂案例——命名中式茶叶官方网站首页图片 > 素材”文件夹，如图 8-59 所示。图标的命名应遵守格式“名称 _ 类别 _ 状态”。下面以图标“LOGO”为例进行讲解。

（2）选择“LOGO”图标，单击鼠标右键，在弹出的菜单中选择“重命名”命令，如图 8-60 所示。将其重命名为“logo_icon_normal”，按 Enter 键确定操作，效果如图 8-61 所示。

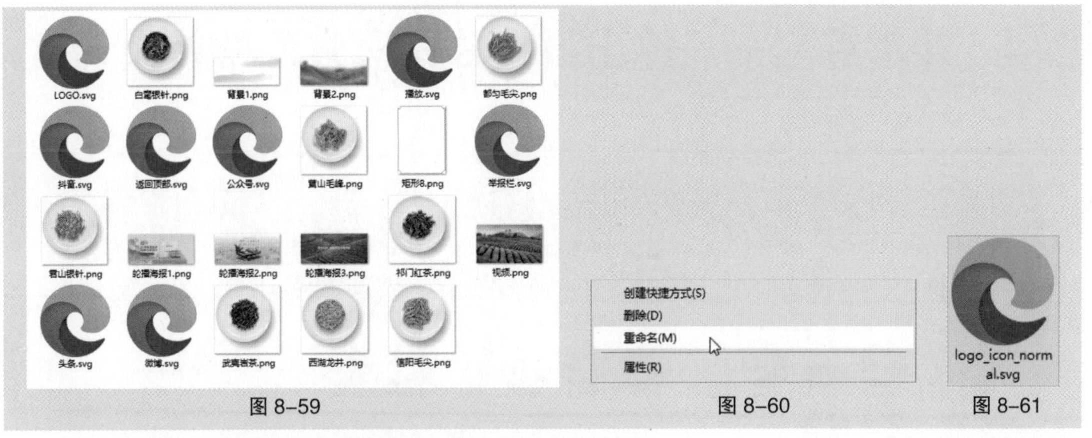

图 8-59　图 8-60　图 8-61

（3）使用相同的方法命名其他图标，效果如图 8-62 所示。

（4）图片的命名应遵守格式“名称 _ 编号”。下面以图片“西湖龙井”为例进行讲解。选择“西湖龙井”图片，单击鼠标右键，在弹出的菜单中选择“重命名”命令，如图 8-63 所示。将其重命名为“tea_1”，按 Enter 键确定操作，效果如图 8-64 所示。

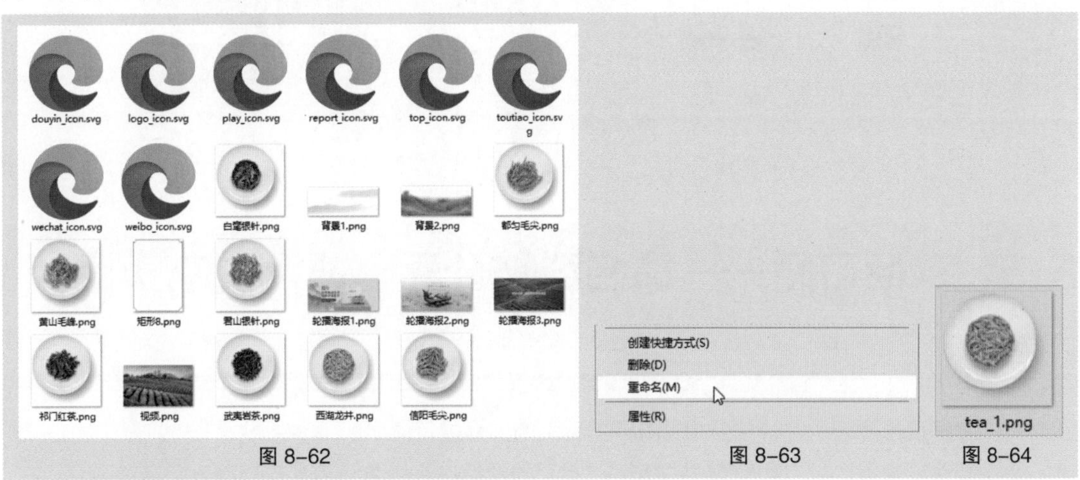

图 8-62　图 8-63　图 8-64

（5）使用相同的方法命名其他图片，具体规则参看“8.3.1 图片的命名”小节的内容，效果如图 8-65 所示。命名中式茶叶官方网站首页图片就完成了。

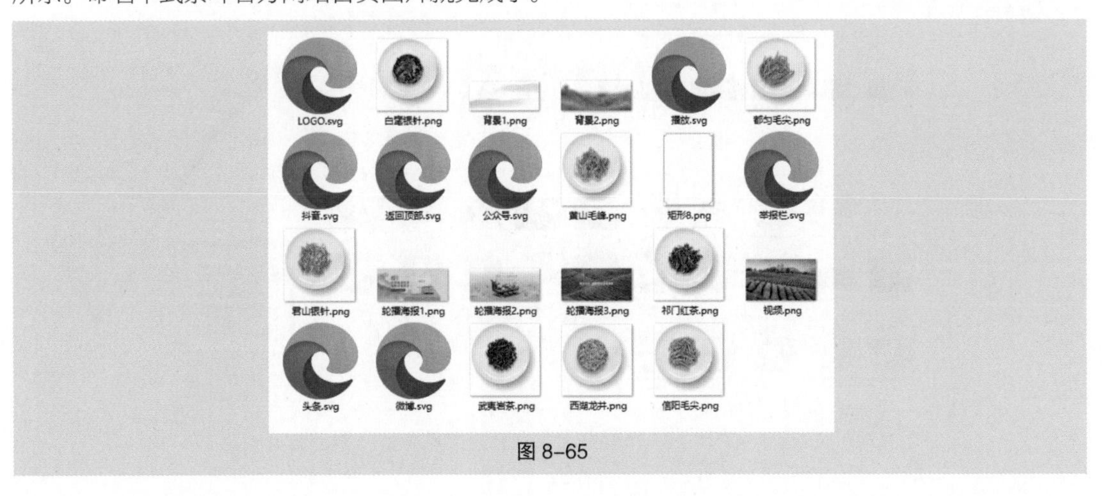

图 8-65

8.4 课堂练习——输出科技公司官方网站首页元素

【案例设计要求】为科技公司官方网站首页输出元素。

【案例学习目标】使用 Cutterman 插件为科技公司官方网站首页输出元素。最终效果参看“云盘 /Ch08/8.4 课堂练习——输出科技公司官方网站首页元素 / 效果”文件夹，如图 8–66 所示。

图 8–66

8.5 课后习题——命名科技公司官方网站首页图片

【案例设计要求】对科技公司官方网站首页的图片进行命名。

【案例学习目标】对科技公司官方网站首页的图片进行命名，使其符合网页命名规则。最终效果参看“云盘 /Ch08/8.5 课后习题——命名科技公司官方网站首页图片 /images”文件夹，如图 8–67 所示。

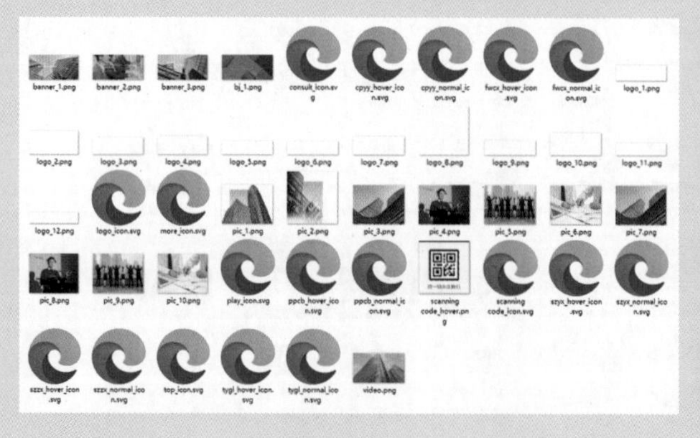

图 8–67